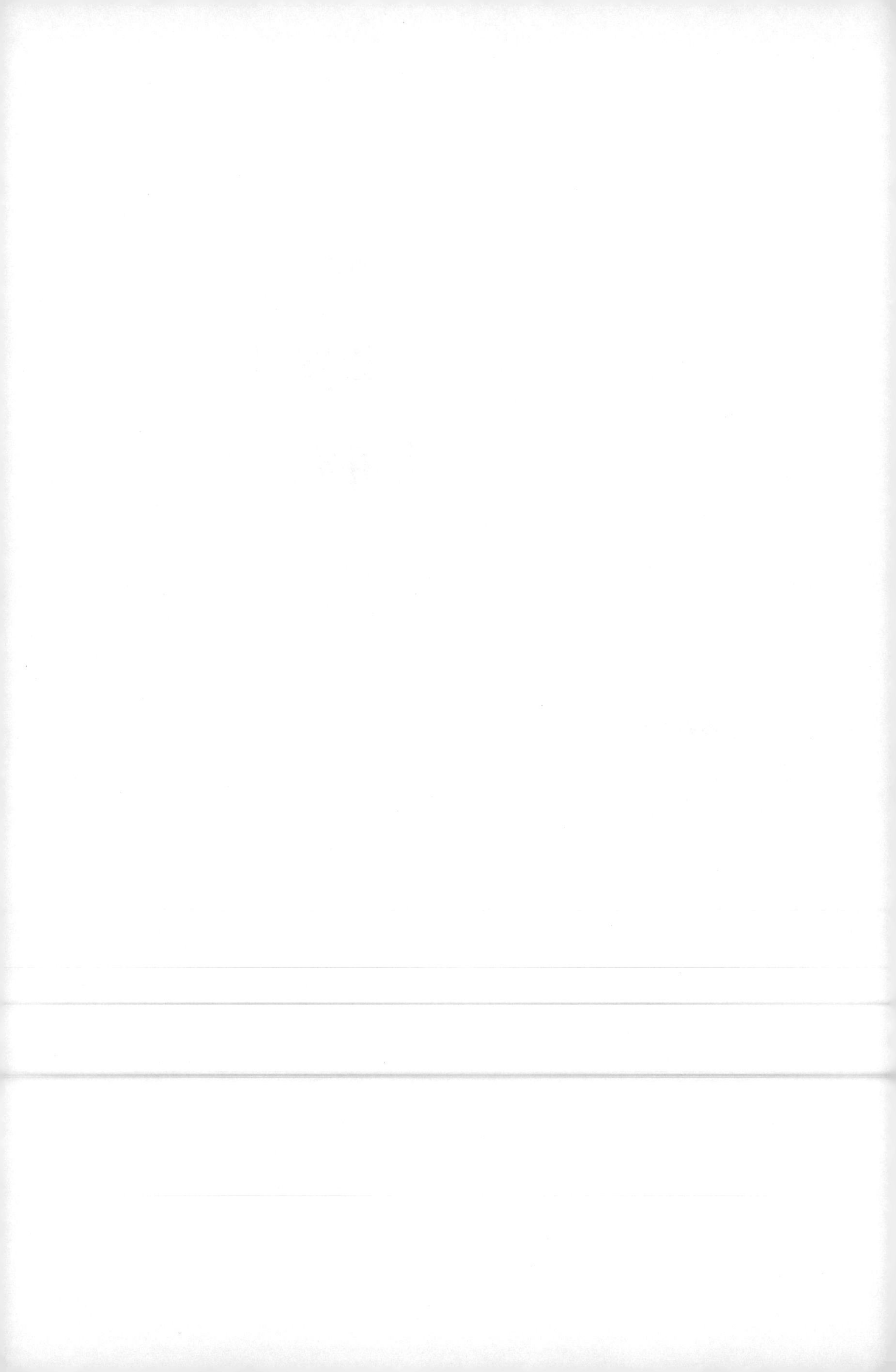

环境考古与古代人地关系研究丛书

农业起源和人类活动与环境关系研究

王　灿　吕厚远　著

国家社会科学基金重大项目（11&ZD183）
国家自然科学基金面上项目（42072032）
山东省泰山学者工程专项经费（tsqn201909009）
山东大学青年交叉科学群体项目（2020QNQT018）
联合资助

科学出版社
北　京

内 容 简 介

本书系统总结了早期农作物遗存鉴定的新技术、新方法，包括植物大遗存、微体遗存和生物标志物等方面研究的新成果，介绍了部分早期农业起源、发展和传播的新证据，以及气候环境背景等方面的研究成果，并对未来农业起源研究的前沿方向进行了展望。此外，本书以郑州地区为研究区域，通过13处裴李岗文化和仰韶文化遗址的植物考古分析和 ^{14}C 年代测定，揭示了全新世中期中原地区古代农业的时空演变特征及其影响因素；通过炭化模拟实验，确定了粟和黍种子炭化的温度区间，为旱作农业粟、黍比例的解释提供了新的埋藏学依据；通过中国考古遗址 ^{14}C 年代数据库和植物考古数据库的建设及数据分析，探讨了长时间尺度上农业、人口与气候环境变化相互作用的过程和机制。

本书可供考古学、文物与博物馆学、历史学、地球科学及植物学等相关专业的研究人员阅读、参考。

审图号：GS 京（2022）0712 号

图书在版编目（CIP）数据

农业起源和人类活动与环境关系研究 / 王灿，吕厚远著. —北京：科学出版社，2022.11

（环境考古与古代人地关系研究丛书）

ISBN 978-7-03-073477-8

Ⅰ. ①农…　Ⅱ. ①王…　②吕…　Ⅲ. ①农业史-研究-中国-古代　Ⅳ. ①S-092.2

中国版本图书馆 CIP 数据核字（2022）第 194501 号

责任编辑：孟美岑　张梦雪 / 责任校对：何艳萍

责任印制：吴兆东/ 封面设计：北京图阅盛世

科 学 出 版 社 出版

北京东黄城根北街 16 号

邮政编码：100717

http://www.sciencep.com

北京建宏印刷有限公司 印刷

科学出版社发行　各地新华书店经销

*

2022 年 11 月第　一　版　开本：720×1000　1/16

2023 年 6 月第二次印刷　印张：17 1/2

字数：348 000

定价：238.00 元

（如有印装质量问题，我社负责调换）

作 者 简 介

王灿，男，1987 年生，河北石家庄人。山东大学历史文化学院研究员，硕士生导师，山东省“泰山学者”青年专家。从事植物考古、农业考古和环境考古研究。先后主持中国博士后科学基金面上项目和国家自然科学基金青年科学基金项目、面上项目等多项科研项目，在 *Quaternary Science Reviews*、*Science Bulletin*、*The Holocene*、*Frontiers in Plant Science*、*PLoS ONE*、《第四纪研究》、《东南文化》等国内外学术期刊发表论文 40 余篇。

吕厚远，男，1960 年生，山东嘉祥人。中国科学院地质与地球物理研究所研究员，博士生导师。从事植硅体、孢粉学、多指标现代过程分析及古气候定量估算和环境考古研究。先后主持国家自然科学基金国家杰出青年科学基金项目、重点项目、重大研究计划项目和科技部 973 计划项目子课题等多项科研项目，在 *Nature*、*Nature Communications*、*PNAS*、*Quaternary Science Reviews*、《科学通报》、《中国科学：地球科学》等国内外学术期刊发表论文 220 余篇，以第一完成人获国家自然科学奖二等奖等奖项。

总　　序

本研究丛书是国家社会科学基金重大项目“环境考古与古代人地关系研究”（批准号：11&ZD183）的最终成果。

环境考古学是考古学的分支，同地球科学及其他相关自然科学具有广泛的交叉。运用各种古环境重建的方法和技术，在重建古代人类生存环境的基础上，研究和阐明古代人类文化特征的形成和演化历史同自然环境的相互关系及作用机制是环境考古学的主要任务。

人类出现在地球上已有约 300 万年的历史。人地关系是自人类出现以来就一直存在的一种客观关系。人类生存及其一切活动都依赖于自然环境所提供的物质、能量和活动空间，同时，人类在生存和发展过程中也对自然环境造成各种影响。因此，人地关系始终与人类的历史相伴随。

中国考古学自 20 世纪 20 年代开始的一些发掘研究就包含了环境考古学的内容，近 100 年来，尤其是进入 21 世纪以来，环境考古学的研究队伍不断壮大，来自于考古学、第四纪地质学、古生态学、地貌学、历史地理学等多个学科的学者共同致力于环境考古及古代人地关系的探讨。环境考古学的研究工作从少到多、从遗址到区域、从单一方法的应用到综合研究的开展，取得的众多研究成果是有目共睹的。但是，由于环境考古学的方法和理论体系还比较薄弱，一方面影响了自身的发展；另一方面也使得它在探讨环境与文明起源、农业起源等重大学术问题时，显得力不从心。

正是在此背景下，我们两人作为首席科学家，北京大学和中国社会科学院考古研究所作为牵头单位，聚集国内十余所高校和科研机构的数十名专家学者组成的研究团队，承担了国家社会科学基金重大项目“环境考古与古代人地关系研究”。

本项目围绕主要学术问题划分为以下七个子课题。

子课题一，环境同农业起源及新旧石器过渡的关系研究。农业起源和发展是新石器文化形成和发展的重要标志。国际上农业起源的动因、环境及其变化对农业起源与发展的影响等问题至今未能获得学术界公认的结论。中国是水稻和粟、黍旱作农业的起源地。该课题通过对不同地区早期农业起源重要遗址的农作物种子遗存或植硅体分析等方法，分析和揭示植物驯化和早期农业起源与传播历史；同时运用各种自然科学方法重建不同地区和遗址区域内的气候、地貌、水土资源条件和动植物面貌及其变化，研究和揭示农业起源及新旧石器过渡同环境特征及其变化的关系。

子课题二，环境与古代人类社会生业模式及其演化的关系研究。生业经济的发展是人类文化演化的基础。不同地区人类生业经济特征的形成与演化同自然环境特征及其变化的关系极其密切。该课题通过对各研究区重点遗址生业经济的研究，揭示区域生业模式的特征和变化过程，并深入研究不同生业类型所需的自然资源条件，进而考察区域环境特点及其变化对这些自然资源条件的影响，最终从人地互动的角度讨论生业模式变迁的影响因素。

子课题三，古代聚落兴衰演化与环境的关系研究。史前聚落特征是研究史前社会结构和发展进程的主要途径。史前聚落的形态、结构和区域聚落分布模式的形成和演化既同区域文化发展进程相关，也同各地点和区域的环境特征及其变化密切相关。该课题通过系统总结中国主要区域新石器时期至夏商时期聚落形态、结构及分布模式，揭示不同区域聚落演化历史及区域模式之间的共性与差异；在对不同区域全新世早中期自然环境特征及其演变研究成果的基础上，探讨中国各主要区域重点聚落形态的形成和选址同自然环境及社会进程之间的关系，建立不同时期区域聚落形态结构的演化模式，揭示环境因素和文化发展进程对聚落形态演化的影响机制。

子课题四，考古学文化区系类型形成与演化的环境基础研究。考古学文化区系类型理论的建立是中国考古学的重大成就。然而，中国考古学文化区系类型的形成机制是尚未解决的重要问题。该课题在系统研究中国史前环境格局及动态变化、各区域自然环境特征及其变化历史的基础上，研究和揭示中国史前考古学文化区系类型形成和动态变化的环境基础及人地关系原理。

子课题五，中华文明起源与早期发展过程的人地关系研究。中国是历史悠久的文明古国，是世界上唯一持续发展至今的古代文明。“多元一体”是中华文明起源与发展的独特模式。该课题在对黄河、长江和西辽河流域各地区全新世中期自然环境各种要素特征及其变化历史系统重建的基础上，从环境与人地关系的角度初步阐明了中华文明起源与早期发展的地域、时间、动力机制及多元一体发展模式的环境背景。

子课题六，自然灾害对人类社会影响的历史与机理研究。中国自古以来是一个自然灾害频发的国家，古代自然灾害对我国相关地区人类社会产生了破坏性影响。该课题通过对黄河流域和长江流域史前及历史时期洪水灾害过程的各种遗迹及沉积指标的研究，初步揭示了各地区洪水过程的发生特点、发生历史和环境背景，并阐明了古代洪水灾害对区域人类文化和社会发展进程的影响。同时，对黄河流域某些史前和历史时期的古地震遗迹进行了研究分析，揭示出古地震是引发人类灾难或导致聚落废弃、文化中断的灾害性环境事件。

子课题七，环境考古与古代人地关系研究方法与理论体系构建。在国际上，环境考古学理论体系与研究方法经历了不断发展的过程，而且这一过程仍在继续。我国在环境考古研究方面已有许多成功的案例，但理论与方法体系的构建与创新方面较为薄弱。该课题在对环境考古产生的背景、发展历史、研究对象和方法、学科特点以及相关理论等问题进行系统总结的基础上，结合国内外的成功研究实例，尝试建立环境与文化、环境考古学科性质方面的系列理论，建立环境信息获取、环境与文化关联分析、环境考古不同空间尺度的专题或综合研究等方面的系列方法。

本项目的学术意义体现在以下三个方面：第一，古代人地关系研究有助于推动考古学文化演变、农业起源、文明起源等重大学术问题研究的深入，丰富相关理论。古代人地关系研究是考古学研究古代人类社会不可或缺的一个视角，一系列重大学术问题需要从人地关系的角度进行科学的回答。人类社会的历史或人类文化的形成与演变是众多因素合力所造就的。但归根到底，无外乎自然环境因素或人类文化因素。因此，环境考古与人地关系研究在解释古代人类行为、人类社会演进和人类文化变迁方面具有显著的价值和潜力。

第二，古代人地关系研究是整合考古学研究资料的切入点之一。随着田野考古发掘水平的提高和自然科学方法的普遍应用，有关人类活动的信息大量涌现。既可以从人与社会的角度，也可以从人与自然的角度对这些研究资料进行整合。凡涉及资源获取、土地利用以及与其相关的技术、经济、社会结构甚至认知等问题的讨论，都可以放在人地关系研究这个框架中进行。因此，环境考古与古代人地关系研究对于考古学信息获取技术、材料分析方法和研究范式等方面的提升和科学化能发挥重要的促进作用。

第三，中国古代人地关系研究具有紧迫性和重要的现实意义。当今世界面临着日益严重的资源、环境、人口压力等全球性问题的困扰。从根本上讲，这是由不恰当的人地关系思想所导致的。如果不改弦更张，人类自身的生存和发展必将遭到更大的威胁。而中华先民在神州大地上创造了世界上唯一未曾中断、延续至今的辉煌文明，这毫无疑问是迄今为止可持续发展的最大成就。如果能够将中国古代人地关系变迁的历史进行详细的梳理，阐述其变化的过程和机制，揭示并吸取古人在处理相关问题时的经验和教训，从而使当代人能够更好地调整自己的行为，或可为生态文明建设做出考古学的实质性理论贡献。

各子课题研究小组根据项目的设计分工，围绕各子课题的研究任务，充分运用相关科学技术方法，针对相关学术问题，开展了多年的具体研究，取得了大量第一手资料和系列阶段性研究成果，在国内外重要刊物发表了大批高水平研究论文。各子课题研究小组在各自所取得成果的基础上，对部分成果进行了进一步的分析提炼，并结合国内外相关研究方向的主要研究理论和研究成果，完成了各自的研究专著，总共七部。这七部著作包括了当今国际上环境考古学主要的研究方法，涵盖了环境考古方面一系列主要研究理论，探讨了中国考古学所面临的多个主要学术问题。可以说，整体而言，本项目的实施达到了预期设计目标，可以认为是中国环境考古学发展史上的重要进展。

为一个研究项目同时写作和出版七部专著，对于项目组而言是十分艰巨的任务。因此可以想象本研究丛书必然会存在诸多不足。其一，虽然各子课题都有各自的核心研究问题，但由于各子课题之间存在的交叉特点，各专著的写作事实上是分头并进的，虽然项目组内部有多次的交流沟通，但仍难免在内容或材料的使用上可能存在交叉甚至重复的情况；其二，项目组内部甚至子课题研究小组内部不同研究者所持观点或者材料的不同，可能会导致不同著作之间，甚至同一著作内发生某些结论明显不同甚至矛盾的现象；其三，参与本项目研究和专著写作的学者，都可能存在某些方面的知识局限，导致著作中出现某些这样或那样的缺陷甚至错误。对于所有上述提到或尚未提到的不足甚至错误，我们诚恳地表示歉意，并诚恳接受学界同行及广大读者的批评指正，努力在今后的学术研究和成果发表时加以改进。

如果本研究丛书的出版能助力于中国环境考古学的进步，并对中国考古学的发展有所贡献，我们将倍感欣慰，并愿在今后加倍努力。

莫多闻　袁　靖

2019 年 10 月 1 日

前　　言

解读古代人类与环境相互作用的过程、规律和机制，揭示人类社会所经历的环境变化和适应策略，可为应对未来气候环境变化提供历史借鉴和科学依据，是地球科学和考古学领域共同关注的热点话题。跨越地学和考古学而形成的环境考古研究，可以重建古代自然环境、认识古代人类行为以及探讨古代人地关系，近年来，不断刷新学界对过去自然-人文-社会系统相互作用的认知。通过微观（单个遗址）和宏观（区域考古-环境记录集成）两个角度，环境考古研究重建了世界不同地区古代自然环境与人类社会的演变过程，揭示了环境对人类活动的正负影响以及人类对环境的适应、改造和破坏行为，以此为基础，又进一步尝试提炼减弱环境变化影响的社会韧性因素，总结加剧资源环境退化的行为和教训，为实现人与环境的可持续发展和生态文明建设做出理论贡献。在这样的背景下，当前的环境考古研究正沿两个前沿趋势发展。

在方法上，应用多学科、多手段更加精细地重建古环境和人类活动。环境重建不仅关注气候（温度和降水）变化，而且将地貌、水文、土壤和动植物资源等自然要素的演变囊括进来。人类活动重建则以农业与人口为重点，从农业起源、演化，以及人口增减、迁徙的时空格局角度理解人类活动过程，并揭示人类社会对环境变化的适应策略，成为目前人地关系研究的重要切入点。

在观念上，逐步摆脱单纯用气候变化解释社会文化兴衰的范式，开始以多重环境因素分析与文化因素分析相结合的二元论探讨古代人地关系演变的总体规律和机制，实现了从“知其然”到“知其所以然”的跨越。最近，董广辉等学者提出了贯通人类社会演化不同阶段，并解释过去人地关系演变机制的“支点”概念模型，将自然生态系统和人类社会系统放在支点的两端，并达到平衡状态，以此统筹观察平衡状态打破时环境变化和人类活动（社会组织决策、技术革新、文化交流）两种因素的交互作用，为有效衔接古今人地关系研究提供了重要依据。

结合上述发展趋势，围绕国家社会科学基金重大项目“环境考古与古代人地关系研究”（批准号：11&ZD183）子课题“环境同农业起源及新旧石器过渡的关系研究”的主要学术问题，本书以农业起源、人类活动与环境变化的关系为主题，尝试探讨古代人地相互作用的过程和机制。中国是世界上农业和文明起源最早的地区之一，也是世界上唯一同时拥有两套独立稻作、旱作农业起源系统的地区，在黄河和长江流域之间还发展出独特的稻-旱混作的农业模式，这为开展农业起源演化的比较研究、揭示农业起源的动因提供了得天独厚的资源，也为研究农业传播、人口迁徙、文化交流及其与气候环境变化的关系提供了便利条件。如何从微观到宏观整合农业考古数据并与古环境记录进行对比研究，如何准确构建古代农业和人口规模的时空演变过程并揭示其环境、社会影响因素，是本书将要解决的关键科学问题。

本书包含四章内容。第 1 章和第 2 章聚焦于“农业起源发展与环境背景关系”，第 3 章关注“史前植物利用与气候变化关系”，第 4 章专注于“史前人口波动与气候变化关系”。具体内容概要如下。

第 1 章“中国农业起源演化研究新方法与新进展”介绍了近年来中国科学家在早期农作物分析鉴定方法上取得的新进展，获得的早期农业起源、发展和传播的新证据，以及对气候环境背景的新认识，同时对农业起源、演化以及人类活动对气候变化响应研究中存在的问题和潜在机遇进行了梳理和归纳。

第 2 章“全新世中期中原地区古代农业的时空演变及其影响因素”以微观的视角和区域性分析探讨了农业发展与环境背景的关系。全新世中期（新石器时代中晚期）（6000～3000cal BC）是我国谷物由野生向驯化发展、生业经济由采集向农业转变的关键阶段，同时也是气候发生明显波动的时期。研究全新世中期农业的时空演变过程及其与气候环境的关系，将有助于深入认识中国古代文明起源的过程和机制。以豫中西地区为腹心，包括晋南、关中、豫北、冀南地区，以及黄河中游和淮河上中游大部分在内的中原文化区，是我国古代农业起源、发展和传播的关键地区之一，也是华夏文明兴起的摇篮，因此是研究上述问题的理想区域。

中原地区已开展的系统植物考古工作集中于关中盆地、伊洛河流域、颍河上游区域、洛阳盆地等区域，以及舞阳贾湖、郑州八里岗、荥阳汪沟、巩义双槐树、三门峡南交口、灵宝西坡、西安鱼化寨、高陵杨官寨等大型遗址，获得了全新世中期，即裴李岗文化时期和仰韶文化时期大量的植物遗存证据，并对农作物种类、结构及其演变过程进行了探讨。与以上区域相比，同属中原腹地的郑州地区却较少引人关注。郑州地区北临黄河，西依嵩山，具有多样的地貌及土壤类型，同时拥有丰富的文化遗址，被认为是旱作农业起源和稻作农业早期传播的重点地区之一。然而，由于区域性系统植物考古研究的缺乏，尤其是发现裴李岗文化时期植物大遗存的遗址相对较少，学术界对郑州地区全新世中期农业的时空演变过程及其影响因素仍不甚了解。郑州地区早期农作物结构如何演变？旱作、稻作及稻-旱混作在地理上如何分布？其时空演变与气候、地貌、水文等自然要素以及社会文化因素有何联系？都是亟待解决的问题。

目前，炭化植物遗存分析、淀粉粒分析和植硅体分析是研究古代农业的主要方法。其中，植硅体作为一种二氧化硅胶凝体，具有耐高温、抗风化的特点，可在考古堆积中长久保存，而且随着植硅体形态学研究的深入，植硅体分析在粟、黍、稻、麦等农作物的鉴定上可明确区分到种，是确切的农业活动证据，所以被越来越多地应用到农业起源和传播的研究中。除此之外，区域性的植物考古研究也已成为全面认识农业发展时空格局的重要途径。本章首先综述了早期农业研究的主要理论和现状、早期农业形成发展的气候环境背景，以及植硅体方法的研究应用历史，然后以郑州地区为研究区域进行系统植物考古调查，选择位于不同地貌部位、不同等级规模的13处裴李岗文化和仰韶文化遗址进行采样，通过植硅体分析和AMS^{14}C测定，尝试揭示全新世中期郑州地区裴李岗-仰韶文化时期农业结构特点，以及不同类型遗址农作物种植的差异，并且结合环境资料，探讨气候环境变化与中原早期农业格局形成和发展之间的关系。

在中原区域性植物考古研究的过程中，结合其他已发表的资料，我们发现目前在北方旱作农业的研究中，有关粟、黍比例的问题，存在同一遗址或区域植硅体和炭化植物遗存分析结果相矛盾的现象，从而影响了对旱作农业结构的判断。粟、黍种子在炭化过程中保存下来的概率是否存在不同，进而导致植物考古统计分析出现误差，是解释上述矛盾的关键。利用炭化模拟实验复原粟、黍种子的炭化条件对解决这一问题具有重要意义。然而，目前的炭化模拟实验更多关注的是炭化过程中粟、黍颗粒形态、大小和结构特征的变化，粟、黍炭化的温度条件有无差别尚不清楚，还需要更多细致的工作和数据加以揭示。本章通过设计不同的加热温度、时间和氧气条件，对现代粟和黍种子进行了炭化模拟实验，确定了粟和黍种子炭化的温度区间，探讨了炭化粟、黍形成条件的差异及原因。

第3章是“中国旧石器时代晚期到新石器时代中期植物利用的宏观进程”。农业的形成，在某种意义上来看，也是人类植物利用历史上的重大变革。旧石器时代晚期以来，人类植物生计从采集到农业生产的转变过程以及随后的农业发展情况，已在西亚地区得到了清晰的记录。近年来，植物考古数据的大量积累，为描绘中国古代农业形成过程中植物利用方式的演变进程提供了机会。收集已有植物考古数据并进行定量化分析是重建这一进程的主要方法。本章编汇了中国旧石器时代晚期到新石器时代中期的植物考古数据库，通过对数据的定量分析重建了史前植物利用的宏观发展进程，并且揭示了影响这一进程的环境因素。

第4章是“中国史前人口变化及其与最近5万年气候变化的关联”。我们认为农业的兴衰、环境的变化与人类文化的变迁关系密切。目前，史前人类活动与气候变化关系的研究受到了极大关注，而随着考古^{14}C概率密度方法的运用，国际学界已在重建史前人口规模及其与气候变化关系上取得许多进展。然而，这一方法很少用到中国的史前人口研究中，气候变化是否影响中国史前人口的发展也是不清楚的。建立集成性的中国考古遗址^{14}C年代数据库，利用概率密度方法对数据进行分析，并与气候曲线对比，是探讨人口变化及其与气候变化关系的重要方式。本章编录了中国考古遗址 ^{14}C 年代数据库，利用 ^{14}C 年代数据的总和概率密度分布，重建了区域至全国人口的长时间尺度变化，并探讨了人口变化与最近 5 万年气候变化的关联。

通过上述四章的研究分析，本书得到以下几点结果与认识。

（1）未来早期农业起源与传播问题的研究，将会聚焦在有相互联系的三个方面：①早期农业起源、发展和传播的科学证据；②早期农作物遗存等鉴定的新技术、新方法；③农业起源-传播的气候环境背景与驱动机制。研究的突破在于材料与证据、方法与技术、基本概念与理论的不断创新。

（2）中原地区早期农业是在中国北方对禾草类尤其是黍族植物集约利用的宏观图景下发展起来的，而距今 1 万年前后对黍和粟两种小米的耕作和驯化奠定了中原地区早期农业的基础。

（3）中原地区在裴李岗-仰韶文化时期（8000～5000a BP）均属于以黍为主的黍、粟、稻混作农业；相较于裴李岗文化时期，仰韶中晚期粟和稻的比例显著提高，标志着仰韶文化农作物多样化程度的加深以及农业种植结构的优化；裴李岗文化时期的农业生产属于采集经济之外辅助性的生产活动，到仰韶中晚期农业生产取代了野生植物采集成为主要的经济活动。

（4）中原地区不同地貌单元和规模等级的遗址具有不同的农业格局。在裴李岗文化时期，黍、粟旱作分布在浅山丘陵区的黄土台塬沟谷地带，稻-旱混作仅存在于冲积平原，农业模式的选择主要受地形和水文因素影响。仰韶文化中晚期，稻作已传播至台塬沟谷区和中小聚落，但当地仍更侧重于黍的种植，而平原地区和大型聚落中粟和稻的比例则相对较高，仰韶文化时期以黍和稻为原料的酿酒及宴饮活动的普及应是黍占主导和稻作传播的社会动力，这意味着农业生产开始打破自然条件限制，为中原地区农业社会的建立和文明化进程奠定了基础。

（5）中原地区裴李岗文化时期以黍为主的旱作农业，可能与北方早全新世相对较干的气候状况有关；距今 8000 年前后，在全新世适宜期气候转暖变湿的背景下，稻作北传至中原旱作区，形成了最早的稻-旱混耕模式，农业的扩展伴随着文化的融合。

（6）根据目前的植硅体鉴定标准，中原地区裴李岗文化和仰韶文化时期发现的水稻植硅体均为驯化类型，而且属于粳稻亚种，表明距今 8000 年前后，在远离水稻起源地的中原地区已经出现驯化粳稻。这意味着中国水稻驯化开始的时间至少不晚于 8ka cal BP，或者更早，并为粳稻最先起源于中国的观点提供了考古学证据。

（7）以加热时间和升温速率一致为前提，在氧化条件下，无壳粟的炭化温度区间为 270～390℃，无壳黍为 275～325℃；在还原条件下，无壳粟的炭化温度区间为 275～380℃，无壳黍为 275～315℃。此外，氧化条件下，带壳粟的炭化温度区间为 275～350℃，带壳黍为 250～295℃；还原条件下，带壳粟的炭化温度区间为 275～345℃，带壳黍为 250～295℃。说明无论在什么环境下，黍的炭化温度区间均小于粟，因此在考古遗址中黍被炭化而保存下来的概率要低于粟，炭化遗存组合中黍的含量相对于粟可能会被低估。以炭化植物遗存研究旱作种植格局，其结果还需植硅体方法验证。相比于黍，粟一般具有更多的直链淀粉含量，因此种子颗粒的淀粉晶体结构强度更高，耐热性就更好，这可能是粟比黍更耐高温，炭化温度范围大于黍的原因。

（8）中国旧石器时代晚期到新石器时代中期植物利用的宏观进程可划分为 4 个阶段：旧石器时代晚期（33～19ka cal BP）、新旧石器过渡时期（14～9ka cal BP）、新石器时代早期（9～6ka cal BP）和新石器时代中期（6～5ka cal BP）。从旧石器时代晚期开始，一些野生植物资源特别是野生禾草类种子，已被人类有意地采集和利用。在此之后，野生植物采集一直是最主要的植物生计，但其重要性从早到晚逐步减弱，到新石器时代中期，被以谷物栽培和驯化为基础的农业生产所代替。此外，中国北方地区和南方地区的植物利用方式存在明显不同，体现在某些植物种类（如小麦族、块根块茎类）在生业经济中的比重，谷物的驯化速率以及农业主导地位建立后的植物生计方式等方面。旧石器时代晚期对禾草类的有意采集与末次冰期的干冷气候和以禾草类为主的植被状况有关，而农业的形成及其主食来源地位的确立，与全新世适宜期稳定暖湿的气候条件密不可分。

（9）中国大规模人口扩张始于 9ka BP，发生在农业出现之后，并与早全新世气候转暖有关；史前人口规模较小和人口减少时期主要出现于距今 46～43ka、41～38ka、31～28.6ka、25～23.5ka、18～15.2ka 和 13～11.4ka，对应于末次冰期的快速变冷事件，如海因里希（Heinrich）和新仙女木（Younger Dryas，YD）事件，而全新世期间人口规模较大的时段，如距今 8.5～7ka、6.5～5ka 和 4.3～2.8ka，则与暖湿气候期和新石器文化、农业发展繁荣期同步，表明冷干气候会显著限制人口的规模，而适宜的气候条件会促进人口的增加和人类文化的进步；由于区域环境状况和人类适应水平存在差异，不同区域的人口具有不同的发展模式，人口波动对气候变化的响应方式也有所不同。

我们期待本书能够对农业考古、植物考古和环境考古领域的研究者有所助益。由于学识和水平所限，书中不足之处或有争议的观点在所难免，敬请广大读者和同行不吝指正。

王　灿　吕厚远
2021 年 9 月 7 日

目　录

第 1 章　中国农业起源演化研究新方法与新进展[①]

1.1　引　　言

越来越多的证据揭示，在最近一个冰消期（约 19000～11000a BP），即全球平均气温大幅度转暖（7～9℃）过程中（Lu et al.，2007；Clark et al.，2009；王绍武，2011），人类首先在全球三个中心地区（中国、西亚和中美洲）从渔猎采集逐步进入原始农业社会（严文明，1982；Crawford，2006），开始了人类控制和创造食物资源的新时代。农业的起源是人类社会发展历史进程中的重要事件，农业的繁盛让人类演化走向了一条全新之路。1 万多年以来，气候变化和农业的发展，在全球加速了人类社会的演化进程，诞生出形式多样的东西方文明（Bellwood，2005）。在中国滋生了南方稻作和北方旱作两套农业系统，孕育出历史悠久的农耕文化（严文明，1982），其深远影响延续至今。

为什么在末次冰消期-全新世气候变暖过程中，原始农业在全球几个中-低纬度地区同步出现？先后有十多种假说或观点来解释人类驯化农作物的过程和机制，如进化论说、绿洲说、人口压力说和社会变革说等（张光直，1987；Bellwood，2005；Crawford，2006），这些假说无论是涉及人类主动驯化农作物还是被动驯化农作物，由于受研究材料、方法和学科的限制，对末次冰消期-全新世气候变化过程、农业起源机制，以及人类适应的认识，还存在着较多的假设和推理（Bar-Yosef，1998；Crawford，2006）。具体到中国稻作、旱作农业起源的过程和规律有什么异同，气候环境变化起到了怎样的作用，对史前文明发展产生怎样影响等，都是至今没有理清的科学事实和科学问题。

目前影响史前农业起源、演化研究深入开展的关键问题，集中在研究材料、方法和多学科研究等几个方面：在研究材料方面，越是早期的农作物“大化石”保存得越稀少，而且更容易腐烂、灰化，难以发现或无法发现（Harvey and Fuller，

① 本章内容是在吕厚远研究员《中国史前农业起源演化研究新方法与新进展》一文基础上修改而成，原文发表于《中国科学：地球科学》2018 年第 48 卷第 2 期。

2005；Piperno，2006；Pearsall，2015），长期以来中国南方稻作、北方旱作地区很少有老于8000a BP的农作物以及野生亲缘植物大化石（如炭化种子）证据，难以对早期的农业起源和发展过程做准确全面的了解和分析；在研究方法方面，由于缺少早期考古遗存、地层中植物化石准确鉴定的标准，许多地区的农业起源、演化、传播问题，更多地被肢解为是否是野生、采集、栽培、驯化等不同阶段、不同种类的争议，以及是否是多中心起源和单一起源的争议等问题（Liu et al.，2007；Fuller et al.，2009；Deng et al.，2015）；在多学科研究方面，特别是缺少对精确年代控制下的考古遗址区域古气候、古环境、地貌演化背景的综合研究，难以从时间和空间上了解气候-环境变化背景下的农业起源、传播以及人类适应过程和机制。

近年来国际学术界注重考古遗址和沉积地层中农作物分析、鉴定方法的创新（Piperno，2006；Pearsall，2015；Ball et al.，2016；Miller et al.，2016），特别是在微体化石（植硅体、淀粉粒、花粉）（Woodbridge et al.，2014；Pearsall，2015；Ball et al.，2016）、生物标志物（蛋白质、同位素、分子化合物、DNA）（Izawa et al.，2009；Dallongeville et al.，2015）等用于识别不同农作物或野生祖本方面，取得了许多新成果，发表了一些重要的专著（Piperno，2006；Pearsall，2015）。部分新方法、新技术开始以在线检索方式展示出来，并以很快的速度充实、丰富和传播。例如，Pearsall教授在美国密苏里堪萨斯大学植物考古实验室建立的植硅体（Phytolith）数据库（http://phytolith.missouri.edu［2022.4.21］）；伦敦大学Dorian Fuller教授建立的植物考古数据库（http://www.homepages.ucl.ac.uk/～tcrndfu/phytoliths.html［2022.4.21］）；Linda Perry博士关于国际淀粉命名法的网站（http://www.fossilfarm.org/ICSN/Code.html［2022.4.21］）等，都促进了农业考古研究的深入。

中国学者在利用多指标、多手段开展农业考古，特别是农作物分析鉴定方法方面，取得了许多重要成果（刘长江和孔昭宸，2004；张居中等，2004；Lu ct al.，2005；靳桂云等，2007；郑云飞等，2007；顾海滨，2009；樊龙江等，2011；Zhang et al.，2011，2012；秦岭，2012；Yang et al.，2012b；赵志军，2014）。近年来，针对中国史前农业、气候变化与人类适应研究存在的问题，先后有中国科学院战略性先导科技专项、科技部973计划项目、国家自然科学基金和国家社会科学基金项目等，分别从不同角度、不同区域、不同时间，特别是方法学方面开展相关研究（Lu et al.，2009a，2009b；Yang et al.，2012b；Zhang et al.，2012；李小强，2013；Gu et al.，2013；Jin et al.，2014；Wu Y et al.，2014；侯西勇等，2016；邱振威等，2016；杨玉璋等，2016；张东菊等，2016；张双权等，2016；Ge et al.，2018），部分成果集中在：①如何利用自然科学的手段发现、区分、鉴定早期野生-驯化农作物；②明确早期农业起源时间、空间变化的过程；③建立年代准确的气候变化与农业起源、人类活动的关系等方面（吕厚远，2018）。本章重点选择中国科学家在新方法方面取得的新进展及相关成果做介绍。

1.2　农业起源、演化研究的农作物分析鉴定新方法

随着科学技术的发展、人类观察、探测自然精度的提高，农作物“化石”的鉴定也从大化石颗粒形态（如炭化种子颗粒）识别，逐渐向大化石细胞形态、微体化石形态（植硅体、淀粉粒等）、分子生物结构（生物标志物）、遗传学识别的方向发展（Piperno，2006；Pearsall，2015）。其研究方法有一个共同点，即通过分析大量现代植物样品，寻找可重复、可检验、特征明显的鉴定标志，而且这些标志能够在地层中长期保存下来。其研究目标有两个方向，一个方向是不同属种植物间的区分，如区分炭化粟（谷子，脱壳为小米）和黍（糜子，脱壳为大黄米，不黏的黍称稷子）的种子，或者炭化大麦（*Hordeum vulgare*）和小麦（*Triticum aestivum*）的种子；另一个方向是驯化农作物与野生祖本的区分，如区分炭化的野生稻和驯化稻的种子。

1.2.1　植物大化石鉴定标志的新进展

随着考古遗址浮选方法的推广（赵志军，2014），鉴定炭化植物种子的需求增多，多种现代中国农作物以及植物杂草种子图鉴（印丽萍和颜玉树，1996；郭琼霞，1998；刘长江等，2008；郭巧生等，2009；赵志军，2014）为我们的研究提供了很好的帮助，但现代植物形态特征与考古遗址中植物炭化颗粒仍然有很大区别（刘长江和孔昭宸，2004），研究炭化颗粒鉴定形态特征、埋藏过程依然是植物考古研究需要深入的工作。

1. 野生、驯化稻小穗轴基盘离层、维管束组织鉴定特征

考古遗址中水稻炭化颗粒的鉴定已经取得了众多成果（陈报章等，1995a；赵志军，2014），但利用水稻炭化颗粒判断水稻是野生还是驯化有许多不确定性。水稻驯化涉及 20 多个形态、生理性状变化（区树俊等，2012；郑云飞等，2016），种子落粒性降低是其中最重要的变化之一，种子落粒性直接影响了稻谷小穗轴基盘形态。傅稻镰等（2009）根据水稻炭化小穗轴基盘形态特征，发现驯化稻小穗轴基盘具有不均匀的轮廓、凹陷的外表和不大对称的伤痕，而野生稻小穗轴基盘处常具有连续轮廓、平而圆的脱落伤痕和一个小而独特的维管束。郑云飞等（2016）和 Zheng 等（2016）进一步对小穗轴基盘离层维管束组织结构进行研究，发现野生稻（*Oryza rufipogon*）、籼稻（*Oryza sativa* subsp. *indica*）、粳稻（*Oryza sativa* subsp. *japonica*）小穗轴基盘组织结构的差异（图 1-1）。从野生到驯化表现为离层组织逐步消失→离层细胞退化形成的维管束组织呈星散状分布→维管束组织密集分布，是水稻农业考古鉴定方法的突破。进一步对约 9000a BP 的浙江湖西遗址小穗轴基盘进行研究，发现其具有不完全离层组织，离层细胞退化形成的维管束组织呈现星散状分布，有粳稻特征，但不发达。在 7000a BP 的河姆渡文化时期，开始出现具有典型粳稻离层特征的水稻小穗轴，表明水稻驯化经历了落粒性不断降低、粳稻特征逐渐明显的漫长过程。

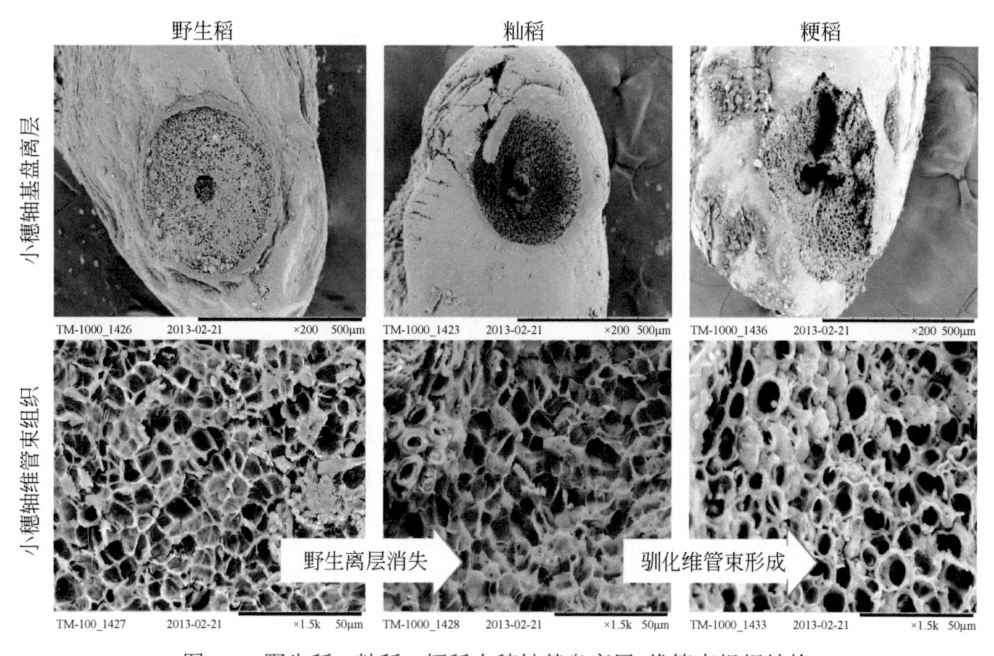

图 1-1　野生稻、籼稻、粳稻小穗轴基盘离层-维管束组织结构

（据 Zheng et al.，2016；郑云飞等，2016）

不过稻谷小穗轴基盘在早期地层保存较少，很难建立水稻驯化演化序列，另外关于小穗轴基盘离层-维管束组织结构的观察分类，还需要具体量化的指标。

2. 野生、驯化大豆炭化颗粒形态鉴定特征

虽然学术界普遍认为，大豆（*Glycine max*）起源于中国（赵团结和盖钧镒，2004），但一直缺少从野生到驯化的考古学证据，主要是缺少鉴定史前炭化野生大豆和驯化（栽培）大豆的形态标志。赵志军和杨金刚（2017）通过对我国大量现代野生大豆和驯化大豆的炭化实验，发现了一个重要的鉴定标志：驯化大豆炭化后，豆皮爆裂成碎片状，大部分豆皮甚至完全脱落；野生大豆炭化后的豆皮虽然

也出现爆裂现象，但从不脱落，从而建立了炭化野生大豆和驯化大豆的鉴定标准（表1-1）。

表1-1　考古出土炭化野生-驯化大豆鉴定标准（据赵志军和杨金刚，2017）

鉴定类型	野生大豆	驯化大豆
豆粒形态	较扁，呈肾形或扁圆形。炭化后变形不明显	饱满，呈长圆形或圆球形。炭化后变形明显，膨胀甚至爆裂
豆粒尺寸	偏小，长宽比和长厚比的值高。炭化后略有缩小	偏大，长宽比和长厚比的值相对低。炭化后略有缩小
豆皮特征	豆皮表面覆有一层泥状膜，显微镜下灰暗无光泽。炭化后出现裂纹，整体保存完好	豆皮表面光滑，显微镜下观察有光泽。炭化后豆皮爆裂脱落严重，残存的豆皮呈片状附在豆粒上
子叶特征	油脂含量少，显微镜下无光泽。炭化后一般不爆裂	油脂含量高，显微镜下有光泽。炭化后爆裂，开裂处可以看到不规则的深窝
豆脐特征	尺寸较小，炭化后变化不显著	尺寸较大，炭化后变化不显著

研究认为驯化大豆的豆皮易于脱落，可能与人类蒸煮食用的选择有关。进一步对河南贾湖遗址出土的炭化大豆进行形态鉴定发现，炭化大豆饱满，豆皮脱落严重，初步认为出现了驯化大豆的特征，说明我国驯化大豆的起源可以追溯到约8000a BP，提供了中国是大豆起源地的考古学证据。

中国野生和驯化豆类种类众多，还需要深入开展基础研究，获取可量化的鉴定指标，特别是从野生到驯化之间的过渡指标，可以方便将来准确地探索大豆驯化的过程。

3. 粟、黍炭化过程初步分析及在旱作农业研究中的意义

植物（种子）受热（火）炭化后，成分十分稳定，可以长期在地层中保存下来，没有被炭化的富含有机质的植物体在地层中会很快氧化、腐烂（杨青等，2011），特别是在我国东部温暖湿润的地区是很难长期保存的。当然，超过炭化温度的有机质都已经氧化-灰化成粉，失去了形态鉴定特征。因此，从遗址中浮选的炭化植物大化石都是受热（火）炭化后保存下来的，已经有学者（Märkle and Rösch，2008；王祁等，2015b）通过对部分农作物的炭化分析，了解到不同农作物种子受热炭化的温度区间、过程是否存在差异，以及会不会影响对出土炭化植物的种类、含量的判断。

在黄河流域旱作农业考古记录中，有粟、黍遗存的新石器遗址多以粟为主，少有黍的报道（游修龄，1993；陈文华，2002），近年来考古遗址浮选的结果，也多以粟为主，粟被认为在中华农耕文明演化中一直“唱主角”。然而，一些学者也发现中原地区粟、黍种子炭化颗粒考古记录和历史记录以及微体化石的记录并不

一致。在历史文献方面，黍在甲骨文和《诗经》中出现的次数远超过粟（陈有清，2000；陈文华，2002；张健平等，2010）。最近通过对相同遗址单元浮选的粟、黍炭化种子和植硅体分析出的粟、黍的比例进行对比，发现炭化种子中黍的比例远小于植硅体分析出的黍的比例（王灿等，2015；王灿，2016；王灿和吕厚远，2020），不同的记录指标得出了不同的结果。

张健平等（2010）对现代黍、粟种子的植硅体产量进行分析，表明相同重量的黍、粟种子稃壳的植硅体产量基本相等（每克 45 万粒左右，干式法），其植硅体含量大致反映了黍、粟的相对产量（重量）。王灿（2016）进一步对现代黍、粟种子进行炭化温度区间实验，发现在正常大气氧化条件下，带壳粟的炭化温度区间（275～350℃）远大于带壳黍的炭化温度区间（250～295℃）。说明黍被炭化保存下来的概率要远低于粟，浮选结果中的黍的含量可能会被低估（详见第 2 章）。目前的证据表明，中国北方最早被驯化的是黍（Lee et al.，2007；Lu et al.，2009a），但在中全新世-仰韶文化时期（7000～5000a BP），是以粟为主还是以黍为主，不同区域是否存在差别还未可知，这关系到对旱作农业结构、发展过程的正确认识，需要进一步深入研究。

1.2.2 植物微体化石鉴定标志的新进展

农业考古分析中常用的植物微体化石，包括植硅体、植钙体、淀粉粒、花粉、植物炭屑细胞等，目前发展较快的是植硅体（王永吉和吕厚远，1993；Piperno，2006；近藤炼三，2010）和淀粉粒分析（Hart and Wallis，2003；Yang et al.，2012a）。

植硅体是充填于高等植物细胞组织中的二氧化硅胶凝体，由于其潜在的植物属种分类功能、较强的抗风化和抗燃烧能力、丰富的产量，特别是在植物有机质容易腐烂、灰化的区域和沉积物中，发挥出越来越重要的研究作用。例如，在中美洲玉米起源（Piperno，1984）、东南亚香蕉起源等研究中（Ball et al.，2006），植硅体证据起到决定性的作用。

淀粉（starch）是几乎所有农作物中必然含有的物质，以淀粉粒的形式贮藏在植物的根、茎及种子等器官的薄壁细胞细胞质中（Torrence and Barton，2006；Piperno et al.，2009）。不同种属的植物淀粉粒具有不同的形态特征，因此可以进行植物种类的鉴定。作为半晶体的淀粉粒，可以在古人遗留下来的生产、生活工具表层，甚至牙结石中保存上百万年，为研究古代植物利用提供了可能（Yang et al.，2012a）。

我国学者在植硅体、植钙体、淀粉粒、花粉鉴定方法方面都做出了重要贡献（Lu et al.，2005；靳桂云等，2007；李小强等，2007；陶大卫等，2009；杨晓燕等，2009a；张健平等，2010；郑云飞等，2013；Gu et al.，2013；郇秀佳等，2014；

Jin et al.，2014；Wu Y et al.，2014；Zhang et al.，2014；赵理怿和毛礼米，2015；吕厚远等，2015；Huan et al.，2015；Yang X Y et al.，2015b；杨玉璋等，2016；张东菊等，2016；Zuo et al.，2016a）。

1. 粟、黍、稗以及狗尾草小穗表皮长细胞植硅体形态鉴定特征

粟（*Setaria italica*）和黍（*Panicum miliaceum*）是欧亚大陆最早驯化的两种不同的旱作农作物（刁现民，2011；Diao and Jia，2017），粟、黍果实小，形态相似，在早期考古的报告中，由于粟、黍炭化种子难以区分，常描述为“粟”和“粟类”。近年来，随着浮选方法的应用和粟、黍炭化种子鉴定标志进一步明确（刘长江和孔昭宸，2004），粟、黍有了科学鉴定的考古记录，但这些记录多局限在8000a BP以后的考古遗址中，在新石器早期的考古遗址中，由于粟、黍大多腐朽、灰化，不容易发现和区分，限制了对早期旱作农业的研究。

植硅体形态分析为解决这一难题提供了一个行之有效的方法。Lu 等（2009b）利用相差和微分干涉显微镜观察了全国各地百余种现代黍、粟和其近缘草本植物花序苞片中的内、外颖片和内、外稃壳的解剖学特征及硅质沉积结构，发现了五个能够明确区分黍、粟的植硅体形态特征（图1-2）：①颖片和下位外稃中植硅体的形态，粟为十字型，黍为哑铃型；②稃壳中是否发育乳头状突起，粟有突起，黍没有突起；③稃壳长细胞纹饰，粟为Ω型，黍为η型，并分三级，第三级多位于稃壳中部；④稃壳硅化表皮长细胞末端的形态，粟呈现波状交叉纹饰，黍呈现指状交叉纹饰；⑤粟的稃壳表面角质层和长细胞同时硅化常常形成雕纹形态，而黍则形成锯齿状或斑点状。综合考虑这五个特征，为利用植硅体区分黍、粟考古遗存提供了可靠的标准。

狗尾草属（*Setaria*）和稗草属（*Echinochloa*）不仅是田间杂草，狗尾草（*Setaria viridis*）还是粟的野生祖本。由于它们炭化后种子颗粒大小、形态与粟、黍相似，能否找到区分粟、黍与狗尾草、稗草植硅体的形态特征，是旱作农业起源研究的关键。Zhang 等（2011）、Ge 等（2018）和张健平等（2019）通过对现代旱作农作物粟、稗以及多种狗尾草小穗表皮长细胞形态研究，发表了区分粟与常见狗尾草属野生植物的植硅体形态和测量标准，并发现稗草的植硅体特征形态β型。但是由于黍的野生祖本还不清楚（Hunt et al.，2014），有关黍的起源时间、过程背景的探索有许多不确定性。目前能够采集到的所谓的野生黍（*Panicum miliaceum* subsp. *ruderale* 或 *Panicum ruderale*）或野糜子，被认为是栽培黍退化的品种。尽管如此，有学者根据退化的驯化作物具有与其野生祖本相似的生物学性状这一观点，利用不同的统计方法计算野生黍与驯化黍稃壳长细胞植硅体ηIII类型个体的数量，发现驯化品种中ηIII类型百分含量在误差范围内显著大于野生型的含量，且种子长宽比越小（种子在驯化过程中增大造成），ηIII的含量越高，这

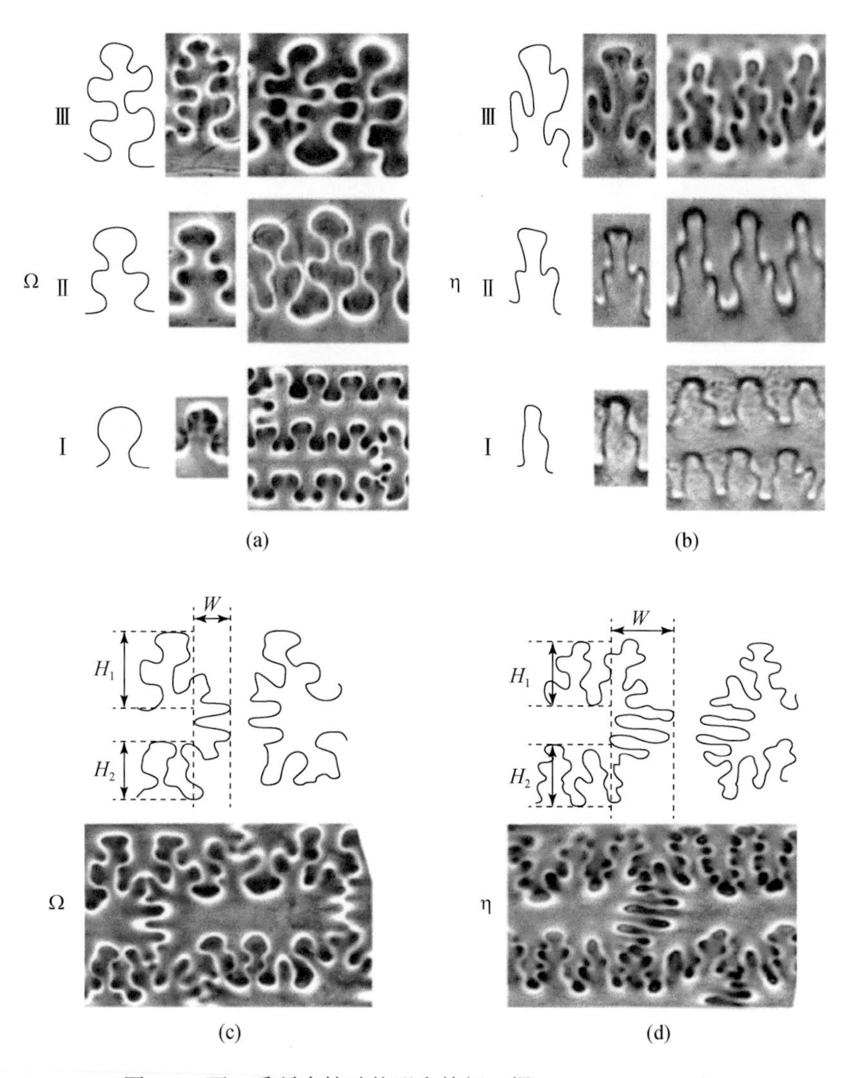

图 1-2　粟、黍稃壳植硅体形态特征（据 Lu et al.，2009b）

（a）粟的三级稃壳 Ω 型植硅体形态；（b）黍的三级稃壳 η 型植硅体形态；（c）粟稃壳硅化表皮长细胞末端的形态呈现波状交叉纹饰；（d）黍稃壳硅化表皮长细胞末端的形态呈现指状交叉纹饰；*W*-表皮长细胞末端交错枝状纹饰的宽度；H_1、H_2-表皮长细胞壁枝状纹饰的波动幅度

一规律不受统计方法和生长环境差异的影响，意味着随着驯化程度的不断加深，黍稃壳植硅体 ηIII的含量逐渐升高，从而将黍植硅体形态变化和农作物驯化过程连接起来，为在缺失野生祖本的情况下，探索黍的驯化过程提供了新的途径（Zhang J P et al.，2018a；张健平等，2019）。

2. 驯化、野生稻植硅体形态鉴定特征研究进展

在稻作农业起源和传播的研究中，水稻特有的三种植硅体（颖壳的双峰型植硅体、稻叶表皮机动细胞的扇型植硅体和叶茎中的并排哑铃型植硅体）（王永吉和吕厚远，1993；吕厚远等，1996a；近藤炼三，2010）对于发现、鉴定水稻遗存起到了重要的作用，但在利用水稻植硅体区分野生稻和驯化稻的标准方面，并没有得到广泛认可（Pearsall et al.，1995；Gu et al.，2013），限制了植硅体在早期稻作起源研究中的应用。

赵志军等通过系统测量亚洲野生稻品种和各类传统驯化稻稻壳上双峰型植硅体形态参数，利用判别分析的统计方法，建立了区分野生和驯化稻双峰型植硅体的判别函数（Zhao et al.，1998），获得了很高的判别概率，被国内外同行广泛利用（Atahan et al.，2008；王灿和吕厚远，2012；Ball et al.，2016）。一般情况下扇型植硅体相对双峰型植硅体在地层中的含量更多，如何利用扇型植硅体判别野生和驯化稻经历了较长时间的探索过程，Lu 等（2002）早期的研究发现，驯化稻扇型植硅体边缘鱼鳞状纹饰一般为 8～14 个，多数≥9 个鱼鳞状纹饰，野生稻扇型植硅体边缘鱼鳞状纹饰一般少于 9 个，但也有多于 9 个的［图 1-3（a）］，因此依据单个或少量扇型植硅体很难判断水稻的野生和驯化性状。

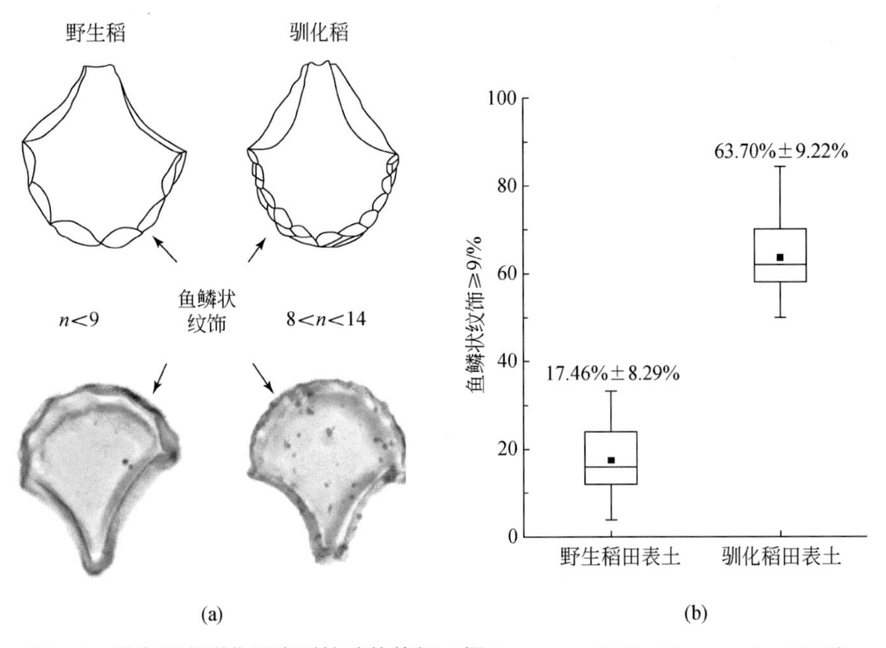

图 1-3　野生稻和驯化稻扇型植硅体特征（据 Lu et al.，2002；Huan et al.，2015）

（a）野生稻和驯化稻扇型植硅体鱼鳞状纹饰差异；（b）野生稻田表土和驯化稻田表土中具有≥9 个鱼鳞状纹饰的扇型植硅体含量差别

Huan 等（2015）进一步对我国 63 处现代野生稻田表土和驯化稻田表土中水稻扇型植硅体进行了研究，发现在野生稻田表土样品中具有≥9 个鱼鳞状纹饰的水稻扇型植硅体的比例是 17.46%±8.29%，在驯化稻田表土样品中具有≥9 个鱼鳞状纹饰的扇型植硅体的比例是 63.70%±9.22% [图 1-3（b）] ①。说明≥9 个鱼鳞状纹饰的扇型植硅体比例，不仅可以作为区分野生稻和驯化稻的统计指标，而且某种程度上指示了水稻驯化的程度和驯化速率。例如，如果统计出地层中具有≥9 个鱼鳞状纹饰的扇型植硅体含量 M（%），理论上可以计算水稻被完全驯化的比例 F（%）。即 $M=F\times63\%+(1-F)\times17\%$，$F=(M-17\%)/(63\%-17\%)$，如果 $M=40\%$，则 $F=0.5=50\%$。这类似于利用土壤中有机碳同位素计算 C3、C4 植物生物量的贡献。

目前有关扇型植硅体鱼鳞状纹饰的数量如何反映水稻驯化程度的机制还在讨论中（Huan et al.，2015；郇秀佳等，2020）。扇型植硅体来自禾本科植物机动细胞（又叫泡状细胞），它能够有效地通过快速失水达到控制叶片卷缩，适应叶片的蒸腾，与植物的抗旱性有关，一个可能的机制是，野生稻向驯化稻演化过程中，脱离水环境的概率增加，泡状细胞卷缩功能增强，促进了鱼鳞状纹饰的增加，某种程度上是与驯化有关的人工干预程度的体现。

3. 植钙体分析及其在经济作物鉴定中的应用

植钙体（calciphytoliths），即草酸钙晶体，主要以一水草酸钙（$CaC_2O_4\cdot H_2O$，单斜晶系）的形式存在，是高等植物在生长发育过程中形成的最常见的微体矿物之一（李秀丽等，2012；Zhang et al.，2014），几乎在所有高等植物体内都有分布，广泛形成于植物的根、茎、叶、花、果、苞片、种子等器官的晶异细胞中，可长期且稳定地在多种沉积物中保存下来，包括灰烬层、动物粪便等。由于晶体形态存在多样性（不同种）和专一性（同种），植钙体也可以和植硅体一样，作为鉴定依据之一，可以将植物鉴定到科、属、种甚至不同器官。Zhang 等（2014）通过分析我国 45 种现代茶（*Camellia sinensis*）、山茶科（Theaceae）以及野生植物的植钙体形态，发现了茶叶植钙体形态和组合特征（图 1-4）：①直径为 11.65～3.64μm 的簇晶，在所有被测样品中最小；②毛状体基部具有 4 个明显的笔直而规则的裂隙，与十字消光交叉面类似；③簇晶与毛状体基部同时存在。这些形态鉴定特征，为区分茶叶和其他植物提供了鉴定标准。

① 在增加了 63 个长江中下游地区驯化稻田表土样品的基础上，郇秀佳等（2020）将驯化稻田表土样品中具有≥9 个鱼鳞状纹饰的扇型植硅体的比例更新为 57.6%±8.7%。

(a)

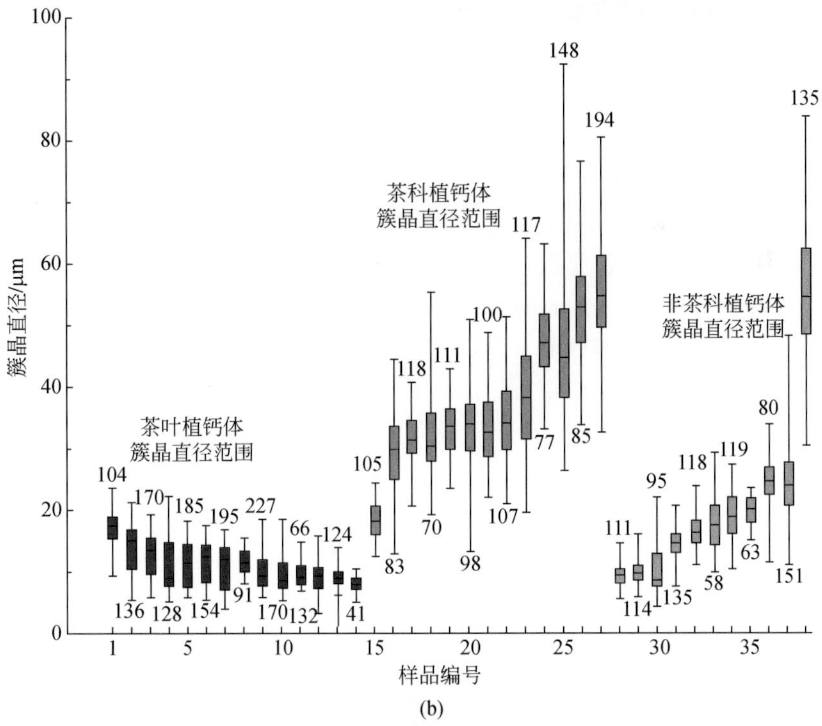

(b)

图 1-4　茶叶植钙体形态以及参数特征（据 Zhang et al.，2014）

（a）茶叶植钙体的三个形态特征：①簇晶，②簇晶与毛状体基部同时存在，③毛状体基部具有 4 个明显的笔直而规则的裂隙；（b）茶叶以及近缘植物植钙体簇晶大小变化范围，每个样品误差棒旁的数字代表所观察统计到的植钙体簇晶数量，样品编号对应的植物种类请见原文

Lu 等（2016）对西藏阿里古如江寺和西安汉阳陵考古遗址出土的植物样品开展植硅体、植钙体和生物标志物分析，发现这些考古植物样品中都含有只有茶叶才同时具有的植钙体、丰富的茶氨酸和咖啡因等可以相互验证的系统性证据，确认古如江寺和汉阳陵出土的植物遗存都是茶叶，由于它们的年龄分别有 1800a BP 和 2100a BP，成为当时世界上最老的茶叶实物证据之一。Jiang 等（2021）对山东邹城市邾国故城西岗墓地一号战国墓出土的植物遗存开展植钙体、傅里叶变换红外光谱和气相色谱分析，确认该遗存为古代茶叶残留，年代为 2400a BP，从而将世界饮茶史的开端进一步向前推进了 300 年。

4. 粟、黍、小麦族、块茎类等农作物淀粉粒鉴定标志的突破

从 20 世纪 80 年代末开始，淀粉粒分析逐渐成为一种重要的研究手段，在欧美和澳大利亚开始发展，取得了许多重要的成果（Hart and Wallis，2003；Piperno et al.，2009）。由于部分植物器官（如植物块茎）不生产植硅体，淀粉粒分析可以弥补大植物遗存和植硅体分析的不足（Piperno et al.，2004；Torrence and Barton，2006）。国内最早应用淀粉粒进行农业考古研究的案例是鉴定 4000a BP 的面条成分（Lu et al.，2005），但当时国内的基础研究工作还非常有限（杨晓燕等，2005）。

过去十多年，杨晓燕等采集了 1000 多份现代植物样品，对每种样品的淀粉颗粒进行系统的形态分析（Yang X Y et al.，2012b，2013a，2015b），建立了中国现代植物淀粉粒形态数据库（万智巍等，2012a），包括了 30 多科 100 多属 300 多种植物，基本涵盖了各类农作物及其野生祖本、药用植物及其他野生经济作物，为开展古代淀粉粒研究，分析东亚农业起源和传播奠定了基础。

为提高淀粉粒鉴定的分辨率，将鉴定推进到属，甚至种一级的分类，杨晓燕等通过对粟类（*Setaria*、*Panicum*）、稗属（*Echinochloa*）、薏苡属（*Coix*）和小麦族（Triticeae）等植物大量淀粉粒形态数据的采集与分析，建立了粟类和小麦族等淀粉粒形态分类检索表，提出了区分粟、黍及其野生祖本淀粉粒的鉴定标准，并将小麦族淀粉粒鉴定推进到属一级（Yang et al.，2012a；Yang and Perry，2013），促进了国内淀粉植物考古研究的深入开展（杨晓燕等，2009b；刘莉等，2010；陶大卫，2011；Yang X Y et al.，2012b，2013b，2015b；吴文婉，2015；杨玉璋等，2015；杨晓燕，2017）。

5. 禾本科农作物花粉粒鉴定进展

花粉分析是研究人类活动、农业考古、气候环境变化的有效方法（周昆叔，2002a）。多数农作物属于禾本科（Poaceae）植物，在禾本科 1 万多种植物中，花粉都是圆球形，形态都非常相似。为了利用花粉分析鉴定出禾本科农作物，人们

做了许多努力，曾先后用一般光学显微镜、相差光学显微镜、扫描电子显微镜（SEM）、透射电子显微镜（TEM）对形态特征进行过全方位的研究（Hesse et al.，2009；Pearsall，2015），目前可以明确鉴定的只有玉米（*Zea mays*）花粉，颗粒大于 65μm（Fearn and Liu，1995），其他能够用于农作物禾本科种类鉴定的标志并不多，有些指标因为操作技术复杂（如 TEM）而难以广泛应用。

禾本科农作物花粉颗粒相对野生禾本科植物花粉普遍变大，不同学者试图用花粉颗粒大于 35μm、38μm、40μm，甚至 45μm 以上（王开发和王宪曾，1983；Faegri and Iversen，1992；许清海等，2010），作为禾本科农作物花粉的标志，并认为达到一定含量以上（如＞20%），可解释为有农业活动发生，不同学者给出的农作物花粉大小的标准很不统一。

最近 Mao 和 Yang（2012）对 9 种农作物［粟、黍、水稻、二粒小麦（*Triticum dicoccum*）、硬粒小麦（*Triticum turgidum* subsp. *durum*）、普通小麦（*Triticum aestivum*）、大麦（*Hordeum vulgare*）、高粱（*Sorghum bicolor*）、玉米］和亲缘野生植物［狗尾草、野生稻（*Oryza rufipogon*）、节节麦（*Aegilops tauschii*）］的花粉形态进行测量分析。从图 1-5 可以看出，不同农作物的花粉大小是不一致的，玉米花粉大多大于 70μm，与过去的结果基本一致；小麦类花粉一般为 53～65μm，与大麦和野生节节草花粉相比（35～50μm），明显大许多；水稻和野生稻花粉大小基本相似，一般在 30～45μm，无法区分；粟、黍花粉为 25～40μm，比狗尾草花粉（20～33μm）要大许多，但没有绝对的界限，因此在不同的农作物分布区，可以考虑用不同的判断标志，无法用统一的标志判断是否存在农作物。

1.2.3　生物标志物新进展

生物标志物基本保存了原始生物生化组分的碳骨架，记载了原始生物母质的相关信息，因此在古生态、古环境、古气候研究中被广泛应用。在农业考古和环境考古研究中，四种生物化学组分（蛋白质、碳水化合物、类脂物和木质素）都有应用的案例（谢树成等，2003；彼得斯等，2011）。而在这四类生物标志物中，研究最广泛的是类脂物和蛋白质（核酸）。

1. 蛋白质组学方法鉴定标志的进展

蛋白质是动植物的重要组成部分，在利用动植物的过程中产生的有机残留物中，一般含有或多或少的蛋白质，对其开展分析能为动植物利用提供丰富的信息（杨益民，2016）。蛋白质组学在 21 世纪初才开始应用于考古遗存的分析，而这一技术的成熟得益于蛋白质数据库的日趋庞大（Solazzo et al.，2008；杨益民，2016）。蛋白质组学分析的独特优势是能鉴定样品中所含蛋白质的种数和种类，而后者往

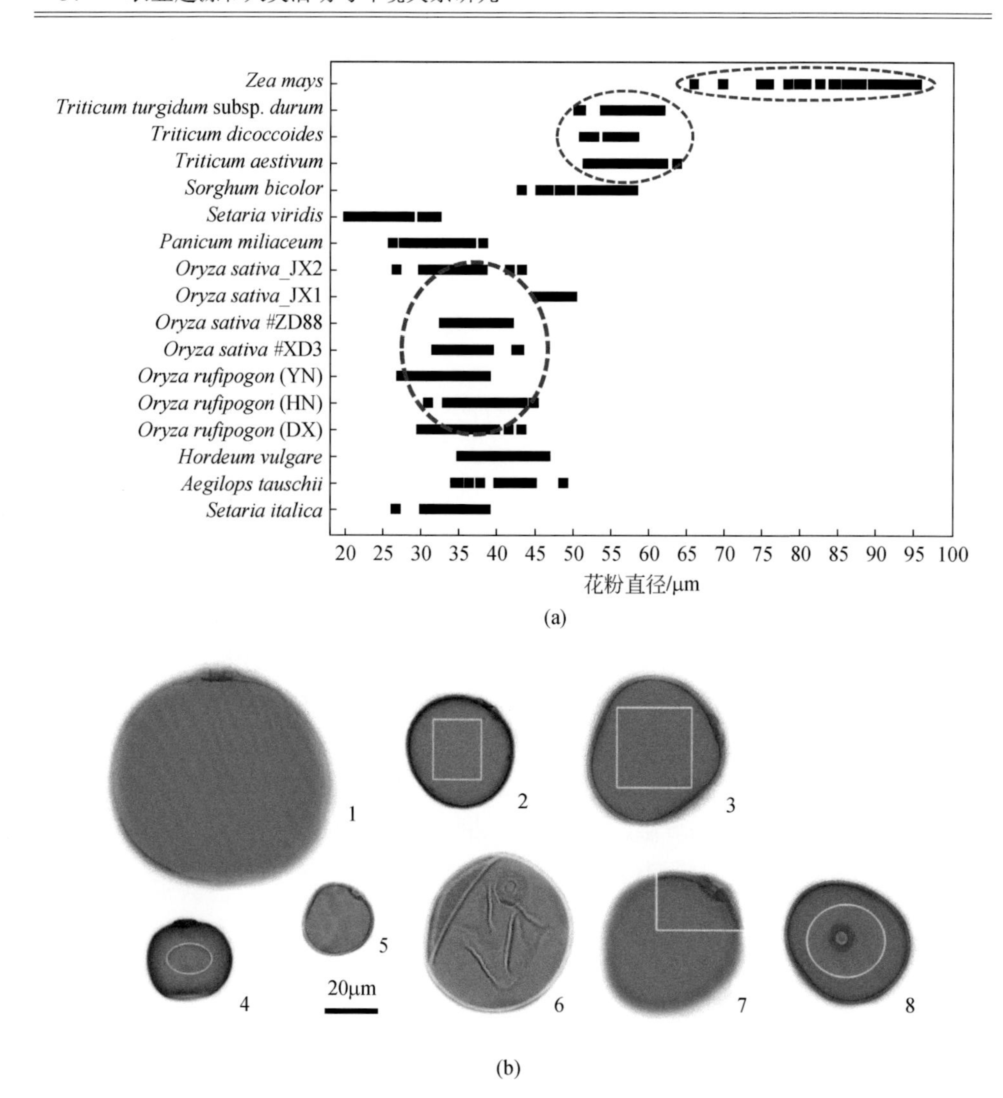

图 1-5　常见农作物和野生禾本科植物花粉形态与直径测量结果（据 Mao and Yang，2012）

（a）12 种农作物和禾本科植物花粉直径分布范围；（b）常见农作物和禾本科野生植物花粉形态：1. 玉米；2. 大麦；3. 高粱；4. 粟；5. 禾本科杂草；6. 二粒小麦；7. 普通小麦；8. 驯化稻

往和蛋白质的来源部位相关（杨益民，2016）。例如，动物的肉、皮、血、骨、角、奶或毛等，以及不同器官往往含有不同种类的蛋白质；因此蛋白质组学通过鉴定蛋白质的种类可以判断蛋白质的来源部位（杨益民，2016），这对了解先民开发动物产品的深度至关重要。近年来，使用蛋白质组学方法在新疆小河墓地中发现了 3600a BP 前的固体奶制品，大部分样品中主要含酪蛋白和微量的开菲尔乳酸菌，说明其为开菲尔奶酪（Yang Y M et al.，2014）。

植物的根茎叶中蛋白质含量很低，种子中的蛋白质含量较高，在植物种子（如粮食作物和油料作物）的加工过程和最终制品中，有可能保留有种子蛋白。比如，在北京圆明园建筑彩绘的地仗层（基础层）中鉴定出小麦面粉为胶结材料（Rao et al.，2014；杨益民，2016）。蛋白质的生物学信息在所有生物标志物中是相对丰富的，但它们在考古遗址或地层中保存相对其他指标来说不太稳定。

2. 类脂物分子类生物鉴定标志的进展

相比蛋白质而言，类脂物在地层沉积物中要稳定得多，可以在许多环境中长期保存下来，但它所携带的生物学信息相对较少。目前在农业考古、古生态、古植被研究中，研究最多的生物标志物就是类脂物分子（赖旭龙，2001），包括烷烃、芳烃、酸、醇、酮和酯等，主要涉及这些生物标志物的种类、含量、分布、具有种属特异性的生物分子或者分子组合（多指有机小分子），根据它们在加工、埋藏中产生的衍生物，有望判断相关残留物的生物来源。对古代残留物中的生物标志物，首先使用合适的化学试剂进行提取，再分析对象的属性，选择合适的光谱或质谱方法鉴定分子的组成、结构或同位素组成。比如，黍素（miliacin）是粟、黍的生物标志物，吕厚远等曾用气质联用方法和植硅体方法在磁山文化窖穴的灰化样品中识别出早期黍的存在，为粟作农业的起源研究提供了重要证据（Lu et al.，2009a）。茶氨酸和咖啡因是茶叶的生物标志物（Lu et al.，2016）。桦木醇（图 1-6）、羽扇豆醇和桦木酸是桦树皮的生物标志物，利用该方法在我国新疆地区鉴定出古代桦树皮制品（Rao et al.，2017）。

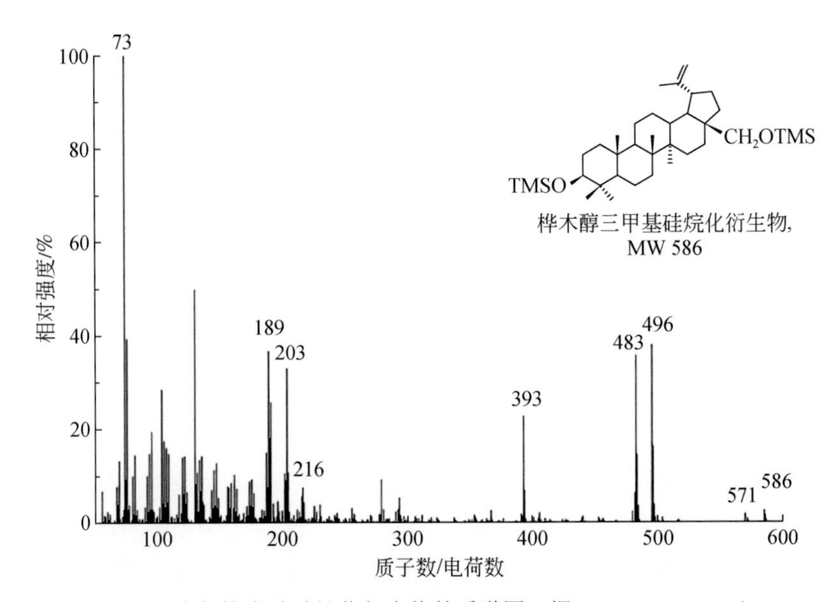

图 1-6　古代桦木醇硅烷化衍生物的质谱图（据 Rao et al.，2017）

3. 遗传学生物鉴定标志的进展

通过 DNA 分析方法研究农作物的起源、演化，可以从遗传学角度提供全新的证据。许多研究是通过对现生农作物和亲缘野生植物的 DNA 片段等做了类似亲子鉴定的分析（Huang et al.，2012）。例如，通过水稻基因片段分析，发现与水稻驯化相关的一些主要基因变异仅出现过一次，籼稻所携带的控制落粒性的基因来自于粳稻，结合考古学证据，逐渐形成一个主流观点（Choi et al.，2017；Fuller et al.，2010）：大致在 10000a BP 之前，在中国已经开始驯化粳稻，在 4000a BP 前后传入印度，与当地被人类利用的野生稻杂交之后，出现了籼稻，籼稻大约在 2000a BP 前后传回中国。中国是水稻起源"原始中心"和印度是"次生中心"的遗传学证据似乎越来越多（Choi et al.，2017；Gutaker et al.，2020）。然而，值得注意的是，也有部分现代水稻DNA 研究发现，粳稻的许多基因不存在于籼稻之中，而籼稻携带的很多基因也未在粳稻中出现，从基因组层面证明粳稻和籼稻是独立起源的，再通过种系地理学的分析，认为粳稻起源于中国南方，籼稻起源于喜马拉雅山麓地带（Londo et al.，2006；Civáň et al.，2015；Wang W et al.，2018），这一水稻起源"多个驯化中心"学说与上述"单次驯化多次起源"学说针锋相对，孰对孰错，尚未有定论。

关于在中国最早开始驯化水稻的地点，DNA 分析的结果通常圈定在长江流域（Molina et al.，2011；Gross and Zhao，2014），这与考古学的证据相符。但部分现代水稻和普通野生稻的 DNA 证据揭示水稻的驯化地在广西珠江流域地区（Huang et al.，2012），还有待更多考古学证据的验证以及理论的解释，涉及水稻起源是否应该发生在野生稻种类丰富区、野生稻分布的边缘区、气候环境条件适宜区，或考古发掘水稻化石最老的地区等，一直是学界讨论的问题。

DNA 分析已经明确了粟的野生祖本是狗尾草，初步划分了粟的野生祖本不同类群的分布地区和起源演化信息（Fukunaga et al.，2006；Diao and Jia，2017）。对黍的野生祖本的 DNA 鉴定还在进行中（Hunt et al.，2014），遗传学分析表明，中国是黍遗传多样性最高的地区，而且黄土高原地区生态型黍的遗传相似系数显著低于其他地区生态型的黍，表明中国很可能是黍的起源区，其起源中心很可能位于黄土高原（Hu et al.，2009）。

另外，部分学者已经在考古遗址出土的植物样品中成功提取到 DNA（Castillo et al.，2016；Jones et al.，2016）；20 世纪 90 年代，日本学者佐藤洋一郎在草鞋山遗址的 6 粒炭化稻米中提取到了 DNA，分析认为都是粳稻，提出了长江流域最早栽培的水稻是粳稻的观点（严文明和安田喜宪，2000）；2011 年，中国学者樊龙江等提取了田螺山遗址古代水稻的DNA 并进行测序，发现古稻序列与绝大多数现代粳稻一致，与绝大多数中国籼稻地方种基因型不同，认为古稻遗存可能为粳稻类型（樊龙江等，2011）；2020 年，中日学者又对莫角山遗址出土的炭化稻米进行了 DNA 分析（Tanaka et al.，2020），发现一些稻米带有粳稻叶绿体基因，而另外一些稻米却带有籼稻叶绿体基因，这些稻米的时代为 5300～4300a BP 的良渚文化时期，这意味着早在 5000a BP 前，籼稻或其祖本已经存在于长江下游地区，那么莫角山遗址的籼稻是外源输入还是本土所有？无论哪种答案，如果分析结果被后续证据确证，将改变籼稻的驯化和传播历史。尽管学界对上述遗址稻米 DNA 数据还有些疑问，但可以预期，随着从炭化种子提取 DNA 技术的进步，遗传学鉴定将在农业考古研究中发挥越来越重要的作用。

在目前的农业起源、演化研究中，无论是大化石、微体化石，还是生物标记物，不同的研究方法针对不同研究对象和目标，可能各有优势和弱点，研究设计尽可能利用多种手段，相互补充、相互验证，获取更接近事实的信息。在过去的几年时间，我国学者通过多方法、多指标开展农业考古研究，取得了一些重要的进展。

1.3　中国农业起源、演化研究的新进展

1.3.1　中国稻作、旱作农业考古遗存分布

农业考古遗存是研究农业起源、演化的重要实物证据。随着农业考古方法学研究的深入和应用，农业考古研究成果快速增加，包括大化石、微体化石和少量分子生物学证据，目前已经正式发表的旱作（粟、黍）、稻作考古学结果的遗址约有 1080 处（He et al.，2017）。

龚子同等（2007）在《科学通报》发表的《中国古水稻的时空分布及其启示意义》一文中，总结了当时能收集到的学术刊物发表的和其他途径报道的水稻考古遗址点共 280 处。目前发现的水稻考古遗址［图 1-7（a）、（c）］（He et al.，2017），仅学术期刊正式发表的老于 2000a BP 的水稻遗址有 543 处，老于 4000a BP 的有 424 处，老于 7000a BP 的有 40 处。绝大多数分布于 37°N 以南的东部季风区，以长江流域和黄河中、下游地区分布最为密集。最北地点为青铜时代的辽宁旅顺口高丽寨遗址（121°57′E，39°23′N），最南地点为龙山时代的台湾屏东垦丁遗址（120°47′E，21°57′N），最东地点为马家浜文化的浙江舟山白泉遗址（122°09′E，30°04′N），最西地点为青铜时代云南泸水石岭岗遗址（98°52′E，25°39′N）。到目前为止，有明确测年数据表明，10000a BP 前后的水稻遗存主要分布在长江中游的洞穴遗址（江西万年仙人洞与吊桶环和湖南道县玉蟾岩）和下游的旷野遗址（上

山文化遗址群），多地驯化水稻的观点认为，长江中游和下游都可能是水稻驯化、演化的中心（Deng et al.，2015；Choi et al.，2017；Zuo et al.，2017）。

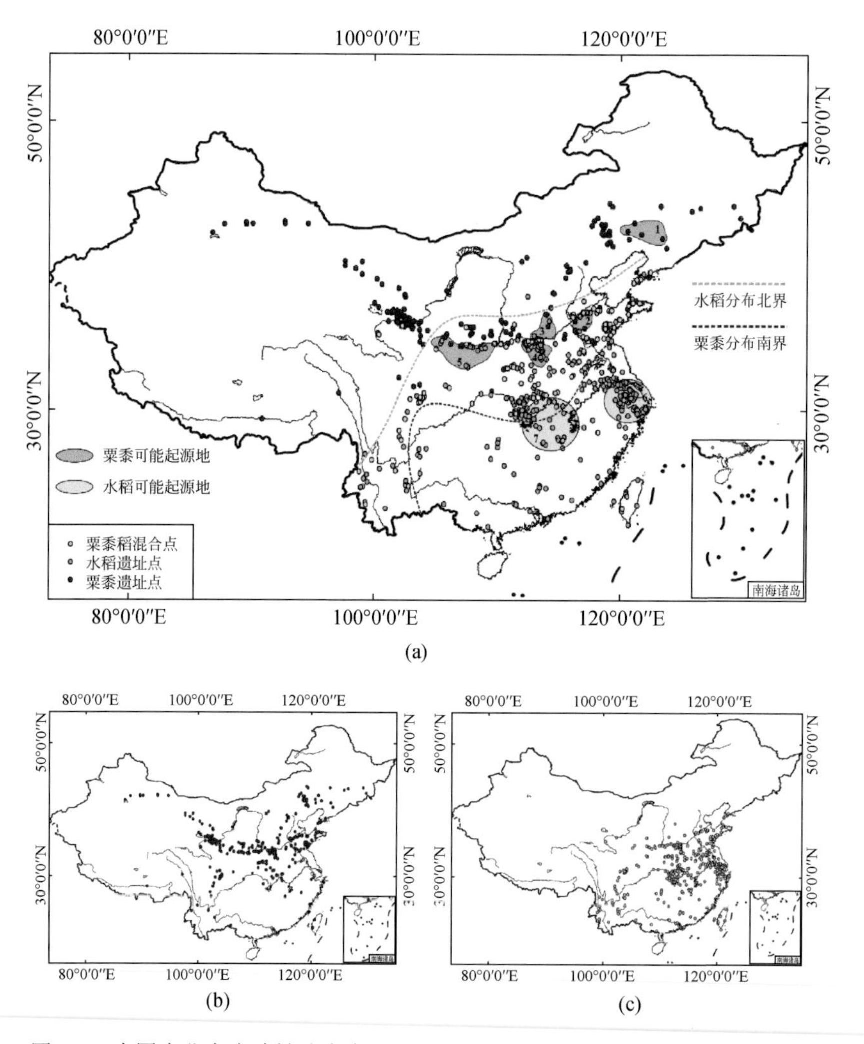

图 1-7　中国农业考古遗址分布点图（11000～2000a BP）（据 He et al.，2017）

（a）中国农业考古粟、黍、水稻遗址点以及粟、黍、稻混合遗址点分布图；（b）中国农业考古粟、黍遗址点分布图；（c）中国农业考古水稻遗址点分布图

关于旱作农业考古遗址，1993 年报道有 49 处（游修龄，1993），目前共统计正式发表的约 2000a BP 以前的旱作遗址 537 处（He et al.，2017），老于 4000a BP 的 324 处，老于 7000a BP 的 31 处［图 1-7（a）、（b）］。绝大多数分布于 33°N 以北的北方地区，东西分布狭长，以黄河流域分布最为密集，且在长江上、中游及

辽西地区也有密集分布。最北的地点为青铜时代内蒙古赤峰二道井子遗址（119°11′E，44°18′N），最南的地点为青铜时代台湾台南牛稠子遗址（120°13′E，22°57′N），最东的地点为龙山时代吉林延边新安闾遗址（129°46′E，43°18′N），最西地点为青铜时代新疆和硕新塔拉遗址（86°55′E，42°13′N）。最早（8000～10000a BP）的粟、黍农作物考古证据分布在内蒙古赤峰、河北北部、山西吉县、陕西宜川、甘肃秦安等地区。

目前共统计中国史前旱作-稻作混作遗址（同时发现旱作、稻作）186 处［图 1-7（a）］（He et al.，2017），老于 4000a BP 的 121 处，老于 7000a BP 的 5 处。绝大多数遗址位于长江与黄河流域之间 30°N～37°N 的范围内，呈东北-西南向带状分布。最东北的地点为辽宁大连高丽寨遗址（122°29′E，39°32′N），最西南的地点为云南耿马石佛洞遗址（99°43′E，23°37′N），最东南的地点为台湾台南南关里遗址（120°16′E，23°07′N），最西北的地点为甘肃灵台桥村遗址（107°30′E，35°09′N），海拔最高遗址点为青海循化交日当和云南剑川海门口（约 2200m）。目前的考古学证据表明，中国的黄河中下游地区和西辽河流域、长江中下游地区可能分别是旱作（粟、黍）和稻作起源-驯化的中心地带，驯化开始的时间都在大约 10000a BP 前后，这个时间与西亚、中美洲的农作物开始被人类利用、栽培和驯化的时间是相近的。涉及具体的驯化过程，稻作的证据相对更多一些，旱作的驯化过程研究还在基础材料的积累过程中。

1.3.2　中国稻作、旱作农业起源、演化过程初步研究

人类什么时候开始驯化农作物？是快速驯化还是缓慢驯化？什么时间进入稳定的农业发展时期？目前还存在争议（Liu et al.，2007；Fuller et al.，2009；Silva et al.，2015）。不同的学者曾给以简单分期，如采集期、栽培利用期、早期驯化期、驯化成熟期（真正的农业）等，随着野生-驯化鉴定标志的完善和应用，对这些阶段的认识将会逐渐完善。

马永超、郇秀佳等对长江下游的十多处典型考古遗址（10000～2000a BP 前后）开展水稻植硅体分析（郇秀佳等，2014；Ma et al.，2016），通过统计鱼鳞状纹饰≥9 个的水稻扇型植硅体的比例，揭示了长江下游水稻驯化的大致三个阶段［图 1-8（a）］。第一阶段，大约 1 万年前后，驯化型水稻化石的比例达到 30%左右，明显高于野生稻的 17%，说明上山文化早期水稻已经开始被驯化，直到河姆渡文化早期之前，驯化程度逐渐增加到 55%左右，但尚未达到现代驯化的程度；第二阶段，6500～5600a BP，从河姆渡文化早期到马家浜-崧泽文化过渡时期，水稻的驯化程度一度回落到 30%左右，原因不明；第三阶段，5600a BP 以后，水稻驯化程度逐渐达到现代驯化水平。邓振华等通过对长江中游的水稻小穗轴化石的分析，

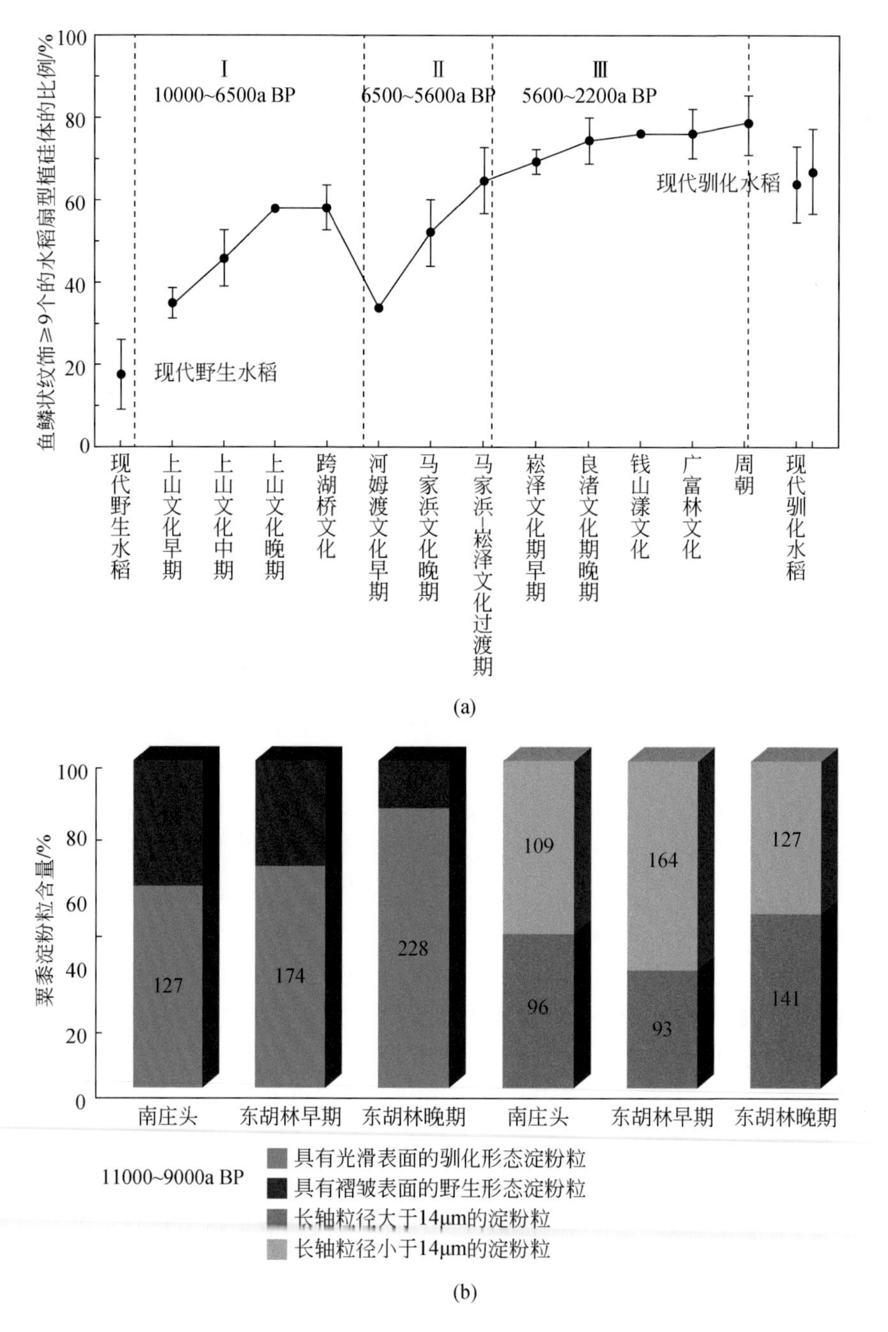

图 1-8 中国稻作、旱作农业起源、演化过程

(a) 水稻起源演化的植硅体证据（据郇秀佳等，2014；Ma et al.，2016）；(b) 粟类农业早期演化的淀粉证据（据Yang et al.，2012b）

发现在 8000a BP 前后，水稻已经完全驯化（Deng et al.，2015）。是否说明长江中游相对下游更快速地完成水稻驯化过程，还有待深入研究。

粟、黍的起源、驯化、演化的证据还非常有限，目前仅有淀粉粒的证据，揭示了旱作农业早期的粟类农作物变化的过程。杨晓燕等通过对河北徐水的南庄头遗址（早于 11000a BP）和北京门头沟的东胡林遗址（11000～9500a BP）出土的石器和陶器的表面残留物以及文化层沉积物中的淀粉粒遗存分析（Yang et al.，2012b）[图 1-8（b）]，发现 11000a BP 前后，淀粉残留物中已经出现了具有驯化特征的粟类淀粉粒，说明当时人类已经开始了对粟或黍这两种作物野生祖本的驯化。进一步对 14 个新石器早期到中期遗址残留物淀粉粒进行分析（杨晓燕等，2009b；Yang X Y et al.，2012a，2015a；Yang and Perry，2013），发现具有野生性状的粟淀粉粒逐渐减少。表明粟类的野生祖本被驯化的过程是长期的，至少需要数千年。

1.3.3　中国稻作、旱作农业传播过程初步研究

1. 水稻起源传播可能的过程和途径

对水稻起源传播过程的认识，前人曾经给出过不同的传播途径（严文明，1982；游修龄，1993）。根据目前水稻考古证据和气候变化背景（Dykoski et al.，2005；He et al.，2017），水稻起源传播大致经历了以下几个过程（图 1-9）。

约 10000a BP 前，在末次冰消期气候转暖过程中，粳稻类开始在长江中、下游地区被驯化。8000～7000a BP，全新世温暖适宜期，水稻快速向北传播到山东章丘西河、长清月庄，河南郑州朱寨、新郑唐户等地区的十多个遗址中（Zhang et al.，2012；Jin et al.，2014；王灿，2016），水稻向北扩展到旱作区，应该与 8000～7000a BP 全新世温暖湿润的气候有关。6000～5000a BP，水稻继续向西北传播，可能存在两条路线：①经洛阳盆地、关中平原，继续西进到甘肃河湟地区（Zhang et al.，2010，2011，2012；秦岭，2012）；②从汉水下游向西到上游再到甘肃河湟地区。目前关于水稻南传的研究，张弛等做过许多工作（张弛和洪晓纯，2009；Zhang and Hung，2010），结合新近的材料（He et al.，2017），可以初步判断，5000～4000a BP，全新世气候温度下降过程中，大致有三支南传路线：①在仰韶文化晚期—马家窑文化时期，水稻从甘肃天水一带沿着粟作农业南下，进入四川、云贵低海拔地带，最后可能经藏缅走廊传入中南半岛（He et al.，2017）；②一支在 5000～4000a BP，从福建-台湾快速传播到吕宋岛菲律宾地区（He et al.，2017；Deng et al.，2017b；Yang et al.，2018a）；③另一支在 4500～4000a BP 穿过南岭到达广东及南海沿岸地区（Yang et al.，2018a）。

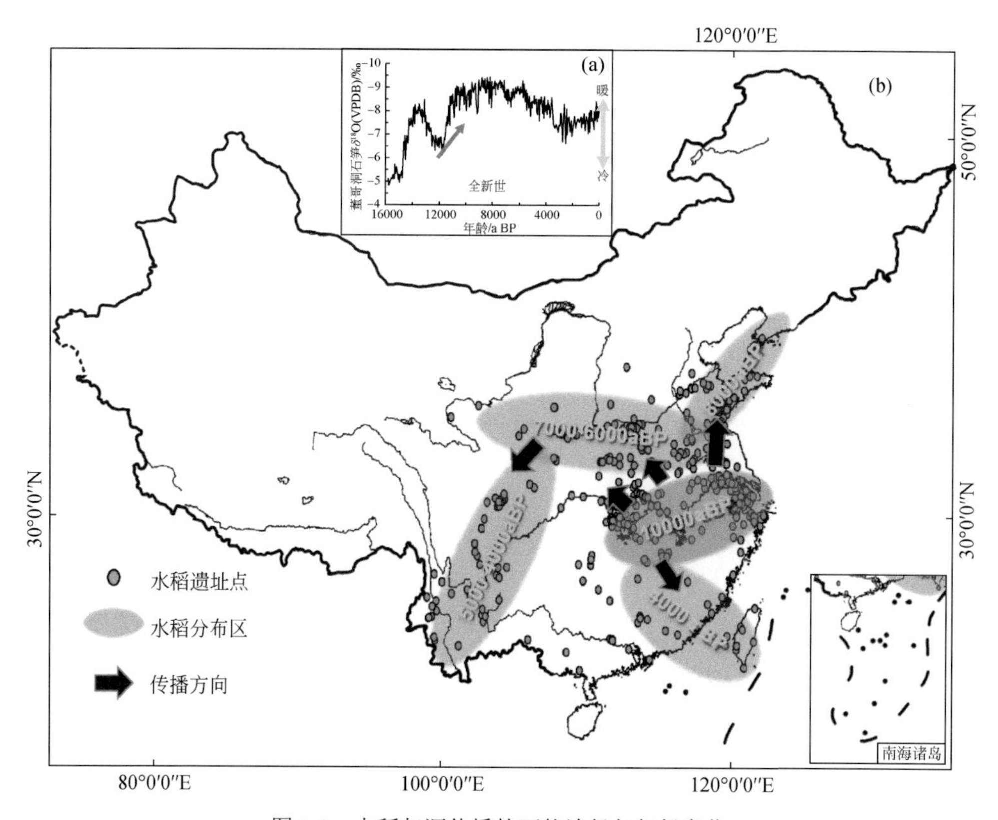

图 1-9　水稻起源传播的可能途径与气候变化

（a）董哥洞全新世气候变化（据 Dykoski et al.，2005）；（b）水稻遗址分布（据 He et al.，2017）

2. 旱作农业向中亚、青藏高原传播与史前人类迁徙-定居

基于现有资料（Liu et al.，2016；Stevens et al.，2016；He et al.，2017；董广辉等，2017）可知，在 10000～8000a BP 前后，粟、黍农业在黄河流域和西辽河流域起源之后，通过马家窑文化和齐家文化时期的人群流动，向西传播到达黄土高原西部，在 4500～4000a BP 前后传入中亚东部，3500a BP 后传入西亚和欧洲。约 10500a BP 前后起源于西亚的小麦和大麦在 8000a BP 前传入欧洲和中亚西部，4500～4000a BP 传入中亚东部和中国西北地区。表明粟、黍向中亚传播和小麦向东亚传播都经历了数千年的过程，它们在中亚地区相遇的时间大致在 5000a BP 前后。与此同时，粟、黍通过西、中、东三个通道（西部四川盆地和云贵高原地区、中部关中盆地-汉水流域、东部海岱地区）向南传播（He et al.，2017）。但小麦东传的具体路径和过程目前还有争议（靳桂云，2007；Dodson et al.，2013；赵志军，2015；张东菊等，2016；董广辉等，2017）。

相对来说，粟、黍、麦向青藏高原传播的过程，过去了解并不多。最近几年，陈发虎等调查分析了青藏高原东北部 200 余处史前遗址，选择 53 处保存完好的史前遗址采集样品，开展了系统植物遗存鉴定分析，以及精确的炭化种子测年工作，并结合古气候研究成果，提出了史前人类向青藏高原扩散的“三步走”模式：第一步，20000～5200a BP，旧石器人群在青藏高原低强度季节性游猎；第二步，5200～3600a BP，粟、黍农业人群扩散到青藏高原东北边缘，在海拔 2500m 以下河谷地区大规模定居；第三步，3600a BP 以后，以种植大麦和牧羊为主的农、牧混合人群大规模扩张，并定居至海拔 3000m 以上的高海拔地区（Chen et al.，2015a；陈发虎等，2016；张东菊等，2016；Dong et al.，2017）。这项研究为理解史前人类如何在适应气候变化和利用新的生产技术定居在高海拔地区提供了新视角。

近年来，我国旱作-稻作起源、传播研究有一个重要特点，大量植物遗存（种子、炭屑、植硅体等），特别是一年生炭化种子被广泛应用于 ^{14}C 年代测定，为厘清农业起源与传播、文明的发展与演化过程，提供了明确的年代框架（Dodson et al.，2013；Chen et al.，2015a；Dong et al.，2017；He et al.，2017；Zuo et al.，2017）。

1.4　中国农业起源、演化研究的问题与机遇

现今，人类起源、农业起源和文明起源研究，已经不仅仅是世界考古学的三大战略性课题，随着生命科学、地球科学等自然科学和社会科学多学科的加入，以及方法学的突破、材料的积累和理念的创新，预计在今后不长时间内，史前农业起源演化与人类文明发展以及自然环境变化关系的诸多认识和模式将有新的突破，成为许多学科关注和参与的重大方向。

人类将重新审视，为什么在末次冰消期气候升温过程中，在大约 12000a BP 前后，大致只在 20°N～35°N 以及美洲大陆 15°S～20°N 的地区，人类最早驯化了不同种类的农作物？为什么在人类长期采集植物的过程中，从开始选择坚果类植物到更多选择双子叶草本植物、单子叶草本植物以及最后更多集中对禾本科植物进行驯化？今天我们饭桌上一餐简单的饭菜，可能是数千年来世界各地驯化植物的汇聚，从西亚“新月沃地”出产的小麦、大麦、多种豆类，到美洲驯化的玉米、南瓜，以及中国出产的稻米和粟、黍等，这不仅仅是食物的汇聚，更是世界文明的汇聚。世界农业起源、演化、传播有哪些规律？对整个人类文化、文明历史演化产生了怎样的影响？什么机制驱动？又会向什么方向发展？我们还面临一系列问题，也是机遇。

中国是世界三大农业起源中心之一，是文化连续传承的文明古国，有着得天独厚的旱作和稻作农业研究资源和丰富多样的气候环境记录，还是研究东亚农业起源、文明演化和气候变化关系的核心区域。今后相当长一段时期，早期农业起源与传播问题的研究，将依然聚焦在相互联系的三个方面：①早期农业起源、发展和传播的科学证据；②早期农作物遗存等鉴定的新技术、新方法；③农业起源-传播的气候环境背景与驱动机制等。

从材料和证据看：我们对旧石器晚期人类“食物广谱化”过程的了解还非常有限，期待更多的旧石器晚期和新石器过渡时期的证据；在末次冰期—冰消期期间，全球海平面下降 120～130m，我国沿海 100 多万平方公里的大陆架变为陆地（汪品先，1990），应该是适合早期人类生存、驯化农作物的良好地区，但目前能够探索的能力和机会非常有限；目前的农业起源的关注度最大的是粟、黍、稻几种早期的农作物，事实上，全新世中后期许多新的动、植物种类陆续被驯化，我们对这些农作物被驯化的背景和过程还了解甚少；农业的传播和交流涉及我们对中亚及我国西南、东南沿海以及周边国家的农业考古资料的了解和把握，最近几年我们看到了一批非常重要的周边地区农业考古的研究成果，还期待更多相关研究的深入。

从方法和技术看：目前不同的研究方法有可能得出不同结论，如我们目前所遇到的用现代水稻植物 DNA 分析的水稻起源地的结论和水稻考古证据并不匹配；植物考古浮选的粟、黍炭化颗粒比例与微体化石的数据不匹配等，都是可以预见的问题。如果能够找到合理的解释和解决方法，会在某一方面取得重要的进展。与材料、方法和技术关系重大的是年代学的数量和质量以及测年技术的突破，这是将来有没有可能取得重要进展的关键。因此，应时刻关注新方法的创新和应用，许多新方法不只是依赖先进的仪器，更多的是理念的创新。

关于基本概念和假说：农业考古的许多争议，可能因为一些概念不够明确，如“农业起源”“农业起源地”“农业起源阶段划分”的标准等，不同学者常常有不同的理解；人们对农业起源的认识是阶段性的，不存在一成不变的理论模式，目前着重事实可靠是接近真相的关键途径。在农业起源的科学前沿，地质学、生物学、考古学、农业科学、社会历史文化等学科的界限越来越模糊，农业起源-演化理论性突破的机遇，在于多学科的融合。

本章重点介绍了近几年中国科学家在新技术、新方法方面的主要进展和有关研究概况，许多新的重要的成果和文献可能没有涉及，许多有意义的问题需要将来深入探讨。

第2章　全新世中期中原地区古代农业的时空演变及其影响因素

2.1　引　　言

末次冰消期与全新世之交，随着全球气温的回升，以谷物种植和家畜驯养为特色的农业经济开始出现，并逐渐取代狩猎采集经济（Gupta，2004；Bellwood，2005；Bar-Yosef，2011；Cohen，2011；Fuller et al.，2014），开创了人类控制和生产食物的新时代，这是人类历史上一件具有里程碑意义的事件。农业促进了人类生业经济、聚落形态、社会结构、宗教信仰、国家政治以及自然环境和资源等方方面面的变化，所以农业不仅革新了人类的生计方式，而且形成了全新的社会文化系统，同时对世界各地的社会复杂化进程以及文明和国家的产生起到了决定性作用（陈胜前，2013）。认识农业的起源和发展以及农业对史前文化演变的影响，将有助于我们更深入、更全面地认识人类文明和社会发展的来龙去脉。

农业主要起源于西亚、中南美洲和中国三个中心（Bellwood，2005）。距今11000～10000年，西亚地区驯化了麦类（小麦、大麦、燕麦）、豆类（扁豆、豌豆、鹰嘴豆、蚕豆）和亚麻，并且驯化了山羊、绵羊等动物，孕育了美索不达米亚文明，随着西亚农业向西、西北扩展到欧洲和地中海地区，向南进入埃及，向东南进入南亚次大陆，产生了古希腊文明、古埃及文明和古印度文明（Bellwood，2005）。距今10000～7500年，中南美洲地区驯化了南瓜、玉米、木薯和甘薯等（Piperno et al.，2000；Piperno and Stothert，2003；Pearsall，2008；Piperno and Dillehay，2008），孕育了玛雅文明、安第斯文明等美洲文明。中国是粟作农业和稻作农业的起源地，在距今10000～9000年的中国南方和北方分别出现了对稻和粟、黍的种植（赵志军，2014；Larson et al.，2014），两个农业体系相互交流与融合，形成了一个复合经济体系（严文明和庄丽娜，2006），共同推进了古代中国文明的起源和发展，同时对东亚、东南亚和太平洋地区古代文化的诞生和演进产生了影响（Bellwood，2005）。先前的研究表明，全新世中期（6000～3000cal BC）是我国谷物由野生向驯化发展、生业经济由采集向农业转变的关键阶段（秦岭，2012；Liu and Chen，2012；赵志军，2014），同时也是气候发生明显波动的时期（Marcott et al.，2013；Chen et al.，2015b）。研究全新世中期农业的时空演变过程及其与气候环境的关系，将有助于深入认识中国古代文明起源的过程和机制（An et al.，2004；Lu，2017）。

黄河流域的华夏文明是中国古代文明的核心，而中原地区则是其兴起和发展的摇篮（严文明，1987）。中原地区是一个历史学和考古学上的文化区域概念，有广义的中原地区和狭义的中原地区之分。广义的中原地区包括河南大部、山东西部、河北中南部、山西南部和陕西关中地区（严文明，1987；韩建业，2016）；狭义的中原地区则是指河南大部分地区和晋南地区（高江涛，2009），其中又以嵩山为中心，形成了一个“嵩山文化圈”，历来被称为“天下之中”或“国中”（周昆叔，2012）。中原地区地理位置居中，并集气候过渡带、植被过渡带和地貌过渡带于一身，自然条件得天独厚，为文化繁荣发展提供了十分有利的自然环境（夏正楷，2004，2012）。中原地区史前的文化脉络清晰，基本建立了裴李岗文化—仰韶文化—龙山文化—二里头文化的时间框架（中国社会科学院考古研究所，2010），最近发现的新密李家沟遗址（北京大学考古文博学院和郑州市文物考古研究院，2011a），年代为距今10500～8600年，其中细石器文化、李家沟文化和裴李岗文化的连续堆积，将中原地区文化序列推至旧石器时代晚期。这一系列文化连续演进，期间没有中断，也不存在跳跃，是一个稳定发展的社会，最终形成华夏文明。出现这一文化现象不仅得益于该区优越的自然条件，而且与其农业经济的发展密不可分（夏正楷，2012）。因此，中原地区农业的起源与发展，为史前文化的繁荣奠定了坚实基础，对中华文明的产生和发展，以及对促进中国早期国家的形成，起到了重要的推动作用，值得进行深入的研究。

中原地区全新世中期古代农业是学界长期关注的热点（黄其煦，1982a；吴耀利，1994；张之恒，1998；陈星灿，2001；王星光，2013）。近年来，随着浮选法的广泛应用，在中原地区许多遗址，如三门峡南交口（秦岭，2009）、灵宝西坡（赵志军，2011）、西安鱼化寨（赵志军，2017）等，采用炭化植物遗存分析来进行古代农业的研究，通过对农作物遗存的量化分析，揭示出中原地区在新石器-青铜时代属于北方旱作农业系统，发现粟和黍两种农作物在农业经济中占主导地位，从仰韶文化时期开始，又陆续出现了水稻、小麦和大豆等农作物，发展到二里头文化时期建立起了“五谷齐全”的多品种农作物种植制度（赵志军，2007，2011，2014），从而构建了中原地区古代农业发展的宏观图景。然而，中原地区炭化植物遗存的研究在一些关键点上仍然存在一些问题。

一是缺乏早期农业形成过程的关键阶段，即裴李岗文化时期遗址的系统研究。裴李岗文化时期仅对贾湖类型的贾湖（赵志军和张居中，2009）和八里岗（邓振华和高玉，2012）两处遗址进行了系统研究，但这两处遗址又多被归属为淮河流域（张弛，2011），处于中原核心区的裴李岗类型遗址的相关研究匮乏。过去报道出土粟和其他野生植物资源的遗址，如沙窝李、丁庄、班村等多未经过系统植物考古工作（王吉怀，1984；许天申，1998；孔昭宸等，1998），而经过系统浮选的坞罗西坡和府店东遗址仅各发现两粒炭化粟（Lee et al.，2007），如此稀少的植物遗存数量限制了对早期农业发展状况的讨论，中原裴李岗文化时期的旱作农业是以粟还是以黍为主？是否出现水稻种植？炭化植物遗存分析没有给出明确的答案。

二是虽然不乏区域性的研究，如 Lee 等（2007）、傅稻镰等（2007）和 Zhang 等（2010）对伊洛河流域、颍河上游流域以及关中盆地进行的植物考古研究，揭示了裴李岗-仰韶文化—商周时期农业结构的整体特征及演变过程，但对区域内不同规模等级、不同地貌部位遗址农作物结构的差异关注不够。张俊娜等（2014）在洛阳盆地炭化植物遗存的研究中对这一问题进行了初步探讨，然而受限于样品数量，其总结的规律还需更多材料验证。因此，目前学界对中原地区全新世中期农业的时空演变过程及其影响因素仍不甚清晰。

对于第一个问题，即中原裴李岗文化时期炭化遗存研究的缺乏，一方面与研究者侧重点和工作深度有关，另一方面不可忽视的一点在于黄土地区早期植物遗存的难保存性，尤其是裴李岗文化时期温暖湿热的环境很容易造成有机质的风化或溶蚀，导致浮选结果不理想。所以，在中原地区，单纯依靠炭化植物遗存很难获得早期农业的有效证据。

中原地区早期农业的新证据来自植物微体遗存研究，而且多集中于淀粉粒研究成果，这种情况在中国北方的早期农业研究中也非常普遍。在裴李岗、莪沟、石固、沙窝李、岗时、唐户、寨根和班沟 8 处裴李岗类型遗址中的石器和陶器表面都发现了粟类淀粉，在唐户遗址中还发现了稻族淀粉，但在具体的种类鉴定上还不确定（张永辉，2011；刘莉等，2013；杨玉璋等，2015；Li et al.，2020）。此外，来自器物表面的淀粉粒组合能否直接反映当时取食结构的比例，还需要结合其他证据做出判断（秦岭，2012），而有学者则认为，它们可能更多的是器物功能和食物加工方式而非农业发展的证据（邓振华，2015）。

植硅体作为一种二氧化硅胶凝体，具有抗风化、耐侵蚀的特点，具有保存上的优势（Piperno，2006）。植硅体分析在禾本科植物，尤其是在粟、黍、稻的鉴定上可以明确区分到种（Zhao et al.，1998；Lu et al.，2002，2009a），在寻找早期农作物上发挥了重要作用（Zhao，1998；Lu et al.，2009b），而且植硅体含量变化可以反映农作物的相对产量，在探寻区域农作物结构演变中取得了良好效果（张健平等，2010；Zhang et al.，2010），应用到唐户遗址中，揭示了中原裴李岗文化的黍、稻混作模式（Zhang et al.，2012）。因此，植硅体分析在早期农业研究中具有很大的潜力，应与炭化植物遗存一起成为主要的研究方法。

对于第二个问题，则需要在中原关键区域继续进行系统的植物考古调查，并对遗址规模和所在地貌进行详细的描述和分类，以进行区域内对比研究。这种区域性的植物考古研究也已成为全面认识农业发展时空格局的重要途径（Lee et al.，2007；张俊娜等，2014；Wang et al.，2017，2019；王灿等，2019）。嵩山地区是中原文化区的核心区域，也被认为是中原农业起源和北方粟作起源的中心（王星光，2013；朱乃诚，2013），对嵩山地区早期农业的研究有助于揭示中原古代农业的发展渊源。如前面所述，目前嵩山地区已开展的系统植物考古工作集中在嵩山西麓和南麓，包括伊洛河流域、颍河上游区域和洛南盆地，而同属中原核心区的嵩山北麓和东麓的郑州地区却较少引人关注。郑州地区拥有丰富的文化遗存，新石器时代早期的李家沟、裴李岗、唐户等遗址都分布在这里，对该区域进行系统的植物考古研究可以为探索中原地区早期农业的发展过程提供新的证据。

综合以上两点，本章首先以嵩山地区腹地的郑州地区为研究区域，选择位于不同地貌部位、不同规模的 13 处裴李岗文化-仰韶文化遗址进行系统采样，通过考古学文化和 AMS^{14}C 测定确立年代框架，并以植硅体分析为主，结合炭化植物遗存分析，揭示中原地区裴李岗-仰韶文化时期农业结构特点以及不同类型遗址农作物种植的差异，并且结合环境资料，探讨气候环境变化与中原早期农业格局形成和发展之间的关系。重点回答中原地区早期农作物结构如何演变，农业生产在生业经济中的地位如何变化，旱作、稻作以及稻-旱混作在地理上如何分布，其时空演变与气候、地貌、水文等自然要素以及社会文化因素有何联系等问题。

此外，中原地区传统上属于北方旱作区，研究其古代农业一定离不开两种旱地作物：黍（糜子、大黄米）和粟（谷子、小米）。它们是东亚干旱-半湿润区最古老的栽培谷物，也是我国史前北方旱作区最重要的农作物（Lu et al.，2009b；Yang et al.，2012b）。揭示不同时期黍、粟种植的比例变化，不仅有助于重建旱作农业的起源和发展过程，还将为探讨旱作生产与全新世气候变迁以及社会发展的关系提供参考资料，因此，这也一直是农业考古、植物考古、环境考古学界研究的热点之一（Lee et al.，2007；Zhao，2011）。

目前，学界对北方旱作农业结构的认识多是基于出土炭化植物种子的数量、比例分析得出的，认为粟自仰韶文化中晚期（6～5ka BP）开始至秦汉时期小麦大规模普及之前一直是北方最主要的粮食作物（秦岭，2012；赵志军，2014）。然而，这一认识并没有得到历史文献和考古遗址植硅体分析结果的支持：在甲骨文和《诗经》中，黍出现的次数远超过粟，暗示黍在商周时期还是北方居民的重要谷物（陈文华，2002）（有关黍作为甲骨文和《诗经》里的“重要谷物”还有另外一种解释，即显示了黍在祭祀仪式而非日常生活中的重要性，不一定指示黍在作物组合中占有更高比例）；关中盆地杨官寨等 6 处遗址（距今 6000～2100 年）（张健平等，2010）、郑州朱寨遗址（距今 8000～3000 年）（Wang C et al.，2018）以及青海喇家遗址（距今 4000～3600 年）（王灿等，2015）的植硅体分析显示，至少在 4ka BP 以前黍的植硅体含量一直高于粟，与同一遗址或相同地区其他遗址的浮选结果相反（赵志军，2003，2017；张俊娜等，2014）。炭化遗存分析和植硅体分析是植物考古研究的两个主要方法，二者复原的旱作农业结构互相矛盾，究其原因无非三种：①炭化遗存分析有误；②植硅体分析有误；③两者皆有误。因此，在史前北方地区粟、黍谁是主角已不仅仅是旱作农业研究需要面对的科学问题，还是植物考古研究需要解决的方法学问题。尽快找到炭化遗存和植硅体分析相异的原因，对于利用植物考古手段复原不同时期黍、粟种植比例，探讨旱作农业发展过程至关重要。

为解释这种矛盾，前人对植硅体和炭化遗存数量统计结果的含义进行了考察（张健平等，2010），发现经相同实验方法处理的等重量的黍、粟种子植硅体的产量基本相等，说明相同条件下黍、粟植硅体的保存状况相似，植硅体含量反映的是黍、粟的相对重量（产量），而炭化遗存结果反映的是种子颗粒数量，指示含义的不同可能是两种方法得出相异结果的原因。相同重量的粟的颗粒数平均是黍的 2.26 倍，最高达 10 倍，仅以统计种子颗粒数量作为判定结果如果不进行校正可能会高估粟相对于黍的重量。然而，在一些情况下，即使将黍、粟炭化颗粒数量校正为相对重量，也仍然与植硅体结果相异（王灿等，2015）。如果植硅体结果能够较真实地反映黍、粟相对比例，那么差异产生的原因是否在炭化遗存方面？与粟、黍种子炭化过程有无关系？

一般情况下，考古遗址中种子的炭化是由高温烤焙造成的（刘长江等，2008），而炭化的过程是在一定的温度区间内实现的，不同植物种子的炭化温度条件不同，因此被炭化保存下来的概率是不相同的（Boardman and Jones，1990；Guarino and Sciarrillo，2004；王祁等，2015b）。这一因素可能造成遗存数量统计分析时的偏差，影响其所反映的农作物相对含量的真实性。但时至今日，炭化遗存分析在解释统计结果时均没有考虑这一因素。主要是因为缺乏植物炭化形成条件的系统研究，而有关黍、粟种子的炭化实验更多关注颗粒形态、大小和结构特征的转变（刘长江和孔昭宸，2004；杨青等，2011；Motuzaite-Matuzeviciute et al.，2012），缺少可信的炭化温度区间数据，黍和粟炭化保存概率是否存在明显差异尚不清楚，更无法进一步计算定量差值，制约了统计分析时对炭化黍和粟绝对数量的校正或补偿，用其复原的黍、粟相对比例（重量）的准确性将无法评估，从而使炭化种子与植硅体数据相矛盾的谜题难以破解，北方地区史前旱作农业是以粟为主还是以黍为主，将长久处于争议之中。

本章选择现代黍和粟种子，设计不同的加热温度、时间和氧气条件，进行模拟炭化的条件实验，确定粟和黍种子炭化的温度区间，以期提供新的数据约束现有黍、粟炭化遗存的分析框架，为利用考古遗址黍、粟炭化种子遗存研究旱作农业模式提供埋藏学依据，同时促动学界重视和反思炭化过程造成的植物考古统计分析中的误差。

2.1.1　早期农业研究的主要理论和现状

1. 农业起源的主要理论

据统计，到 20 世纪 90 年代初期，中外学者至少提出了 37 种农业起源的理论或机制解释（Gebauer and Price，1992），这些理论又可大体分为以下几个大类（吕烈丹，2013）。

第一类是从生态环境的变迁去寻找原因。柴尔德的“绿洲说”便是最早的代表。他认为西亚晚更新世末期到全新世初期气候干旱，从事狩猎采集的人群和动植物都只能生存于有限的水源地周围，即“绿洲地带”，长期的互相接触和人类对某些动植物的集中利用，导致了谷物种植和动物驯养行为的出现（Childe，1951）。在这之后，从环境角度出发的研究都倾向于环境可能论，而竭力避免环境决定论的立场（陈胜前，2013）。20 世纪 80、90 年代，对环境因素的强调开始复苏，有学者相继提出气候和相应的动植物资源变化是农业产生的重要原因（Byrne，1987；Wright，1993；Sage，1995），进入 21 世纪后，气候和环境变化在农业起源中的诱发和推动作用被重新揭示（Richerson et al.，2001；Bar-Yosef，2002a，2011；Gupta，2004；Willcox et al.，2009）。

第二类将农业的出现归结于人口增长和自然资源短缺，也就是“人口压力说”或“边缘区起源说”（Binford，1968；Flannery，1973；Cohen，1977）。这一派的学者认为，由于相对数量稳定的自然资源不足以应付不断增加的人口，人类不得不加强利用一些小型动物、鱼类、鸟类和草籽类资源，从而引发了动植物的驯化和农业的萌芽。20 世纪 90 年代之后，这一派学者往往将人口增加和自然环境变化导致的资源变化综合起来作为农业出现的原因。

第三类则强调农业起源是人类这一物种“适者生存”的一个步骤，人类是无意识地选择某些动植物加以驯化和种植的，而农业的产生是人类与动植物共同演化、长期适应的结果，这就是“共同进化理论”（Rindos et al.，1980；Rindos，1984）。显然，农业这一人类文化演变中的事件，在这个理论中只不过是大自然对人类进行选择，而人类被动做出回应的产物。最近，新的观点认为，人类在驯化植物的同时也充当了自然界中种子传播者的角色（Spengler，2020；Spengler et al.，2021）。

第四类则打破了以上人类被动适应促动农业产生的观念，强调人类的主动社会意识决定了农业的产生。他们认为剩余食物的出现和积累导致社会出现“领导者”，这些领导者为了扩大或巩固自己的权利与威望，往往举办各种盛宴，争相展示“珍稀食物”，而采集费时的谷物便属于这种奢侈食品，由此导致谷物的种植和驯化。“社会结构变迁说”和“竞争宴飨说”都持有类似的观点（Bender，1978；Hayden，1992，2003）。

除了以上四类理论，其他的农业起源理论还包括“原生地说”（Braidwood et al.，1953）、“富裕采集说”（Sauer，1952；Price and Gebauer，1995）、“宗教说”（Cauvin，2000）和“多种因素理论”（Henry，1989）。这些理论更多认为农业的起源是人类社会文化积累和理念变化的结果，而与自然环境、人口增加等因素无关。

以上理论都试图提供一个有关农业起源的普适性解释，用来揭示农业起源的机制与原因，但这些理论与地区的考古材料总有些距离，能够包括各个地区考古材料的普遍性理论基本不存在。这些假说在缺少更多实证性材料的前提下，所进行的理论性探讨存在过多的预设和演绎推理，大多只能解释部分现象。而且，所有的假说都无法客观解释不同地区、不同环境、不同种类的农作物为什么在距今一万年左右同时开始出现。对重点地区全新世早期农业起源和发展过程的研究以及材料的归纳，对丰富农业起源理论极为重要。如在中国东部季风区，无论是黄河流域还是长江流域，目前的农业遗存迹象似乎多出现在山前到平原的过渡地带，如何将理论与考古材料相结合，对这种现象出现的原因加以探讨，有可能为农业起源的机制提供一个新认识。因此，从中原地区入手，探讨农业起源的机制问题，需充分考虑地区农业出现的多种因素及其相互关系，并重视早期农业实物证据的判定和积累，才有可能充分地利用已有农业起源理论以更好地指导农业考古实践。

2. 农业起源与传播研究现状

1）西亚和中美洲地区的农业起源与传播

西亚地区的“新月沃地”，包括今天的伊朗西部、伊拉克、土耳其东南部、埃及东北部以及以色列、巴勒斯坦、黎巴嫩、叙利亚和约旦部分地区，被公认为农业的起源中心之一，驯化了小麦、大麦、燕麦、黑麦和多种豆类（Zeder，2011；Zohary et al.，2012）。研究表明，气候环境的不同可能影响到早期麦类和豆类分布的具体范围，如小麦和大麦可能最早在美索不达米亚平原干燥、开阔的疏树草原地带被驯化，而野生豆类的驯化可能起源于空旷的林地地带（Anderson et al.，2007）。如果以驯化作物的出现为标志，那么西亚农业起源的时间被确定在距今10500～9500 年（Lev-Yadun et al.，2000；Weiss and Zohary，2011），但对野生大麦、小麦、黑麦、豌豆等野生植物的有意采集和利用可以上溯到距今 23000 年前的 Ohalo II 时期，在距今 14000 年左右已有早期驯化作物出现（Piperno et al.，2004；Weiss et al.，2004b，2008；Zeder，2011；Nadel et al.，2012），只不过很可能受到新仙女木事件（12.9～11.5ka BP）的影响，又迫使其退化成野生植物。新仙女木事件过后，随着气候转暖，同样的植物再次被驯化，具有明显驯化特征的小麦、大麦和豆类等作物于距今 10700～10200 年出现在叙利亚南部，在随后的 400～1000 年扩散到新月沃地其他地区（Arranz-Otaegui et al.，2016），与此同时，农业在生业经济中的比重不断增加（Bar-Yosef，2011）。西亚地区以小麦和大麦为主的农业在距今 9000 年左右开始向外传播，在 6.5ka BP 到达欧洲，在 7ka BP 到达北非，在 5.5～5ka BP 向东南到达印度河流域，又在 4.5ka BP 传播到印度半岛和恒河流域，在东北方向上，于 8ka BP 抵达中亚南部的土库曼斯坦，在 5ka BP 到达中亚腹地，然后在 4ka BP 左右传入中国（Diamond and Bellwood，2003），均对当地史前文化和农业的发展以及文明的诞生产生了深远影响。

在另一个农业起源中心——中美洲地区，玉米和南瓜是最主要的驯化农作物（Piperno and Pearsall，1998）。基因学和考古学研究共同表明，墨西哥西南部的巴尔萨斯河中游地区很可能是玉米最早驯化的地点，驯化开始的时间应在距今 10000～9000 年（Matsuoka et al.，2002；Ranere et al.，2009；van Heerwaarden et al.，2011）。玉米被驯化后，便迅速传播至中美洲南部，传入时间是距今 8000～7700 年（Dickau et al.，2007；Piperno，2011）。与此同时或稍后，玉米传入南美洲哥伦比亚安第斯山区的 El Jazmín 和 La Pochola 两处遗址，传入时间分别为距今 8000～7800 年和 7700～7600 年（Aceituno and Loaiza，2014），厄瓜多尔沿海低地的 Las Vegas-OGSE-80 遗址和地处高地的 Cubilan 2 遗址也同时接受了玉米的传入（Piperno，2011；Pagán-Jiménez et al.，2015）。在距今 7000～3000 年，玉米在南美洲的哥伦比亚（Piperno，2011）、厄瓜多尔（Pearsall et al.，2004；Pearsall，2008；Zarrillo et al.，2008）、秘鲁（Perry et al.，2006；Grobman et al.，2012）和玻利维亚（Lombardo et al.，2020）的多处遗址中被普遍发现，显示了南美洲先民对其持续的扩散和利用。然而，玉米向北传播的时间较晚，直到距今 1000 年左右才传入北美洲西部地区（Richerson et al.，2001）。南瓜有两个起源中心地带，一个是在中美洲的热带低地，一个是在南美洲北部，驯化的时间很可能早至 12～10ka BP（Piperno and Stothert，2003；Piperno et al.，2009；Piperno，2011）。由于工作所限，目前从早期到晚期的南瓜遗存集中见于其起源地周围（Piperno，2009），因此南瓜在美洲传播的时间节点和范围尚不清楚，尽管最新的一项研究表明位于玻利维亚的亚马孙地区在距今 10250 年前已经出现了南瓜植硅体（Lombardo et al.，2020）。此外，有学者发现在 9.9～8ka BP 期间，人类已经开始有意识地进行了南瓜品种的选育，使其果实的颜色和形态发生了多种多样的变化（Smith，1997）。

2）中国的农业起源与传播

中国的农业起源和传播有两个独立的系统，分别是南方稻作农业系统和北方旱作农业系统，下面将分别对二者的研究现状加以概述。

中国北方旱作区是粟、黍的起源或驯化中心（赵志军，2005）。先前的植物考古资料表明，距今 8000～7000 年，在北方多个地点，如黄河流域、华北地区和西辽河流域同时发现了早期的粟和黍遗存（黄其煦，1982b；赵志军，2004b；刘长江等，2004；Crawford et al.，2006；Lee et al.，2007），暗示粟作农业在北方可能是多中心起源的，分布上形成一个半月弧形区域，地貌类型属于山前侧翼丘陵地带（Ren et al.，2016）。对粟作起源地的讨论也相继出现了黄河流域起源说（黄其煦，1982a）、泰山沂蒙地区起源说（吴诗池，1983）、宝鸡渭水流域起源说（张文祥，1999）、华北起源说（石兴邦，2000；朱乃诚，2002）、太行山起源说（王星光和李秋芳，2002）和西辽河流域起源说（赵志军，2004b）等观点，而粟作农业起源的时间则被认为是距今 8000 年前后（赵志军，2005）。

最近，磁山遗址的粟、黍植硅体鉴定结果揭示出黍在距今 1 万年前后就可能被驯化，而粟的驯化/利用发生在距今 8700 年以后（Lu et al.，2009b）；南庄头（距今 11500～11000 年）、东胡林（距今 11000～9500 年）和转年（距今 11000～9700 年）遗址的研究结果发现，在距今 11000 年前已经出现了具有驯化特征的粟类淀粉（Yang X Y et al.，2012b，2014），而赵志军也在东胡林遗址浮选出了 1 万年前的炭化粟粒，从形态上看可能属于由狗尾草向驯化粟进化过程中的过渡类型（赵志军，2014；赵志军等，2020），说明当时人类已经开始了对粟和黍这两种作物野生祖本的驯化；柿子滩遗址第 14 地点（距今 23000～19500 年）、第 9 地点（距今 12700～11600 年）、第 29 地点（距今 28000～13000 年）和第 5 地点（距今 10000 年）均发现了黍族淀粉（Liu et al.，2011，2013，2018），第 9 地点还浮选出了狗尾草属的炭化种子（Bestel et al.，2014），说明至少距今 24000 年前后，北方地区已经开始了对粟、黍野生祖本的采集、利用甚至收割、加工等活动，并由此开启了粟、黍的逐渐驯化过程。根据这些新的材料，黄河中游-华北地区成为北方粟作农业起源的关键地域，起源的时间应该在 1 万年前后甚至更早。

目前，对北方粟作农业发展和传播的研究还处在资料积累的阶段。现有资料显示，北方新石器时代早期是以黍为主的旱作农业格局，粟的含量很少（刘长江等，2008）。从距今 6000 年左右的仰韶文化中期开始，整个北方在环境条件适宜的范围内均转入了以粟为主的旱作农业形态，黍在农业结构中退居次席（刘长江等，2008；秦岭，2012）。与此同时，粟、黍农业开始向外传播，在距今 7300～6800 年抵达淮河流域的双墩遗址（Luo et al.，2019），在距今 6500 年抵达长江下游的上山遗址（赵志军和蒋乐平，2016），在距今 5860～5600 年南抵长江中游的城头山遗址（Nasu et al.，2007），进而在距今 5300～4500 年向西南传播至成都平原（赵志军和陈剑，2011；d'Alpoim Guedes，2011），在距今 4700～4300 年又很快向西进入青藏高原地区（傅大雄，2001；d'Alpoim Guedes et al.，2014），在距今约 3600 年传入云南地区（薛轶宁，2010）；东向传播上，于距今 5000～4000 年的龙山时代扩散到东北地区（刘振华，1973；张绍维，1983），甚至在更早的距今 5500 年传入西伯利亚东部沿海地区和朝鲜半岛南部（Sergusheva and Vostretsov，

2009；Lee，2011；Sergusheva et al.，2022）；西向传播上，黍在距今5400～5100年已传入中亚哈萨克斯坦东部（Frachetti et al.，2010；Spengler et al.，2014）。此外，粟和黍遗存也出现在东南沿海的福建和台湾地区，传入时间可能是距今5000～4000年（Tsang，2005；Deng et al.，2017a；戴锦奇等，2019；Dai et al.，2021）。粟作农业的传播同样对当地史前或古代文化的发展产生了巨大影响。

总体上看，北方旱作农业演化传播的初步框架已经形成，但具体的过程、特点以及与社会、文化、环境的关系，还缺少基础的研究。对具体区域、关键节点旱作农业的特点及其与气候、文化的关系进行细致研究，将是未来研究的主要内容。

稻作农业起源的研究历来是一个国际性课题，新资料和新认识层出不穷，因此研究程度相对比较成熟。关于稻作农业起源地点的争论始于20世纪40年代，先后有印度起源说、云南-阿萨姆起源说、长江中游起源说、长江下游起源说、长江中下游起源说、淮河流域起源说等（陈文华，2002），而最近的基因学研究又认为水稻最早驯化于中国的珠江流域（Huang et al.，2012），但由于缺少考古证据支持而存在争议（Callaway，2014）。目前，基于大量考古资料和基因学证据（Zhao，1998；Jiang and Liu，2006；Peng et al.，2010；Molina et al.，2011；赵志军，2014），水稻最早驯化起源于中国长江中下游地区的观点已基本被国际学术界认可（Jones and Liu，2009；Gross and Zhao，2014；Silva et al.，2015）。

水稻驯化被普遍认为是漫长的从量变到质变的过程（Zhao，2011），然而学界对水稻驯化具体的开始和完成时间还存在不同认识：一部分学者认为水稻驯化开始于10000年前，并在距今7000年左右完成驯化（Zheng et al.，2007）；另一部分学者则认为水稻驯化开始于8000年前，而完成时间则晚至距今6000～5000年（Fuller et al.，2009）。从其他证据来看，上山遗址浮选出了上山文化早期（约1万年前）的炭化稻，形态上观察可能已经属于驯化稻（赵志军，2009a，2014），而发现的同时期的水稻扇型和双峰型植硅体也已出现驯化特征（郇秀佳等，2014；Wu Y et al.，2014；Zuo et al.，2017）；长江中游吊桶环遗址发现了距今12000～10000年的水稻植硅体，Zhao 和 Piperno（2000）通过双峰型植硅体判别方程，也发现驯化稻出现于距今1万年前后。由于不同研究者采用的研究材料和判别标准不同，对于考古遗址中驯化稻的鉴定会出现不同的认识，这一问题还需要后续的工作来解决，但至少可以认定人类对水稻资源的采集和栽培在1万年前就已经出现，那时稻作农业开始孕育（秦岭，2012；赵志军，2014）。

稻作在距今9000年前后从长江流域开始扩散，在距今9000～8000年，扩展到淮河和汉水流域的贾湖遗址（赵志军和张居中，2009）和八里岗遗址（邓振华和高玉，2012；Deng et al.，2015），在距今8000～7000年扩展到黄河流域的月庄（Crawford et al.，2006，2013）、西河（Jin et al.，2014）、唐户（Zhang et al.，2012）

和朱寨遗址（Wang C et al.，2018；Bestel et al.，2018）。这属于稻作农业地域上的第一次大扩张，在之后的1000年内稻作重新退回到长江一线（秦岭，2012），但也有学者认为稻作在距今8000年传播到黄河流域后一直被持续利用（Zhang et al.，2012；Jin et al.，2016）。距今6000年左右，水稻在长江中下游完成驯化，然后再一次向周边地区传播，在距今6000～5000年扩散到豫西—关中—甘肃地区一线，在距今5000年进一步扩展到峡江地区、成都平原、云贵地区、岭南地区和海岱地区（秦岭，2012；Yang et al.，2018a；Huan et al.，2022），并于距今5000～4500年前后到达福建和台湾（Tsang，2005；Deng et al.，2017b；Yang et al.，2018a）。

大约从距今4000年开始，稻作随着原南岛语族群从长江流域向南扩散至东南亚地区，向东则扩散至朝鲜半岛、日本和亚太地区，并对这些地区的史前和古代文化产生了影响，不仅为当地文明的产生和发展提供了经济基础，还奠定了现代亚太地区人类社会和文化分布的格局（Higham and Lu，1998；Bellwood，2005；Crawford，2006；Gao et al.，2020）。

总体上看，稻作农业起源演化的研究程度，相对旱作农业更深入一些，特别是DNA技术的引入，为人们认识水稻起源的种类、传播时间和路径提供了新的视野（Gross and Zhao，2014）。目前的水稻农业考古正向着学科综合的方向快速地发展，涉及埋藏学、第四纪地质学、生物学、农学、古气候-古环境等学科。

2.1.2 早期农业形成和发展的气候环境背景

气候和环境是人类赖以生存和发展的基础，为人类提供了必要的水、食物、热量和空间资源（夏正楷，2012），因此探讨人类的发展与文化的演变不能忽视气候变化的作用。末次冰消期至全新世初，人类经历了旧石器文化—新石器文化的过渡，以打制石器为特征的旧石器文化逐步过渡为以磨制石器和陶器为特征的新石器文化（陈淳，1995），而原始农业在西亚、中国和美洲等地区几乎同时出现，并逐步取代狩猎采集成为主要的经济形态（Bellwood，2005；Crawford，2006），因而末次冰消期至早全新世被认为是早期农业形成和发展的关键时期（Gupta，2004；Cohen，2011）。气候、环境变化在多大程度上怎样影响了早期农业的发展？回答这个问题需要对这一时期的气候、环境背景进行深入的了解。

从轨道尺度的变化看，全球气候从末次冰消期（开始于约19ka BP）到全新世适宜期呈总体增温趋势，在全新世中期以后总体呈降温趋势（图2-1），这主要是受控于地球轨道变化及其引发的太阳辐射及全球冰量变化。在此过程中，发生了一系列千年-百年尺度的气候突变事件，均以快速增温/降温为特征（Alley et al.，2003）（图2-1），而持续时间更短，具有突发性和地域性的极端气候环境事件（干旱、洪水和热带气旋等）也越来越频繁发生（IPCC，2013）。在这个宏观的气候

背景下，人类可能在对不同尺度气候变化的适应中实现了农业的起源和发展。

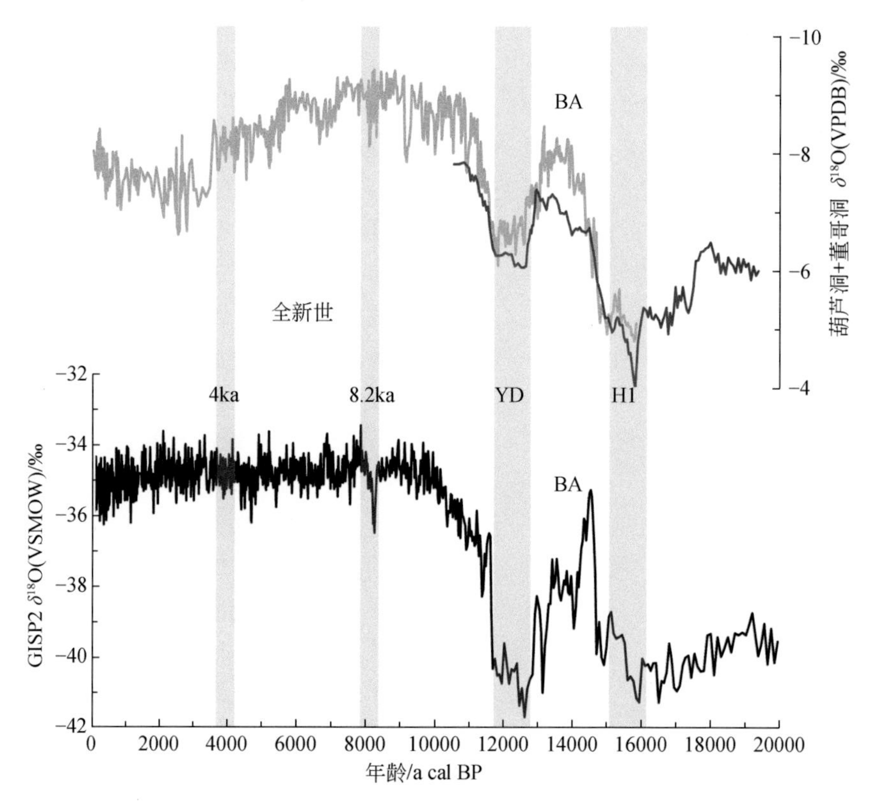

图 2-1　冰芯及石笋记录的末次冰消期以来的气候变化

蓝线为葫芦洞石笋记录（Wang et al.，2001）；绿线为董哥洞石笋记录（Dykoski et al.，2005）；黑线为格陵兰冰芯记录（GISP2，1997）；YD 为新仙女木事件；H1 为海因里希 1 事件；BA 为博令-阿勒罗德暖期

末次冰消期（19～11ka BP）是末次冰期向冰后期（全新世）过渡的气候转型时期（姜修洋等，2015）。与末次冰期气候变化的特点不同，末次冰消期气候表现为在波动式快速变化过程中（王绍武，1994），随着夏季太阳辐射持续增加，总体呈现出迅速转暖的过程，全球气温急剧上升（Shakun and Carlson，2010；Clark et al.，2012），其中北极年均温上升 15～20℃（Alley，2000），热带太平洋海表温度上升 3～5℃（Beck et al.，1997），中国中部夏季气温上升 12℃左右（Peterse et al.，2011），黄土高原南部年均温上升约 7℃（Lu et al.，2007）。随着温度的升高，以及大气温室气体 CO_2、CH_4 和 N_2O 浓度的迅速增加（Brook et al.，2000；Monnin et al.，2001；Schilt et al.，2010），北半球高纬度地区的冰盖出现快速消融现象，海平面上升了约 120m，冰期时出露的大陆架被重新淹没（Bard et al.，1996；Lambeck and Chappell，2001；Törnqvist and Hijma，2012）。从全球末次冰消期的升温过程看，

海洋与陆地以及赤道地区与南北半球中高纬度地区的气候变化过程可能不是同步的，主要的原因是在太阳辐射的控制下，全球都是在20～19ka开始变暖，由于北半球在18～16ka出现了H1事件（图2-1），北半球中高纬度陆地气候在18～16ka快速明显变冷，但许多低纬度或热带海洋地区变冷不明显（个别低纬度陆地记录出现了H1信号），呈现出许多在百年-千年尺度上气候变化的不同步性，但由于测年的误差，目前对这些不同步现象和过程并没有更深入的研究（Xu et al.，2013）。

末次冰消期的升温过程在北半球大部分地区呈现出“两步式”模式（Clark et al.，2012），包括了Heinrich 1事件（H1）（17.5～16ka BP）及与之关联的老仙女木冷期（OD）（18～14.7ka BP）、Bølling-Allerød暖期（BA）（14.7～12.9ka BP）和新仙女木事件（Younger Dryas，YD）（12.9～11.5ka BP）等千年尺度的气候突变事件（Alley and Clark，1999）（图2-1）。在H1期间，蒙古-西伯利亚高压系统的增强使亚洲冬季风十分强盛，而夏季风显著衰退，东亚地区普遍干冷（Porter and An，1995；吕厚远等，1996b；Wang et al.，2001）。BA暖期时，自14.7ka BP起，高纬气温在数十年内回升（9±3）℃（Severinghaus and Brook，1999），同时东亚夏季风增强带来更多降水（Wang et al.，2001）。YD期间，大气CO_2含量由300ppm[①]降至250ppm（Danny Harvey，1989），全球平均气温则下降了大约0.6℃（Shakun and Carlson，2010），高纬地区降温幅度甚至达到15℃（Alley，2004），但在中低纬地区降温不明显（Li et al.，2001；Zhou et al.，2007），而此时东亚夏季风强度显著减弱，中国北方年均降水量由450mm降至350mm（Chen et al.，2015b）。YD广泛出现在中国的湖泊、冰芯、黄土和石笋等地质记录中，虽然在不同指标、不同地区间，YD所展现的温度和降水变化的幅度存在差异，但其典型的快速变冷干的气候变化模式在全国大体相同（An et al.，1993；Wang et al.，2001；Shen et al.，2005；Hong et al.，2010；Ma et al.，2012）。

新仙女木事件结束后，便进入了早全新世的快速增温阶段。在此阶段，北半球夏季太阳辐射能量逐渐增加，并在9.5ka BP前后达到峰值，自此全球平均温度进入比现在高约1℃的大暖期阶段（9.5～5.5ka BP）（Marcott et al.，2013）。在中国，东亚季风区及边缘地带的渭南、邙山黄土剖面，以及呼伦湖、四海龙湾和湖光岩的植硅体、孢粉、生标记录与温度重建都指示早全新世中国东部升温迅速，气候转暖（王淑云等，2007；Lu et al.，2007；Wen et al.，2010；Peterse et al.，2011；Stebich et al.，2015）。通过对1140条有效古气温记录的整理，方修琦和侯光良（2011）定量重建了中国全新世气温集成序列，同样揭示出早全新世（11.5～8.9ka BP）的波动增温过程，气温与现代接近，随后在中全新世（8.9～4ka BP）达到最高，鼎

① 1ppm=10^{-6}。

盛期（8～6.4ka BP）高出现代 1.5℃左右，而其他学者则认为当时的温度要比现在高 2～4℃（Shi et al.，1993；Zheng et al.，1998；Wang and Gong，2000；Ge et al.，2007）。可见，在早期大幅升温之后，全新世气候在中期进入相对稳定的温暖时期，并且温度达到最大值。然而，全新世期间温度和降水的最佳配置阶段，即全新世适宜期在我国不同区域出现和持续的时间是不同的，这关键在于东亚夏季风降水增强的时空差异（图 2-2）。

在我国华南地区，东亚季风强度（降水）的信息主要来自石笋记录。从众多的记录来看，石笋氧同位素在经过 YD 的短期偏正后快速变负，在距今 10000～9000 年达到最低，指示东亚夏季风已十分强盛，降水量最大，因此华南地区在早全新世就已进入气候适宜期，但自 7ka BP 开始东亚夏季风便呈减弱趋势（Wang et al.，2005；Dykoski et al.，2005；Qin et al.，2005；Hu et al.，2008；Jiang et al.，2012）（图 2-2）。除石笋外，湖光岩玛珥湖高分辨率孢粉记录显示在距今 11600～7800 年的早全新世，木本植物花粉含量为 56%，其中热带木本花粉占优势，最多的时候发生在距今 9500～8000 年，达到木本植物花粉的 60%，指示气候温暖湿润，对应全新世适宜期，距今 7800 年后热带花粉含量下降，菊科花粉增加，指示中全新世温度和湿度的降低（王淑云等，2007）。湖光岩沉积物 Ti 含量也揭示出 10～8ka BP 华南地区处于全新世适宜期（Haug et al.，2001；Yancheva et al.，2007）（图 2-2）。

相比于华南，我国北方季风区和季风边缘区进入全新世适宜期的时间稍晚。根据公海基于孢粉记录定量化重建的东亚夏季风降水变化曲线，可以看出北方夏季风降水在 14.7～7ka BP 逐渐增加，在 7.8～5.3ka BP 达到最大值，年均降水量为 574mm，高出现代值 30%左右，然后从 3.3ka BP 开始快速降低（Chen et al.，2015b）（图 2-2）。Li J 等（2015a）利用孢粉转换函数和三条孢粉记录，定量重建了北方距今 9500 年以来的夏季风降水变化，结果显示夏季风降水量在 9.5～7ka BP 显著增加，在 7～4ka BP 达到鼎盛，并在 4ka BP 之后逐渐下降。以上两个研究结果说明，北方地区夏季风在中全新世才开始强盛，适宜期开始的时间在 8ka BP 前后，并持续至 4～3ka BP，这一点也得到了其他学者研究的印证。如 Feng 等（2006）总结了来自新疆、西藏北部、黄土高原西北部和蒙古高原北部的 23 条气候记录，发现这些地区在 7.5～3.5ka BP 期间气候最为湿润。Wang 和 Feng（2013）综合东亚夏季风控制的半干旱地区的 24 个古气候记录，认为黄河流域和东北季风边缘区的湿润期比较一致，在 8.5～4.5ka BP。Zhao 和 Yu（2012）集成了东亚季风边缘带 20 条孢粉记录，植被重建的结果显示 8～4ka BP 湿度最大。岱海（Xiao et al.，2004；Peng et al.，2005）、呼伦湖（Wen et al.，2010）、巴彦查干湖（Jiang et al.，2006）以及榆林、洛川、旬邑黄土剖面（Lu et al.，2013）等北方的气候记录都指示夏季风降水在 8～3ka BP 最高。

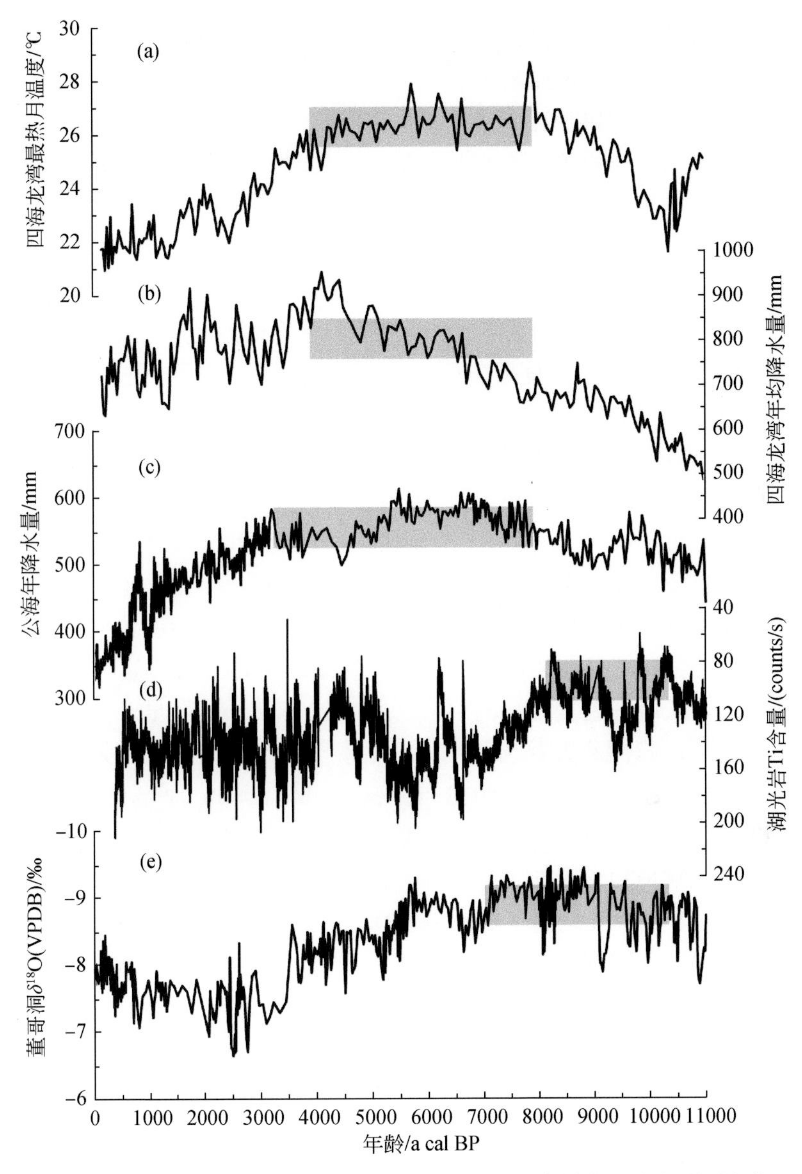

图2-2　中国全新世高分辨率气候记录的对比（红色条块指示全新世适宜期）

（a）四海龙湾最热月温度重建（Stebich et al.，2015）；（b）四海龙湾年均降水量重建（Stebich et al.，2015）；（c）公海年降水量重建（Chen et al.，2015b）；（d）湖光岩 Ti 含量记录（Yancheva et al.，2007）；（e）董哥洞石笋氧同位素记录（Dykoski et al.，2005）

南方长江流域与北方季风区进入全新世适宜期的时间基本同步。根据湖北大九湖孢粉记录重建的植被演变推测，长江流域全新世适宜期在7.5～4ka BP（朱诚等，2006；马春梅等，2008）。巢湖全新世孢粉记录显示，以常绿栎属和栲属植物为主的亚热带常绿落叶混交林在 8.3～7.6ka BP 达到最盛，意味着适宜期开始（Chen et al.，2009）。长江三角洲 HG01 孔和 XJ02 孔的植硅体记录也显示该区显著转暖变湿是在 8.2ka BP 之后（左昕昕，2013）。

上述证据表明，在我国北方和长江流域，也就是早期旱作和稻作农业形成和发展的地区，温暖湿润的气候适宜期出现于中全新世（8～4ka BP），这主要是因为这些地区东亚夏季风的增强滞后于北半球太阳辐射和温度变化（Chen et al.，2015b）。对这一情况的普遍解释是早全新世受北半球高纬地区残余冰盖及其持续融水注入的影响，导致大西洋经向翻转环流减弱以及经向温度梯度增加，西风和北风环流强劲，从而使得太阳辐射驱动的东亚夏季风受到压制而减弱（Chen et al.，2015b）。随着全新世最强一次淡水注入事件（8.2ka 事件）的结束，冰盖的影响减弱，东亚夏季风显著增强，季风降水雨带向长江流域和北方推进，使其进入温暖湿润的适宜期。

综合以上信息，我国北方和长江流域早中全新世的总体气候特征如下：早全新世（11.5～8ka BP），气候迅速转暖，降水有所增加，但由于东亚夏季风仍然较弱，整体为暖干或冷干的环境；中全新世（8～4ka BP），温度达到最暖时期，同时东亚夏季风增强，降水量显著增加，距今 7000～5000 年全新世降水量达到最高值，是全新世气候最为温暖湿润的阶段（图 2-2）。此外，在早—中全新世逐渐转暖变湿的气候背景下，还存在数次气候突变事件，其中最为显著的就是 9.5～8.5ka BP 千年尺度的冷干事件（左昕昕，2013；Chen et al.，2015b）和 8.2ka BP 百年尺度的突然变冷事件（Cheng et al.，2009）。这两次冷干事件增加了早全新世气候的不稳定性，使得气候转暖变湿的过程停滞，从而影响了早全新世气候环境的改善。经过这两次冷干事件，便进入了相对温暖湿润的中全新世适宜期。

末次冰消期以来的气候变化在早期农业形成和发展过程中的作用一直备受关注（Weiss and Bradley，2001；Willcox et al.，2009；Bar-Yosef，2011）。由西亚地区的考古材料可知，末次冰消期伊始，伴随着气候转暖，人类已经开始有目的地采集野生大麦、小麦、黑麦等植物资源（Piperno et al.，2004；Bellwood，2005），在 14ka BP 左右的暖期出现了早期驯化作物，但在 13～11ka BP 的新仙女木冷期又退化和消失，直到 11ka BP 气候转暖后才被重新栽培和驯化（Henry，1989；Tanno and Willcox，2006），很好地对应了气候变化的过程。有些学者则明确指出，在气候逐步变暖的过程中，持续千年的新仙女木干冷事件是促使人类驯化动植物和从事食物生产的直接动因，无论是西亚的 Levant 地区还是中国的黄河和长江流域，当时的人类最终选择了农业来更好地应对环境变迁带来的生存危机（Moore and Hillman，1992；Bar-Yosef，2011）。而相比于末次冰期寒冷干燥并且二氧化碳浓度低的环境，全新世温暖湿润的气候是人类成功驯化作物和发展农业的重要因素

（Richerson et al.，2001；Gupta，2004）。以上研究说明，早期农业的发展与气候环境变化关系密切，无论是气候突变事件还是稳定的暖湿气候期都会对农业发展产生深远的影响。因此，在研究早期农业发展特点时，讨论其与气候格局的关系是不可回避的内容。

就本章的研究内容来说，需要针对以下问题进行探讨：①裴李岗-仰韶文化时期，包括中原在内的北方旱作农业格局（以黍为主或以粟为主）的形成与全新世气候变化的关系；②裴李岗-仰韶文化时期，中原稻作及稻-旱混耕的出现与全新世气候变化的关系。

2.1.3　植硅体及其在考古学中应用的研究概况

1835年，德国植物学家Struve首次在现代植物中观察到植硅体（王永吉和吕厚远，1993），至今已经过去了近200年。在中文语境中，植硅体是植物硅酸体的简称，在一些文献中又叫作“植结石”（刘化清等，1996）、“植物蛋白石”（吕厚远和王永吉，1989a，1989b；王永吉和吕厚远，1989；萧家仪，1991；汤陵华，1999）和“植硅石”（姜钦华，1994）等。从其来源和形成机制来看，植硅体是一种沉积在高等植物根、茎、叶和花序组织细胞内腔、细胞壁或细胞间的非晶质水合二氧化硅胶凝体（$SiO_2 \cdot nH_2O$）（王永吉和吕厚远，1993；Carnelli et al.，2001；Piperno，2006）。木本植物的植硅体主要形成于茎叶的维管束和表皮细胞，而草本植物的植硅体主要形成于茎叶和花序中的短细胞、长细胞和机动细胞（王永吉和吕厚远，1993）。

植硅体最小的为2μm，最大的为2000μm左右，一般为20～200μm（王永吉和吕厚远，1993）。X衍射图谱显示植硅体是非晶质结构（王永吉和吕厚远，1993），但也有报道称植硅体内部还存在一定数量的微晶结构晶格，具有进行光释光测年的潜力（Rowlett and Pearsall，1993）。植硅体折射率为1.41～1.47，比重为1.5～2.3，硬度为5.5～5.6，在透射光下呈无色或浅肉红色，有时会呈黑色或褐色，多数是植被受到火烧造成的（王永吉和吕厚远，1993；Blinnikov，2013），可用来指示火灾的发生（Parr，2006），但也有可能是植硅体灰化处理时碳元素附着在表面上造成的（王永吉和吕厚远，1993；Pearsall et al.，2003）。

植硅体的化学组成除硅元素外，还包含4%～9%的水与其他微量的铝、铁、钛、锰、磷、铜、镁、氮和碳等元素（Blinnikov，2013）。这些元素存在于植物活细胞之中，在细胞硅化时，被封存或吸附在植硅体内（Wilding et al.，1967）。其中，植硅体对碳元素的封存最引人注目。植硅体封存的碳元素含量一般为0.2%～5.78%（Wilding et al.，1967；Smith and White，2004；Elbaum et al.，2009），其不仅在^{14}C测年和古环境古气候领域里具有重要价值，在全球碳循环中的作用也日益凸显，现代植物及森林、草地植被的植硅体碳封存量非常可观，应是全球重要的碳汇之一（Parr et al.，2009；Parr and Sullivan，2011；Zuo and Lu，2011；Song et al.，2012a，2012b）。此外，植硅体碳来源于植物细胞，理论上有包含植物 DNA 信息的可能性，可作为植物起源的证据，但遗憾的是，从植硅体中提取 DNA 的技术还不成熟，尝试工作未取得成功（Elbaum et al.，2009）。

植硅体作为一种微体植物遗存，具有产量高（Piperno，2006）、分布广泛（王永吉和吕厚远，1993）、耐高温、抗风化、抗腐蚀（王永吉和吕厚远，1993；Piperno，2006；Wu Y et al.，2012）、可原地沉积和埋藏（王永吉和吕厚远，1993）的特点。更重要的是，现代植硅体形态分类研究已能将植物鉴定到属甚至是种一级（Metcalfe，1960；Parry and Smithson，1964，1966；Twiss et al.，1969；Sangster and Parry，1969；Rovner，1971；Geis，1973；Klein and Geis，1978），不仅可以用于考古遗址农作物及其亲缘物种的鉴定（Tubb et al.，1993；Zhao et al.，1998；Piperno，2006，2009；Lu et al.，2009a；Zhang et al.，2011；Ge et al.，2018，2020，2022），而且可以用来重建区域古植被和古环境演变过程（Lu et al.，2006，2007；Novello et al.，2012；Dickau et al.，2013）。最近，由于植硅体碳封存机理研究的巨大进展（Smith and Anderson，2001；Parr and Sullivan，2005），利用植硅体及其稳定同位素进行直接 ^{14}C 年代测定（Wilding et al.，1967；Mulholland and Prior，1992；Piperno，2015；Zuo and Lu，2019）和 C3/C4 植被变化重建（Smith and White，2004；Hodson et al.，2008；McInerney et al.，2011）的工作具有广阔的探索前景。因上所述，植硅体分析已经被广泛应用到诸多学科的研究中，在地质学、古气候学、考古学、生态学、土壤学、植物学、年代学、医学和农学等学科领域中都发挥着重要的作用。同时，这些应用研究促进了植硅体研究在分类、命名、分析方法、埋藏学和地球化学等方面的进一步发展。目前，植硅体研究在基础理论与应用方面都日渐成熟，已经成为一门独立的分支学科，研究队伍也不断扩大，学术交流越来越多，两年一度的植硅体国际研讨会（International Meeting on Phytolith Research）已经进行到第 12 届，充分显示了植硅体学科发展的潜力与活力。

考古学是目前植硅体应用最为广泛、最为成功的学科领域之一，其首个案例可以追溯至 20 世纪初期，德国学者在考古遗址灰坑和出土陶器中发现了麦类和小米类植硅体（Netolitzky，1900，1914；Schellenberg，1904）。1923 年，研究者又在中国河南仰韶村遗址陶片中鉴定出了水稻植硅体（Edman and Söderberg，1929）。然而，早期阶段的植硅体考古应用研究数量较少，且多数由德国科学家完成，其他地区的研究还很少见（Piperno，2006）。直到 20 世纪 80 年代之后，在形态学和分类学研究的基础之上，植硅体分析才开始大量应用于考古学领域，在古人植物利用方式、生业经济演变、农业起源与传播、器物功能和遗址古环境重建等方面提供了非常有价值的信息（Piperno，2006）。其中，在农业起源和扩散研究中的应用尤其突出（Ball et al.，2016）。因此，下面主要就植硅体应用于农作物起源和扩散中的代表成果做简要介绍。

目前在农作物起源与扩散的研究中，植硅体学者普遍采用的研究思路是“先标准，后应用”，即先建立典型农作物（玉米、南瓜、小麦、大麦、水稻、黍、粟等）及其野生祖本植物的植硅体鉴定和区分标准，然后再应用于考古遗址出土农作物的识别和性质判定，最终讨论和重建相应农作物的驯化起源地、起源时间及其向外扩散的时间、方向和路线，在此基础上，深入讨论农作物起源扩散的原因和机制。

在众多典型农作物中，学界率先对玉米的植硅体鉴定方法展开研究，Pearsall 在 1978 年就根据植硅体大小，提出了玉米叶片十字型植硅体的四级分类系统（Pearsall，1978）。Piperno 等进一步按照十字型植硅体基面的形态参数特征定义了 8 种不同的三维结构，通过多元变量判别函数分析建立了系统的玉米植硅体鉴定方法，能够将玉米与其野生祖本及其他禾本科植物进行区分（Piperno，1984，1988，2006；Piperno and Pearsall，1993），而 Iriarte（2003）在乌拉圭草原玉米与黍亚科、稻亚科、竹亚科植硅体的判别研究中印证了这一区分方法的可靠性。同样利用形态参数多元变量判别分析方法，学者发现玉米穗轴和种皮中圆台型植硅体也是将玉米与其他禾草类植物区分开来的重要植硅体类型（Pearsall et al.，2003；Piperno，2006；Hart et al.，2011）。利用圆台型植硅体鉴定方法，Piperno 等（2009）在墨西哥 Xihuatoxtla 岩厦遗址发现了距今 8700 年的驯化玉米，从而将墨西哥南部的热带季雨林区确定为玉米驯化起源地。通过植硅体研究，在美洲相继发现了距今 10000～9000 年的玉米遗存，玉米从中美洲向南美和北美的传播过程及时间节点得到廓清（Pope et al.，2001；Pearsall，2002；Hart et al.，2003，2007；Iriarte et al.，2004；Thompson et al.，2004；Zarrillo et al.，2008；Boyd and Surette，2010；Dickau et al.，2012；Logan et al.，2012；Hart and Lovis，2013；Corteletti et al.，2015）。除了玉米，学者还通过大小和形态特征建立了南瓜等葫芦属植物，以及木薯、竹芋等块茎类植物的植硅体鉴定方法（Piperno，2006；Chandler-Ezell et al.，2006）。利用这些方法，许多学者在中美、南美多处遗址中鉴定出距今 10000～8000 年的南瓜、木薯、竹芋等植硅体（Piperno et al.，2000；Piperno and Jones，2003；Chandler-Ezell et al.，2006；Piperno，2006，2011；Lombardo et al.，2020），将美洲农业的起源时间上推至早全新世，同时揭示出大量根茎类植物的利用和驯化是美洲早期农业系统对世界的独特贡献。

小麦和大麦花序苞片中的植硅体具有重要的分类学和鉴定意义（Rosen，1987）。根据颖片表皮长细胞的宽度、细胞壁形状、乳突大小和周缘分布的凹痕数目，以及短细胞植硅体形态多参数判别函数，学者建立了区分小麦和大麦植硅体的鉴定方法（Rosen，1992；Tubb et al.，1993；Ball et al.，1996，1999），并在近东地区的农业考古中得到了广泛运用。例如，在前陶器时代的 Hatula 遗址，Rosen（1993）发现了大量距今 10300～9500 年的小麦稃壳植硅体。Rosen（2004）和 Power 等（2014）还分别在 Mallaha 和 Raqefet 遗址样品中鉴定出小麦和大麦稃壳植硅体，这两处遗址属于距今 12000～10000 年的纳吐夫文化（Natufian Culture）晚期，是纳吐夫文化先民食用麦类的直接证据。现代植硅体实验表明，数量在100～300 个甚至超过 600 个的多细胞硅化集合体源自经过灌溉的农作物，而未经灌溉的谷物所产生的多细胞硅化集合体数量非常少，因此对小麦等谷物这种特殊植硅体类型的分析可以反映古代农业的灌溉技术（Rosen and Weiner，1994；Mithen et al.，2008）。Rosen 和 Weiner（1994）在以色列部分遗址的样品中发现了大量小麦多细胞硅化集合体，表明当地古代人类灌溉行为的发生。与之相反，Katz 等（2007）在土耳其的 Çatalhöyük 遗址，以及 Roberts 和 Rosen（2009）在以色列的 Grar 遗址发现的硅化集合体数量和特征指示当地的农业属于旱地耕作，而不存在灌溉行为。此外，Berlin 等（2003）还在以色列的 Tel Kedesh 遗址的陶器残留物中鉴定出了公元前 2 世纪的普通小麦（*Triticum aestivum*），认为这就是曾被古埃及人短暂利用而又很快放弃的“叙利亚麦”。

颖壳双峰型植硅体、稻叶表皮泡状细胞扇型植硅体和叶茎中的并排哑铃型植硅体是水稻的 3 种特征类型植硅体（Lu et al.，1997），其中双峰型植硅体和扇型植硅体最具有分类意义。Zhao 等（1998）和 Gu 等（2013）的研究证明，通过双峰型植硅体 5 个形态测量参数的判别分析，可以有效区分野生稻和驯化稻。Lu 等（2002）则通过 7 种野生稻和 6 种驯化稻扇型植硅体的对比分析，发现驯化稻扇型植硅体鱼鳞状纹饰的数量为 8～14 个，而野生稻大多少于 9 个，因此驯化稻的扇型植硅体鉴定特征是其鱼鳞状纹饰数量≥9 个。利用双峰型植硅体判别方程，Zhao（1998）在吊桶环遗址鉴定出距今 10000 年前后的驯化稻，而 Wu Y 等（2014a）发现长江下游地区距今 12000～7000 年间野生稻植硅体比例逐渐下降，驯化稻植硅体比例逐渐上升，揭示了水稻漫长的驯化过程。Lu 等（2002）对中国东海 DG9603 钻孔的样品进行了分析，发现了 13900 年前的驯化稻扇型植硅体。郇秀佳等（2014）根据上山遗址扇型鱼鳞状纹饰的变化，认为驯化型的扇型植硅体占总量的比例越来越大，从上山文化早期的 34.98%上升到河姆渡文化时期的 44.68%，进而达到春秋战国时期的 59.18%和唐宋时期的 78.72%，同样反映出水稻的驯化过程是缓慢的。贾湖、唐户、西河遗址发现了距今约 8000 年的水稻植硅体（陈报章等，1995b；Zhang et al.，2012；Jin et al.，2014），经过判别认为，它们很有可能是栽培的，为水稻的北向扩张提供了重要证据。Zhang 等（2010）在关中盆地考古遗址中发现了大量的水稻植硅体，据此他们认为关中地区在距今 5690 年已经出现了水稻的耕种，而在更西的天水西山坪遗址，李小强等（2008）又发现了 5070 年前的驯化稻植硅体，二者为水稻西向传播的时间和路线提供了重要节点证据。山东田旺（靳桂云等，1999）、两城镇（靳桂云等，2004）和赵家庄遗址（靳桂云等，2007）等发现了 4000 年前龙山文化的水稻植硅体，并通过耕作区水稻扇型植硅体浓度的分析，确认了赵家庄遗址古水稻田的存在，成为水稻东传的重要证据。除了提供水稻驯化起源和传播的证据外，植硅体分析还可帮助判断遗址稻田的干湿环境，利用的指标是敏感型植硅体（sensitive types）与固定型植硅体（fixed types）的比值（$S:F$）（Weisskopf et al.，2015a，2015b），由此学者先后揭示了长江下游（Weisskopf et al.，2015a）、长江中游（Weisskopf et al.，2015b）、淮河中游（Luo et al.，2020），以及黄河中游（Weisskopf，2016；Wang C et al.，2018，2019）等地区史前-青铜时代水稻耕作的干湿状态及其变化过程，为进一步探讨遗址水资源管理和社会组织模式奠定了基础。

黍、粟及其野生亲缘物种花序苞片组织中的植硅体具有重要的分类学潜力。Lu 等（2009a）对中国不同地区 27 种现生黍、粟和其近缘草本的内外颖片、稃壳的解剖结构和植硅体形态进行观测统计，最终得到了 5 个可供判别的植硅体形态特征，可对黍和粟进行明确的鉴定和分类。随后，Zhang 等（2011）提出了关于粟和狗尾草的植硅体区分方法。将这些成果应用于考古遗存的分析，极大地推动了我国北方黍、粟驯化过程与旱作农业起源的研究。如通过对磁山遗址窖穴堆积的采样分析，Lu 等（2009b）发现了黍和粟的植硅体，并根据年代将黍的驯化时间上推至距今 10300 年前，而直到距今 8700 年后，才有少量粟的出现，从而证明北方旱作农业最早利用的作物是黍而不是粟。通过分析裴李岗文化区唐户遗址样品，Zhang 等（2012）发现了丰富的黍植硅体而未发现粟，说明裴李岗文化的旱作农业以黍为主。对泉护等 6 处遗址植硅体样品的分析结果显示，距今 6000～2100 年，关中盆地旱作农业以黍为主，即使是相对暖湿的时期，黍的产量也依然大于粟，为重新认识关中地区气候变化与农业生产的关系提供了新的参考资料（张健平等，2010）。Luo 等（2019）从蚌埠双墩遗址土样中提取到了黍稃壳植硅体，将淮河流域旱作和稻-旱混作农业出现的时间提前到距今7300～6800 年。Dai 等（2021）在福建昙石山、白头山和庄边山三处遗址中发现了粟和黍的稃壳植硅体，证明 5500 年前粟、黍已经传播到了中国东南沿海地区。马志坤等（2014）对喇家遗址石刀残留物中的植硅体进行了鉴定，从中发现了粟和黍稃壳植硅体，揭示出喇家石刀的主要功能之一为收割粟、黍等谷物。Gong 等（2011）对新疆苏贝溪墓地（500～300BC）出土的面条和点心做了植硅体分析，发现它们均由黍制作而成，而楼兰和米兰遗址植硅体分析结果也显示，50～770AD 黍是该地区的主食资源（Zhang et al.，2013）。

综上，随着植硅体形态学和分类学研究的深入，学术界在主要农作物及其亲缘植物的植硅体鉴定上建立了较可靠的区分方法，为寻找早期农作物，探索农业的起源和传播奠定了基础。这些方法越来越多地应用于农业考古的研究中，提供了有关作物驯化、传播、种植结构和利用方式等多方面的宝贵信息和证据，并且可以与炭化植物遗存、淀粉粒、稳定同位素和生物标志物等方法一起揭示古代农业生产方式和生业经济特点。又由于保存上的优势，在早期植物大遗存难以获取的情况下，植硅体的作用就更加显著。

2.1.4 植物种子炭化过程研究现状

国外植物考古学者很早就开展了种子炭化过程的模拟实验研究。在 1905 年，Neuweiler 便首次进行了种子炭化条件实验（Neuweiler，1905）。20 世纪50～90 年代，Helbæk（1952）、Kollmann 和 Sachs（1967）、Wilson（1984）、King（1987）、Goette 等（1990）、Smith 和 Jones（1990）都注意到炭化与植物遗存的保存状况有着密切的联系，他们对苹果、玉米、葡萄和一些杂草种子进行了炭化实验，初步揭示出种子在炭化过程中形态和大小发生改变的现象，并指出炭化的程度会受到加热温度、加热时长、加热速率等多种因素的影响。Braadbarrt 在考虑以上因素的基础上，对小麦和豌豆进行了大量炭化实验，探讨了种子在炭化中大小改变的过程。以小麦为例，他考虑了包括作物种类（二粒小麦和普通小麦）、加热时间、加热温度、加热速率和氧气环境等炭化因素对小麦种子形态的影响，发现在温度低于 250℃时，随着温度的增加，小麦粒长逐渐缩小，直至温度达到 340℃之上才稳定下来；粒宽在 250℃下可以增加 40%，但温度超过 310℃时，粒宽反而不断变小（Braadbaart，2004，2008；Braadbaart and van Bergen，2005）。其他学者通过炭化实验，发现豆类在炭化后长度会缩小 10%～20%或更多，而宽度仅缩小 10%（Kislev and Rosenzweig，1991；Lone et al.，1993；Braadbaart et al.，2004a）。刘长江和孔昭宸（2004）利用恒温干燥箱在设定 200℃恒温的情况下，对粟和黍种子进行加热炭化，加热时长为 3～28h，结果发现炭化后的种子长、宽、厚都有不同程度的缩减，但形状特征（如长宽比等）未发生大的变化。王祁等（2015a）对普通小麦进行了炭化实验，认为 250℃下炭化的小麦保存状况最好，而测量结果显示相比于炭化前，种子长度收缩为 18%～23%，宽度膨胀 35%以上，厚度膨胀 20%左右。Charles 等（2015）通过设定多种加热温度、加热时间和氧气环境，对一粒和二粒小麦进行模拟炭化，发现种子的形态对加热温度的变化十分敏感，只有在 220～240℃这极小的区间内炭化才能较少形变。苏鑫等（2019）对小麦炭化过程中质量和颜色变化进行了实验模拟，发现由 50～150℃升温至 350℃，小麦的质量损失率由 10%达到 60%以上，200℃以下小麦形态结构完整，没有内容物溢出，质量变化由失水造成，而 250℃以上出现形变和内容物溢出，其质量变化除水分外还有大量有机物、无机物的失去；在 250℃时，小麦表面颜色和粉末颜色的三个测量值几乎一致，对应于此温度下小麦已经完全炭化。此外，炭化过程中种子物理化学性质与 C、N 同位素值如何变化也是近来炭化实验的研究热点（Braadbaart et al.，2004a，2004b；Fraser et al.，2013）。

以上研究主要是通过模拟炭化实验来观察炭化对种子形态、尺寸、性质、质量和颜色的影响程度，而不关注炭化对不同植物种子保存状态的影响。实际上，不同植物种子在炭化过程中保存下来的概率是不同的。Wright（2003）综合了加热温度、加热时间、氧气条件和种子自身特征对炭化物质形成的影响，认为温度越高、时间越长，种子越易炭化，直至最终灰化；新鲜种子比干种子更易在炭化中保存下来，但容易出现形变而失去鉴定特征；还原环境比氧化环境更有利于炭化。然而，种子的炭化程度不仅取决于这些外部的炭化条件，也与种子的质地和结构关系密切，在相同条件下不同种子被炭化的难易程度也存在差异（Gustafsson，2000；Guarino and Sciarrillo，2004；Colledge and Conolly，2014）。早在 1990 年，Boardman 和 Jones 就已经注意到一些谷物可能比另一些谷物更易被炭化或被灰化（Boardman and Jones，1990），但未给出具体炭化温度的差异。近年来，一些研究在控制外部炭化条件的基础上，对不同植物种子的炭化温度进行了对比，发现苔麸（*Eragrostis tef*）的炭化温度在 150～250℃，在 300℃下便迅速灰化（D’Andrea，2008）；小麦、大麦、燕麦等谷物一般在250～450℃炭化，但有的品种，如一粒小麦（*Triticum monococcum*）可以耐受 550℃的高温，而葡萄、鹰嘴豆、蚕豆和扁豆种子在 450℃或 500℃下才被完全炭化（Boardman and Jones，1990；Guarino and Sciarrillo，2004）。

除了麦类、豆类，有学者还通过炭化实验对黍、粟、水稻的炭化温度区间进行了对比研究。Märkle 和 Rösch（2008）将加热温度范围设定在 180～750℃，加热时长为 1～4h，加热速率恒定，对粟和黍进行了模拟炭化。发现在氧化条件下，粟的炭化温度为 220～500℃，黍为 225～400℃；在还原条件下，粟的炭化温度为 220～550℃，黍为 245～325℃，说明黍的炭化温度区间要小于粟。与 Märkle 和 Rösch 的工作不同，杨青等（2011）的实验同时观察了炭化过程中粟、黍种子的形态变化和保存状态。他们在不同温度条件下对粟、黍种子进行了模拟炭化，发现 200℃下种子形态完整，呈缩小趋势；250℃下粟、黍种子均产生较大形变，粟形态呈膨胀增大趋势，黍种子形变严重而无法测量；300℃下种子变形严重甚至灰化，形态特征均不可测量。虽然没有给出明确的炭化温度区间，但根据炭化过程中形态的变化程度，可以看出相对于粟，黍对温度变化更敏感。王祁等（2015b）对水稻进行了模拟炭化，发现其对温度变化的敏感度高，炭化温度为 180～210℃，为了对比，他们同时进行了普通小麦的模拟炭化，确定其炭化温度为 215～315℃，是水稻炭化温度范围的 3 倍多。

值得注意的是，杨青等（2011）和王祁等（2015a，2015b）在观察种子炭化程度时，综合利用了样品外部形态和内部显微结构的特征，并与考古遗址炭化样品进行对比，可以较准确地判定种子在预设温度和时间下是否发生炭化，是确定种子炭化温度范围的新方法。通过显微特征的比对，杨青等（2011）还发现考古遗址炭化种子的显微结构，与250℃条件下的模拟炭化种子结构特征相一致，证明了考古炭化样品是在 250℃左右的温度条件下形成的。

综上所述，植物种子炭化模拟实验是植物考古研究的重要内容，为考古遗址炭化植物遗存的分析提供了必要的参考信息。正是炭化实验，揭示了种子形态在炭化过程中存在变异的现象，这是利用炭化种子测量参数判定野生/驯化性质以及探究形态历时演变必须考虑的影响因素；更为重要的是，炭化实验揭示出不同种子炭化的温度条件不同，有的种子不耐高温、炭化温度范围小，其炭化遗存形成的概率相对偏低，这种差异可能会影响研究者对炭化植物遗存的分析。目前植物考古的定量分析方法，如相对百分比和标准密度都是以绝对数量为基础，而出土概率也与植物遗存的有无相关联，如果炭化种子在形成伊始就存在保存概率上的不同，那么基于数量所做的量化分析就会存在误差，据此复原的作物结构、生业经济等情况可能不符合实际。

诚然，炭化实验的结果引起了对炭化植物遗存分析的诸多反思，但却一直是一种指导性意见而没有与考古遗存结合。至今炭化种子分析在解释统计结果时仍很少讨论保存-埋藏因素的影响，造成炭化实验与遗址植物考古研究各说各话的“两张皮”现象，而关键原因在于至今没有广泛认可的农作物种子炭化温度区间数据。如同样在氧化环境下炭化，对于水稻，就有180～210℃（王祁等，2015b）和250～450℃（Chuenwattana，2010）两种结果；对于普通小麦，也有 250～450℃（Boardman and Jones，1990）和 215～315℃（王祁等，2015b）两种意见；对于粟和黍，仅有的炭化温度区间数据分别是 220～500℃和 225～400℃（Märkle and Rösch，2008），但在杨青等（2011）、Motuzaite-Matuzeviciute 等（2012）和 Walsh（2017）实验中的粟、黍样品在 300℃或 335℃即已灰化。可见，对相同农作物的种子而言，无论是炭化温度区间的上下限值，还是区间大小（范围）值，不同学者所得结果差异巨大，不仅无法解决不同植物种子炭化保存差异性的埋藏学问题，也难以在炭化遗存数据的解释和校正中达到满意的效果。因此，许多植物种子的炭化条件还需要更多材料和实验验证，尤其是黍、粟、水稻、小麦等农作物的炭化温度区间的确定和对比，这将有助于炭化遗存资料的解释和校正，也是重构古代农作物结构的重要参考。

2.2 研究区域自然环境和考古学文化背景

2.2.1 研究区域概况

本章研究区域（郑州一带）位于中原地区腹地——嵩山地区。嵩山地区广义上包括郑州、洛阳、许昌、平顶山及周边地区，但主要集中在嵩山山麓一带，东起郑州市区，经禹州、新郑、荥阳、新密、巩义、登封、偃师、汝州、伊川，西至龙门伊河，东西为 112°28′E～113°36′E；南界为汝州市的汝河，北界为黄河，南北为 34°14′N～35°53′N（图 2-3），总面积约为 7350km^2，仅核心区太室山、少室山山群、箕山及其间的登封盆地和低丘区，以及东延的具茨山和云梦山等地的面积就达 4000 多平方千米（周昆叔等，2006，2009；陈峰，2010）。

嵩山地区地理位置居中，具有地貌、地形、气候、土壤、植被等诸多自然要素的过渡特征，景观组合复杂多样，自然条件得天独厚（王文楷等，1990；周昆叔，2002b；夏正楷，2012）。这种生态过渡带或交汇带的特点使嵩山地区具有环境优势地位，对周边产生了多方面的边缘效应，从而可以得到更多的文化资源和自然资源（陈良佐，1997；高江涛，2009），促进该区自身文化的发展以及与其他文化的交流与融合，最终成为古代中国的文明中心。下面将从宏观角度介绍嵩山地区的环境和文化概况。

2.2.2 研究区域地质、地貌和水文特征

嵩山地区有着 35 亿年的地质演化历史，在嵩山山体沉积有连续的太古宙、元古宙、古生代、中生代和新生代地层（程胜利等，2003；周昆叔等，2006）。本区经历了多次地壳构造运动，主要有嵩阳运动、中岳运动、少林运动、燕山运动和喜马拉雅运动等，其中燕山运动奠定了这一地区地形地势的总体框架，而在喜马拉雅运动之后，区域地势起伏、山脉、水系格局等宏观地貌轮廓基本形成。在更新世时期，气候的频繁波动与多次不同程度的构造活动虽对区域现代地貌特征的形成具有较大影响，但总体表现为内外力作用在原有地貌框架上的小幅修塑（张光业和周华山，1981；张光业，1985；周华山和张震宇，1994；王贵成和白光华，2000；张本昀等，2008；万晔等，2010）。在全新世时期，区域内河流的多次下切对地貌演化产生重要影响，普遍发育三级阶地，其中三级阶地形成于全新世早期或更新世晚期，二级阶地形成于全新世中期，一级阶地形成于历史时期（周昆叔等，2006；张震宇等，2007；许俊杰等，2013）。

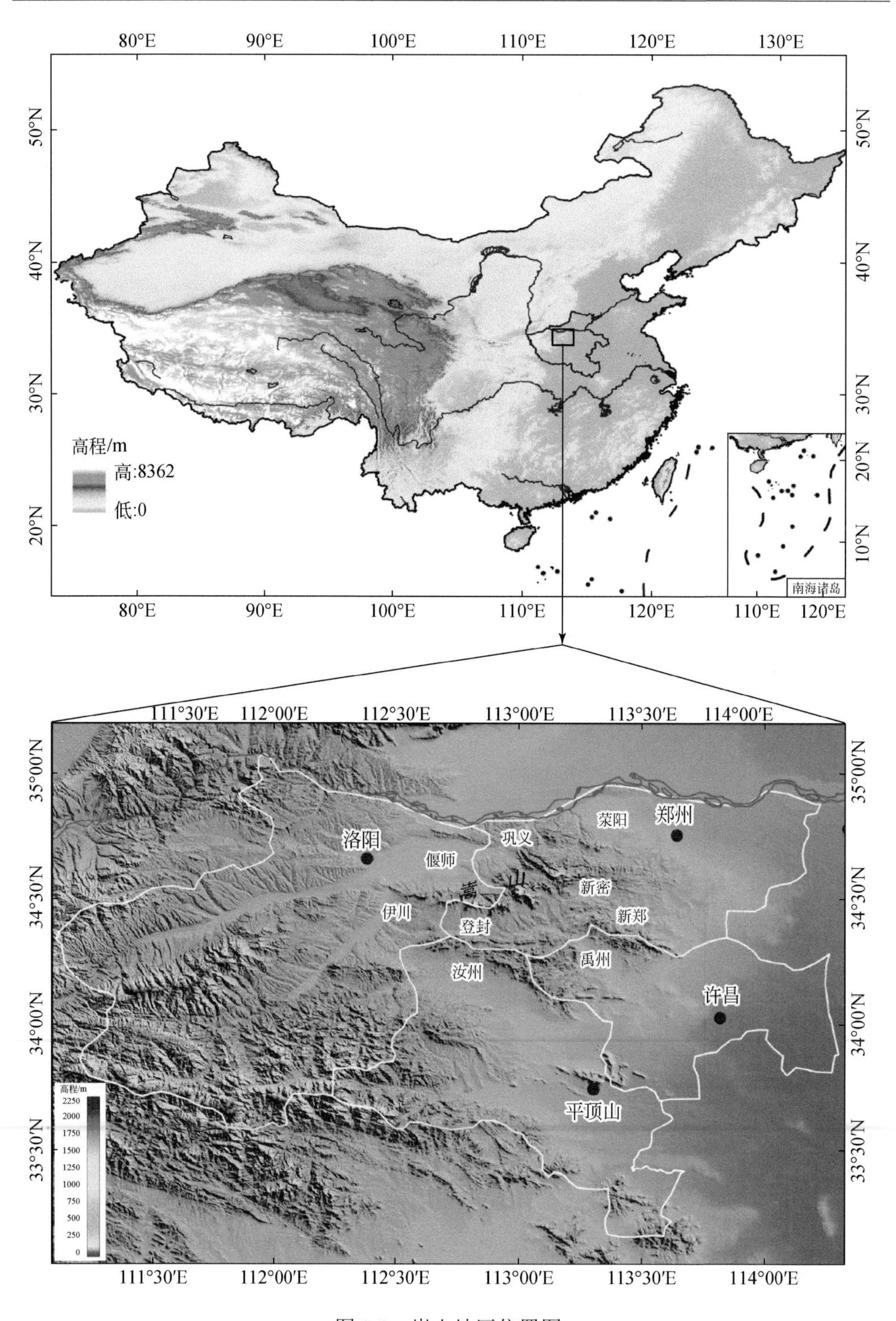

80°E
90°E
100°E
110°E
120°E
130°E
50°N
40°N
30°N
20°N
10°N
高程/m
高:8362
低:0
南海诸岛
111°30′E
112°00′E
112°30′E
113°00′E
113°30′E
114°00′E
35°00′N
34°30′N
34°00′N
33°30′N
洛阳
郑州
荥阳
巩义
偃师
嵩
山
新密
伊川
登封
新郑
禹州
汝州
许昌
平顶山
高程/m
2250
2000
1750
1500
1250
1000
750
500
250
0

图 2-3　嵩山地区位置图

嵩山地区主要属于华北坳陷和嵩箕台隆两个构造单元（图 2-4）。华北坳陷主要位于黄淮冲积平原地带，因受正断层主控，总体趋势为整体下沉。这一单元构造活动复杂，区域构造线以东西向为主，也有北东向、北西向等各组相互干扰，交错纵横。嵩箕台隆位于华北坳陷中部，包括嵩山、箕山山地及山前丘陵地带，均受正断层控制，呈整体抬升的断块构造山地、丘陵和台地。这一单元黄土地貌较为发育，全新世黄土地层普遍分布，厚度一般在 3m 左右。

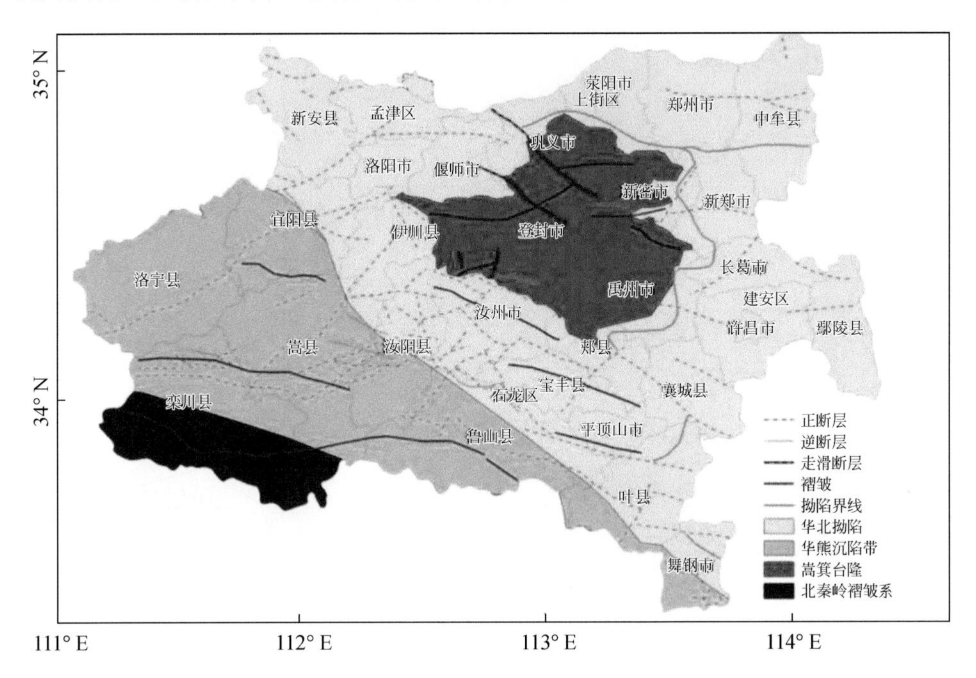

图 2-4　嵩山地区构造示意图（据鲁鹏等，2014a）

嵩山地区地处黄土高原与华北平原之间的过渡地带，总地势为西高东低，海拔最高为 1512m，最低不到 50m（图 2-3）。本区地貌包括构造山地、低山丘陵、冲积平原、黄土地貌与风成沙丘沙地等几种类型（鲁鹏等，2014a，2014b）。不同类型的地貌单元以嵩山为中心呈环状分布（邱士可和鲁鹏，2013）（图 2-5）。嵩山、箕山等山系主峰属中山类型，系整体抬升的断块构造中山，海拔一般为 1000～1500m。中山外围普遍分布低山，海拔为 700m 左右。再向外为山前丘陵，海拔为 200～500m。最外围为冲积平原，海拔一般为 100m 左右。黄土地貌主要分布在沿黄河南岸及伊洛河谷地。因黄土厚度一般只有几米至数十米，且分布于宽阔的河流谷地，所以地貌形态主要是黄土塬、黄土丘陵及黄土阶地。在东部黄河冲积扇分布区还零星分布一些风成沙丘地貌，系黄河决口改道所遗留砂质物在风力作用下形成（鲁鹏，2015）。

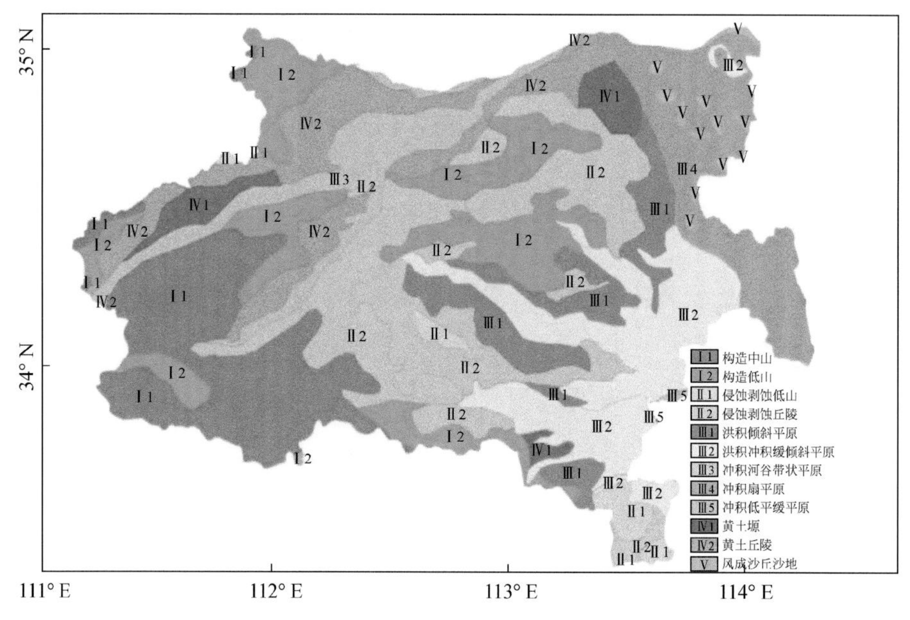

图 2-5　嵩山地区地貌类型图（据鲁鹏等，2014a）

嵩山地区河流众多，分属黄河、淮河两大水系。黄河流经本区北部，并接纳嵩山西侧伊洛河的汇流。嵩山东麓的贾鲁河和南麓的颍河、北汝河、沙河均属淮河水系（图 2-6）。此外，一些较小的河流，如双洎河、索须河、溱洧河等在区域早期文化的发展中也起到非常重要的作用（周昆叔等，2005；张震宇等，2007）。在全新世早中期，本区还存在众多湖泊，伊洛河下游、索须河、双洎河流域等区域发现了大量全新世湖沼相沉积（吉云平和夏正楷，2008；曹雯和夏正楷，2008；徐海亮和王朝栋，2010；王德甫等，2012；李永飞等，2014）。

2.2.3　研究区域气候、土壤和植被特征

嵩山地区地处暖温带，属于大陆性季风气候。因其又处于中国 1 月日均气温 0℃等温线两侧及暖温带南部边缘与亚热带气候交界处，所以气候过渡性特征明显，温湿适宜，兼有南北之长，在气候区上属于温和半湿润半干旱区。本区四季分明并各具特色，总的特征是春季干旱多风沙，夏季炎热多降雨，秋季晴朗日照长，冬季寒冷少雨雪。年平均气温为 14℃，其中 1 月最冷，平均气温为 0℃，7 月最热，平均气温为 28℃。年均降水量为 640mm，其中夏季 7 月和 8 月降水较多，可达 300～500mm，无霜期 217 天。全年平均日照数为 2000～2600h，年均太阳辐射量为 4730～5149MJ/m^2，而光合有效辐射总量为 2302～2595MJ/m^2，热量资源从东至西、从南至北递减（时子明，1983；王文楷等，1990）。

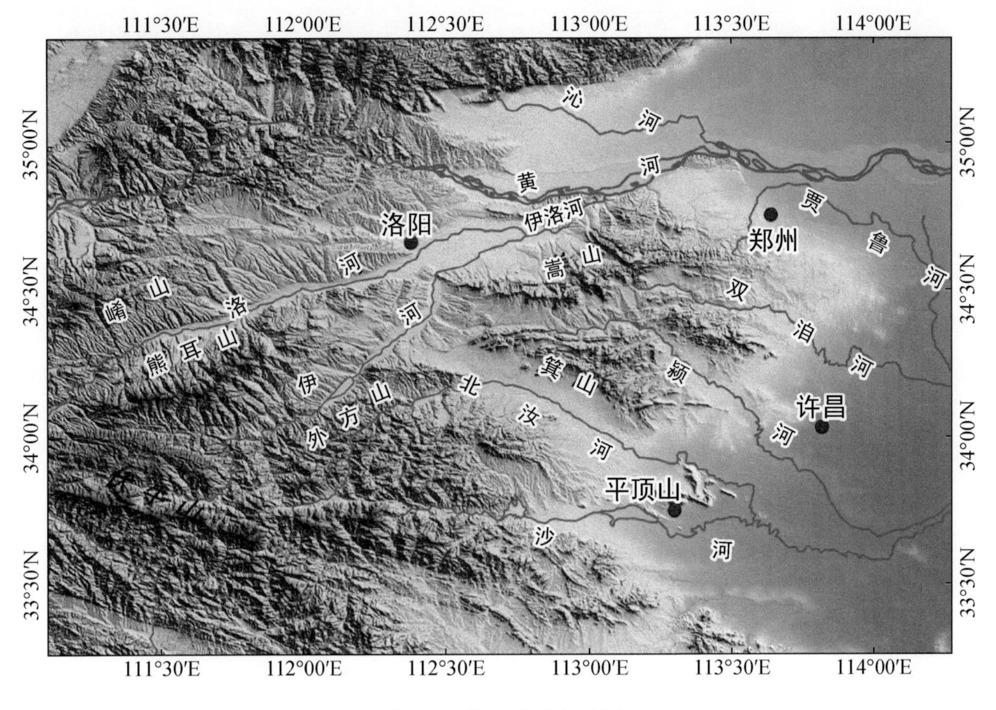

图 2-6　嵩山地区水系图

嵩山地区大部分属于豫西黄土台地丘陵地带，土壤母质多为风积、洪积黄土母质以及第四纪红土，广泛形成黄土、白面土、红黏土等土壤类型，以黄土为主。其中除少量黄土阶地地区的黄土属于水成次生黄土外，剩余大部分属于风成马兰黄土，具有质地均匀、结构疏松、垂直节理发育等典型黄土特征。东部郑州市区一带属黄河冲积平原，土壤母质为河流冲积物，土壤有砂土、砂壤土和淤土。除此之外，本区南部以及一些低洼地区还分布有棕壤褐土、砂姜黑土和草甸土（王文楷等，1990）。广阔平坦的黄土台地和多级阶地以及广泛分布的黄土沉积物质，为农业尤其是旱作农业的发展提供了有利的地貌和土地资源条件。

在暖温带大陆性气候影响下，嵩山地区植被属暖温带落叶阔叶林亚地带（王文楷等，1990）。在山地地区，植被分布有明显的垂直地带性，自下而上有落叶阔叶林带、针阔叶混交林带、针叶林带和灌丛草甸带等。植被类型多种多样，其中以落叶栎林占据绝对优势，分布规律是山地上部为槲栎（*Quercus aliena*），下部以栓皮栎（*Quercus variabilis*）和枹栎（*Quercus serrata*）为主，半常绿栎林和落叶杂木林次之。半常绿栎林以橿子栎（*Quercus baronii*）为建群树种，多分布在海拔 900～1400m 的山坡，落叶杂木林由千金榆（*Carpinus cordata*）、鹅耳枥（*Carpinus turczaninowii*）、青榨槭（*Acer davidii*）、三叶槭（*Acer henryi*）、朴树（*Celtis sinensis*）、小叶朴（*Celtis bungeana*）和栎类等组成，多分布在沟谷中。针叶树中油松（*Pinus tabuliformis*）、白皮松（*Pinus bungeana*）和侧柏（*Platycladus orientalis*）多分布在山地下部；华山松（*Pinus armandii*）和铁杉（*Tsuga chinensis*）多分布在山地上部。在低山及丘陵地区，植被应以落叶栎林和温带针叶林为主，但因为受到人类的长期影响，森林植被已被破坏，继而被灌丛和草灌丛取代，主要包括黄荆（*Vitex negundo*）、酸枣（*Ziziphus jujube* var. *spinosa*）、连翘（*Forsythia suspensa*）、黄栌（*Cotinus coggygria*）、胡枝子（*Lespedeza bicolor*）等灌木类和禾本科（Poaceae）、蒿属（*Artemisia* sp.）等草本植物。黄土丘陵的沟谷中还残存有臭椿（*Ailanthus altissima*）、榆树（*Ulmus pumila*）、槐树（*Sophora japonica*）、刺槐（*Robinia pseudoacacia*）等乔木。此外，山间盆地和丘陵台地、坡地绝大多数已被开辟为农田，种有小麦、玉米、甘薯、谷子、豆类和棉花等农作物。

本区气候和植被在更新世晚期和全新世经历了多次变化，大致可以分为以下阶段：50～26ka BP，深海氧同位素3阶段（MIS3），气候比较温暖湿润，属暖温带草原-森林草原环境；26～19ka BP，末次冰盛期阶段（LGM），气候极其干冷，属干燥的草原环境；19～12ka BP，末次冰消期转暖过程中，环境温和干燥，以草原植被为主，同时生长有少量落叶阔叶树；12～8.5ka BP，全新世早期，波动升温期，前期气候干凉，为针叶林和草原环境，后期气候转暖湿，落叶阔叶树增加；8.5～5ka BP，全新世中期，为稳定的暖湿气候期，属亚热带森林环境；5ka BP之后，气候暖湿程度逐渐降低，尤其在4ka降温事件之后，变冷干趋势明显，植被类型也逐渐演变为暖温带疏林草原（Winkler and Wang，1993；夏正楷和陈戈，2001；夏正楷等，2008；孙雄伟和夏正楷，2005；董广辉等，2006；闫慧等，2011；郭志永等，2011；Peterse et al.，2011；许俊杰等，2013）。

2.2.4 研究区域考古学文化演变序列

通过多年考古发现与研究，以许昌灵井（李占扬和董为，2007；河南省文物考古研究所，2009，2010）、荥阳织机洞（张松林和刘彦锋，2003；王幼平，2008；刘德成等，2008）、巩义洪沟（巩义市文物保护管理所和河南省社会科学院河洛文化研究所，1998）等旧石器遗址为代表，已经可以将嵩山地区最早的古人类文化追溯至十万年前后的旧石器时代中期，而灵井和织机洞揭露出的旧石器中期—旧石器晚期—新石器时期—二里头文化时期、商周等连续的地层堆积则进一步反映出嵩山地区古文化的不间断传承与发展。灵井8万～10万年前古人类狩猎、屠宰、肢解大型食草动物以及有意识加工制作骨质工具行为的确认（张双权等，2009，2011a，2011b，2012；李占扬和沈辰，2010），也标志着这一地区乃至东亚现代人行为的早期出现。根据灵井（河南省文物考古研究所，2010；袁文明，2015）、织机洞（王幼平，2008；袁文明，2015）、洪沟（巩义市文物保护管理所和河南省社会科学院河洛文化研究所，1998）、君召和蝙蝠洞遗址（李占扬，1995；张松林等，2004；周昆叔等，2005）出土石制品的研究结果可知，嵩山地区旧石器时代中期的石器工业属于北方小石器传统，以石片石器为主，同时存在南方砾石石器文化因素，说明早在旧石器时代中期嵩山地区古文化就有中国南北文化交融与过渡特点。

在旧石器时代晚期（50～20ka BP），大概相当于深海氧同位素 3 阶段（MIS3）的气候较暖湿时期，嵩山地区经历了一个古人类发展的繁荣时期，大量旧石器文化遗存呈群组聚集分布于古代河流两岸，埋藏在马兰黄土上部堆积之下的河漫滩相堆积或红褐色古土壤层中，仅嵩山东麓的郑州地区就已经发现了 300 多处旧石器及动物化石地点（王幼平和汪松枝，2014），填补了中原地区以及东亚大陆这一阶段旧石器文化发现的空白，进而使该地区成为中国与东亚旧石器文化及现代人起源研究的关键区域。根据灵井遗址（50～20ka BP）、织机洞遗址（50～30ka BP）、老奶奶庙遗址（45ka BP）、赵庄遗址和黄帝口遗址（35ka BP）以及嵩山东南麓旧石器地点群出土遗存的研究（李占扬，2007；王幼平，2008，2013；王幼平等，2012；王佳音等，2012；王幼平和汪松枝，2014；袁文明，2015），发现这一阶段早期嵩山地区的旧石器文化与前期一脉相承，从石料选择、石器加工技术、工具组合以及类型学特征等方面来看，应属于中国北方石片石器工业传统，而没有莫斯特或石叶技术等外来因素影响的痕迹（王幼平和汪松枝，2014）。此外，数百处旧石器地点呈群组聚集成多个遗址群，群组内有中心营地、临时场所和石器加工场，反映了旧石器晚期嵩山地区古人类的复杂栖居形态。这一阶段现代人在嵩山地区的出现与发展还带来了新的文化特点，如出现了使用远距离搬运来的红色石英砂岩堆砌石堆再摆放古棱齿象头的象征性行为，以及在长期营地内多个用火遗迹所组成的复杂居住面（王幼平和汪松枝，2014）。

进入旧石器时代晚期晚段，登封西施遗址首次在我国及东亚大陆腹地发现距今2.5万年旧石器时代晚期的石叶工业遗存（北京大学考古文博学院和郑州市文物考古研究院，2011b；高霄旭，2011；王幼平和汪松枝，2014），包括可以完整复原的石叶生产操作链、石叶生产加工厂遗迹以及各类典型的石叶产品，确切证明在东亚大陆主体部分也有石叶技术的系统应用（王幼平和汪松枝，2014），其展现的旧石器时代晚期文化发展与现代人行为特点，与旧大陆大部分地区并无明显区别。与此同时，西施遗址还有与石叶工业共存的细石核和细石叶等细石器的发现，进一步展示了嵩山地区旧石器时代晚期文化发展的复杂性与多样性。通过以上考古发现可以看到，嵩山地区从旧石器时代中期到晚期的石器工业经历了从石片石器兼有砾石石器—石片石器—石叶与细石器的演变历程，这也是中国北方旧石器时代晚期文化发展的普遍特点（王幼平和汪松枝，2014）。

旧石器时代末期，嵩山地区进入从旧石器文化向新石器文化过渡的关键时期（14～9ka BP），代表遗址有灵井遗址第 5 层和李家沟遗址。灵井遗址第 5 层的年代范围大概在 14～11ka BP，是典型的细石器文化层，以选用优质石料（燧石、玛瑙）和软锤技术、石核预制等细石器技术为特征，同时出现打制石器，以及早期陶片和磨制牙锥等新的文化因素。这些早期陶片的年代为 11.5～10.5ka BP，应是中原地区最早的陶片（杜春磊，2013；李占扬等，2014；袁文明，2015；Li and Ma，2016）。李家沟遗址发现了距今10500～8600 年旧石器时代晚期到新石器时代早期文化叠压关系的地层剖面，不仅为寻找中原地区旧、新石器过渡性遗存提供了地层学方面的可靠参照，而且新发现的以压印纹粗夹砂陶与石磨盘为代表的李家沟文化遗存，填补了中原地区从旧石器晚期细石器文化到新石器早期裴李岗文化之间的空白。李家沟和灵井遗址细石器文化层发现磨制石、骨器，早期陶片和石堆遗迹，以及李家沟遗址李家沟文化层和裴李岗文化层发现少量细石器和打制石器，一方面说明嵩山或中原地区新石器文化萌芽于旧石器晚期之末的细石器文化，另一方面也说明该地区旧、新石器时代过渡并非突变，而是经历了漫长的连续发展历程，史前居民也从流动性较强的狩猎采集者逐渐过渡为更多利用植物资源较稳定生活的定居者（北京大学考古文博学院和郑州市文物考古研究院，2011a；郑州市文物考古研究院和北京大学考古文博学院，2011；王幼平等，2013；王幼平，2014；Wang et al.，2015）。

嵩山地区新石器时代早期文化为裴李岗文化，时代为距今 9000～7000 年（Liu and Chen，2012）。目前，该地区调查和发现的裴李岗文化遗址已达 160 多处（张松林，2010）。这些遗址面积通常较小，从几千平方米到几万平方米不等，只有少数聚落遗址可达到几十万平方米，根据地理位置可大体归纳为两种类型（Liu，2014）：一类遗址分布在冲积平原，其面积较大，文化层堆积较厚，内涵物丰富，可能是高度定居的中心聚落，代表遗址有新郑唐户遗址（张松林等，2008；信应君等，2010）；另一类遗址分布在靠近河流的浅山丘陵地区，其面积小，堆积薄，文化遗物少而单一，可能是季节性营地或小村落，代表遗址为巩义铁生沟遗址群（Liu and Chen，2012）。无论哪类遗址，都属于裴李岗文化裴李岗类型（中国社会科学院考古研究所，2010），其文化特征是以小口双耳壶、三足钵、筒形深腹罐、凹刃石镰、舌形石铲、带足石磨盘和石磨棒为基本器物组合（靳松安，2009）。尽管裴李岗文化已经具有粟、黍、水稻等农作物以及狗、猪等驯养家畜，但裴李岗先民依然采用广谱生计策略，以野生动植物的狩猎和采集为主，农业生产处于次要地位（赵志军，2005；Liu，2014）。嵩山地区新石器文化从裴李岗文化开始便对四周产生重要影响，其影响范围西至渭河流域，东至黄河下游地区，北至黄河中游以北，南至汉水流域，显示了强大的文化核心作用（张松林等，2004；张居中，2006；韩建业，2009；栾丰实，2010）。

新石器时代中期，仰韶文化在嵩山地区兴起，时代为距今 7000～5000 年（Liu and Chen，2012）。嵩山地区是仰韶文化遗存最集中、最丰富的地区之一，尤以郑洛一带遗址比较密集，仅郑州地区已查明的仰韶文化遗址就达 100 多处（巩启明，2002；张松林，2003）。这些仰韶文化遗址绝大部分分布在平原区，极少数分布于近山台地（鲁鹏，2015）。相较于裴李岗文化遗址，仰韶文化遗址在面积总体上有所增加，最大的双槐树遗址可达$100\times10^4m^2$（河南省文物局，2009），但聚落等级规模也在中晚期出现明显分化，既有大型中心遗址，也有面积仅几万甚至几千平方米的小型聚落（赵春青，2001；鲁鹏等，2012）。嵩山地区仰韶文化遗存亦可称为"大河村文化"，其陶器以泥质红陶和夹砂灰陶为主，晚期流行轮制技术。纹饰多为附加堆纹、方格纹、篮纹和镂孔，彩陶有复彩和白衣彩，图案多是弧边三角纹、月牙纹和方格纹。陶器群以釜形鼎、罐形鼎、小口尖底瓶、大口尖底缸、折腹盆、曲腹盆为代表，工具多为石铲、石刀、石镰、陶刀等，房屋为红烧土土木结构建筑（中国社会科学院考古研究所，2010）。在这些文化因素中，陶鼎文化和彩陶文化对周边文化产生了巨大影响，尤其是彩陶文化，不仅遍布整个黄河中游，而且传播到了西辽河流域的红山文化、黄河下游的大汶口文化和长江中游的大溪文化，它的影响范围几乎遍及半个中国，北越河套，东南入苏北，西南入川西北，西抵青海（张松林，2003；王仁湘，2010；张杰和张清俐，2015）。在仰韶文化晚期，晋南庙底沟二期文化、东方大汶口文化以及南方屈家岭文化也相继影响到嵩山地区。仰韶文化的农业规模较裴李岗文化时期明显扩大，以耕种粟和黍为特点的旱作农业已经成为仰韶文化的经济主体，同时存在少量的稻作农业（赵志军，2014）。

新石器时代晚期，龙山文化继仰韶文化之后在嵩山地区兴起。这一区域的龙山文化也称为王湾三期文化，时代为距今 5000～4000 年（中国社会科学院考古研究所，2010；Liu and Chen，2012）。该区域龙山聚落的分布以嵩山西北的洛阳-偃师地区和嵩山东北的郑州-荥阳地区最为密集（鲁鹏，2015）。聚落等级规模分化特征具有不断扩大的趋势，先前的一级、二级聚落整合出现了四周环绕高大夯土城墙的城址聚落。城址聚落与普通聚落的并存是王湾三期文化聚落形态的显著特点，根据聚落面积更可进一步划分为四级聚落，表明这一时期以血缘关系为纽带的氏族社会的解体和以阶级划分为基础的文明时代的到来（赵春青，2001；中国社会科学院考古研究所，2010；鲁鹏等，2012）。王湾三期文化的陶器以轮制为主，多为泥质灰陶和夹砂灰陶，同时黑皮陶增多，彩陶则彻底绝迹。陶器纹饰有绳纹、篮纹、方格纹、附加堆纹和弦纹，以前三种最为流行。常见器形有罐形鼎、矮足鼎、深腹罐及新出现的斝、高柄杯、鬶、甗、甑等。生产工具有石斧、刀、铲、磨盘、磨棒等磨制石器及骨铲、骨针、蚌刀、陶纺轮等骨、蚌、陶器。房屋建筑普遍使用石灰、土坯等新型建筑材料，盛行用石灰抹平地面的白灰面房屋，土坯夯筑的技术逐渐成熟（张松林，2003；中国社会科学院考古研究所，2010）。这一时期嵩山地区农业取得较大发展，在经济生活中的比重进一步增大。农业经济仍然延续粟、黍旱作农业传统，稻作已经相当普及，大豆成为农业生产中的一个农作物品种，小麦的最早种植也在龙山晚期出现，说明嵩山地区龙山时代的农作物布局已经开始趋向复杂化（赵志军，2007；张俊娜等，2014）。

嵩山地区在龙山文化之后进入夏商时期，陆续出现了二里头文化（3900～3500a BP）、二里冈文化（3600～3300a BP）和殷墟文化（3300～3000a BP）等文化类型（Liu and Chen，2012）。这一时期社会复杂化程度日渐加深，聚落等级规模分异最终形成，围绕都邑性质的大型中心聚落，如二里头遗址（许宏等，2004）、王城岗遗址（北京大学考古文博学院和河南省文物考古研究所，2007）和郑州商城（河南省文物考古研究所，2001）出现了多级聚落形态，加上都邑内宫殿建筑、礼仪中心、青铜器制作作坊的出现，标志着一个高度集中的社会政治系统——早期国家的诞生（刘莉，2007）。这一时期的嵩山地区，粟、黍、水稻、小麦、大豆五谷齐全，饲养狗、猪、黄牛和绵羊等多种家畜，为早期国家和华夏文明的形成提供了坚实的经济基础（袁靖等，2007；赵志军，2007）。

我们对以上史前文化演变序列进行了简要总结，呈现在表 2-1 中。

表 2-1　研究区域史前文化演变序列简表

文化阶段	时间段/ka BP	代表遗址	文化特征
旧石器中期	100～80	灵井、织机洞、洪沟	石片石器为主，兼有少量砾石石器；狩猎、屠宰大型动物，制作骨质工具等现代人行为出现
旧石器晚期	50～20	灵井、织机洞、老奶奶庙、嵩山东南麓遗址群、西施	石片石器为主，出现了石叶和细石器；遗址群出现，包含中心营地、临时场所和石器加工厂等，栖居形态复杂化；出现了摆放古棱齿象头等象征性行为
新旧石器过渡期	14～9	灵井第 5 层、李家沟	出现细石器、早期陶片、磨制石器和骨器；更多利用植物资源；人群流动性减弱
裴李岗文化时期	9～7	裴李岗、唐户、铁生沟遗址群	有大型聚落和季节性营地两种聚落类型，分别处于冲积平原和浅山丘陵区；三足钵、齿刃石镰、舌形石铲、带足石磨盘和石磨棒为基本器物组合；采用广谱生计策略，兼有农作物种植
仰韶文化时期	7～5	双槐树、大河村	聚落多分布在平原区，极少数分布在近山台地，出现等级分化；陶鼎和彩陶是主要的文化因素；农业生产规模扩大
龙山文化时期	5～4	古城寨	聚落等级分化扩大，出现城址聚落；彩陶消失，以黑陶和灰陶为主；小麦、大豆加入，农作物布局趋向复杂化
二里头文化时期—商	4～3	王城岗、郑州商城	都邑性质的大型中心聚落形成；宫殿建筑、礼仪中心、青铜器制作作坊出现；早期国家诞生；五谷齐全，饲养狗、猪、黄牛和绵羊等多种家畜

综上所述，嵩山地区从旧石器时代中期开始，文化连续演进，其间没有中断，也不存在跳跃，是一个稳定发展的社会，最终形成华夏文明。在自身连续发展之外，嵩山地区古文化也不断对外扩张，同时吸取周边文化因素，成为南北东西文化交流的核心区域，形成了一个嵩山文化圈，在中华文明的产生和发展中起到了重要的推动作用（周昆叔等，2005）。

2.3　材料与方法

2.3.1　现代粟、黍样品的采集

本章炭化模拟实验的样品为两种粟（*Setaria italica*）和两种黍（*Panicum miliaceum*）的成熟种子。这些样品分别产自黑龙江、辽宁和河北（表 2-2），每个品种又分为带壳和不带壳两类（图 2-7），均在室温下以干燥状态贮存 4 年，在 2015 年 6 月实验前没有经过任何浸泡、蒸煮、烘干等加工处理过程。

表 2-2　粟、黍植物样品信息

编号	拉丁名	产地	是否有黏性	实验部位
粟 A	*Setaria italica*	辽宁绥中	是	带壳/脱壳种子
粟 B	*Setaria italica*	河北武安	否	带壳/脱壳种子
黍 A	*Panicum miliaceum*	黑龙江齐齐哈尔	是	带壳/脱壳种子
黍 B	*Panicum miliaceum*	河北阳原	是	带壳/脱壳种子

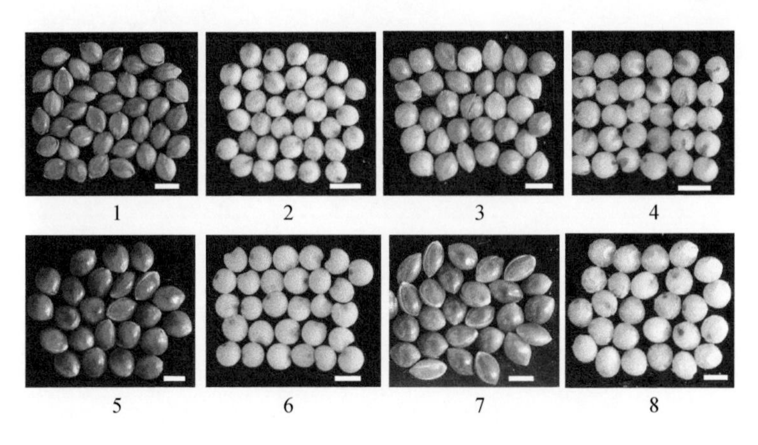

图 2-7　采集的现代粟、黍样品（标尺=2mm）

1、2. 粟 A；3、4. 粟 B；5、6. 黍 A；7、8. 黍 B

2.3.2　考古样品的采集

2012 年 4～10 月，我们与郑州市文物考古研究院合作对郑州地区的 30 处考古遗址进行了考察（图 2-8）。这些遗址分布于嵩山周围，集中于河流附近，所在地貌单元既有河流冲积平原，又有黄土台塬沟谷和山前丘陵，并涵盖了旧石器时代晚期文化、裴李岗文化、仰韶文化、龙山文化、二里头文化和商周文化等文化时期。本章重点在其中属于裴李岗文化和仰韶文化的、分布于不同地貌部位的 13 处遗址选择灰坑和地层采集植硅体和浮选样品，并同时采集了 ^{14}C 年代及陶片样品，以通过考古学文化遗物和 ^{14}C 测年相结合确定样品年代。野外样品采集遵循采样遗迹文化属性清晰，采样部位地层界线分明以及文化遗迹没有混杂 3 个原则（张俊娜等，2014）。下面将按隶属行政区顺序，分遗址详细介绍采样过程和内容。

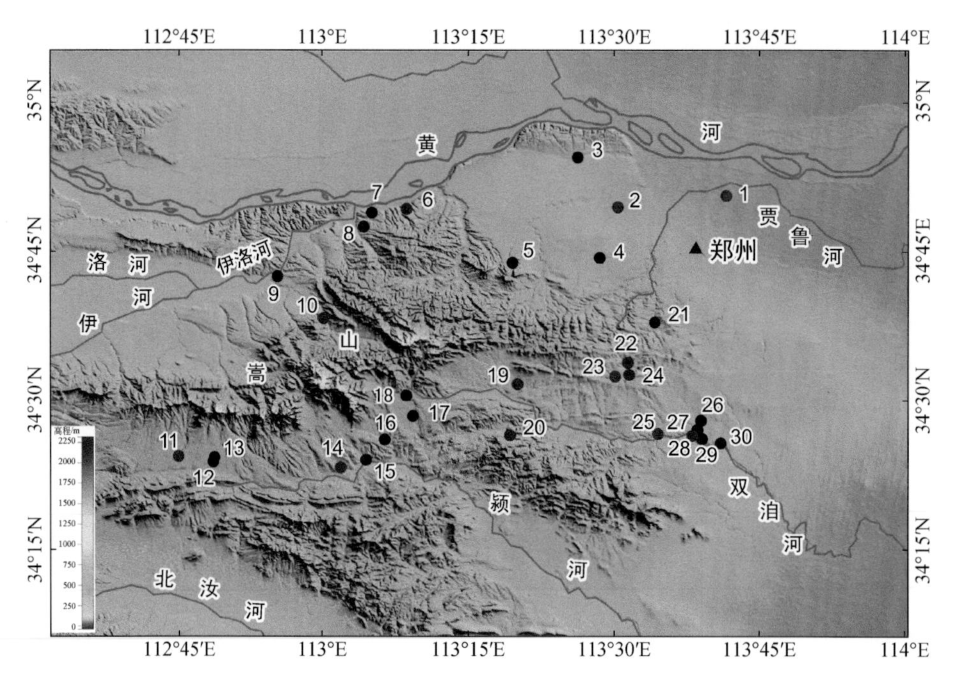

图 2-8　研究区考察遗址点分布图（红色圆点为本章分析遗址）

1. 大河村；2. 朱寨；3. 车庄；4. 梁寨；5. 北头；6. 庄岭；7. 双槐树；8. 花地嘴；9. 稍柴；10. 坞罗西坡；11. 颍阳；12. 胥店；13. 南洼；14. 袁村；15. 程窑；16. 纸坊；17. 郭村；18. 唐庄；19. 马鞍河；20. 菜园沟；21. 老奶奶庙；22. 李家沟；23. 马沟；24. 沙石嘴；25. 王嘴；26. 古城寨；27. 邓湾；28. 北李庄；29. 裴李岗；30. 杨楼

1. 北李庄遗址样品采集

北李庄遗址位于新郑市辛店镇北李庄村东，东临洧水，隔河与裴李岗遗址相望。该遗址面积达 $1.64\times10^4m^2$，发现有仰韶文化晚期、二里头文化、西周文化三期遗存，但主要还是一处仰韶文化遗址，按聚落面积分级为三级小型聚落（中国社会科学院考古研究所和郑州市文物考古研究院，未发表资料）。在遗址东部台地发现一灰坑（H1）剖面（34°26.531′N，113°38.087′E；海拔 122m），厚约 1m，根据坑内堆积性质自上而下可划分为 5 层，每层并不水平，呈由南向北倾斜状态（图 2-9）。第一层（图 2-9 中数字 1）为灰褐色土夹杂灰土条带，堆积疏松；第二层（图 2-9 中数字 2）为红烧土层，质地坚硬，见仰韶文化红陶陶片；第三层（图 2-9 中数字 3）为浅灰色土层，夹杂有红烧土和陶片；第四层（图 2-9 中数字 4）为黄土层，质地疏松；第五层（图 2-9 中数字 5）为灰色土条带，堆积疏松均匀，见炭屑。每层采集一份植硅体样品（编号 BLZH1-①～⑤），第一、二、三层各采集一份浮选样品（编号与植硅体样品相同，下同），第四、五层各采集一份 ^{14}C 年代样品（炭屑，下同）（编号 BLZH1^{14}C-④～⑤）。

图 2-9　北李庄遗址 H1 剖面层位划分示意图

2. 王嘴遗址样品采集

王嘴遗址位于新密市刘寨镇王嘴村东，洧水北面支流圣寿西溪水东岸。该遗址文化层厚度为 0.8～1.5m，土色为褐色，土质较硬，含有红烧土颗粒和炭屑，出土有泥质红陶、泥质褐陶及夹砂红陶残片，可辨器形有壶、罐、敛口钵等，根据器形形制及纹饰特征，时代应为裴李岗文化时期。遗址面积达 $8.46\times10^4m^2$，按聚落面积分级为一级裴李岗聚落（开封地区文物管理委员会，1979；中国社会科学院考古研究所和郑州市文物考古研究院，未发表资料）。采样剖面位于遗址北部，密杞大道南侧，刘寨镇王嘴汽车站西 20m 处（34°26.902′N，113°34.544′E；海拔

132m)。在文化层之上覆盖有现代耕土层和扰动层，厚约 30cm。文化层厚约 90cm，按堆积性质可划分为 3 层，层位水平。0～20cm 为浅灰褐色土层，致密，可见少量陶片；20～70cm 为灰褐色黏土层，颜色发黑，在 30～50cm 处陶片和红烧土密集堆积；70～90cm 为红花土层，可见零星陶片（图 2-10）。按照10cm 间距对文化层剖面连续采样，共采集 9 份植硅体样品（编号 WZ1-1～9），在 30～50cm 处采集了一份 ^{14}C 年代样品（编号 WZ1^{14}C-30～50cm）。

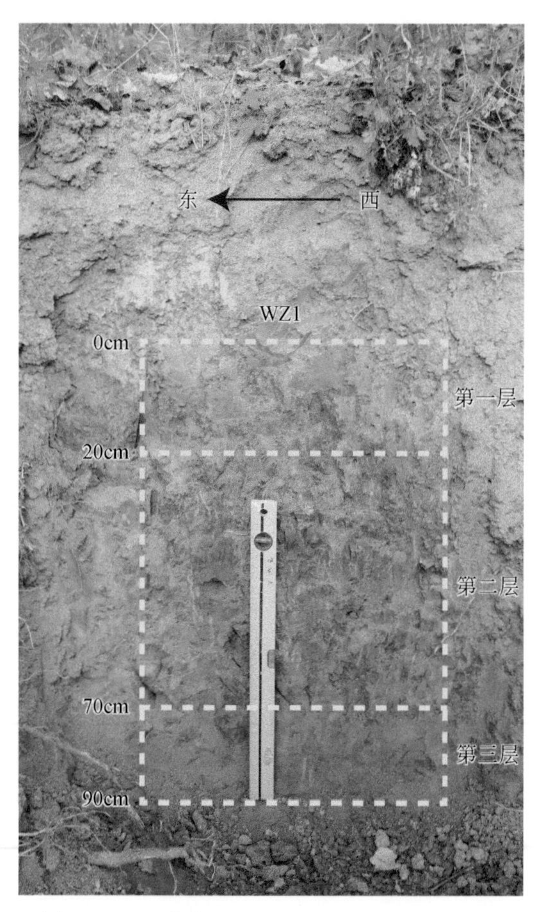

图 2-10　王嘴遗址 WZ1 剖面层位划分示意图

3. 李家沟遗址样品采集

李家沟遗址位于新密市岳村镇李家沟村西，地处嵩山东麓的低山丘陵区。溱水上游的椿板河自北向南流经遗址西侧，遗址就坐落在河左岸以马兰黄土为基座的二级阶地堆积上部。李家沟遗址探明面积达 $2\times10^4m^2$，目前揭露面积为 $30m^2$，分为南北两个发掘区，均发现了细石器文化、李家沟文化和裴李岗文化的连续堆积（北京大学考古文博学院和郑州市文物考古研究院，2011a；郑州市文物考古研究院和北京大学考古文博学院，2018）。在南发掘区东部的黄土台地顶部曾经发掘一探坑，暴露有裴李岗文化层，选择探坑北壁裴李岗文化层采集样品（34°33.904′N，113°31.428′E；海拔218m）。该剖面深100cm，可大体划分为两层堆积。0～30cm为灰黑色—土黄色土，粉砂质，包含有兽骨、炭屑等；30～100cm为土黄色土，粉砂质，其中90～100cm处含有小块砾石［图2-11（a）］。以10cm间隔采样，共采集10份植硅体样品（编号LJG1-1～10）。另外在遗址北发掘区剖面第四层（34°33.916′N，113°31.424′E；海拔207m）［图2-11（b）］，相当于南区第三层，即裴李岗文化层，采集了一份植硅体样品（编号LJG2）。

图2-11　李家沟遗址采样剖面示意图

4. 沙石嘴遗址样品采集

沙石嘴遗址位于新密市岳村镇苇园村南侧的马兰黄土台地上，西、北两面濒临溱水。又因其地处溱水上游，濒临的河谷切割较深，周围丘陵环抱。该遗址具有堆积很厚的文化层，内含大量陶片、红烧土，还发现有陶窑和窖穴遗迹。出土石器有石铲、石斧、石刀等，陶器有红陶和灰陶两种，器表多数磨光，少量施加绳纹和白衣彩绘，器形有鼎、罐、钵、缸、盆、小口尖底瓶、澄滤器等，还有大小不同的陶环。根据出土遗物形制特征，该遗址属仰韶文化中晚期遗址，但遗址上部也叠压有龙山文化早期和晚期文化层。遗址面积达 $2.75\times10^4m^2$，按聚落面积分级为三级小型仰韶聚落（中国社会科学院考古研究所和郑州市文物考古研究院，未发表资料）。在遗址西侧断崖发现 3 个灰坑（34°32.679′N，113°31.547′E；海拔 242m），开口均在耕土层和扰土层下，自北向南依次编号为 SSZH1、SSZH2 和 SSZH3，其中 SSZH2 又被 SSZH3 打破，根据地层关系，3 个灰坑时代大体相同。SSZH1 为直壁圜底，宽 80cm，深 40cm，坑内堆积为灰黄色土，质地疏松，包含物较少；SSZH2 为直壁平底，宽 90cm，深 70cm，坑内堆积为浅灰色土，质地疏松，包含红烧土颗粒和少量仰韶文化陶片；SSZH3 为斜壁平底，宽 100cm，深 40cm，坑内堆积为浅灰色土，质地细密（图 2-12）。每个灰坑各采集一份植硅体样品和一份浮选样品（编号均与灰坑名相同）。

图 2-12 沙石嘴遗址灰坑采样位置图

5. 马沟遗址样品采集

马沟遗址位于新密市岳村镇马沟村西南的高台地上，是 2009 年全国文物普查中新发现的一处遗址。马沟遗址东、南、北三面环水，为五星水库上游，属溱水支流，地势由东向西逐步升高。遗址西部断崖可见厚 0.3～0.8m 的文化层，夹杂有大量的陶片和红烧土；在遗址东部有一条南北向人工取土形成的壕沟，壕沟东侧断崖发现多处灰坑以及较厚的文化层，文化层厚0.4～2m，灰坑内含大量烧土块、草木灰、陶片、兽骨、炭屑等。从陶器形制和纹饰特征看，马沟遗址主要是仰韶文化晚期遗存，另外有少量龙山文化晚期和春秋时期遗存。遗址面积达 $5.2\times10^4m^2$，按聚落面积分级为二级中型仰韶聚落（魏新民，2009；中国社会科学院考古研究所和郑州市文物考古研究院，未发表资料）。在壕沟东侧断崖选择形状范围清晰的 3 处灰坑（34°32.490′N，113°30.121′E；海拔 226m）进行采样，自北向南依次编号为 MGH1、MGH2 和 MGH3（图 2-13）。

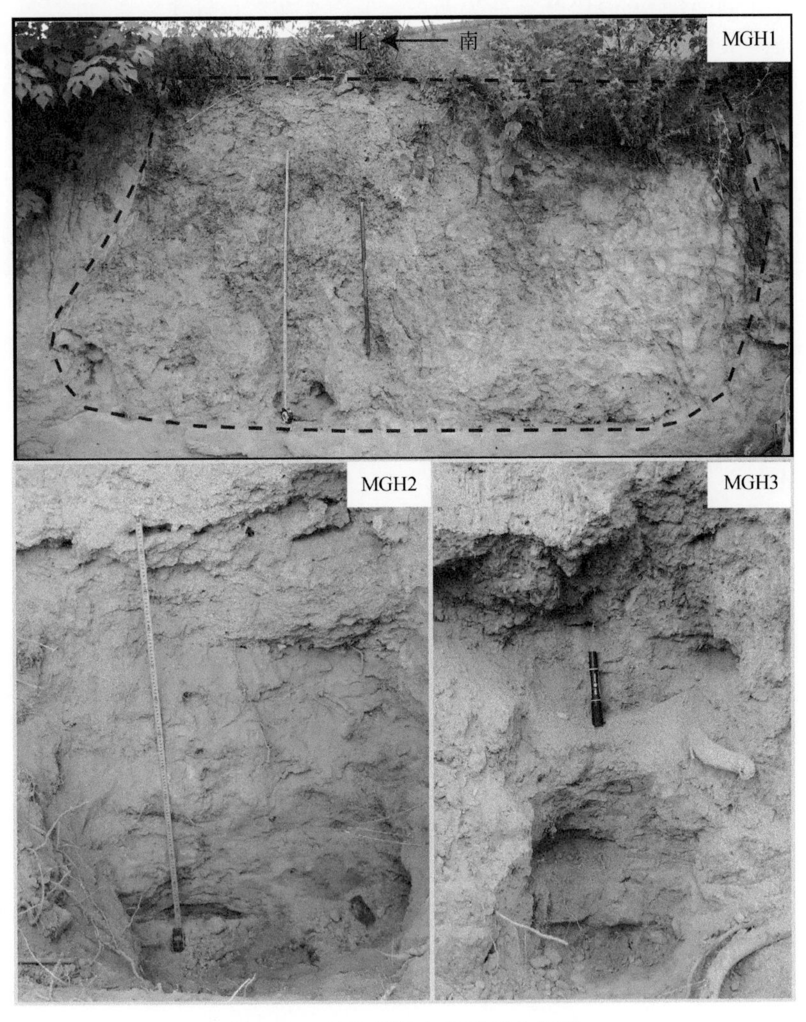

图 2-13　马沟遗址灰坑采样位置图

MGH1 大体为一直壁平底的大型灰坑，宽 306cm，深 147cm，坑内堆积自上而下可划分为 5 层：第一层为质地疏松的黄褐色土层；第二层为致密的浅灰色土层；第三层为夹杂有红烧土颗粒的深黄色土层；第四层为致密的深灰色土层；第五层为夹杂有大量红烧土块的土黄色土层。

MGH2 剖面深 125cm，自上而下可划分为 5 层：第一层为浅灰色沙土夹杂有黄土，质地疏松；第二层为较为纯净的灰土层，质地疏松，出土有仰韶文化陶片；

第三层为灰土夹有红烧土层，斑杂有黑褐色土；第四层为红烧土层，质地坚硬；第五层为黑褐色沙土夹杂有黄色土，质地疏松，包含物稀少。

MGH3 剖面深 90cm，可划分为两层：上层为灰黄色沙土，质地疏松，伴有红烧土颗粒；下层为深灰黄色土，质地疏松，出土有仰韶文化陶片。

3 个灰坑每一层采集植硅体样品（编号 MGH1-①～⑤、MGH2-①～⑤、MGH3-上/下层），MGH1 第二、四层，MGH2 第二、三层，MGH3 上、下层各采集一份浮选样品，MGH2 第二层采集一份 ^{14}C 年代样品（MGH2^{14}C-②）。

6. 菜园沟遗址样品采集

菜园沟遗址位于新密市城关镇菜园沟村东，西临菜园沟河，南临南关河，遗址处于两河交汇处东北侧的高台地上。菜园沟遗址断崖可见 1.5～2m 厚的文化层，出土有白衣彩陶罐、彩陶钵、罐形鼎等典型仰韶文化遗物，同时也发现龙山文化晚期、二里头文化、二里岗文化遗物，但主体是仰韶文化遗存。该遗址面积为 1.43×10^{4}m^2，按聚落面积分级为三级小型聚落（中国社会科学院考古研究所和郑州市文物考古研究院，未发表资料）。在遗址东部断崖发现一仰韶时代袋状灰坑（34°26.564′N，113°19.337′E；海拔 280m），坑口距地表 90cm，坑口长 270cm，坑底长 340cm，深 100cm。坑内堆积分层不明显，主要为灰黄色粉砂土，土质疏松，包含有大量红烧土块、炭屑和陶片（图 2-14）。以 10cm 间隔对此灰坑剖面进行采样，共采集 10 份植硅体样品（编号 CYGH1-1～10），在 40～60cm 处采集一份浮选样品（编号 CYGH1 浮选-40～60cm），同时在 44cm、49cm、55cm 处分别采集一份 ^{14}C 年代样品（编号 CYGH1^{14}C-44cm、CYGH1^{14}C-49cm、CYGH1^{14}C-55cm）。在遗址另一地点还发现了 3 个龙山文化灰坑，分别命名为 CYGH2、CYGH3 和 CYGH4，共采集了 5 份植硅体样品（编号 CYGH2 上/下层、CYGH3 上/下层、CYGH4）。

7. 马鞍河遗址样品采集

马鞍河遗址位于新密市区西大街办事处马鞍河村西侧的台地上，东临马鞍河，南距绥水约 2km。遗址文化层厚 1.2～2m，从遗址四周断崖看，东部和南部有草拌泥筑成的房基和大面积红烧土，为居住区，而北部则发现许多人骨，为墓葬区。陶器有彩陶瓮棺、尖底瓶、深腹罐等器形。从出土房基，陶器和墓葬形制看，马鞍河遗址为仰韶文化中晚期遗址，其面积可达 13.47×10^{4}m^2，按聚落面积分级为一级大型仰韶聚落（中国社会科学院考古研究所和郑州市文物考古研究院，未发表资料）。在遗址南部断崖发现 3 处灰坑，自西向东依次命名为 MAHH1、MAHH2 和 MAHH3，在遗址北部断崖选了一文化层剖面，命名为 MAH-4（34°31.766′N，113°20.099′E；海拔 245m）（图 2-15）。

图2-14 菜园沟遗址灰坑采样位置图

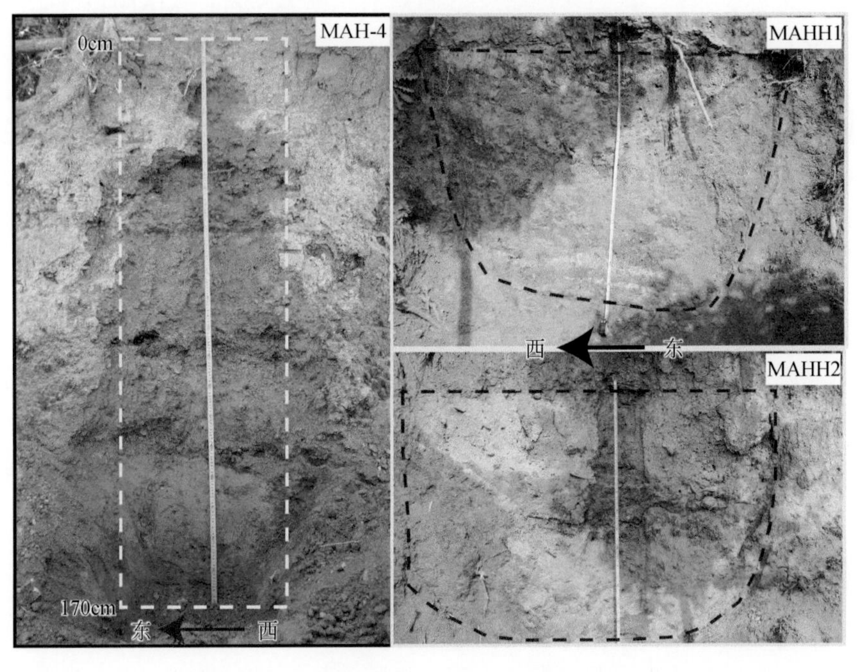

图2-15 马鞍河遗址灰坑和文化层采样位置图

MAHH1 坑口距地表 1.3m，坑口之上堆积为扰土层。灰坑形制为斜壁圜底，坑口长 2m，坑底长 1.2m，坑深 1.2m。灰坑内发现有尖底瓶、钵、罐等仰韶文化时期的陶片。采样点为灰坑中部剖面，自上而下可大体分为 3 层。0～50cm 为灰褐色土层，堆积松散，夹杂有白灰、黑色土层、红烧土颗粒，在 7～10cm、20～25cm、40～50cm 处分别有一黑色条带层；50～100cm 为黄褐色土，质地疏松，夹杂有红烧土块；100～120cm 为灰白色土，堆积松散，夹杂有炭屑和红烧土颗粒。以 10cm 间隔采样，共采集 12 份植硅体样品（编号 MAHH1-1～12），在 25cm、67cm、83cm、104cm 处各采集一份 ^{14}C 年代样品（编号 MAHH1^{14}C-25cm、MAHH1^{14}C-67cm、MAHH1^{14}C-83cm、MAHH1^{14}C-104cm）。

MAHH2 在 MAHH1 东 4m 处，开口距地表 1.3m，坑口长 2.1m，坑底长 1m，深 1.5m，为一直壁圜底坑。采样点是灰坑中部剖面，可划分为 3 层。0～50cm 为灰黄色土夹有红烧土、炭屑和杂色土；50～90cm 为灰白色土，包含有炭屑，其中 58～76cm 处有一层红烧土层，夹杂有灰黑色土，在底部 80～90cm 处为一层褐色疏松土层；90～150cm 为灰白色土，夹杂有炭屑和褐色黏土块，堆积松散。以 10cm 间隔采样，共采集 15 份植硅体样品（编号 MAHH2-1～15），在 90～120cm 处采集一份浮选样品（编号 MAHH2 浮选-90～120cm），同时在 54cm、70cm、140～145cm 处各采集一份 ^{14}C 年代样品（编号 MAHH2^{14}C-54cm、MAHH2^{14}C-70cm、MAHH2^{14}C-140～145cm）。MAHH3 在 MAHH2 之东，为一小灰坑，坑内堆积单一，采集 1 份植硅体样品（编号 MAHH3）。

MAH-4 文化层剖面深 1.7m，可大致划分为 7 层。0～20cm 为黄褐色粉砂土，质地疏松，包含有少量红烧土颗粒；20～45cm 为灰褐色颗粒状土，堆积松散，包含有大量红烧土块和陶片，在 43～45cm 处有一黑土层；45～85cm 为灰黄色粉砂土，包含有零星炭屑和红烧土颗粒；85～100cm 为红烧土层，包含有大量炭屑；100～110cm 为灰黄色粉砂土，质地疏松，包含红烧土和炭屑；110～125cm 为红烧土层，在层位底部有一层 2cm 厚的黑土层，质地疏松；125～170cm 为灰黄色土，包含有零星炭屑和红烧土，质地较为疏松。以 10cm 间隔采样，共采集 17 份植硅体样品（编号 MAH-4-1～17），在 40～80cm、80～110cm 处各采集一份浮选土样（编号 MAH-4 浮选-40～80cm、MAH-4 浮选-80～110cm），同时在 80cm 处采集一份 ^{14}C 年代样品（编号 MAH-4^{14}C-80cm）。

8. 颍阳遗址样品采集

颍阳遗址位于登封市颍阳镇南侧颍河源头与伊河支流源头分水岭西侧的黄土台地上，周围四面环山，其东侧及南侧断崖下则是伊河上游的季节性河道。遗址文化层厚度一般为 2～3m，古文化遗存丰富，从断崖上就可观察到大量的草拌泥房基、灰坑、土坑墓、乱葬坑、瓮棺葬等遗迹，陶器多是泥质红陶，夹砂褐陶次之，彩陶有白衣彩陶和红衣彩陶两种，器形有釜、鼎、罐，小口尖底瓶等。根据这些遗存特征，颍阳遗址的时代为仰韶文化中晚期。遗址东西最长 600 多米，南北最宽 300 多米，面积约为 $1.5\times10^5 m^2$，按聚落面积分级为一级大型聚落（郑州市文物工作队，1995）。在遗址所在台地西侧断崖选择两个文化层剖面和 1 个灰坑剖面进行采样（34°24.481′N，112°45.048′E；海拔 426m）（图 2-16）。

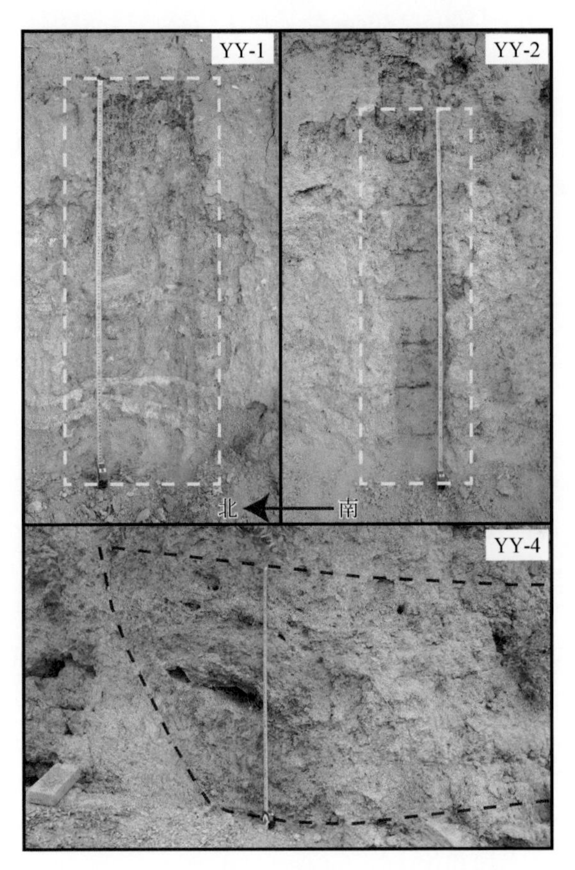

图 2-16　颍阳遗址文化层和灰坑采样位置图

YY-1 文化层剖面堆积有 5 层，夹有 4 层白灰层，也很有可能是一处房址，深 110cm。0～30cm 为红褐色土，致密无层理，含有少量红烧土，陶片；30～40cm 为深黄色土，含有少量红烧土；40～65cm 为红褐色土，夹杂红烧土，其中 45～50cm 处有一层白灰层；65～75cm 为白灰层，为石灰与黄土的混合物，质地坚硬；75～95cm 为浅黄色土，质地疏松，包含物少；95～100cm 为白灰层；100～103cm 为浅黄色土，致密，包含物稀少；103～110cm 为白灰层。以上 8 层堆积每层采集一份植硅体样品，在 45～50cm 白灰层处也单独采集一份植硅体样品，共 9 份植硅体样品（土层和白灰层自上而下分别编号 YY-1-1～5、YY-1 白灰①～④）。

YY-2 文化层剖面在 YY-1 文化层剖面之南 2.3m 处，深 1.4m，可划分为 4 层。0～20cm 为红褐色土，土质疏松，包含物稀少；20～60cm 为浅黄色土，包含有红烧土、炭屑等；60～120cm 为深黄色土，含有红烧土、炭屑；120～140cm 为深黄色土，质地较硬，含有炭屑、红烧土。以 20cm 间隔采样，共采集 7 份植硅体样品（编号 YY-2-1～7），在 100～140cm 处采集 1 份浮选样品（编号 YY-2 浮选-100～140cm），同时在 60cm 和 120cm 处采集两份 ^{14}C 年代样品（YY-2^{14}C-60cm、YY-2^{14}C-120cm）。

YY-4 为一灰坑，坑口距地表 3.5m，坑内堆积比较斑杂，仅从采样剖面看可分 3 层。0～30cm 为灰黄色土，土质疏松，松散结构，含陶片、白灰、少量螺壳、炭屑和红烧土；30～70cm 为浅黄色粉砂质土，包含有大量螺壳，兽骨和红烧土；70～110cm 为深黄色土，土质较硬，含有大量红烧土和炭屑。每一层各采集一份植硅体样品（编号 YY-4-①～③），第一、二层和第三层采集两份浮选样品（编号 YY-4-浮选-①～②/③），同时在 20cm 处采集一份 ^{14}C 年代样品（YY-4^{14}C-20cm）。

9. 袁村遗址样品采集

袁村遗址位于登封市南部东华镇袁村村东的河岸二级黄土台地上，向北约 200m 处有少林河，向南约 1km 处有颍河，两河在遗址东侧约 2km 处汇流，因此遗址处于两河夹角的台地上。袁村所在地貌为嵩山南侧丘陵间的河旁台地，由于山洪和河水的冲刷作用，台地发育较好，黄土堆积可达 10 余米厚。遗址文化堆积厚度为 2～3m，最厚处达 5m。遗迹见有红烧土房基、灰坑、陶窑、土坑墓和瓮棺葬等，陶器多为泥质红陶和红衣彩陶。根据遗存性质判断，袁村遗址主要是一处仰韶文化遗址，但也有裴李岗文化和龙山文化遗存。其面积达 1×10^5m^2，为一级大型聚落（郑州市文物工作队，1995）。在遗址东部断崖发现 3 处灰坑，自南向北编号为 YCH1、YCH2 和 YCH3（34°23.357′N，113°01.950′E；海拔 313m）（图 2-17）。

YCH1 开口于耕土层和扰土层下，距地表1.2m，深 2m。坑内堆积可分为 3 层。0～80cm 为土黄色沙土，堆积松散，含有大量红烧土块、炭屑和陶片；80～180cm 为灰黄色土夹杂大量红烧土堆积、炭屑、螺壳、陶片等，堆积松散，其中 80～100cm 处有一炭屑层；180～200cm 为土黄色土层，包含少量红烧土。在 30～40cm、60～70cm、90～100cm、100～110cm、140～150cm、180～190cm 处采集 6 份植硅体样品（该坑以深度编号），在 100～140cm、140～170cm、170～200cm 处采集 3 份浮选样品，在 90～95cm、140cm、150cm、190cm 处采集 4 份 ^{14}C 年代样品（编号 YCH1^{14}C-90～95cm、YCH1^{14}C-140cm、YCH1^{14}C-150cm、YCH1^{14}C-190cm）。

图 2-17　袁村遗址灰坑采样位置图

YCH2 深 1.7m，坑内堆积可分为 5 层。0～25cm 为砖红色土，含大量红烧土，见螺壳；25～50cm 为灰黑色灰层，含炭屑；50～90cm 为褐色土层，含炭屑、红烧土；90～135cm 为浅褐色土，可见炭屑、红烧土；135～170cm 为褐色黏土，致密。以 10cm 间距采样，共采集 17 份植硅体样品（编号 YCH2-1～17），在 35～50cm、50～65cm、65～100cm、100～140cm 处采集 4 份浮选样品（以深度编号），同时在 62cm、107cm、145cm 处采集 3 份 ^{14}C 年代样品（编号 YCH2^{14}C-62cm、YCH2^{14}C-107cm、YCH2^{14}C-145cm）。在 YCH2 北侧有一小灰坑 YCH3，为浅黄褐色土，采集 1 份浮选样品。

10. 坞罗西坡遗址样品采集

坞罗西坡遗址位于巩义市西村镇坞罗村西南坞罗河西岸的黄土台地上，属于嵩山北麓的浅山丘陵地带。遗址以东与铁生沟、东山原、北营等裴李岗文化遗址隔河相望，是坞罗河流域铁生沟裴李岗文化遗址群的重要代表。该遗址东距坞罗河床约 200m，附近是层层梯田。文化遗存主要分布在第三级台地上，文化层厚度为1～1.5m，为黑红色黏土堆积。发现的遗迹有房基和墓葬，陶器具有典型的裴李岗文化特点，但也具有向仰韶早期文化过渡的性质。遗址面积约为 3×10^4m^2，按聚落面积分级为二级裴李岗聚落（巩义市文管所，1992；廖永民，1994）。在遗址东面断崖发现了一个灰坑，命名为 WLXPH1（34°38.346′N，113°00.234′E；海拔 275m）（图 2-18）。灰坑内遗存十分丰富，包含大量炭块、兽骨及少量陶片、红烧土。坑口距地表 1.5m，坑深 0.9m，可划分为 3 层。0～50cm 为灰黄色粉砂质土，含有零星红烧土和陶片；50～70cm 为深灰白色粉砂土，颗粒状，堆积松散，堆积物中含有大量炭块和兽骨，在 60～70cm 处尤为密集；70～90cm 为灰白色土，颗粒状，含有少量炭屑和红烧土颗粒，堆积松散。以10cm 间隔采样，共采集 9 份植硅体样品（编号 WLXPH1-1～9），在 50～70cm、70～90cm 处采集两份浮选样品（编号 WLXPH1 浮选-50～70cm、WLXPH1 浮选-70～90cm），同时在 50cm、55cm、63cm、60～70cm 处采集 4 份 ^{14}C 年代样品（编号 WLXPH1^{14}C-50cm、WLXPH1^{14}C-55cm、WLXPH1^{14}C-63cm、WLXPH1^{14}C-60～70cm）。

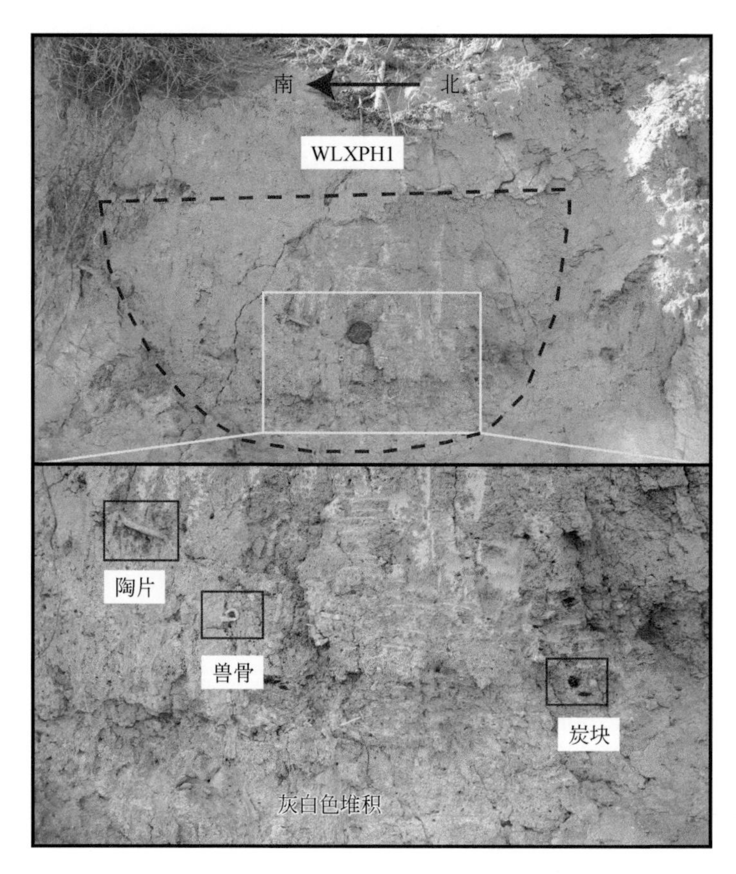

图 2-18 坞罗西坡遗址灰坑采样位置图

11. 庄岭遗址样品采集

庄岭遗址位于巩义市河洛镇英峪村黄河南岸一处名为庄岭的黄土台地上，台地南侧为连霍高速。遗址文化层厚度为 1～2m，面积约为 3×10^4m^2，主要是一处二级裴李岗文化聚落，但也有仰韶文化遗存。在遗址西侧和北侧断崖发现 4 个灰坑，分别命名为 ZL-1、ZL-2、ZL-3 和 ZL-4（34°49.337′N，113°08.745′E；海拔 178m）（图 2-19）。ZL-1 位于遗址西侧断崖，坑口和坑底长 90cm，坑深 50cm，可划分为 3 层堆积。0～15cm 为灰黄色粉砂质土，包含有小口尖底瓶残片等；15～

35cm 为浅黄色粉砂质土；35～50cm 为灰白色土，堆积松散。每一层采集一份植硅体样品（编号 ZL-1-①～③），在 30～50cm 处采集一份浮选样品（编号 ZL-1 浮选-30～50cm）。ZL-2 位于遗址北侧断崖，深 1.1m，坑内堆积为黄色土夹杂有灰色土，在 10～20cm、30～70cm、80～110cm 处有三层灰土层，堆积松散，灰土呈颗粒状。以 10cm 间距采样，共采集 11 份植硅体样品（编号 ZL-2-1～11）。ZL-3 打破 ZL-2，坑深 1.2m，坑内堆积可分两层。0～40cm 为黄褐色砂土，堆积松散，包含物稀少；40～120cm 为灰黄色粉砂土，颗粒状，含有大量陶片和红烧土。以 10cm 间距采样，共采集 12 份植硅体样品（编号 ZL-3-1～12）。ZL-4 为一小灰坑，坑内堆积单一，采集 1 份植硅体样品（编号 ZL-4）。

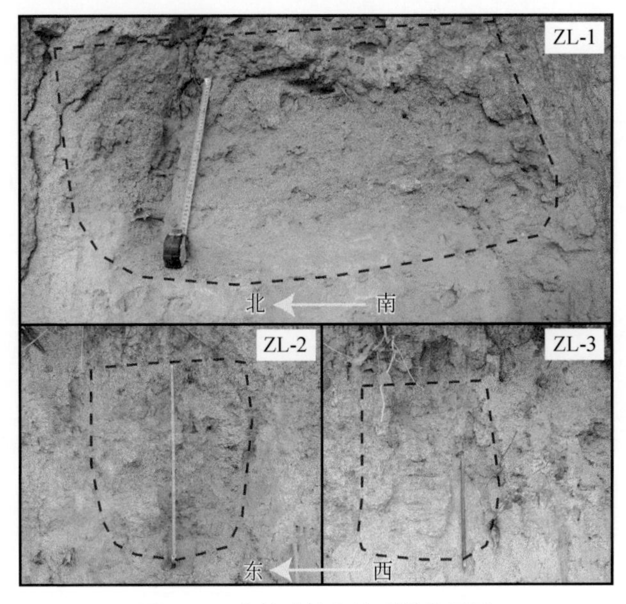

图 2-19　庄岭遗址灰坑采样位置图

12. 大河村遗址样品采集

大河村遗址位于郑州市区东北的柳林镇大河村西南约 1km 的漫坡土岗上，属黄河冲积平原地区。遗址自 1972 年至今，已经连续进行了 22 次发掘，揭露出仰韶、龙山、二里头和商代四种文化遗存，其中仰韶文化遗存最为丰富，文化层最厚处达12.5m。遗址面积约为 4×10^5m^2，属一级大型聚落遗址（郑州市文物考古研究院，2001）。本次采样地点是在大河村遗址博物馆内 2011 年发掘区域（34°50.617′N，113°41.615′E；海拔 96m），选择了 7 个仰韶文化灰坑，共采集了 19 份植硅体样品、3 份浮选样品和 1 份 ^{14}C 年代样品，详见表 2-3。

表 2-3　大河村遗址样品采集信息

灰坑名称	探方	植硅体样品编号/深度	浮选样品编号/深度	^{14}C 样品编号/深度
H348	T0204 西壁	H348/50～60cm		
H371	T0301 北壁	H371-①/0～60cm H371-②/60～80cm H371-③/80～110cm H371-④/110～140cm	H371-④/110～140cm	
H395	T0301 东壁	H395-①/0～20cm H395-②/20～40cm H395-③/40～60cm H395-④/60～80cm	H395-①-④/0～80cm	
H361	T0301 东壁	H361/0～20cm		
H351	T0301 东壁	H351/0～40cm		
H428	T0301 南壁	H428-①/0～20cm H428-②/20～40cm H428-③/40～60cm	H428-①-③/0～60cm	H428-^{14}C/40cm
H438	T0201 西壁	H438-①/0～20cm H438-②/20～30cm H438-③/30～40cm H438-④/40～60cm H438-⑤/60～70cm		

13. 朱寨遗址样品采集

朱寨遗址位于郑州市高新区沟赵乡朱寨村东 500m 处，东距须水河约 500m，处在须水河主道与支流交汇处的高台地之上（34°49.529′N，113°30.391′E；海拔 105m）（刘彦锋和鲍颖建，2012）。经郑州市文物考古研究院发掘，发现有裴李岗、仰韶、商代、西周、战国、汉代和唐宋等多时期文化堆积，其中以仰韶文化时期遗存最为丰富完整（刘彦锋和鲍颖建，2012）。遗址探明面积达 10 余万平方米，为一级大型聚落（刘彦锋和鲍颖建，2012）。本次采样重点关注裴李岗文化和仰韶文化遗存。裴李岗文化遗存主要是灰坑，选择其中 12 个灰坑采集了 12 份植硅体样品、4 份浮选样品和 2 份 ^{14}C 年代样品。仰韶文化遗迹类型丰富，选择其中 7 个灰坑、3 座房址、1 个灰沟和 2 个陶窑，采集了 21 份植硅体样品、2 份浮选样品和 3 份 ^{14}C 测年样品。另外，选择商代 3 个灰坑、1 个活动面采集了 4 份植硅体样品，又在战国时期 1 个墓葬壁龛中采集了 3 份植硅体样品。详细的样品采集信息见表 2-4。

表 2-4　朱寨遗址样品采集信息　（单位：份）

遗迹编号	时期	植硅体样品数量	浮选样品数量	^{14}C 样品数量
H31	裴李岗文化	1		
H158	裴李岗文化	1	1	
H159	裴李岗文化	1		
H185	裴李岗文化	1		1
H208	裴李岗文化	1	1	
H218	裴李岗文化	1	1	
H221	裴李岗文化	1		
H226	裴李岗文化	1	1	
H228	裴李岗文化	1		
H229	裴李岗文化	1		
H233	裴李岗文化	1		
H235	裴李岗文化	1		1
H74	仰韶文化	1		
H76	仰韶文化	1		
H97	仰韶文化	3		
H118	仰韶文化	1		
H202	仰韶文化	1	1	1
H214	仰韶文化	2		1
H225	仰韶文化	1	1	1
G1	仰韶文化	2		
Y5	仰韶文化	1		
Y1	仰韶文化	2		
F3	仰韶文化	2		
F5	仰韶文化	3		
F2	仰韶文化	1		
H79	商代	1		
H108	商代	1		
H138	商代	1		
活动面	商代	1		
M36	战国	3		
总计		40	6	5

14. 考古遗址及样品采集小结

13 处考古遗址中有 3 处裴李岗文化遗址，7 处仰韶文化遗址，2 处遗址兼有裴李岗文化和仰韶文化遗存，1 处遗址兼有仰韶文化和龙山文化遗存。裴李岗文化遗址中一级聚落 2 处，二级聚落 3 处；仰韶文化遗址中一级聚落 5 处，二级聚落 2 处，三级聚落 3 处。所有遗址中，只有朱寨和大河村遗址处于冲积平原，其他遗址均在台塬沟谷区（表 2-5）。

表 2-5　研究区遗址样品采集总体信息

遗址名称	地点	主要时期	面积/ha①	规模等级	海拔/m	地貌	遗迹数/处	植硅体样品数/份	浮选样品数/份	^{14}C样品数/份
坞罗西坡	巩义	裴李岗	3	二级	275	台塬沟谷	1	9	2	4
李家沟	新密	裴李岗	2	二级	218	台塬沟谷	2	11	0	0
王嘴	新密	裴李岗	8.46	一级	132	台塬沟谷	1	9	0	1
庄岭	巩义	裴李岗/仰韶	3	二级	178	台塬沟谷	4	27	1	0
朱寨	郑州	裴李岗/仰韶	10	一级	105	冲积平原	30	40	6	5
袁村	登封	仰韶	10	一级	313	台塬沟谷	3	23	8	7
颍阳	登封	仰韶	15	一级	426	台塬沟谷	3	19	3	3
马鞍河	新密	仰韶	13.47	一级	245	台塬沟谷	4	45	3	8
马沟	新密	仰韶	5.2	二级	226	台塬沟谷	3	12	6	1
沙石嘴	新密	仰韶	2.75	三级	242	台塬沟谷	3	3	3	0
北李庄	新郑	仰韶	1.64	三级	122	台塬沟谷	1	5	3	2
大河村	郑州	仰韶	40	一级	96	冲积平原	7	19	3	1
菜园沟	新密	仰韶/龙山	1.43	三级	280	台塬沟谷	4	15	1	3
合计							66	237	39	35

① $1ha=1hm^2=10^4m^2$。

13 处考古遗址共采集了 66 个遗迹单位中的 237 份植硅体样品、39 份浮选样品和 35 份 ^{14}C 测年样品（表 2-5）。所采植硅体样品和浮选样品全部进入实验室分析，但 ^{14}C 样品并不全部送测。在保证每个遗址至少 1 个测年样品的前提下，我们挑选出 32 份测年样品送测。这些样品既有原地采集的炭屑，也有浮选出的炭屑、土样中挑出的炭屑、土壤有机质和土样中提取的植硅体等测年材料。所有测年样品送往美国 Beta 实验室进行 AMS^{14}C 测定，然后将测得的 ^{14}C 年代通过 OxCal 4.2.3 程序（Bronk Ramsey，2009）和 IntCal13 校正曲线（Reimer et al.，2013）校正为日历年龄。

2.3.3　粟、黍炭化模拟实验方法

考古遗址中炭化植物遗存形成的原因主要有燃烧炭化和脱水炭化两种，但更为普遍的是前者，即经过火烧，高温烤焙而形成（刘长江等，2008），所以本次实验采用人工加热炭化方法来模拟这一炭化过程，了解粟、黍种子颗粒在不同条件下的特征变化，最终确定粟和黍种子炭化的温度区间。

加热炭化需要考虑四个因素，即种子含水量、氧气条件、加热温度和时长（Wright，2003；Märkle and Rösch，2008）。本研究没有测定粟、黍种子样品的含水量，但根据前人研究（刘勇等，2006；孟祥艳，2008；巩敏等，2013；王晓琳，2014），经过自然晾干，常温存储的粟和黍种子含水量大体相同（10%～13%），而样品采集后存放在实验室同一温度和湿度条件下，因此认为这一因素是恒定的，在实验中主要调整的是其他 3 种因素。

实验前先将每种样品分为两类，即带壳和不带壳，每一类又分为两组，以备不同的氧气条件（氧化和还原）。换句话说，在一次实验中每一个品种的粟和黍都有 4 个样品，分别是无壳氧化、无壳还原、带壳氧化和带壳还原，这样一次实验就包含了 4 种粟、黍的 16 个样品。每个样品选择 50～100 粒种子，称重后放入陶瓷坩埚中，其中一半样品覆盖铝箔纸模拟还原环境，另外一半敞口模拟氧化环境（图 2-20）。将准备好的样品放入 Ney Vulcan 3-550 型马弗炉，该马弗炉未经预热，每次实验均从室温开始加热。实验设置的温度为 220～400℃，以 5℃为温度间隔，以 30℃/min 为升温速率，升至预设温度后，恒温加热时间分别为 0.5h、1h、2h、3h、4h。每一次实验完毕，取出坩埚，自然冷却至室温后在体视显微镜下观察种子炭化状态。

图 2-20　实验所用坩埚模拟还原（左）和氧化（右）条件

本研究将实验后的种子样品分为 3 类：炭化、未炭化和破坏（灰化）。炭化颗粒的判定标准是种子里外均为黑色，形态及胚区特征仍可鉴定，断面呈多孔状，只有这类种子才有可能留存在考古堆积之中。有的种子虽外部已炭化变黑，但内部断面呈黄棕色或棕褐色，结构紧致，那么就认为其未炭化，而有的种子因受热膨胀，爆裂而严重变形，失去鉴定标志，质地酥软，触之即碎，这类种子无法在沉积过程中保存，认为其是破坏状态（图 2-21）。然而，经过观察，发现有时在一个样品中部分种子是炭化状态，而另一部分却是未炭化或破坏状态。本研究根据已有标准（Märkle and Rösch，2008），凡是样品中出现未炭化种子便认为该样品未炭化，样品中没有未炭化种子而有大于等于 5%的种子是炭化状态便认为该样品炭化，破坏（灰化）样品则是其中的炭化种子少于 5%。以此标准，通过实验得出了粟和黍每个加热时长下处于炭化状态的温度区间。最后，将粟、黍每个加热时间下的炭化温度上下限值输入到 Excel 中，统计绘图后进行比较研究。

(a)　(b)　(c)

图 2-21　炭化实验中种子的三类状态

（a）未炭化；（b）炭化；（c）破坏（灰化）

2.3.4　考古样品的实验室分析方法

1. 植硅体的提取

本研究采用湿式灰化法进行植硅体提取（Pearsall，2000；Piperno，2006；Lu et al.，2006），具体步骤如下所示。

（1）样品描述与称重，根据样品的不同成分特点，每个分析样品重量在 2～5g；

（2）将样品放入 50mL 离心管，然后加入双氧水（H_2O_2 溶液，浓度为 30%），静置反应 12h 以去除有机质；

（3）水浴加热样品直至无气泡冒出（约 20min），再用蒸馏水离心清洗 3 次（3500r/min，8min），使溶液变中性后去除水分；

（4）向离心管中加入稀盐酸（HCl 溶液，浓度为 10%），同时放入石松孢子片（27637 粒/片），然后水浴加热 20min 左右以完全去除钙质，再用蒸馏水离心清洗

3 次（3500r/min，8min）至中性；

（5）加入比重为2.35 的溴化锌（$ZnBr_2$）重液提取植硅体，然后用蒸馏水将植硅体样品清洗 3 次，最后再清洗 1～2 次（3500r/min，8min）；

（6）向离心管中的植硅体加几滴无水乙醇，搅拌均匀后确保稀释到合适浓度，然后用一次性移液管吸取适量样品涂抹在载玻片上，待样品干燥后用中性树胶制成固定片待用。

对于测年用植硅体样品，因为纯度要求很高，所以采用 Zuo 等（2014，2016b）改进后的湿式氧化法进行植硅体提取，以完全去除炭屑和黏土等杂质。详细流程如下所示。

（1）将 20～150g 干燥的土样在玛瑙研钵中碾磨均匀，然后用 500μm 筛网过滤；

（2）利用 5%六偏磷酸钠分散样品，然后用蒸馏水离心清洗 3～4 次；

（3）向样品中加入 250mL 双氧水（H_2O_2 溶液，浓度为 30%），振荡后静置反应 12h，再水浴加热至样品反应停止以去除有机质，再用蒸馏水离心清洗至中性；

（4）向样品中加入 200mL 稀盐酸（HCl 溶液，浓度为 10%），水浴加热 30min 以去除钙质，然后用蒸馏水离心清洗至中性；

（5）样品小于 250μm 的部分通过湿筛分离出来，然后通过超声波振荡 20min 将植硅体与有机质、黏土分离；

（6）小于 5μm 的黏土利用重力沉降法去除，直到上层液体变清；

（7）样品中剩余杂质利用 200mL 硝酸（HNO_3）和少量氯酸钾（$KClO_3$）加热反应 1h 进行氧化，然后蒸馏水离心清洗至中性；

（8）加入 200mL 比重为 2.35 的溴化锌（$ZnBr_2$）重液进行植硅体提取，每个样品提取 3 遍，然后对提取出的植硅体用蒸馏水清洗 3 次；

（9）通过 7μm 筛网过滤提取出的植硅体以进一步去除黏土，然后向样品加入 20mL 浓度为 30%的过氧化氢溶液，加热反应 20min 后用蒸馏水离心清洗，倒去废液；

（10）最后将提取的植硅体放入干燥箱，在 60℃下烘干 24h。

按照已有方法（Santos et al.，2012；Corbineau et al.，2013），提取植硅体的纯净程度通过光学显微镜（徕卡 DM750）、扫描电子显微镜（LEO1450VP）和能谱分析系统（INCA ENERGY 300，Oxford）共同检查，确认植硅体样品中无黏土和炭屑等杂质后再送去测年（Zuo et al.，2016b）。以上植硅体提纯和检验实验由福建师范大学地理科学学院左昕昕研究员帮助完成。

2. 植硅体的统计和鉴定

植硅体的统计、鉴定及拍照是在徕卡 DM750 光学显微镜下进行的（放大 400

倍）。绝大部分样品统计400 粒以上，对于植硅体含量少的样品则至少统计 200 粒，并同时计数石松孢子。此外，同步计数样品中出现的海绵骨针和硅藻。

植硅体的鉴定参考王永吉和吕厚远（1993）及 Lu 等（Lu et al.，2006）的分类标准，将植硅体分为草本、木本、蕨类和其他植物类型 4 大类。草本植硅体又可进一步划分为 8 个次一级类型，具体包括以下几种。

（1）早熟禾亚科类型，典型植硅体为齿型（Trapezoid）和帽型（Rondel）；

（2）画眉草亚科类型，典型植硅体为短鞍型（Short saddle）；

（3）竹亚科类型，典型植硅体为长鞍型（Long saddle）；

（4）黍亚科类型，典型植硅体为十字型（Cross）和哑铃型（Dumbbell）；

（5）尖型，分为长尖型（Long point）和短尖型（Short point）；

（6）棒型，分为刺状棒型（Sinuate-elongate）和平滑棒型（Smooth-elongate）；

（7）方型（Square）及长方型（Rectangle）；

（8）扇型，源于禾本科植物叶片上表皮的泡状细胞，可分为 4 个亚类：水稻扇型（Rice bulliform）、芦苇扇型（Fan reed）、竹亚科突起扇型（Fan bamboo）和普通扇型（Fan）。

其他类型植硅体有莎草科（Cyperaceae）硅质突起和多边帽型，棕榈科（Palmae）刺球型，蕨类（Pteridophyte）三棱型，裸子植物（Gymnosperm）板型（Tabular），阔叶树（Broad-leaf）Y 字型、鸟嘴型、纺锤型和多面体。不在这一分类标准里的植硅体类型有塔型等，凡是可以识别的，都进行鉴定和统计，但是对于一些植硅体碎片以及微小的短细胞植硅体均无法鉴定。

在农作物植硅体鉴定方面，粟、黍植硅体鉴定依据 Lu 等（Lu et al.，2009a）的区分标准，粟种子稃壳植硅体为Ω型（Ω-Ⅰ、Ⅱ、Ⅲ级），黍种子稃壳植硅体为 η 型（η-Ⅰ、Ⅱ、Ⅲ级）。水稻植硅体鉴定依据王永吉和吕厚远（1993）及 Lu 等（1997）的分类标准，特征型植硅体有水稻扇型、水稻双峰型和并排哑铃型，其中水稻扇型植硅体野生和驯化性质判别采用 Lu 等（2002）的判别标准。棒型、刺状棒型植硅体单体长度大于 10μm，黍、粟稃壳植硅体单片内包含的特殊纹饰多于两个的植硅体个体计入统计数量。

3. 炭化植物遗存的提取

我们通过浮选法提取土样中的炭化植物遗存。浮选法是目前获得炭化植物遗存最有效的方法，该方法大大丰富了考古遗址中获取植物大遗存的数量和种类（赵志军，2004a，2010；刘长江等，2008）。浮选所用设备多样，国内考古遗址大多采用水波浮选仪和小水桶（赵志军，2004a）。水波浮选仪浮选效率高，适合大规模样品浮选，但本研究涉及的浮选样品数量不多，加之设备条件所限，故采用小水桶浮选法进行土样的浮选工作。浮选所用设备包括两个容积约为 20L 的小水桶，一个直径 30cm 规格为 80 目的分样筛，以及一个大盆，其他工具还有纱布、标签纸、封口袋、塑料绳、喷壶和记录本等。具体操作步骤如下所示。

（1）阴干土样。样品潮湿会影响炭化植物遗存的提取效果（刘长江等，2008），所以浮选前必须确保样品是干燥状态。本研究样品在采集时就盛放在透气性较好的编织袋中，然后存放于室内使其自然阴干。

（2）样品计量与信息登记。将阴干后的土样放入刻度桶中，量取土样的体积，然后将样品的浮选编号、遗址名称、遗迹单位、土样量、土质土色、浮选人、浮选日期等信息登记在记录本上，同时相同的信息也写在样品的标签纸上。

（3）加水浸泡土样。如果土量较多，便将该样品分成两批分别放入两个小水桶中，然后注水浸泡，待土样慢慢融化后，用木棍轻轻搅拌均匀，如果土量较少，就全部放入一个小水桶内。

（4）开始浮选。用木棍不断搅动至炭化物浮出水面后，立即将上浮液通过分样筛倒入大盆中，浮出的炭化物质就会被分样筛收住。然后将大盆中的液体倒回小水桶中，继续轻轻搅动，待剩余的炭化物浮出后，将上浮液再通过分样筛倒入大盆内。这一操作重复三遍直到炭化物不再浮出即可停止。

（5）收集轻浮和重浮物。首先用水流将落在筛网上的泥土冲洗干净，然后用喷壶将分样筛上的轻浮物质（炭化遗存、蜗牛、现代植物根系等）冲入细纱布中，用塑料绳将其与标签包扎在一起，并悬挂在阴凉通风处慢慢阴干。对于沉入桶底的重浮物，包括红烧土、石子、小陶片、骨骼等本次并未收集。

（6）清洗工具。将水桶、大盆、分样筛等仔细清洗干净，防止不同样品间的交叉污染，之后再进行下一个样品的浮选。

需要说明的是，除朱寨遗址浮选样品由郑州市文物考古研究院在考古工地现场浮选外，其他遗址样品由笔者带回中国科学院地质与地球物理研究所，在贺可洋和郇秀佳博士协助下完成浮选工作。

4. 炭化植物遗存的挑选和鉴定

轻浮样品阴干后便可进入实验室进行挑选、鉴定和统计。所用工具包括体视显微镜、分样筛、毛刷、镊子、解剖针、蒸发皿、拇指管等。

在挑选前，首先用分样筛对轻浮样品进行筛分，将炭化植物遗存按照尺寸大小进行分组。分样筛直径均为 20cm，包含 10 目（网孔径 2mm）、18 目（网孔径 1mm）、26 目（网孔径 0.7mm）和 35 目（网孔径 0.5mm）四种规格。操作方法是，将四个分样筛按照规格由大到小顺序与一个筛托盘套装在一起，然后将轻浮样品放入顶部 10 目分样筛内，轻轻摇动，从而将炭化植物遗存筛分为四部分。

在研究涉及的遗址中，一般顶层 2mm 的分样筛中包含大的木炭块、果实核壳、水稻、野大豆等大型炭化植物种子、螺壳及现代草根等，对这部分筛选物的处理是，用镊子去除草根后凭肉眼收集各类炭化植物和软体动物遗存；1mm 分样筛中主要有炭屑、炭化黍粟种子、黍亚科杂草种子、豆科杂草种子及小蜗牛等软体动物，在体视显微镜下对这部分筛选物进行挑选，主要挑出炭化种子和蜗牛；0.7mm 分样筛中主要有细炭屑，禾本科、藜科、苋科等常见杂草种子，以及一些个体较小的粟、黍种子，在体视显微镜下仅挑出炭化种子；0.5mm 分样筛内主要是一些十分细小的杂草种子，在体视显微镜下全部挑出。最后遗留在筛托盘中的物质不再进行挑选。每个样品的炭化植物遗存挑出后，分类收在拇指管中，再统一放入各自样品封口袋，写好样品编号，待鉴定。挑选剩下的部分放入封口袋进行归档。以上炭化遗存的挑选工作由笔者完成。

本研究炭化植物遗存的鉴定、统计和拍照工作由中国科学院植物研究所刘长江高级工程师完成。鉴定结果和炭化植物遗存照片最后由笔者汇总、输入和排版。

2.3.5 数据分析和处理

在经过鉴定和统计后，就获取了植硅体和植物大遗存的绝对数量数据。除此之外，为了从植物遗存鉴定结果中提取更多信息，同时便于对比研究，还需要采用其他定量分析方法进行数据处理（刘长江等，2008；赵志军，2010）。目前，在植物考古研究中，常用的定量分析方法包括百分含量、出土概率和标准密度等（刘长江等，2008）。我们综合运用以上量化指标，并结合自身数据特点，在已有分析方法的基础上稍作修改，具体分析过程如下面所述。所有分析均是基于植硅体和炭化植物遗存的绝对数量数据，在 Microsoft Excel 2010 软件中计算完成的。

1. 植硅体数据分析方法

植硅体数据的分析方法有百分含量、浓度、出土概率和相对百分含量。

百分含量是用来衡量每类植硅体类型丰富程度的分析方法，以百分比的形式来表示，可便于样品间、遗址间的相互比较，以此揭示特殊的植物利用现象以及生计方式的时空变化特征。计算公式如下：

$$P=\frac{n}{N}\times 100\%$$

式中，P 为样品中某类型植硅体的百分含量；n 为某类型植硅体的统计数量；N 为样品中统计出的植硅体总粒数。

浓度可用来指示植硅体产生与沉积量的高低，通过样品相互比对，结合植硅体百分含量变化，也可以反映一些特殊遗迹现象（王灿等，2015）。植硅体浓度计算借鉴了孢粉浓度计算方法。Stockmarr（1971）建立了石松孢子片剂加入到孢粉样品中，通过计算样品孢粉数量和外加石松孢子数量的比值，得出孢粉绝对浓度的方法。我们将孢粉替换为植硅体，具体计算公式如下：

$$X = \frac{L_t}{L_n} \times \frac{N}{G}$$

式中，X 为植硅体的浓度（粒/g）；L_t 为样品中外加的石松孢子总数（L_t=27637）；L_n 为统计出的石松孢子数量；N 为样品统计出的植硅体总数；G 为样品的重量。

对于连续的文化层和灰坑剖面，在获得每个样品植硅体百分含量数据之后，利用 C2 v1.7.3 软件绘制主要植硅体类型的百分含量图（Juggins，2003）。

植硅体相对百分含量和出土概率分析主要是针对农作物植硅体及其他特殊植硅体类型进行的。植硅体相对百分含量用于不同农作物比例的相互比较，同时对农作物植硅体的百分含量具有“放大”作用，使农作物间的数量对比更加清晰直观。具体做法是在同一遗址各个时期或同一时期各处遗址，对于所有发现农作物的样品，将统计到的农作物植硅体数量相加求取总数，然后再计算每个农作物植硅体的相对百分含量（单个农作物植硅体数与农作物植硅体总数的比值×100%）。需要说明的是，水稻三种特征植硅体类型在此计算中进行数量上的合并，共同代表水稻与其他农作物进行对比。

植硅体出土概率借鉴了植物大遗存出土概率分析方法，即利用“发现某种植物植硅体的样品数量÷总样品数×100%”的公式计算得出。该方法的原理和作用将在下文详述。

2. 植物大遗存数据分析方法

植物大遗存数据的主要分析方法有出土概率分析方法、标准密度分析方法和数量百分比（亦即百分含量）分析方法。

相比于后两种方法，出土概率分析方法的精确度最高，也是目前植物考古学研究中最常用的一种统计分析方法（赵志军，2010）。这种方法不考虑某种植物种类绝对数量的多寡，仅以“有”和“无”作为计量标准，其计算公式为某种植物的出土概率=出现某种植物的样品数量÷总样品数×100%（赵志军，2010）。例如，假设一考古遗址采集并浮选了 100 份土样，其中有 90 份土样发现了炭化粟，那么这一考古遗址粟的出土概率就为 90%。一般来讲，与人类关系越密切的植物在样品中出现的可能性就越大，频率就越高（赵志军，2010），所以出土概率通常被用来评估植物在人类生计中的重要性，进而分析出当时经济形态的特征。

前人在计算出土概率时，采用的计算方法不尽相同。一般是以全部样品为基数，但有的只以含炭化遗存的样品为基数，有的则以发现大于 5 或 2 粒炭化物的样品为基数（王灿，2009）。我们在进行出土概率统计时采用第一种方法，即将一组遗址全部样品统计在内。此外，出土概率的计算会受到分析单位过少的影响（陈雪香，2007），因此对于遗迹及样品较少的遗址不单独进行出土概率计算。同样，鉴于本研究所采浮选样品较少，为保证分析单位数量达到统计要求，对于同一遗迹不同分层的样品不再进行合并。

标准密度是一种把炭化植物遗存的实际出土数量转换为一个可供不同样品、不同分析单位甚至不同遗址之间进行比较其出土丰富程度的手段（刘长江等，2008）。标准密度的计算公式为炭化植物种子的数量（或重量）÷浮选土样体积量（升数），即每升土样包含的炭化植物种子数量或重量。本研究遗址采用的是种子数量除以浮选土样升数的计算方法：

$$S_D=N/L$$

式中，S_D 为种子标准密度；N 为种子统计数量；L 为浮选土样体积（升数）。

需要注意的是，对遗址内或遗址间某几类植物进行标准密度比较时有一个前提，即植物遗存的出土环境相近，也就是指遗迹的性质比较接近，这样才能最大限度地保证植物遗存被堆积到遗迹中的方式近似，分析对比结果才具有说服力。

植物大遗存数量百分比与植硅体百分含量内涵一致，即某（组）样品中某类植物的数量在植物遗存总数中所占有的比例。此外，为了清楚地分析农作物种植结构，也可以单独计算农作物总数，进而求取各种农作物占出土农作物总数的相对百分比。

需要说明的是，我们最后利用出土概率方法统一整合植硅体和植物大遗存数据，使两者充分互补，以求全面地反映区域农作物结构及其变化。与前面出土概率计算以样品为分析单位不同，这一种出土概率的统计方法以遗址为基本分析单位，计算方法为某种植物遗存在一组遗址中的出现次数÷遗址总数×100%，从而得出某种植物遗存的出土概率。如一组遗址有 10 处，粟在 5 处遗址中都有发现，那么粟的出土概率便为 50%。通过这一出土概率结果，结合其他指标，可以详尽地比较不同时期、不同地区各类农作物与人类关系的密切程度。

2.4　粟、黍炭化实验及考古样品分析结果

2.4.1　粟、黍炭化模拟实验结果

图 2-22 展示了粟和黍炭化模拟实验的结果。图 2-22 中横轴代表加热时长（0.5～4h），纵轴代表温度。黑线表示炭化的最低起始温度，红线表示种子被破坏的最下限，两条线之间的区域为种子的炭化区间，也就是种子呈炭化状态进而被保存下来的温度范围。在黑线以下种子尚未炭化，在红线之上种子破坏灰化。

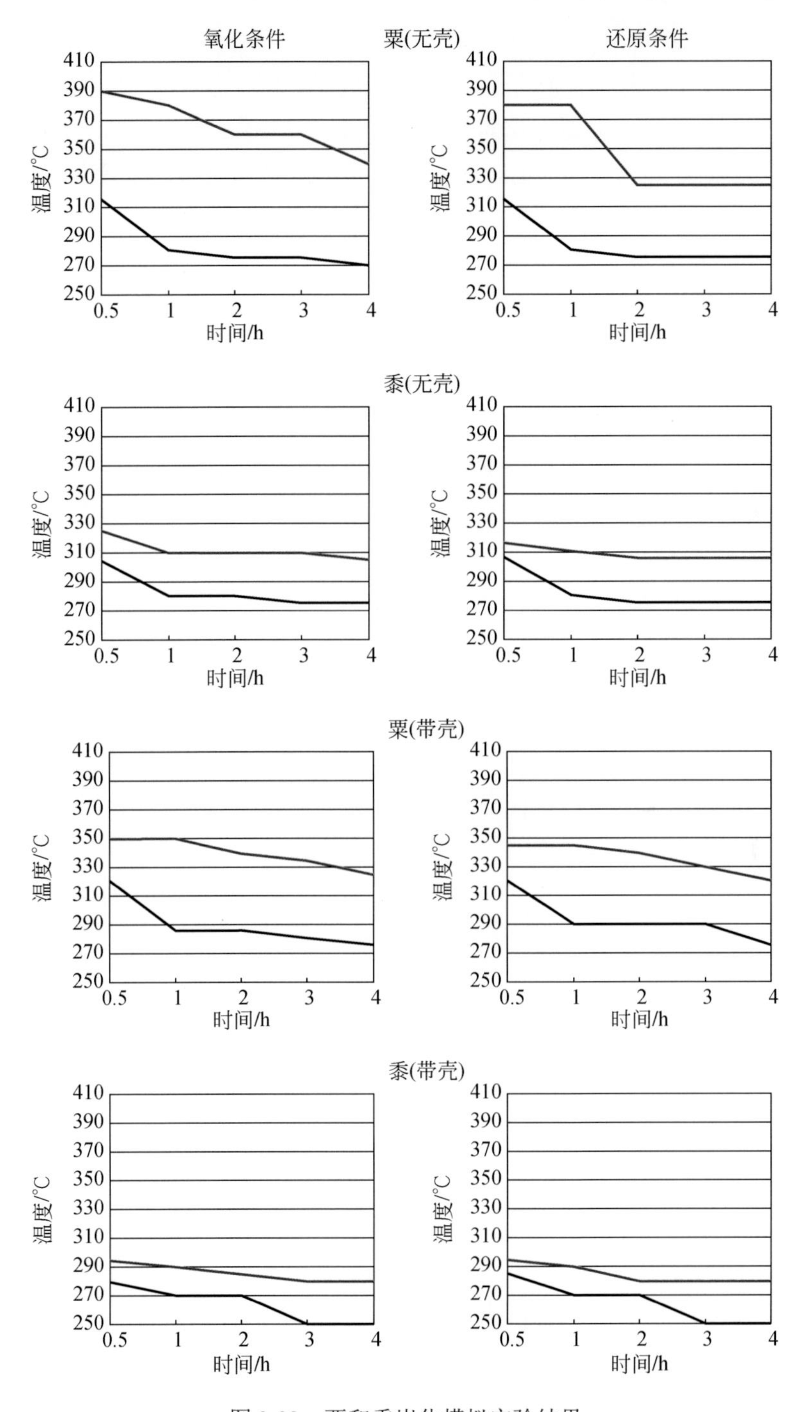

图 2-22　粟和黍炭化模拟实验结果

首先看无壳种子的炭化实验结果。氧化条件下，粟和黍在相似的温度条件下开始炭化：加热时长为 0.5h 时，粟炭化的起始温度为 315℃，而黍稍低，为 305℃；加热时长为1～4h时，粟和黍炭化的起始温度接近，范围分别是280～270℃和 280～275℃。但是，在加热 0.5～4h 时，黍在 325～305℃即被破坏，而粟至 390～340℃才被破坏。与氧化条件下的情况类似，还原条件下粟和黍加热 0.5～4h 的炭化起始温度相近，分别为 315～275℃和 305～275℃，但种子开始破坏的温度相差依然很大，黍的温度较低，在 315～305℃，而粟的温度可达 380～325℃。综合氧化和还原两种氧气条件，在相同温度和加热时间下，无壳的粟比黍有着更大的炭化区间。此外，还原条件下的炭化起始温度与氧化条件下的大致相同或略高，但其种子破坏的起始温度明显低于氧化条件下，从而缩小了炭化温度区间。

带壳种子的实验结果则有所不同。加热0.5～4h 时，粟在氧化和还原条件下的炭化起始温度为 320～275℃，而黍的炭化起始温度略低，氧化和还原条件下分别为 280～250℃和 285～250℃。然而黍在炭化后随着温度上升很快破坏，其在加热 0.5～4h 下的破坏起始温度仅为 295～280℃（氧化和还原一致），而粟在氧化和还原条件下破坏起始温度分别为 350～325℃和 345～320℃。与无壳种子相比，无论氧化或还原条件，同在 0.5～4h 加热时间内，带壳粟开始炭化的温度要高 5～15℃，颖壳似乎对粟种子炭化起到了阻碍作用；而带壳黍相反，其开始炭化的温度较无壳种子低 10～25℃，颖壳似乎对黍种子炭化起到了推动作用。在相同条件下，带壳粟和黍种子破坏起始温度均比无壳状态下降低，其在高温下很容易爆裂，内容物向外膨胀而变形。

表 2-6 对 0.5～4h 加热时长下，粟和黍的炭化温度的上下限进行了总结。结果表明，无论在什么条件下，黍的炭化区间都小于粟，黍比粟更容易受高温而破坏。带壳黍虽比带壳粟容易炭化，但更容易被破坏。与无壳种子相比，带壳种子的炭化区间较小，更难炭化而不利于在考古沉积中保存。

表 2-6 粟和黍炭化温度的最低值和最高值（0.5～4h） （单位：℃）

氧气条件	无壳		带壳	
	粟	黍	粟	黍
氧化条件	270～390	275～325	275～350	250～295
还原条件	275～380	275～315	275～345	250～295

值得注意的是，在炭化区间内相同加热温度和时间条件下，辽宁绥中糯性粟（黏谷子）比武安粳性粟（不黏谷子）要容易炭化和灰化，炭化程度较深，在一组实验样品中往往产生更多的炭化或灰化种子，而两种糯性黍在相同条件下的炭化程度变化则较为一致。

2.4.2 考古样品测年结果

对采样的 13 处遗址进行了 AMS^{14}C 年代测定，除王嘴遗址样品未测得年龄外，其他遗址共获得 31 个 ^{14}C 年代数据（表 2-7）。其中李家沟遗址剖面 LJG1、朱寨遗址灰坑 H218 和 H214 三个的测年结果与文化属性不符，我们未采用。其他 28 个年代数据分布在 6417～2628cal BC，涵盖了裴李岗文化、仰韶文化和龙山文化三个时期（图 2-23）。根据所采遗迹 AMS^{14}C 测年数据和考古学年代可知，在本研究范围内，坞罗西坡、王嘴、李家沟为裴李岗文化遗址，庄岭、朱寨为裴李岗文化和仰韶文化晚期遗址，颍阳、袁村、马鞍河为仰韶文化中晚期遗址，马沟、沙石嘴为仰韶文化晚期遗址，菜园沟、大河村、北李庄为仰韶文化晚期和龙山文化早期遗址（表 2-8）。

表 2-7　研究遗址 AMS^{14}C 测年数据

实验室编号	测年材料	遗址	出土单位	^{14}C 年代 /a BP	树轮校正后年代（cal BC）	
					1σ（68.2%）	2σ（95.4%）
Beta-404826	土壤有机质	李家沟	LJG1-50～60cm	12770±40	13328（68.2%）13196	13416（95.4%）13121
Beta-404847	植硅体	庄岭	ZL-2-73cm	7470±30	6399（38.0%）6350 6310（30.2%）6264	6417（95.4%）6251
Beta-346756	木炭	朱寨	H185	7100±40	6020（45.6%）5977 5948（22.6%）5921	6050（95.4%）5899
Beta-346759	木炭	朱寨	H226	7080±40	6009（33.1%）5973 5953（35.1%）5915	6032（95.4%）5882
Beta-346758	木炭	朱寨	H158	7000±40	5977（17.5%）5948 5920（50.7%）5842	5986（95.4%）5786
Beta-404825	木炭	李家沟	LJG2	6980±30	5967（4.8%）5956 5905（56.4%）5834 5826（7.0%）5811	5979（11.0%）5947 5923（84.4%）5772
Beta-346761	木炭	朱寨	H235	6940±40	5873（6.5%）5861 5847（61.7%）5757	5966（1.2%）5957 5905（94.2%）5730
Beta-404828	木炭	坞罗西坡	H1-70～90cm	6440±30	5471（7.3%）5462 5450（60.9%）5377	5479（94.6%）5356 5349（0.8%）5345
Beta-404827	木炭	坞罗西坡	H1-60～70cm	6360±30	5367（68.2%）5311	5467（13.3%）5403 5387（81.0%）5298 5244（1.0%）5234
Beta-404848	植硅体	坞罗西坡	H1-60～70cm	6350±30	5364（68.2%）5307	5465（4.2%）5440 5425（2.4%）5406 5383（81.8%）5291 5270（7.0%）5226

续表

实验室编号	测年材料	遗址	出土单位	^{14}C 年代 /a BP	树轮校正后年代（cal BC）	
					1σ（68.2%）	2σ（95.4%）
Beta-404846	植硅体	颍阳	YY-2-120cm	5760±40	4680（26.1%）4636 4619（42.1%）4551	4710（94.8%）4516 4509（0.6%）4505
Beta-404845	植硅体	马鞍河	H2-70cm	5360±30	4318（10.7%）4296 4264（25.9%）4227 4202（21.0%）4168 4127（3.3%）4119 4095（7.2%）4079	4326（15.2%）4285 4271（29.0%）4219 4212（27.2%）4151 4134（24.0%）4056
Beta-404844	植硅体	袁村	H1-90～95cm	5310±30	4229（14.5%）4197 4173（11.7%）4151 4135（42.0%）4057	4236（95.4%）4046
Beta-404836	木炭	袁村	H2-100～140cm	5040±30	3938（52.0%）3860 3813（16.2%）3787	3951（94.5%）3764 3723（0.9%）3716
Beta-404835	木炭	袁村	H1-90～95cm	4970±30	3777（68.2%）3707	3893（1.6%）3884 3799（93.8%）3661
Beta-404838	木炭	颍阳	YY-4-①②	4720±30	3627（24.0%）3591 3528（13.6%）3506 3427（30.6%）3381	3633（34.7%）3558 3538（20.6%）3496 3460（40.1%）3376
Beta-404832	木炭	马鞍河	H2-70cm	4620±30	3496（46.5%）3460 3376（21.7%）3359	3512（66.8%）3425 3384（28.6%）3348
Beta-404831	木炭	马鞍河	H1-83cm	4570±30	3370（43.6%）3335 3211（14.3%）3191 3153（10.3%）3136	3494（6.5%）3467 3375（46.9%）3319 3273（0.4%）3268 3236（41.5%）3111
Beta-404833	木炭	马鞍河	H2-90～120cm	4550±30	3363（27.3%）3331 3215（21.3%）3185 3157（19.7%）3126	3369（32.6%）3308 3300（2.2%）3283 3276（1.9%）3264 3240（58.6%）3104
Beta-404839	木炭	菜园沟	H1-55cm	4500±30	3336（11.6%）3308 3301（7.3%）3283 3277（5.3%）3265 3240（13.2%）3210 3192（17.3%）3152 3138（13.5%）3106	3347（95.4%）3097

续表

实验室编号	测年材料	遗址	出土单位	^{14}C 年代 /a BP	树轮校正后年代（cal BC）	
					1σ（68.2%）	2σ（95.4%）
Beta-404830	木炭	庄岭	ZL-1-30～50cm	4490±30	3332（30.2%）3264 3245（13.7%）3214 3187（13.0%）3156 3128（11.3%）3101	3348（95.4%）3090
Beta-346760	木炭	朱寨	H225	4490±30	3332（30.2%）3264 3245（13.7%）3214 3187（13.0%）3156 3128（11.3%）3101	3348（95.4%）3090
Beta-346762	木炭	朱寨	H202	4490±30	3332（30.2%）3264 3245（13.7%）3214 3187（13.0%）3156 3128（11.3%）3101	3348（95.4%）3090
Beta-404837	木炭	颍阳	YY-2-120cm	4470±30	3328（48.2%）3218 3178（7.3%）3159 3122（12.7%）3092	3339（52.4%）3206 3196（33.3%）3081 3069（9.7%）3026
Beta-404841	木炭	马沟	H3 上层	4370±30	3012（68.2%）2924	3089（9.7%）3055 3031（85.7%）2907
Beta-404842	木炭	大河村	H371	4370±30	3012（68.2%）2924	3089（9.7%）3055 3031（85.7%）2907
Beta-404840	木炭	沙石嘴	H3	4360±30	3011（68.2%）2918	3085（5.6%）3064 3029（89.8%）2904
Beta-404843	木炭	大河村	H395	4310±30	2999（2.5%）2994 2929（65.7%）2889	3013（95.4%）2886
Beta-404834	木炭	北李庄	H1-⑤	4150±30	2867（14.3%）2836 2816（5.4%）2804 2777（48.5%）2671	2876（18.8%）2829 2824（76.6%）2628
Beta-346757	木炭	朱寨	H218	2990±30	1266（54.9%）1192 1176（6.0%）1163 1144（7.3%）1131	1374（2.6%）1356 1301（92.8%）1118
Beta-346763	木炭	朱寨	H214	2950±30	1215（68.2%）1118	1260（3.2%）1241 1236（92.2%）1051

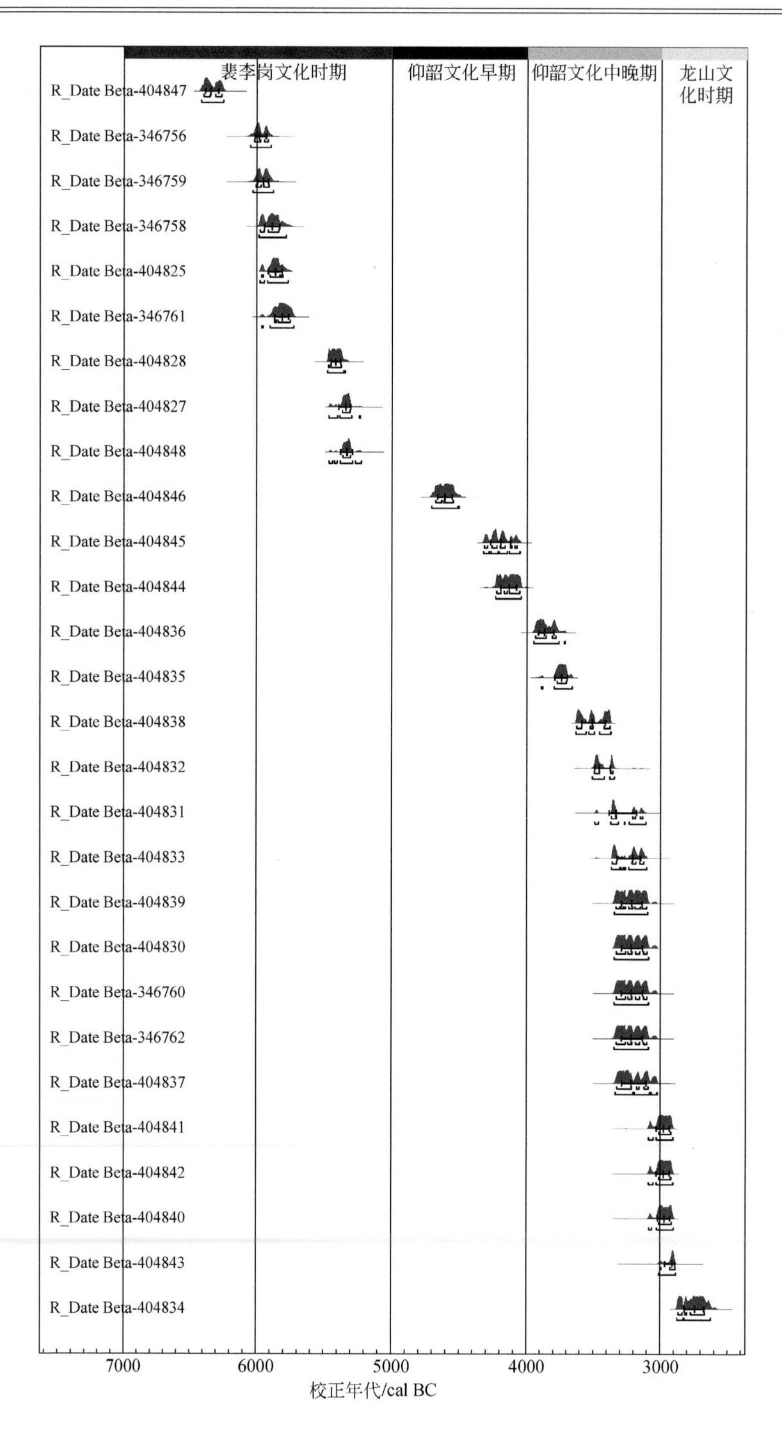

图 2-23　研究遗址 AMS^{14}C 年代范围分布图

表 2-8　13 处遗址所处文化期

遗址名称	^{14}C 年代范围（2σ，cal BC）	文化期（综合考古年代和 ^{14}C 年代）
坞罗西坡	5479～5226	裴李岗文化
王嘴	—	裴李岗文化
李家沟	5979～5772	裴李岗文化
庄岭	6417～6251	裴李岗文化
	3348～3090	仰韶文化晚期
朱寨	6050～5730	裴李岗文化
	3348～3090	仰韶文化晚期
颍阳	4710～3026	仰韶文化中晚期
袁村	4236～3661	仰韶文化中晚期
马鞍河	4326～3104	仰韶文化中晚期
马沟	3089～2907	仰韶文化晚期
沙石嘴	3085～2904	仰韶文化晚期
菜园沟	3347～3097	仰韶文化晚期
	—	龙山文化
大河村	3089～2886	仰韶文化晚期
北李庄	2876～2628	仰韶文化晚期

2.4.3　考古样品分析结果

1. 植硅体和浮选结果概况

在 13 处考古遗址的 237 份植硅体样品中，共鉴定出 24 个植硅体类型，统计了 110556 粒个体。样品植硅体含量不一，但总体上较为丰富，平均浓度可达 3.33×10^6 粒/g。在 180 个样品中发现了农作物植硅体，百分含量为 0.2%～33%，可鉴定的种类有黍、粟和水稻。其中黍所占的比例最大，粟次之。黍、粟植硅体来自种子的稃壳，水稻植硅体大多是来自稻壳的双峰型，少量来自水稻茎叶的扇型和并排哑铃型。其他常见植硅体类型有扇型、方型、棒型、尖型、齿型、哑铃型、鞍型及帽型等。

李家沟和王嘴遗址未采集浮选土样，其他 11 个遗址的 39 份样品总土样量为 275.5L，样品最多的是 12L，最少仅为 3L，平均土样量约为 7L。其中 32 个样品发现炭化植物遗存，共计1497 粒，平均密度为 5.4 粒/L，最多的样品平均每升土样含104 粒，最少的每升土样含 0.1 粒（表 2-9）。目前已经鉴定出的炭化植物遗存分属 23 个种属，从绝对数量上看以农作物为主，包括粟、黍、水稻三种，共计1259 粒，占炭化植物遗存总数的 84.1%，出土概率为 74.36%，其中又以炭化粟占绝对优势，炭化黍次之；杂草类包括豆科（如野大豆）、藜属、禾本科、狗尾草属、莎草科、飘拂草属、苋属、唇形科、马齿苋、地黄、菊科等，大部分属于农田杂草，占总数的 11.56%，出土概率为 61.54%；果实类包括蔷薇科桃、茄科酸浆属等，仅占总数的 3.27%，出土概率为 20.51%。此外还包括一些难以鉴定的植物种子和碎核块等（表 2-10，图版 Ⅰ～Ⅱ）。

下面将按照时代顺序，详细展示每个考古遗址样品的分析结果。

表 2-9　浮选样品信息表

遗址名称	遗迹编号	样品编号	土量/L	炭化遗存数量/粒	密度/(粒/L)
北李庄	BLZH1	BLZH1-①	6.0	21	3.5
北李庄	BLZH1	BLZH1-②	7.5	0	0.0
北李庄	BLZH1	BLZH1-③	4.0	45	11.3
菜园沟	CYGH1	CYGH1 浮选-40～60cm	3.0	1	0.3
大河村	H395	H395-①-④/0～80cm	6.5	96	14.8
大河村	H428	H428-①-③/0～60cm	5.5	123	22.4
大河村	H371	H371-④/110～140cm	6.0	624	104.0
马鞍河	MAHH2	MAHH2 浮选-90～120cm	10.0	5	0.5
马鞍河	MAH-4	MAH-4 浮选-40～80cm	7.0	1	0.1
马鞍河	MAH-4	MAH-4 浮选-80～110cm	3.0	15	5.0
马沟	MGH1	MGH1-②	7.0	0	0.0
马沟	MGH1	MGH1-④	7.0	0	0.0
马沟	MGH2	MGH2-②	7.0	9	1.3
马沟	MGH2	MGH2-③	5.0	73	14.6
马沟	MGH3	MGH3-下层	7.0	59	8.4
马沟	MGH3	MGH3-上层	8.0	140	17.5
沙石嘴	SSZH1	SSZH1	7.5	21	2.8
沙石嘴	SSZH2	SSZH2	5.5	10	1.8
沙石嘴	SSZH3	SSZH3	6.0	6	1.0

续表

遗址名称	遗迹编号	样品编号	土量/L	炭化遗存数量/粒	密度/(粒/L)
坞罗西坡	WLXPH1	WLXPH1 浮选-50～70cm	7.0	0	0.0
坞罗西坡	WLXPH1	WLXPH1 浮选-70～90cm	8.0	1	0.1
颍阳	YY-2	YY-2 浮选-100～140cm	8.0	0	0.0
颍阳	YY-4	YY-4-浮选①～②	7.0	16	2.3
颍阳	YY-4	YY-4-浮选③	4.0	0	0.0
袁村	YCH1	YCH1-100～140cm	8.0	15	1.9
袁村	YCH1	YCH1-140～170cm	7.0	2	0.3
袁村	YCH1	YCH1-170～200cm	9.0	2	0.2
袁村	YCH2	YCH2-35～50cm	8.0	0	0.0
袁村	YCH2	YCH2-50～65cm	7.0	4	0.6
袁村	YCH2	YCH2-65～100cm	6.0	17	2.8
袁村	YCH2	YCH2-110～140cm	10.0	2	0.2
袁村	YCH3	YCH3	12.0	5	0.4
庄岭	ZL-1	ZL-1 浮选-30～50cm	7.0	4	0.6
朱寨	H158	H158	8.0	27	3.4
朱寨	H208	H208	7.0	14	2.0
朱寨	H218	H218	7.0	9	1.3
朱寨	H226	H226	8.0	14	1.8
朱寨	H202	H202	10.0	70	7.0
朱寨	H225	H225	9.0	46	5.1
合计			275.5	1497	5.4

表 2-10　出土炭化植物遗存统计表

分类	植物种属	出土数量/粒	数量百分比/%	占样品数/个	出土概率/%	合计		
						出土数量/粒	数量百分比/%	出土概率/%
农作物	稻（*Oryza sativa*）	1	0.07	1	2.56	1259	84.10	74.36
	黍（*Panicum miliaceum*）	47	3.14	16	41.03			
	粟（*Setaria italica*）	1211	80.90	23	58.97			

续表

分类	植物种属	出土数量/粒	数量百分比/%	占样品数/个	出土概率/%	合计		
						出土数量/粒	数量百分比/%	出土概率/%
杂草	禾本科（Poaceae）	7	0.47	1	2.56	173	11.56	61.54
	狗尾草（*Setaria viridis*）	5	0.33	3	7.69			
	狗尾草属（*Setaria* spp.）	35	2.34	2	5.13			
	牛筋草（*Eleusine indica*）	6	0.40	2	5.13			
	藜属（*Chenopodium* sp.）	18	1.20	8	20.51			
	豆科（Leguminosae）	40	2.67	5	12.82			
	野大豆（*Glycine soja*）	4	0.27	2	5.13			
	草木樨属（*Melilotus* sp.）	2	0.13	1	2.56			
	苋属（*Amaranthus* sp.）	8	0.53	1	2.56			
	唇形科（Lamiaceae）	7	0.47	4	10.26			
	莎草科（Cyperaceae）	4	0.27	4	10.26			
	飘拂草属（*Fimbristylis* sp.）	7	0.47	2	5.13			
	薹草属（*Carex* sp.）	1	0.07	1	2.56			
	马齿苋（*Portulaca oleracea*）	1	0.07	1	2.56			
	地黄（*Rehmannia glutinosa*）	4	0.27	1	2.56			
	菟丝子属（*Cuscuta* sp.）	17	1.14	2	5.13			
	菟丝子（*Cuscuta chinensis*）	1	0.07	1	2.56			
	拉拉藤属（*Galium* sp.）	1	0.07	1	2.56			
	荨麻科（Urticaceae）	3	0.20	1	2.56			
	菊科（Asteraceae）	2	0.13	1	2.56			
果类	桃（*Prunus persica*）	6	0.40	2	5.13	49	3.27	20.51
	大叶朴（*Celtis koraiensis*）	1	0.07	1	2.56			
	构树（*Broussonetia papyrifera*）	10	0.67	2	5.13			
	葡萄属（*Vitis* sp.）	1	0.07	1	2.56			
	酸枣（*Ziziphus jujuba* var. *spinosa*）	1	0.07	1	2.56			

续表

分类	植物种属	出土数量/粒	数量百分比/%	占样品数/个	出土概率/%	合计		
						出土数量/粒	数量百分比/%	出土概率/%
果类	花椒属（*Zanthoxylum* sp.）	1	0.07	1	2.56	49	3.27	20.51
	胡桃楸（*Juglans mandshurica*）	6	0.40	1	2.56			
	栎属（*Quercus* sp.）	5	0.33	2	5.13			
	酸浆属（*Physalis* sp.）	18	1.20	3	7.69			
其他	植物茎秆	2	0.13	1	2.56	16	1.07	12.82
	未知种子	14	0.94	5	12.82			

2. 坞罗西坡遗址样品分析结果

1）植硅体分析结果

坞罗西坡遗址 WLXPH1 剖面（7366～7283a cal BP）样品的植硅体含量十分丰富，平均浓度约为 3.3×10^6 粒/g。9 个样品中共鉴定出 20 个植硅体类型，统计 3868 粒个体。在灰坑底部的 3 个样品中发现了农作物植硅体，但百分含量较低，最高在 0.7%左右，可鉴定的种类有粟和黍种子稃壳植硅体（黍 η 型：图 2-24-1～3；粟 Ω 型：图 2-24-5～6）。在底部 3 个样品中，黍植硅体数量（7 粒）略多于粟植硅体（4 粒），而在百分含量上黍植硅体（0.24%～0.70%）所占的比例也要大于粟植硅体（0～0.69%）（图 2-25）。灰坑植硅体组合中其他常见植硅体形态还有哑铃型、短鞍型、长方型、棒型、尖型及导管型等，而黍、粟植硅体出现的样品中，导管型植硅体含量也相对较高（图 2-24 和图 2-25）。

为了确定两种农作物的比例，对底部 3 个样品进行第二次观察，仅鉴定和统计黍、粟植硅体。其中一个样品（60～70cm）黍、粟植硅体含量极少，统计一张玻片只发现了 9 粒黍植硅体，其他两个样品均统计了 200 粒之上。共鉴定出黍植硅体 268 粒，粟植硅体 148 粒，黍是粟的 1.8 倍，与第一次观察的黍、粟相对比例一致。另外，以灰坑 9 个样品为分析单位，黍植硅体的出土概率为 33.3%，而粟植硅体的出土概率为 22.2%。

2）植物大遗存分析结果

WLXPH1 两个浮选样品发现的炭化种子十分稀少，仅在 70～90cm 层位发现 1 粒炭化黍（*Panicum miliaceum*），炭化种子的标准密度仅为 0.07 粒/L。

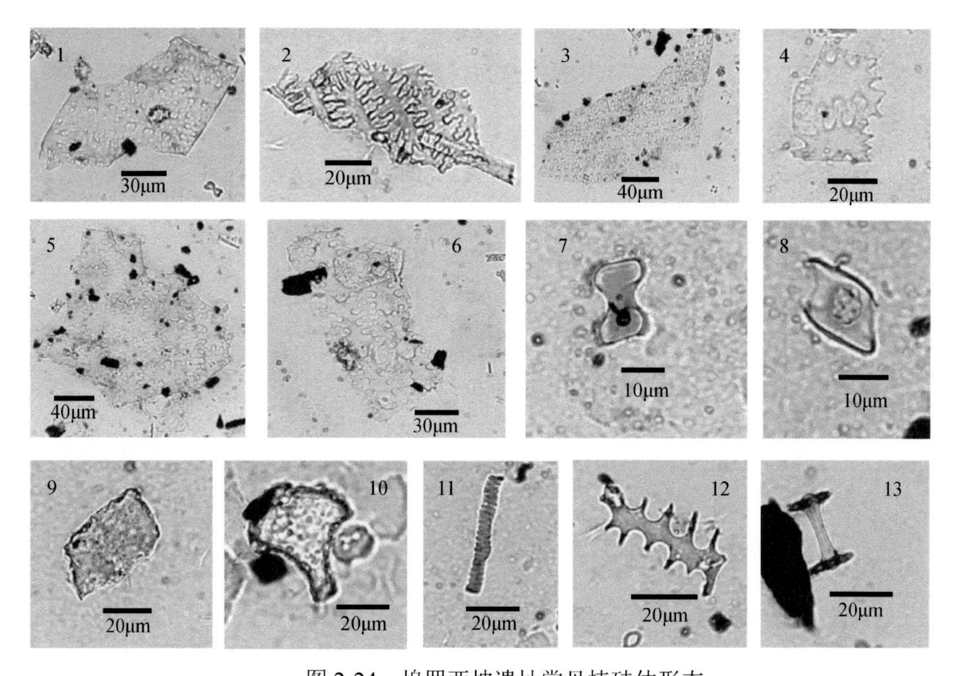

图 2-24　坞罗西坡遗址常见植硅体形态

1～3. 黍稃壳 η 型；4. 未知稃壳植硅体；5、6. 粟稃壳 Ω 型；7. 哑铃型；8. 短鞍型；9. 长方型；10. 扇型；11. 导管型；12. 刺状棒型；13. 海绵骨针

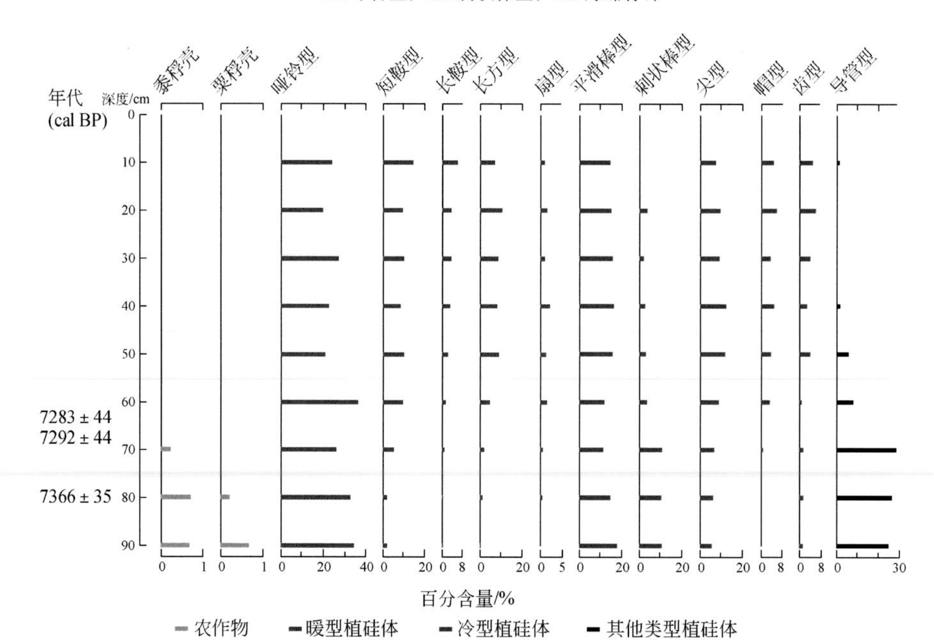

图 2-25　坞罗西坡遗址植硅体组合百分含量变化图

3. 王嘴遗址样品分析结果

王嘴遗址 WZ1 文化层剖面仅采集了植硅体样品。土样中植硅体浓度相差较大，最多的接近 1.2×10^6 粒/g，最少的仅为 4.7×10^4 粒/g，平均浓度约为 6.4×10^5 粒/g。9 个样品共鉴定出 16 个植硅体类型，统计 3854 粒个体。遗憾的是，该剖面未发现农作物植硅体，植硅体组合以方型和扇型为主（含量为 50%～73%），丰度变化不明显，其他常见植硅体形态还有哑铃型、短鞍型、棒型、尖型和齿型等。

4. 李家沟遗址样品分析结果

李家沟遗址南区 LJG1 文化层剖面样品的植硅体含量较低，平均浓度仅为 2.4×10^4 粒/g，90～100cm 处样品最低，为 1909 粒/g。但发现的植硅体类型较为丰富，10 个样品共鉴定出 20 个植硅体类型，统计 3937 粒个体。仅在 50～60cm 处发现了 1 粒黍植硅体，百分含量为 0.38%（图 2-26）。其他常见植硅体形态有扇型、长方型、棒型、尖型、哑铃型等（图 2-27）。

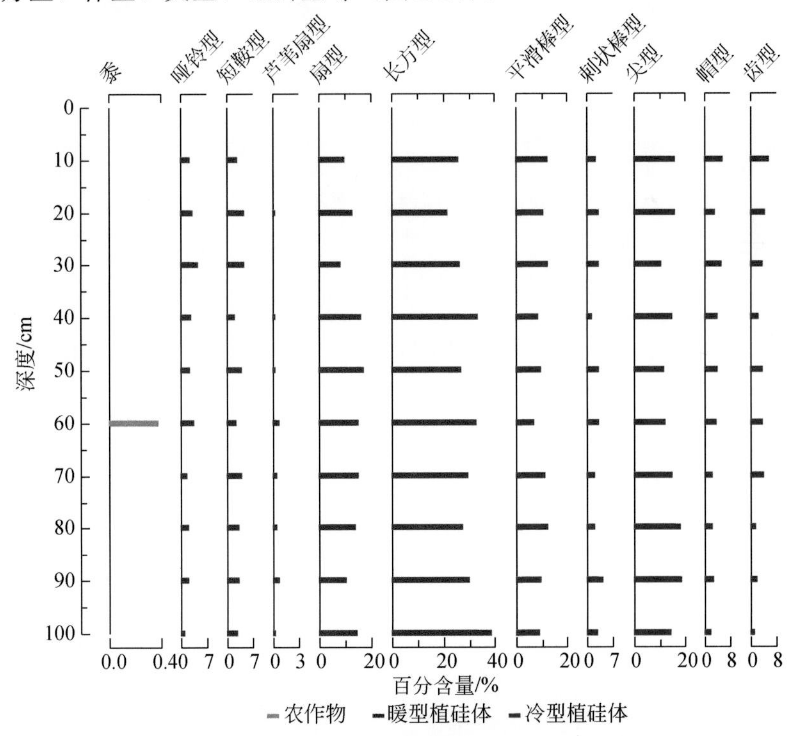

图 2-26　LJG1 剖面植硅体组合百分含量变化图

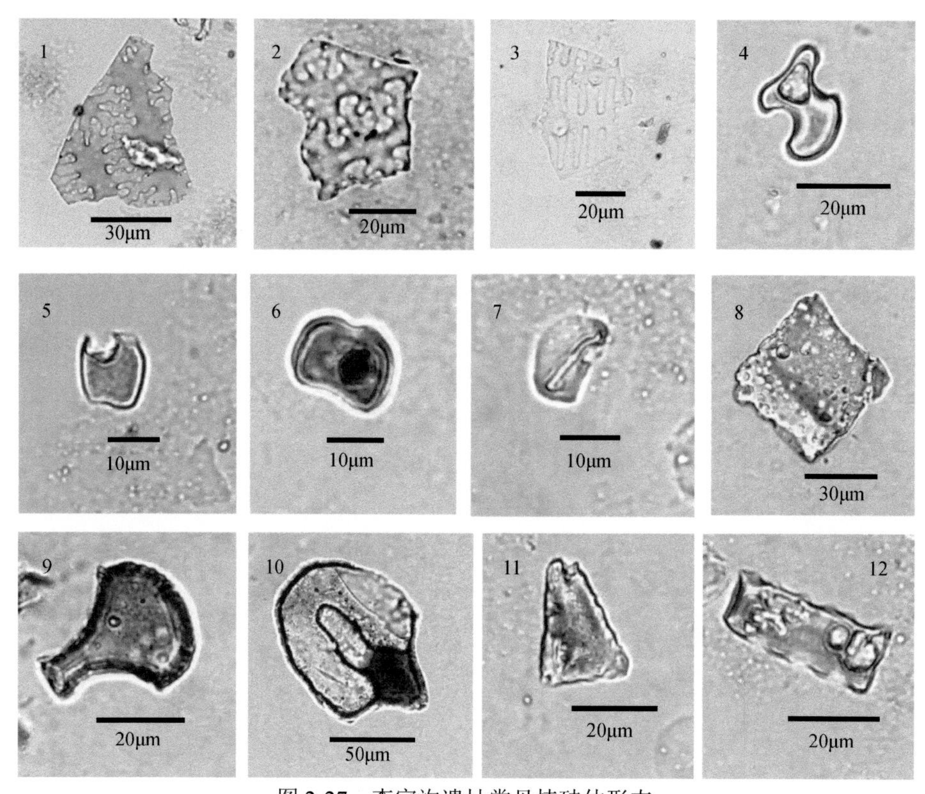

图 2-27　李家沟遗址常见植硅体形态

1、2. 黍稃壳 η 型；3. 疑似马唐稃壳植硅体；4. 哑铃型；5. 短鞍型；6. 长鞍型；7. 帽型；8. 长方型；9. 扇型；10. 芦苇盾型；11. 尖型；12. 齿型

李家沟遗址北区剖面 LJG2（7815a cal BP）样品植硅体浓度相对较高，为 2.08×10^9 粒/g。一张玻片共统计了 436 粒植硅体，发现了 1 粒黍稃壳植硅体，百分含量为 0.23%。再观察 1 个玻片后，共发现了 4 粒黍植硅体，没有发现其他农作物。此外，还发现了 2 粒疑似马唐稃壳植硅体（Ge et al.，2020）（图 2-27）。其他植硅体类型有哑铃型（11.2%）、短鞍型（12.6%）、长方型（17.9%）、扇型（8.7%）、棒型（11.8%）和尖型（17.0%）等。

3. 庄岭遗址样品分析结果

1）植硅体分析结果

根据考古学年代和 ^{14}C 测年结果可知，庄岭遗址 4 个灰坑共 27 个样品，可分为裴李岗文化组（8295a cal BP）和仰韶文化晚期组（5170a cal BP）两组。裴李岗文化组包括 ZL-2、ZL-3 和 ZL-4 灰坑中的 24 个样品。这一组样品植硅体的平均浓度约为 1.64×10^6 粒/g，共统计 10533 粒个体，并全部发现农作物植硅体，可鉴定的种类有黍和粟种子稃壳植硅体。每个样品中黍植硅体数量均多于粟植硅体，共计发现黍植硅体 376 粒，粟植硅体 63 粒，百分含量范围分别为 0.63%～13.94%和 0～1.60%。以 24 个样品为分析单位，黍植硅体的出土概率为 100%，粟植硅体的出土概率为 79%。仰韶文化晚期组包括 ZL-1 灰坑的 3 个样品，其植硅体平均浓度约为 1.89×10^6 粒/g，共计 1378 粒个体，全部发现黍和粟植硅体，黍植硅体数量(39 粒)是粟植硅体的 3 倍，百分含量范围分别是 1.41%～4.35%和 0.80%～1.14%。其他常见的植硅体类型包括长方型、尖型、棒型、齿型、哑铃型、短鞍型和帽型等（图 2-28）。

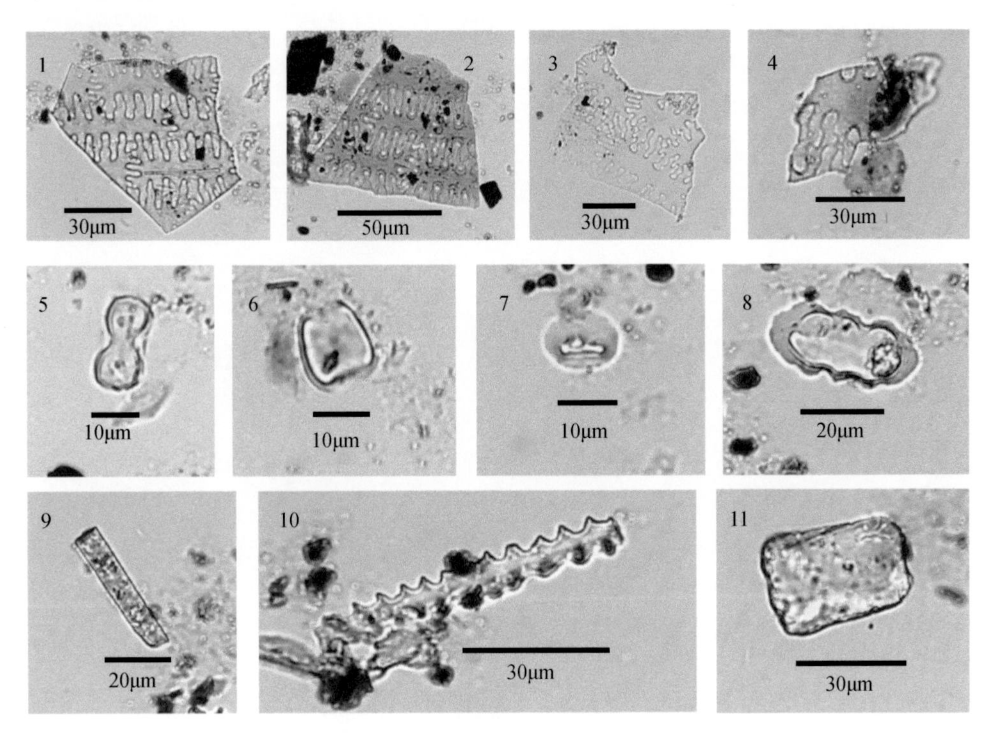

图 2-28　庄岭遗址常见植硅体形态

1～3. 黍稃壳 η 型；4. 粟稃壳 Ω 型；5. 哑铃型；6. 短鞍型；7. 帽型；8. 齿型；9. 平滑棒型；10. 刺状棒型；11. 长方型

2）植物大遗存分析结果

ZL-1 浮选-30～50cm（5170a cal BP）浮选样品发现的炭化种子较少，共有 4 粒，包括 2 粒粟（*Setaria italica*）和 2 粒菊科（Asteraceae）炭化颗粒，炭化种子的标准密度仅为 0.6 粒/L。

6. 朱寨遗址样品分析结果

1）植硅体分析结果

根据考古学年代和 ^{14}C 测年结果，朱寨遗址 30 个遗迹共 40 个样品可划分为裴李岗文化（7766～7935a cal BP）、仰韶晚期文化（5170a cal BP）、商代和战国 4 组。

裴李岗文化组包括 12 个灰坑的 12 个样品（表 2-4），样品中植硅体的平均浓度约为 3.69×10^6 粒/g，共统计 5845 粒个体。在其中 9 个样品中发现了农作物植硅体，可鉴定种类有黍、粟种子稃壳植硅体，以及水稻双峰型和水稻扇型植硅体（图 2-29）。在数量上黍植硅体（438 粒）要远多于粟（4 粒）和水稻植硅体（32 粒），而在百分含量上黍植硅体最高可达 40%，粟植硅体比例很少，最高仅 0.57%，水稻含量最高是 5%（图 2-30）。以 12 个样品为分析单位，则黍和水稻的出土概率均为 50%，而粟的出土概率仅为 16.7%。

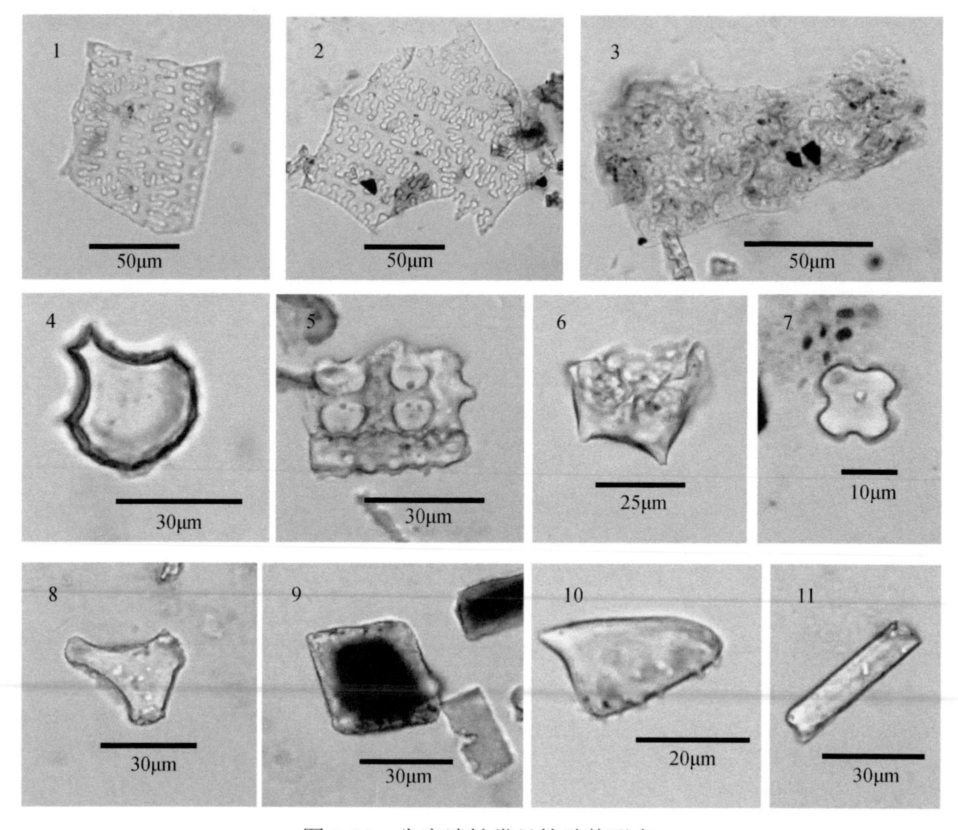

图 2-29　朱寨遗址常见植硅体形态

1、2. 黍稃壳 η 型；3. 粟稃壳 Ω 型；4. 水稻扇型；5. 水稻并排哑铃型；6. 水稻双峰型；7. 十字型；8. 扇型；9. 长方型；10. 尖型；11. 平滑棒型

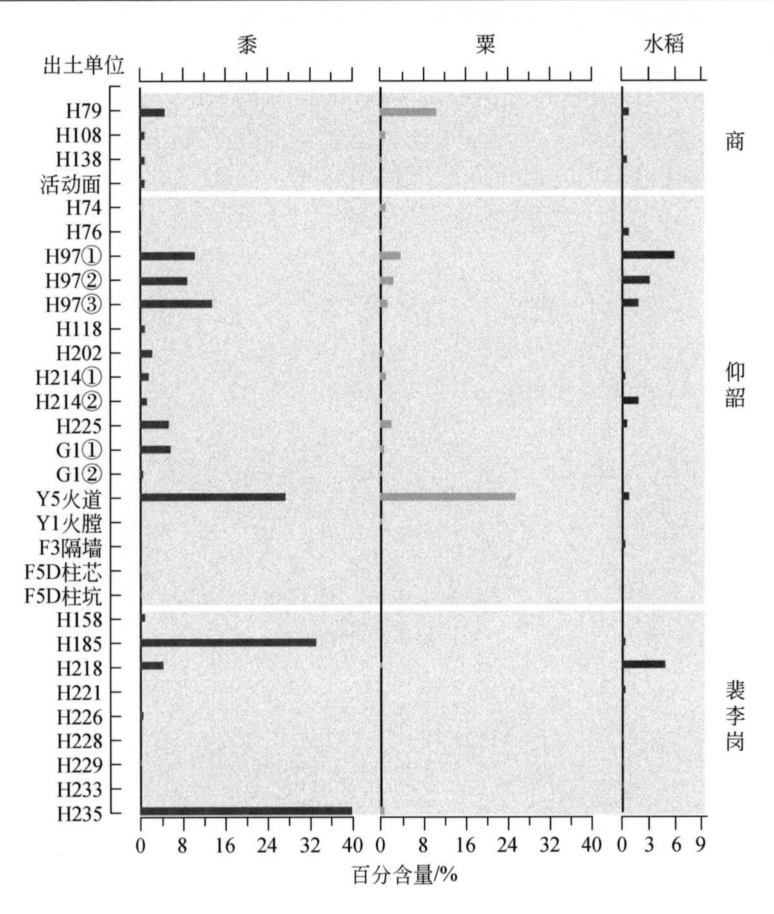

图 2-30　朱寨遗址黍、粟和水稻植硅体百分含量对比

仰韶文化组包括了 13 个遗迹单位（灰坑、灰沟、房址、陶窑）的 21 个样品，样品中植硅体含量非常丰富，平均浓度达到 8.5×10^5 粒/g，共统计了 13874 粒个体。在其中 17 个样品发现了黍、粟和水稻植硅体，相较于裴李岗文化样品，新出现了水稻并排哑铃型植硅体（图 2-29）。在数量上黍植硅体依然最多（592 粒），粟植硅体数量（261 粒）超过了水稻植硅体（133 粒），而在百分含量上黍植硅体最高为 27.5%，粟植硅体含量大量增加，最高达到 25%，水稻含量变化不大，最高在 6%左右（图 2-30）。以 21 个样品为分析单位，黍的出土概率为 71.4%，粟的出土概率为 61.9%，水稻的出土概率为 47.6%。

商代文化组包括了 4 个遗迹单位的 4 个样品，其植硅体含量非常丰富，平均浓度达到了 1.093×10^7 粒/g，共统计了 3109 粒个体。4 个样品均有农作物发现，粟植硅体（101 粒）数量超过了黍（66 粒）和水稻（15 粒），在百分含量上粟最高达到 10.4%，黍植硅体含量最高为 4.9%，水稻含量下降，最高为 0.8%（图 2-30）。战国组 M36 的 3 个样品没有发现农作物植硅体。朱寨遗址其他常见的植硅体形态还有扇型、长方型、棒型、哑铃型、十字型和尖型等（图 2-29）。

就农作物植硅体相对含量的对比来看（图 2-31），朱寨遗址裴李岗文化时期到仰韶文化时期都以黍为主（分别占 92%和 60%），水稻在裴李岗文化时期出现，但含量一直较低，变化不大（7%～14%），粟在裴李岗文化时期含量最低（1%），在仰韶文化时期比例增加到 26%，超过水稻，在商代又超越黍成为主要农作物（56%）。

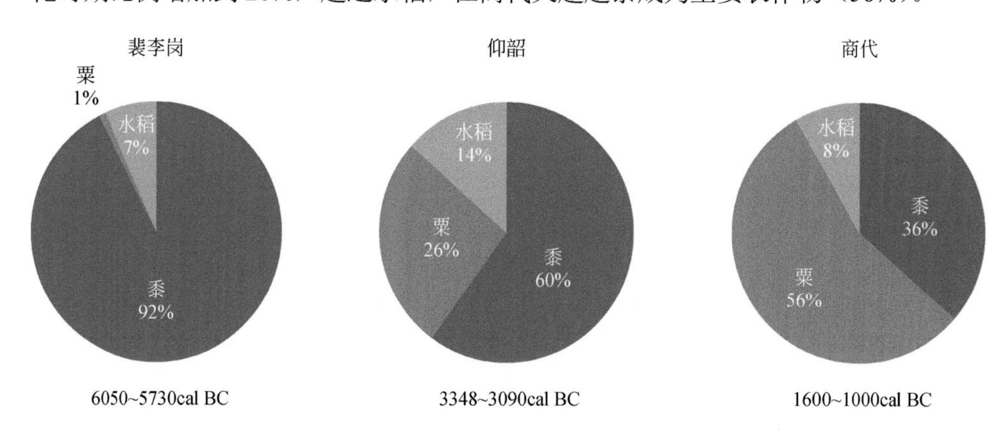

图 2-31　朱寨遗址黍、粟和水稻植硅体相对百分含量对比

2）植物大遗存分析结果

朱寨遗址裴李岗文化时期有 4 个浮选样品，共发现 64 粒炭化植物遗存，平均密度为 2.1 粒/L。农作物种子共 12 粒，仅占出土植物遗存总数的 18.75%，包括 1 粒水稻、5 粒黍和 6 粒粟。其他植物遗存，如杂草类狗尾草（*Setaria viridis*）、牛筋草（*Eleusine indica*）、莎草科（Cyperaceae）、菟丝子属（*Cuscuta* sp.）、拉拉藤属（*Galium* sp.）等，数量百分比为 31.25%，果类如大叶朴（*Celtis koraiensis*）、构树（*Broussonetia papyrifera*）、葡萄属（*Vitis* sp.）、花椒属（*Zanthoxylum* sp.）、胡桃楸（*Juglans mandshurica*）、栎属（*Quercus* sp.）等，数量百分比为 37.5%。另外还有一些植物茎秆和无法鉴定的炭化种子（表 2-11）。

表 2-11　朱寨遗址炭化植物遗存统计表

时期	裴李岗文化				仰韶文化	
遗迹编号	H158	H208	H218	H226	H202	H225
土量/L	8	7	7	8	10	9
水稻/粒	1	0	0	0	0	0

续表

时期	裴李岗文化				仰韶文化	
遗迹编号	H158	H208	H218	H226	H202	H225
黍/粒	3	0	0	2	4	1
粟/粒	0	2	4	0	41	30
狗尾草/粒	0	1	0	0	0	3
狗尾草属/粒	0	0	0	0	7	0
牛筋草/粒	0	2	4	0	0	0
藜属/粒	0	0	0	0	0	1
豆科/粒	0	0	0	0	0	6
草木樨属/粒	0	0	0	0	0	2
莎草科/粒	0	0	0	1	0	0
薹草属/粒	0	0	0	0	1	0
菟丝子属/粒	10	0	0	0	7	0
菟丝子/粒	1	0	0	0	0	0
拉拉藤属/粒	0	0	0	1	0	0
荨麻科/粒	0	0	0	0	3	0
大叶朴/粒	0	1	0	0	0	0
构树/粒	0	5	0	5	0	0
葡萄属/粒	0	1	0	0	0	0
酸枣/粒	0	0	0	0	0	1
酸浆属/粒	0	0	0	0	0	1
花椒属/粒	0	0	0	1	0	0
胡桃楸/粒	6	0	0	0	0	0
栎属/粒	1	0	0	4	0	0
疑似粟或黍/粒	3	0	0	0	0	0
疑似禾本科/粒	0	0	0	0	1	0
疑似小麦或大豆/粒	0	2	0	0	0	0
碎核块/粒	0	0	0	0	6	0
未知种子/粒	0	0	1	0	0	1
植物茎秆/粒	2	0	0	0	0	0
合计/粒	27	14	9	14	70	46
密度/（粒/L）	3.4	2.0	1.3	1.8	7.0	5.1

仰韶文化晚期样品有两个，共发现 116 粒炭化植物遗存，平均密度为 6.1 粒/L。农作物种子有粟和黍，共 76 粒，占出土植物遗存总数的 65.5%，其中粟在数量上占有绝对优势（71 粒）。此外，还发现有狗尾草、狗尾草属（*Setaria* spp.）、藜属（*Chenopodium* sp.）、豆科（Leguminosae）、草木樨属（*Melilotus* sp.）、薹草属（*Carex* sp.）、菟丝子属、荨麻科（Urticaceae）、疑似禾本科（Poaceae）等杂草类种子（26.7%），酸枣（*Ziziphus jujuba* var. *spinosa*）、酸浆属（*Physalis* sp.）等果类（1.7%），以及少量碎核块和未知种子（表 2-11）。

7. 颍阳遗址样品分析结果

1）植硅体分析结果

YY-1 剖面植硅体的平均浓度约为 3.87×10^6 粒/g，9 个样品共统计 4055 粒个体。在其中 6 个样品中发现了农作物植硅体，可鉴定种类有黍和粟种子稃壳植硅体。在数量上黍植硅体（109 粒）要多于粟植硅体（31 粒），而在百分含量上黍、粟峰值均出现在第 4 层，分别达到 20%和 5.7%，黍所占比例要大于粟（图 2-32）。

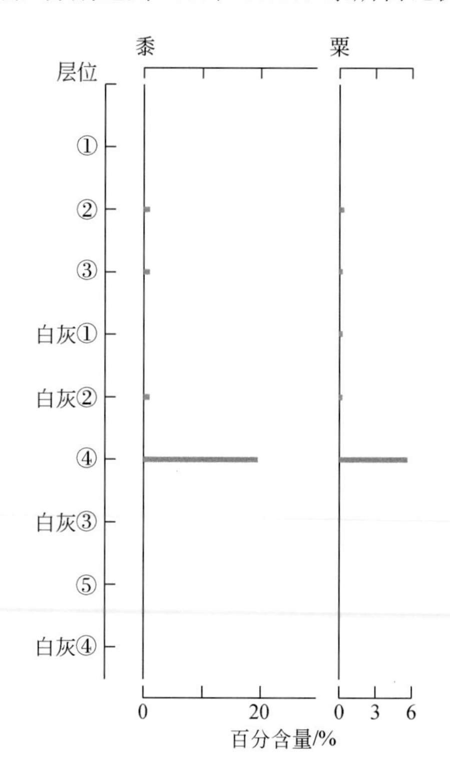

图 2-32　YY-1 剖面黍、粟植硅体百分含量对比

YY-2 剖面植硅体的平均浓度约为 4.89×10^6 粒/g，7 个样品共统计 3020 粒个体。发现的农作物植硅体种类有黍、粟种子稃壳植硅体与水稻双峰型、扇型和并排哑铃型植硅体。在总数量上，黍植硅体发现了 321 粒，多于粟（72 粒）和水稻（202 粒）植硅体。仅就发现农作物的样品而言，黍、粟和水稻植硅体的百分含量范围分别为 0.9%～24.4%、0.7%～5.5%和 2.4%～10.7%。在水稻植硅体中双峰型植硅体含量最为丰富，在 20～40cm 处达到峰值 10.2%，水稻扇型含量为 0.22%～0.47%，水稻并排哑铃型只出现在 40～60cm 处，含量很少（0.24%）（图 2-33）。

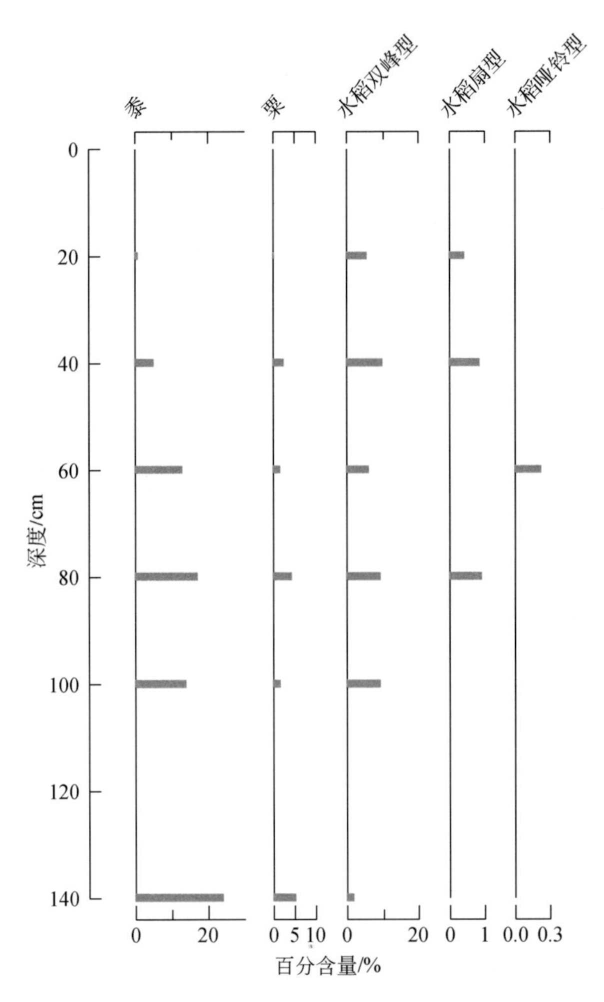

图 2-33　YY-2 剖面黍、粟和水稻植硅体百分含量对比

YY-4 灰坑剖面植硅体的平均浓度为 4.8×10^6 粒/g，3 个样品共统计 1333 粒个体，且均有农作物植硅体发现。黍植硅体数量最多，发现了 89 粒，粟植硅体和水稻双峰型植硅体各发现 6 粒，黍、粟和水稻植硅体百分含量范围分别为 3.7%～8.9%、0.2%～0.7%和 0～1.1%。颍阳遗址其他常见植硅体类型还有哑铃型、短鞍型、长方型、棒型、齿型等（图 2-34）。

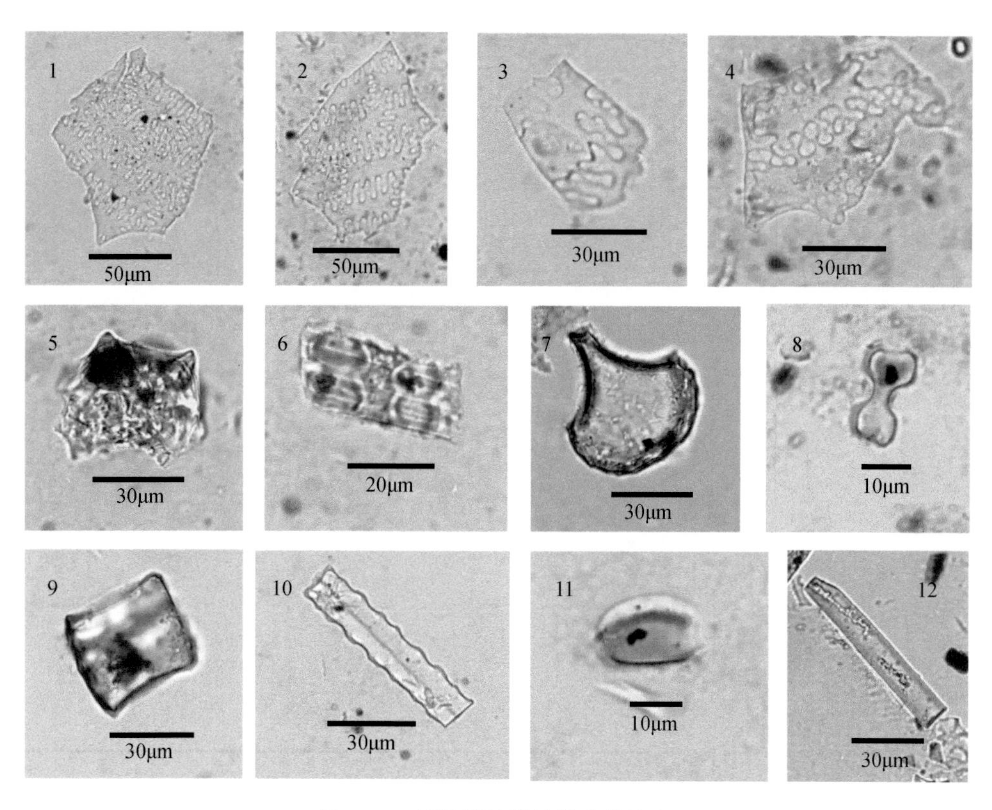

图 2-34　颍阳遗址常见植硅体形态

1、2. 黍稃壳 η 型；3、4. 粟稃壳 Ω 型；5. 水稻双峰型；6. 水稻并排哑铃型；7. 水稻扇型；8. 哑铃型；9. 长方型；10. 齿型；11. 短鞍型；12. 平滑棒型

对颍阳遗址 3 个遗迹 19 个样品中发现的农作物植硅体单独进行分析，计算每一种农作物的相对百分比。结果表明，黍占比例最高（62.1%），其次是水稻（24.9%），而粟的比例最低（13.0%）。虽然水稻的比例超过粟，却主要集中于 YY-2 剖面，从出土概率上看，粟（73.7%）要远高于水稻（42.1%），而黍的出土概率依然最高（78.9%）。

将 YY-2 剖面每个样品做 2～3 个玻片，在显微镜下单独鉴定其中的水稻扇型植硅体，计数鱼鳞状纹饰并进行拍照，然后利用 ImageJ 1.4.2 图像测量软件进行长宽测量，共统计了 60 粒水稻扇型植硅体。统计结果表明，颍阳遗址水稻扇型植硅体平均长度为 44.4±8.1μm，平均宽度为 34.8±5.4μm，与唐户（Zhang et al., 2012）和环太湖地区考古遗址（郑云飞等，1999）扇型植硅体相比形态偏大，而鱼鳞状纹饰数量大于等于 9 个的扇型植硅体有 34 粒，占总数的 56.7%，按照 Lu 等（2002）标准，大部分属于驯化稻。

2）植物大遗存分析结果

YY-2-100～140cm 和 YY-4-③两个浮选样品没有发现炭化植物遗存，仅在 YY-4-①～②样品（5462a cal BP）中发现了 16 粒炭化种子，所有样品炭化种子的平均密度为 0.84 粒/L。其中农作物只有粟，共 10 粒，其他包括 2 粒唇形科（Lamiaceae）和 4 粒地黄（*Rehmannia glutinosa*）炭化种子。

8. 袁村遗址样品分析结果

1）植硅体分析结果

YCH1 和 YCH2（5692～6086a cal BP）样品中植硅体含量差别较大，最高可达 5.9×10^6 粒/g，最低仅为 2.6×10^4 粒/g，平均浓度约为 8.9×10^5 粒/g。在两个灰坑 23 个样品中，共鉴定出 21 个植硅体类型，共计 9458 粒个体。在 13 个样品中发现了农作物植硅体，可鉴定种类有黍、粟种子稃壳植硅体，以及水稻双峰型、水稻扇型植硅体。在数量上，黍植硅体有 344 粒，而粟和水稻植硅体仅分别有 12 粒和 2 粒。仅就发现农作物植硅体的样品而言，黍的百分含量为0.69%～20.61%，粟的百分含量范围是 0.22%～0.94%，而水稻双峰型和扇型植硅体含量各为 0.24%。以 23 个样品为分析单位，黍植硅体的出土概率最高（56.5%），粟的出土概率为 26.1%，水稻仅为 4.3%。其他常见的植硅体形态有哑铃型、短鞍型、长方型、扇型、棒型、尖型和齿型等（图 2-35）。

2）植物大遗存分析结果

在 YCH1、YCH2 和 YCH3 三个灰坑 8 个浮选样品中共发现炭化植物遗存 47 粒，平均密度为 0.7 粒/L。粟和黍两种农作物共发现 25 粒，占出土植物遗存的 53.2%，其中黍 18 粒，粟 7 粒。其他还有藜属（*Chenopodium* sp.）、豆科（Leguminosae）、苋属（*Amaranthus* sp.）、莎草科（Cyperaceae）、马齿苋（*Portulaca oleracea*）等杂草种子（34%），以及桃（*Prunus persica*）等果类（12.8%）（表 2-12）。

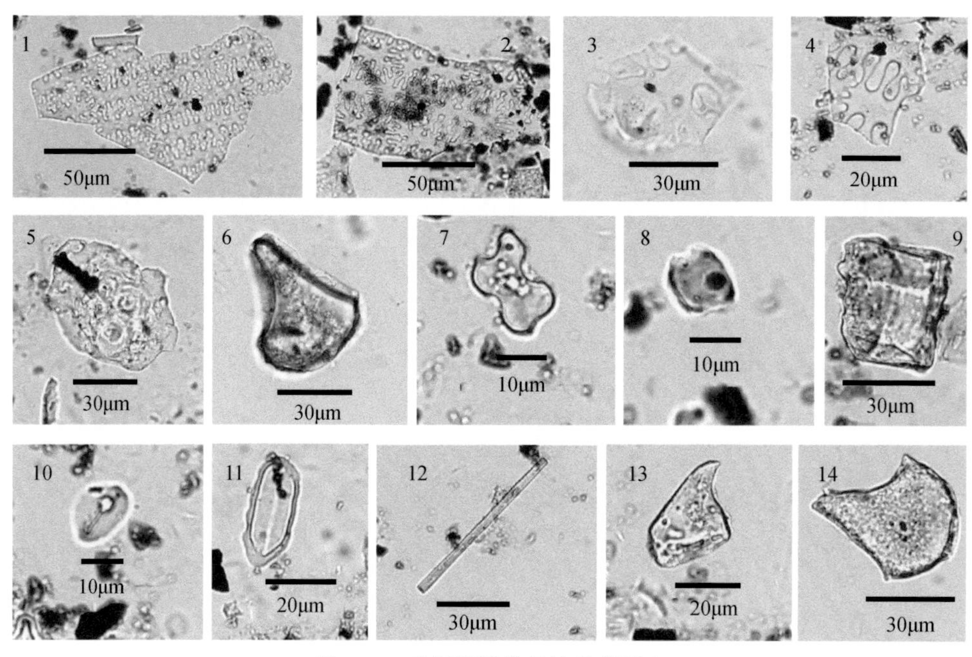

图 2-35　袁村遗址常见植硅体形态

1、2. 黍稃壳 η 型；3. 粟稃壳 Ω 型；4. 未知稃壳植硅体；5. 水稻双峰型；6. 水稻扇型；7. 哑铃型；8. 短鞍型；9. 长方型；10. 帽型；11. 齿型；12. 平滑棒型；13. 尖型；14. 扇型

表 2-12　袁村遗址炭化植物遗存统计表

遗迹编号	深度/cm	土量/L	黍/粒	粟/粒	桃/粒	藜属/粒	豆科/粒	苋属/粒	莎草科/粒	马齿苋/粒	合计/粒	密度/（粒/L）
YCH1	100～140	8	0	0	5	1	1	8	0	0	15	1.9
YCH1	140～170	7	1	0	0	1	0	0	0	0	2	0.3
YCH1	170～200	9	0	0	0	2	0	0	0	0	2	0.2
YCH2	35～50	8	0	0	0	0	0	0	0	0	0	0.0
YCH2	50～65	7	0	3	0	0	0	0	1	0	4	0.6
YCH2	65～100	6	15	0	1	0	0	0	0	1	17	2.8
YCH2	110～140	10	0	1	0	1	0	0	0	0	2	0.2
YCH3		12	2	3	0	0	0	0	0	0	5	0.4
合计		67	18	7	6	5	1	8	1	1	47	0.7

9. 马鞍河遗址样品分析结果

1）植硅体分析结果

马鞍河遗址 4 个遗迹单位 45 个样品（仰韶文化中晚期）可按黍和粟含量对比

情况分为两组。第一组包括 MAHH1 和 MAH-4，其样品中黍植硅体较多；第二组包括 MAHH2 和 MAHH3，样品中粟植硅体较多。下面按两组中不同遗迹单位分别介绍植硅体分析结果。

MAHH1 样品中植硅体的平均浓度约为 3.39×10^6 粒/g，12 个样品共统计 5284 粒个体。在 11 个样品中发现了农作物植硅体，可鉴定种类有黍、粟种子稃壳植硅体和水稻双峰型植硅体。黍植硅体（252 粒）在数量上远多于粟（41 粒）和水稻（19 粒）植硅体，在百分含量上黍植硅体（0～10.1%）所占的比例也要大于粟植硅体（0～2.6%），而水稻双峰型植硅体含量少，仅为 0～1.1%（图 2-36）。在其他植硅体中，哑铃型和平滑棒型较多，含量分别为 26.8%～45.0%和 14.0%～27.5%（图 2-36）。

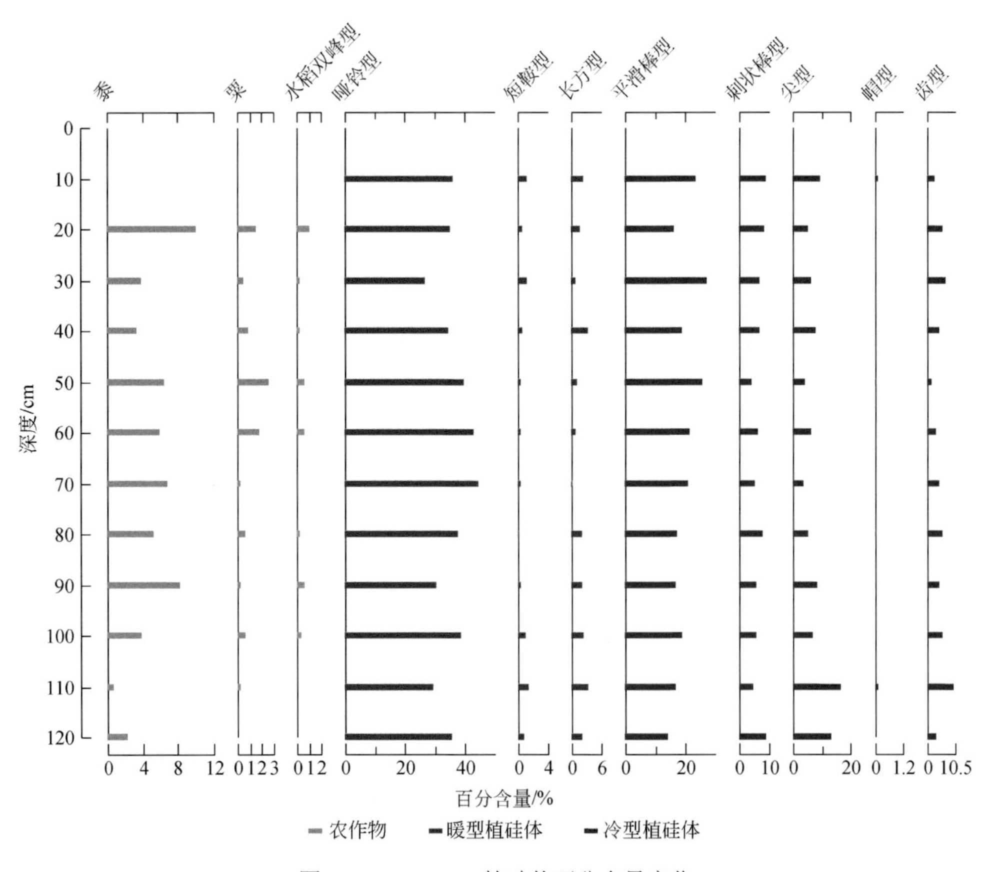

图 2-36　MAHH1 植硅体百分含量变化

MAH-4 剖面样品中的植硅体浓度差别较大，最低者仅 6059 粒/g，而最高者可达 2.01×10^6 粒/g，平均浓度约为 3×10^5 粒/g。17 个样品共统计 7390 粒个体，在其中 12 个样品中发现了农作物植硅体，种类有黍、粟稃壳植硅体和水稻双峰型植硅体，但含量较少，最高在 2.75%左右。在总数量上黍植硅体有 39 粒，粟植硅体有 25 粒，水稻双峰型植硅体仅有 7 粒。在百分含量上，剖面底部110～170cm处黍植硅体所占比例一直多于粟和水稻植硅体，而在 110cm 之上的样品中，黍和粟植硅体含量互有消长，但差别不大。水稻双峰型植硅体在130～140cm处达到峰值 0.68%，之后逐渐减少，在 90～100cm 之上的样品中消失。而剖面植硅体组合也在 90～100cm 处发生变化，在这一层位之下的样品中含有较多的哑铃型、短鞍型、长鞍型、扇型和长方型植硅体，从这一层位开始到之上的样品中，哑铃型含量明显增多，而短鞍型、长鞍型、扇型和长方型植硅体明显减少，帽型和齿型植硅体也有增加趋势（图 2-37）。

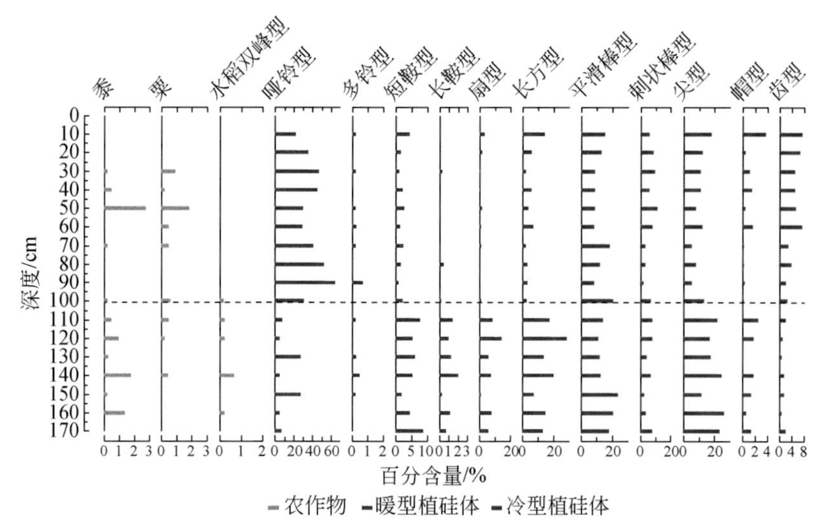

图 2-37 MAH-4 植硅体百分含量变化

MAHH2 样品中植硅体含量丰富，平均浓度达 4.53×10^6 粒/g。15 个样品共统计 6561 粒个体，每个样品均有农作物发现，可鉴定种类有黍、粟稃壳植硅体，以及水稻双峰型和扇型植硅体。在总数量上，粟植硅体526 粒，多于黍植硅体（444 粒）和水稻植硅体（160 粒）。但剖面上部和下部黍、粟植硅体百分含量对比明显不同。下部 80～150cm 层位 7 个样品中，粟植硅体（11.6%～22%）所占比例要大于黍植硅体（3.3%～9.5%），而在上部 0～80cm 层位 8 个样品中，黍植硅体均多于粟植硅体，百分含量范围分别为 1.6%～18.4%和 0～5%。水稻扇型仅在 0～10cm 样品中出现 2 粒，百分含量为 0.47%。水稻双峰型植硅体自下而上有增加趋势，在 50～60cm 处达到峰值 8.8%（图 2-38）。

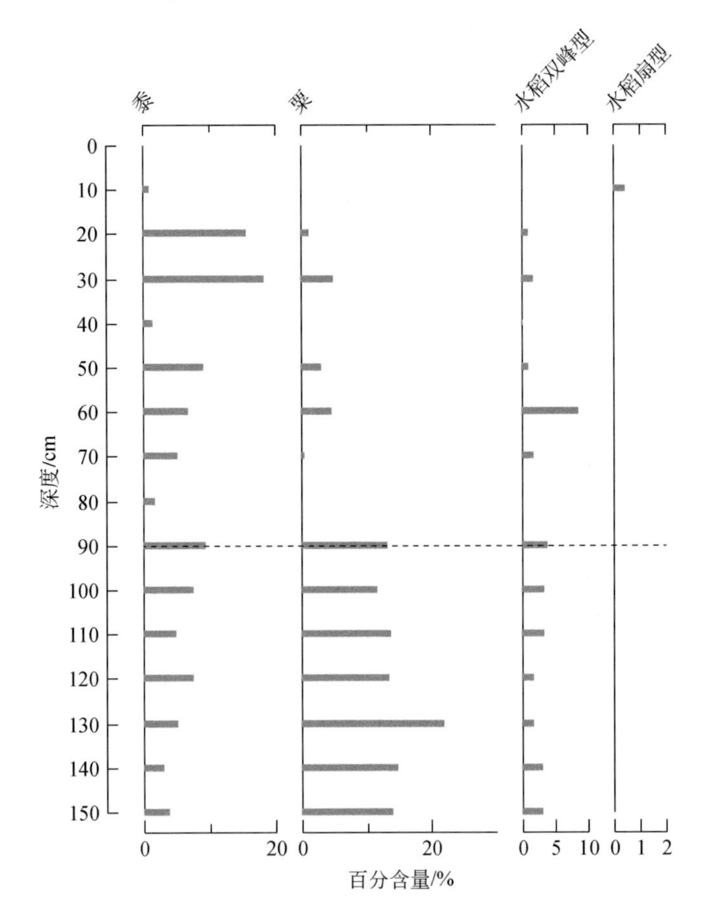

图 2-38　MAHH2 黍、粟和水稻植硅体百分含量对比

MAHH3 样品植硅体浓度为 6.02×10^6 粒/g，共统计了 436 粒个体。农作物中粟植硅体含量最高为 9.9%，黍植硅体含量为 4.4%，水稻双峰型植硅体含量仅为 1.4%。马鞍河遗址其他常见植硅体形态还有哑铃型、扇型、长方型、帽型和齿型等（图 2-39）。

将所有发现的农作物植硅体数量相加，计算每个农作物的相对百分含量，结果表明黍占比例最大为 47.7%，粟与黍相差不大，占 40.2%，水稻比例最低为 12.1%。以 45 个样品作为分析单位，则黍出土概率为 84.4%，粟次之，出土概率为 71.1%，水稻的出土概率为 63.6%。

2）植物大遗存分析结果

MAHH2-90～120cm、MAH-4-40～80cm 和 MAH-4-80～110cm 三个样品共发现了 21 粒炭化种子，平均密度为 1.05 粒/L。粟和黍两种农作物共计 18 粒，占出

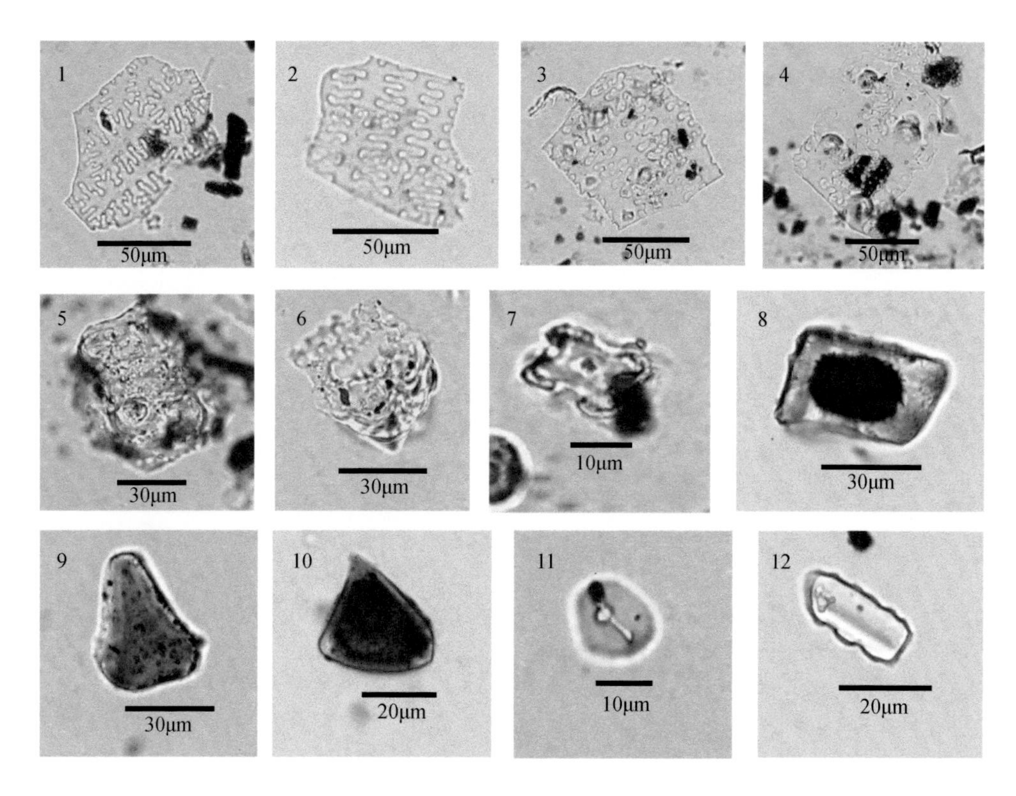

图 2-39　马鞍河遗址常见植硅体形态

1、2. 黍稃壳 η 型；3、4. 粟稃壳 Ω 型；5、6. 水稻双峰型；7. 哑铃型；8. 长方型；9. 扇型；10. 尖型；11. 帽型；12. 齿型

土炭化种子总数的 85.7%，其中粟为 15 粒，黍为 3 粒。其他还有唇形科（Lamiaceae）2 粒、莎草科（Cyperaceae）1 粒（表 2-13）。

表 2-13　马鞍河遗址炭化植物遗存统计表

遗迹编号	深度/cm	土量/L	黍/粒	粟/粒	唇形科/粒	莎草科/粒	合计/粒	密度/（粒/L）
MAHH2	90～120	10	2	0	2	1	5	0.5
MAH-4	40～80	7	0	1	0	0	1	0.1
MAH-4	80～110	3	1	14	0	0	15	5.0
合计		20	3	15	2	1	21	1.05

10. 马沟遗址样品分析结果

1）植硅体分析结果

马沟遗址 3 个灰坑（仰韶文化晚期）土样的植硅体含量不一，但总体上较为丰富，平均浓度约为 1.71×10^6 粒/g。12 个样品中共鉴定出 20 个植硅体类型，统计 5421 粒个体。在 10 个样品中发现了农作物植硅体，可鉴定的种类有黍和粟种子稃壳植硅体。在绝对数量上，黍植硅体共发现 187 粒，是粟植硅体的 4 倍（46 粒），而在百分含量上黍植硅体（0～27%）所占的比例也要大于粟植硅体（0～3.3%）（图 2-40）。以 12 个样品为分析单位，黍植硅体的出土概率是 83.3%，而粟植硅体的出土概率为 58.3%。其他植硅体类型中哑铃型含量最为丰富，最高约为 77%，短鞍型、扇型、方型、尖型、帽型和齿型也是常见植硅体形态（图 2-41）。

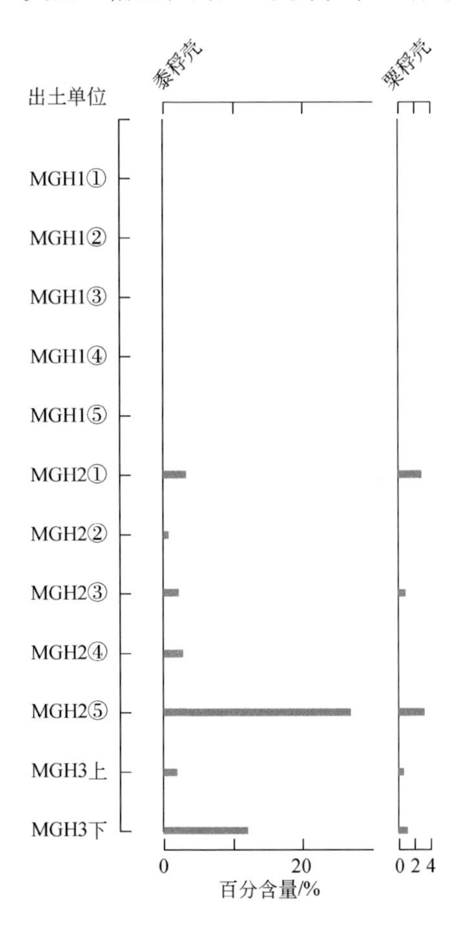

图 2-40　马沟遗址黍、粟植硅体百分含量对比

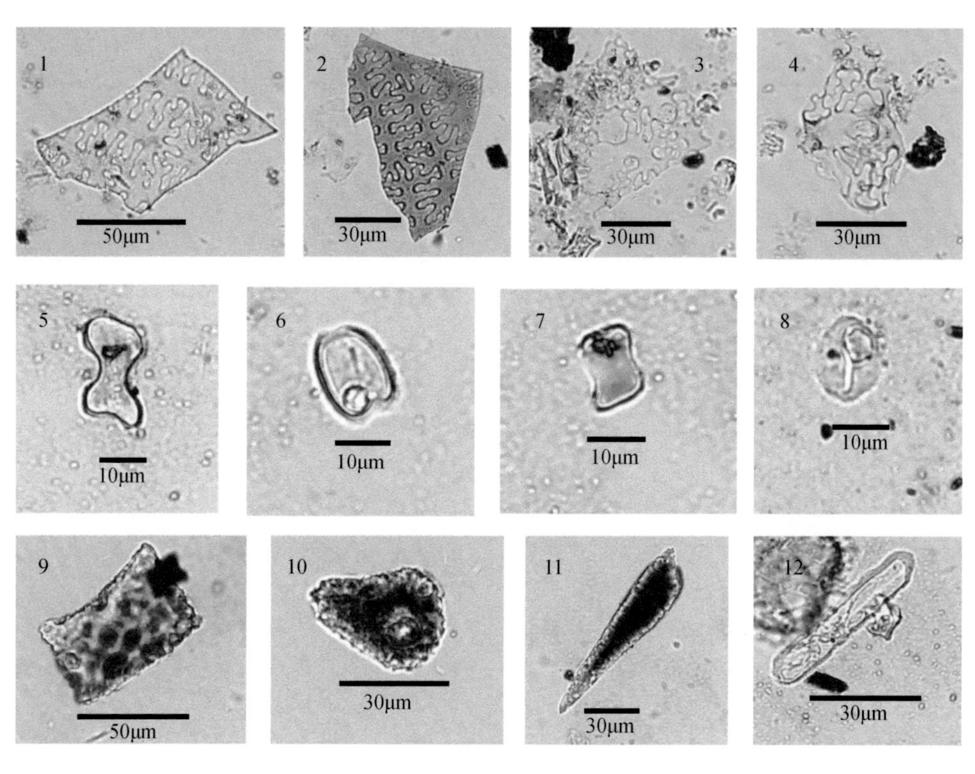

图 2-41　马沟遗址常见植硅体形态

1、2. 黍稃壳η型；3、4. 粟稃壳Ω型；5. 哑铃型；6. 短鞍型；7. 长鞍型；8. 帽型；9. 长方型；10. 扇型；11. 尖型；12. 齿型

2）植物大遗存分析结果

在 MGH1 两个浮选样品中未发现任何炭化植物遗存，在 MGH2 和 MGH3 四个样品中共发现炭化种子 281 粒，所有样品炭化种子的平均密度为 6.9 粒/L。粟和黍两种农作物共有 264 粒，占出土植物种子总数的 94%，其中炭化粟在数量上占有绝对优势（259 粒），而从出土概率上看，粟的出土概率为 66.7%，而黍的出土概率仅为 33.3%。其他杂草种子包括藜属（*Chenopodium* sp.）、飘拂草属（*Fimbristylis* sp.）、豆科（Leguminosae）和唇形科（Lamiaceae）（表 2-14）。

表 2-14　马沟遗址炭化种子统计表

遗迹编号	样品编号	土量/L	黍/粒	粟/粒	藜属/粒	豆科/粒	唇形科/粒	飘拂草属/粒	合计/粒	密度/（粒/L）
MGH1	MGH1-②	7	0	0	0	0	0	0	0	0.0
MGH1	MGH1-④	7	0	0	0	0	0	0	0	0.0

续表

遗迹编号	样品编号	土量/L	黍/粒	粟/粒	藜属/粒	豆科/粒	唇形科/粒	飘拂草属/粒	合计/粒	密度/（粒/L）
MGH2	MGH2-②	7	4	3	0	0	2	0	9	1.3
MGH2	MGH2-③	5	1	65	0	2	0	5	73	14.6
MGH3	MGH3-上层	8	0	132	6	0	0	2	140	17.5
MGH3	MGH3-下层	7	0	59	0	0	0	0	59	8.4
合计		41	5	259	6	2	2	7	281	6.9

11. 沙石嘴遗址样品分析结果

1）植硅体分析结果

在沙石嘴遗址的三个独立灰坑中（仰韶文化晚期），SSZH1 样品植硅体浓度约为 7.4×10^5 粒/g，在 481 粒植硅体中发现了 7 粒黍稃壳植硅体，百分含量为 1.46%。SSZH2 样品植硅体浓度相对较低，约为 4×10^5 粒/g，统计 462 粒，黍和粟植硅体含量分别为 4.76%和 0.87%。SSZH3 样品植硅体浓度约为 7.9×10^5 粒/g，统计 457 粒，黍和粟植硅体含量分别为 10.72%和 1.09%。综合来看，三个样品中黍植硅体的相对百分含量为 89.7%，是粟植硅体含量的 8.7 倍，没有发现水稻植硅体。其他常见植硅体形态还有哑铃型、扇型、长方型、棒型、尖型、齿型和导管型等（图 2-42）。

2）植物大遗存分析结果

SSZH1、SSZH2 和 SSZH3 三个样品共发现炭化种子 37 粒，平均密度约为 2.0 粒/L。粟和黍两种农作物共有 34 粒，占出土植物种子总数的 92%，其中炭化粟在数量上占有绝对优势（29 粒）。其他杂草种子包括藜属（*Chenopodium* sp.）和狗尾草（*Setaria viridis*）（表 2-15）。

表 2-15　沙石嘴遗址炭化种子统计表

样品编号	土量/L	黍/粒	粟/粒	狗尾草/粒	藜属/粒	合计/粒	密度/（粒/L）
SSZH1	7.5	0	19	0	2	21	2.8
SSZH2	5.5	4	5	1	0	10	1.8
SSZH3	6.0	1	5	0	0	6	1.0
合计	19.0	5	29	1	2	37	1.9

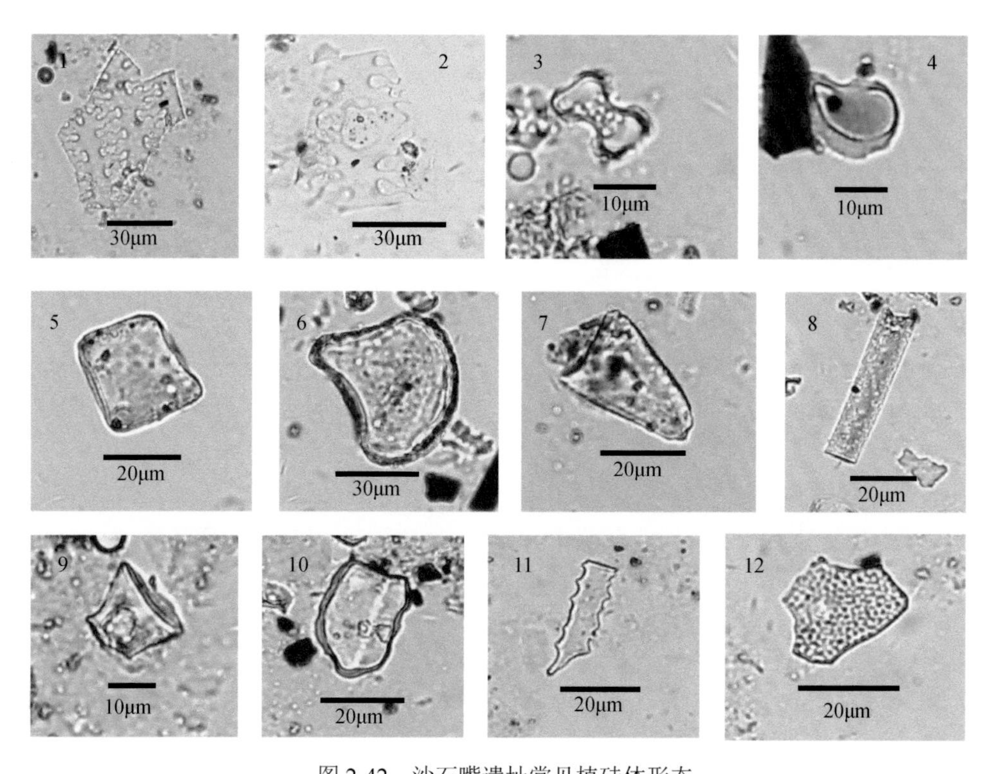

图 2-42　沙石嘴遗址常见植硅体形态

1. 黍稃壳 η 型；2. 粟稃壳 Ω 型；3. 哑铃型；4. 短鞍型；5. 长方型；6. 扇型；7. 尖型；8. 棒型；9. 帽型；10. 齿型；11. 刺状棒型；12. 多边帽型

12. 菜园沟遗址样品分析结果

1）植硅体分析结果

菜园沟遗址 CYGH1（5166a cal BP）剖面样品的植硅体含量十分丰富，平均浓度约为 509 万粒/g。在 10 个样品中共鉴定出 25 个植硅体类型，共计 4345 粒。所有样品均有农作物植硅体发现，并且含量较多，最高可达20.7%，可鉴定的种类有黍、粟种子稃壳植硅体，以及水稻双峰型和扇型植硅体（图 2-43）。其他植硅体类型中哑铃型含量最为丰富（34.5%～46.5%），短鞍型、扇型、方型、棒型、尖型、帽型、齿型等形态也较为常见（图 2-43）。

在绝对数量上，CYGH1 共发现黍植硅体 375 粒，粟植硅体 42 粒，水稻双峰型植硅体 59 粒，水稻扇型植硅体 3 粒，百分含量范围分别是 1.6%～20.7%、0～2.4%，0～2.8%和 0～0.24%，黍所占比例远高于其他两种农作物（图 2-44）。如果再计算农作物植硅体的相对百分比，则黍占 78.3%，粟占 8.8%，水稻占 12.9%。以 10 个样品为分析单位，黍和水稻的出土概率均为 100%，而粟的出土概率为 80%。

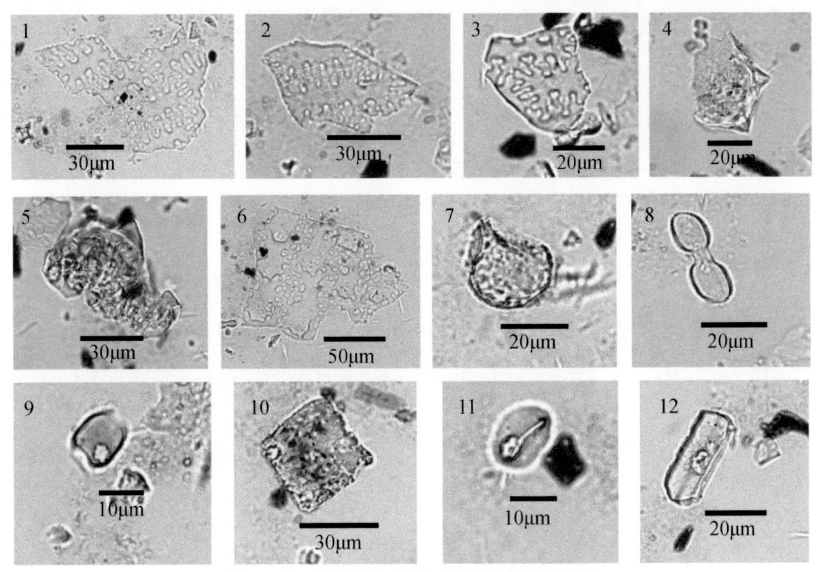

图2-43　菜园沟遗址常见植硅体形态

1～3. 黍稃壳η型；4、5. 水稻双峰型；6. 粟稃壳Ω型；7. 水稻扇型；8. 哑铃型；9. 短鞍型；10. 方型；11. 帽型；12. 齿型

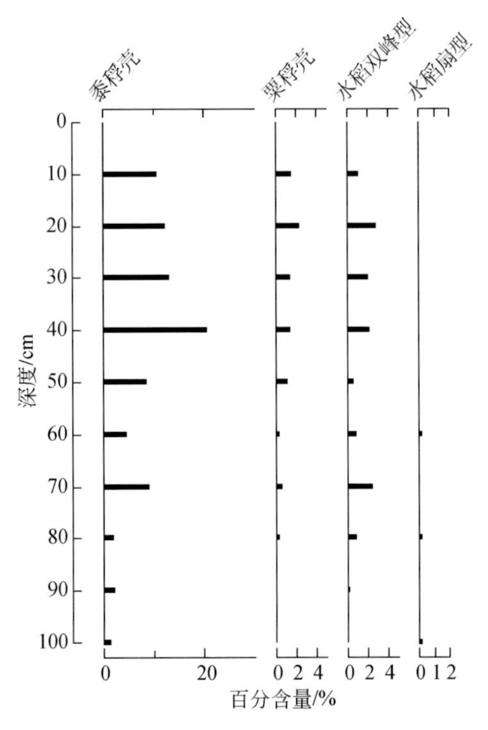

图2-44　菜园沟遗址CYGH1黍、粟和水稻植硅体百分含量对比

在龙山文化时期的三个独立灰坑中，CYGH2 两个样品的黍植硅体含量最高，达 3.5%，粟植硅体为 0.68%，水稻双峰型植硅体仅为 0.23%。CYGH3 两个样品中黍植硅体的含量也最高，达 1.5%，其次是水稻，双峰型和扇型植硅体含量共有 0.58%，粟植硅体则为 0.23%。在 CYGH4 样品中，黍、粟和水稻双峰型植硅体分别为 7.6%、0.93%和 0.69%。将三个灰坑发现的农作物植硅体数量相加计算相对百分比，黍植硅体比例最高（77.8%），其次是粟（12.1%）和水稻（10.1%）。

2）植物大遗存分析结果

CYGH1 浮选-40～60cm 浮选样品发现的炭化种子极少，仅出土 1 粒炭化粟，炭化种子的标准密度为 0.3 粒/L。

13. 大河村遗址样品分析结果

1）植硅体分析结果

大河村遗址 7 个灰坑 19 个样品（仰韶文化晚期）可按照黍、粟植硅体含量对比情况分为三组。第一组（Ⅰ）包括 H371、H348、H428 和 H438 的 13 个样品。这些样品中除 H438-①无农作物发现外，其他都发现了农作物植硅体，而且黍植硅体含量均多于粟植硅体，百分含量范围分别为 1.3%～12.8%和 0.6%～5.9%。水稻植硅体包含水稻双峰型和扇型植硅体，含量不高，百分含量分别为 0～1.9%和 0～0.2%。第二组（Ⅱ）包含 H361 和 H395 的 5 个样品。这些样品都发现了农作物植硅体，而且粟植硅体均不少于黍植硅体，百分含量范围分别为 0.2%～9.7%和 0.2%～8.0%。水稻双峰型和扇型植硅体含量依然不高，分别为 0～0.5%和 0～0.2%。第三组（Ⅲ）仅包括 H351 的一个样品，黍和粟植硅体含量相同，均为 1.8%，没有发现水稻植硅体（图 2-45）。除了农作物植硅体外，所有样品中均含有大量的哑铃型植硅体，含量为 41%～72%，其他常见植硅体形态还有短鞍型、扇型、长方型、棒型、尖型等（图 2-46）。

将所有样品中发现的农作物植硅体数量相加，计算相对百分比，结果表明黍占 52.2%，粟占 40.6%，水稻仅占 7.2%。以 19 个样品为分析单位计算出土概率，发现黍和粟的出土概率均为 94.7%，水稻的出土概率为 68.4%。

2）植物大遗存分析结果

H371、H395 和 H428 三个灰坑样品出土了极为丰富的炭化种子，共计 843 粒，平均密度约为 46.8 粒/L。农作物种类有粟和黍，没有发现炭化稻。粟、黍种子共发现 795 粒，占出土炭化种子数量的 94.3%，其中粟的数量（790 粒）是黍的 158 倍。尤其是在 H371 和 H428 两个黍植硅体占据多数的样品中，炭化黍颗粒却

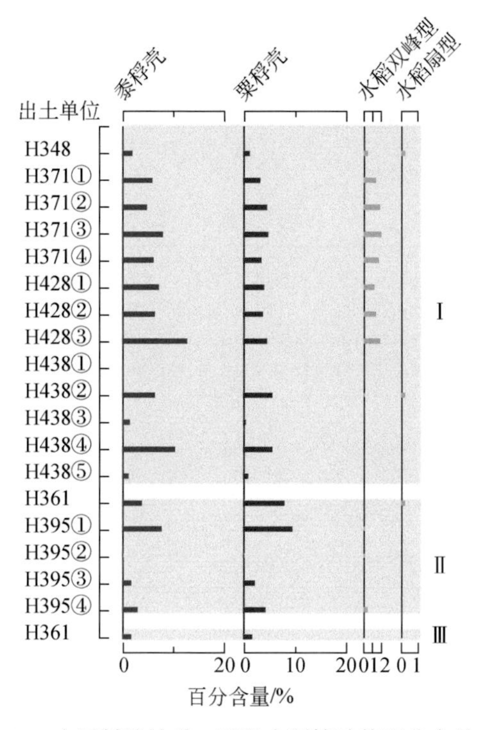

图 2-45　大河村遗址黍、粟和水稻植硅体百分含量对比

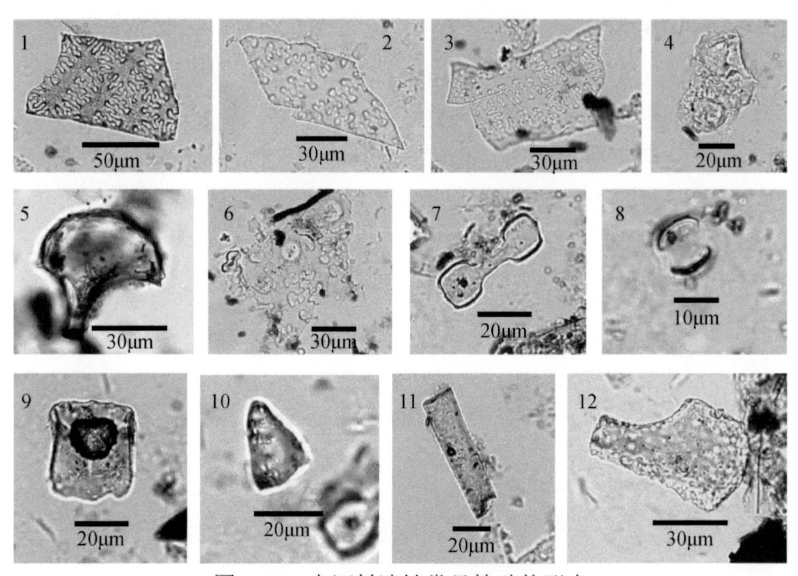

图 2-46　大河村遗址常见植硅体形态

1～3. 黍稃壳 η 型；4. 水稻双峰型；5. 水稻扇型；6. 粟稃壳 Ω 型；7. 哑铃型；8. 短鞍型；9. 长方型；10. 尖型；11. 平滑棒型；12. 扇型

极其稀少（表 2-16）。其他杂草种子有禾本科（Poaceae）、狗尾草属（*Setaria* spp.）、藜属（*Chenopodium* sp.）、豆科（Leguminosae）、野大豆（*Glycine soja*）、唇形科（Lamiaceae）、莎草科（Cyperaceae），比例为 5.5%，此外还有酸浆属（*Physalis* sp.）种子 2 粒，比例为 0.2%（表 2-16）。

表 2-16　大河村遗址炭化种子统计表

样品编号	土量/L	黍/粒	粟/粒	禾本科/粒	狗尾草属/粒	藜属/粒	豆科/粒	野大豆/粒	唇形科/粒	莎草科/粒	酸浆属/粒	合计/粒	密度/(粒/L)
H395	6.5	4	89	0	0	0	0	3	0	0	0	96	14.8
H428	5.5	1	82	7	28	4	0	1	0	0	0	123	22.4
H371	6.0	0	619	0	0	0	1	0	1	1	2	624	104.0
合计	18.0	5	790	7	28	4	1	4	1	1	2	843	46.8

14. 北李庄遗址样品分析结果

1）植硅体分析结果

北李庄遗址 BLZH1 五个样品（仰韶文化晚期）的植硅体含量较为丰富，平均浓度约为 1.05×10^5 粒/g。鉴定出的植硅体类型有 21 个，共计 2920 粒个体。五个样品均发现了农作物植硅体，但含量较少，最高在1.74%左右，可鉴定的种类有粟和黍种子稃壳植硅体。在数量上粟植硅体（28 粒）要多于黍植硅体（14 粒），而在百分含量上粟植硅体（0.36%～1.74%）所占的比例也要大于黍植硅体（0～0.96%）（图 2-47）。以五个样品为分析单位，粟植硅体的出土概率为 100%，黍植硅体的出土概率为 80%。其他植硅体类型以哑铃型最为丰富，百分含量最高可达 81%，多铃型、短鞍型、扇型、长方型、棒型、尖型等也都是常见植硅体形态（图 2-48），但含量相对较少。

2）植物大遗存分析结果

BLZH1-②层样品未发现炭化植物遗存，BLZH1-①/③层两个样品共发现炭化种子 66 粒，平均密度约为 3.8 粒/L。农作物只发现粟一种，共有 21 粒，占出土植物种子总数的 32%。其他野生植物种子包括酸浆属（*Physalis* sp.）和豆科（Leguminosae）（表 2-17）。

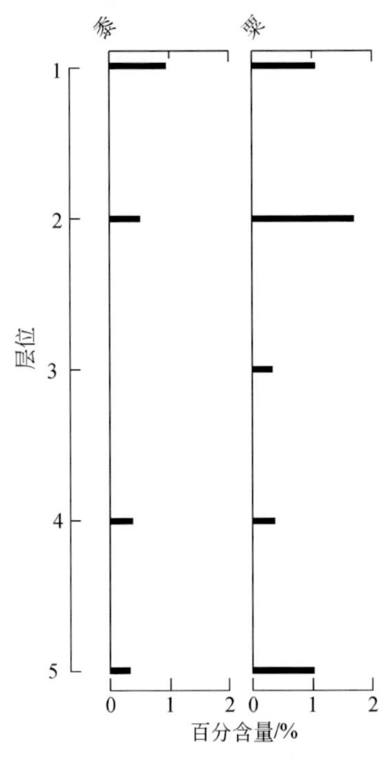

图 2-47　北李庄遗址黍、粟植硅体百分含量对比

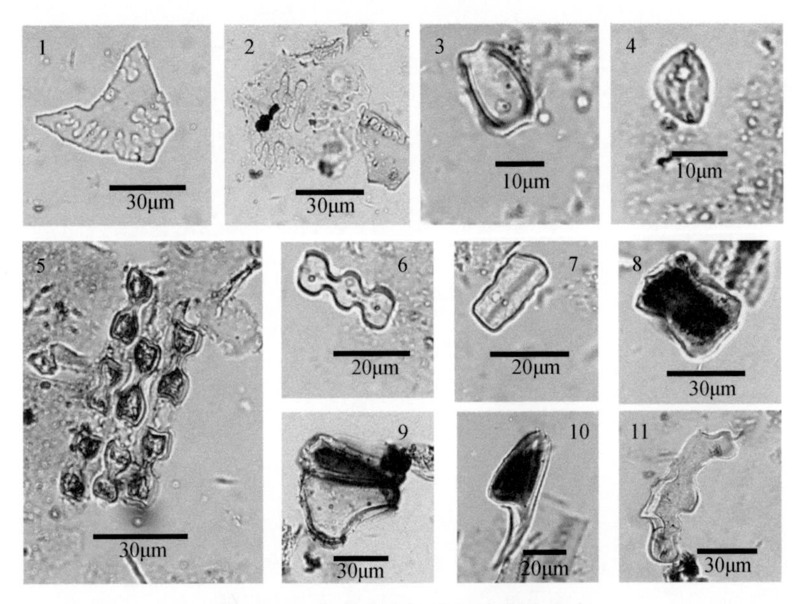

图 2-48　北李庄遗址常见植硅体形态

1. 黍稃壳 η 型；2. 粟稃壳 Ω 型；3. 短鞍型；4. 帽型；5. 哑铃型；6. 多铃型；7. 齿型；8. 长方型；9. 扇型；10. 尖型；11. 未知

表 2-17 北李庄遗址炭化种子统计表

遗迹编号	样品编号	土量/L	粟/粒	豆科/粒	酸浆属/粒	合计/粒	密度/（粒/L）
BLZH1	BLZH1-①	6.0	21	0	0	21	3.5
BLZH1	BLZH1-②	7.5	0	0	0	0	0.0
BLZH1	BLZH1-③	4.0	0	30	15	45	11.3
合计		17.5	21	30	15	66	3.8

2.5 粟、黍炭化模拟实验结果探讨

2.5.1 粟、黍炭化温度区间的植物考古学意义

在考古遗址中，没有炭化的植物种子和果实作为有机物质很容易受到生物、化学等各种因素的影响和破坏，一般很难长久保存下来。而炭化后的种子物理化学性质非常稳定，可以长期保存在文化堆积中（赵志军，2005）。但不同植物种子被炭化进而保存下来的途径和可能性不同。这一方面取决于植物加工利用的方式，如一些植物种子在食用前经过了烘烤或烹煮，就会比其他植物更容易接近火的高温而炭化；另一方面还取决于其在不同炭化条件下的质地、结构和坚固性，每种植物种子自身的物理化学特性决定了其在特定的加热温度、时间和氧气环境下才能呈现炭化状态（Wilson，1984；Boardman and Jones，1990；Gustafsson，2000；Wright，2003；Guarino and Sciarrillo，2004；Märkle and Rösch，2008；Colledge and Conolly，2014）。

本次现代粟、黍种子炭化模拟实验表明，以加热时间和升温速率一致为前提，在氧化条件下，无壳粟的炭化温度为 270～390℃，无壳黍为 275～325℃；在还原条件下，无壳粟的炭化温度为 275～380℃，无壳黍为 275～315℃（图 2-22）。这一结果与前人（Märkle and Rösch，2008）的炭化实验结果稍有差异，主要在于炭化温度上下限的绝对值不同。该实验氧化条件下（1～4h），无壳粟的炭化温度为 220～500℃，无壳黍为 225～400℃；还原条件下，无壳粟的炭化温度为 220～550℃，无壳黍为 245～325℃。可见其炭化温度最低值比本实验要低，而最高值比本实验要高，因此无论是粟或黍，确定的炭化温度区间都要大于本次实验结果。鉴于两个研究的实验条件和方法步骤相近，这种不同的结果有可能是采用的粟、黍品种差异所致。另一个不同是前人的炭化实验表明相对于氧化环境，还原环境会增加种子的炭化区间，使其可以耐受更高的温度，而黍的情况恰恰相反，其在

还原环境下的炭化区间显著小于氧化环境下的炭化区间（Wilson，1984；Boardman and Jones，1990；Wright，2003；Märkle and Rösch，2008）。在我们的模拟实验中，粟和黍在还原条件下的炭化区间均没有增加，甚至出现了些许缩减，说明对于粟、黍来说，在还原缺氧的环境下受热会加剧它们的炭化程度。

即使这样，已有结果都能说明无论在什么环境下，黍的炭化区间均小于粟。在相同条件下，黍比粟更难炭化，且更容易灰化，因而黍在考古遗存中被炭化保存下来的概率要低于粟。粟和黍在带壳状态下，炭化温度区间会缩小，主要表现为更加不耐受高温（表2-6），这可能是遗址中很少发现带壳粟、黍炭化颗粒的原因。同样地，带壳黍的炭化区间依然小于带壳粟，而且不能耐受300°C及以上的高温。由此可以假设，考古遗址中一组等数量的粟和黍种子混合，在相同环境下接触到火，随着温度升高，尤其是上升到300°C之上，粟种子大多炭化而留存，而黍种子则可能灰化不可辨识，经过这一炭化过程，炭化粟、黍组合与原有组合数量比例产生了偏差。因此在进行出土植物遗存数量统计、分析和解释时，需要考虑粟和黍在炭化过程中保存概率上的差异。

鉴于上述因素，遗址中炭化黍的数量、比例、密度和出土概率相对于炭化粟而言可能会被低估。此外，因为相同质量的粟产生的颗粒数要多于黍，那么炭化遗存以种子颗粒数量统计的结果可能会高估粟相对于黍的产量（张健平等，2010）。这两个因素相叠加，利用炭化遗存反映的粟、黍比例可能并不符合实际。讨论农作物的结构和比例，产量是重要的量化信息，把种子颗粒数量校正为产量是分析对比的前提。在未来旱作农业的研究及下面的讨论中，我们需要将浮选结果中炭化粟的颗粒数量除2.3，再与黍进行相对产量对比。即使这样，炭化和埋藏过程也会改变粟、黍颗粒的相对比例，其如何变化与不同遗址植物加工方式（如以黍为基本原料的谷芽酒酿造）、炭化温度、埋藏环境等多因素相关，不能进行统一的量化校正，但至少同一遗址的统计结果中要考虑炭化黍数量的低代表性。

此外，考古遗址中粟、黍炭化的一些外部因素，如火燃烧的温度条件，也可能会促成炭化黍的低代表性。遗址中火的燃烧分为自然火和人类控制用火两种。自然火（如树桩、草地起火）的温度较低，一般小于300℃（张岩等，2014），这种条件基本不会造成粟、黍炭化的差别。但遗址中火燃烧更多地来自火塘、灶坑的人为用火，根据前人实验结果，人为用火燃烧中心区地表温度可达600℃以上，最高可达860℃，燃烧区周边地表温度则逐渐下降至300℃以下（Linford and Canti，2001；Carrancho and Villalaín，2011；周振宇等，2012；张岩等，2014）。粟、黍在脱粒、干燥、烘烤、蒸煮等加工过程中不可避免接触到火，如果散落在燃烧中心区附近，其温度会超过300℃甚至更高，那么粟因较耐高温而更多地保存下来，黍则多数灰化，从而使黍的保存概率低于粟。

虽然有的粟、黍种子颗粒会在炭化和埋藏时消失，但其稃壳中的植硅体通常会保存下来。前人研究发现植硅体含量能够较真实地反映粟、黍相对产量（重量）变化，可指示粟、黍的相对比例（张健平等，2010）。因此，植硅体统计结果在埋藏学和指示意义上较炭化遗存更明确。下面对中原地区早期旱作农业结构和粟、黍产量对比的讨论主要依据植硅体分析结果，同时参考植物大遗存统计结果，在对比分析的基础上揭示中原地区早期农业特征。

2.5.2 粟、黍炭化差异性的原因探讨

粟和黍在炭化过程中的差异是何种原因造成的？一般来讲，植物的炭化过程及程度受多种因素影响，可大体归纳为两类。一类是外界因素，包含植物加工利用方式、埋藏方式（集中或散布）和位置、火燃烧的燃料、温度和时长、加热形式（波动或恒温）、空气中的氧气和湿度条件等（Gustafsson，2000；Wright，2003；Guarino and Sciarrillo，2004；Märkle and Rösch，2008；Yang et al.，2011）。但是，考古遗址植物遗存炭化过程中的外界因素难以复原，其所起的作用也很难评估。我们通常默认同一背景或相似背景出土的炭化遗存都是在相近的外部环境下形成的，外界因素的影响可暂时不予以考虑。本次实验实际上就是在控制一些外界因素恒定的前提下进行的。在这种情况下，不同植物在炭化过程中的变化程度更多取决于内部因素，即植物自身的物理化学属性（结构和成分），这决定了其对高温受热的敏感性。

植物种子的物化属性，如大小、密度、解剖结构、含水量、油脂含量和淀粉成分等可能会影响到种子在加热过程中的炭化程度。前人研究提出，谷物中种子颗粒越小，其对高温越敏感，在炭化过程中越容易被破坏（Guarino and Sciarrillo，2004；D'Andrea，2008；Castillo，2011；d'Alpoim Guedes，2011；d'Alpoim Guedes et al.，2014）。然而，Märkle 和 Rösch（2008）的研究表明，粟和黍炭化的最高温度也可以达到 550°C，再结合我们的实验结果，颗粒较大的黍（颖果长 2.25～2.58mm，宽 1.82～2.56mm，厚 1.38～1.84mm；刘长江等，2008）反而比较小的粟（颖果长 1.44～1.81mm，宽 1.52～1.65mm，厚 1.14～1.6mm；刘长江等，2008）更易于灰化，说明种子大小并不能解释粟、黍炭化上的差异。种子解剖结构包含种皮、胚和胚乳，其中种皮厚度对种子炭化的影响较大，种皮越厚的种子越能经受高温，如葡萄、豆类种子的种皮比其他谷物厚从而具有较高的炭化温度（Smith and Jones，1990；Guarino and Sciarrillo，2004），但是粟和黍同属禾本科黍族植物，其种子内部结构具有同一性，种皮厚度差别很小（刘长江等，2008），因此解剖结构特征不是粟、黍种子炭化差异的原因。此外，还有学者提出，种子密度越高越容易在加热过程中受到破坏（Colledge and Conolly，2014），但是这种说法还没有实验证

实，而且包括粟、黍在内的大部分农作物种子密度均为 1.2～1.6g/cm^3（Kouakou et al.，2008），差异范围非常窄小，应该不能影响到不同种子炭化的程度。

既然粟、黍炭化上的差别不在于其物理性质，那么是否由化学性质或者说成分上的不同所造成？粟、黍种子基本的成分包括淀粉、水分、脂肪、蛋白质和粗纤维等（林汝法等，2002；孟祥艳，2008；王力立，2011）。首先，种子油脂含量会影响其炭化程度。油性种子，如亚麻和罂粟等对高温加热非常敏感，随着温度升高，种子中大量脂肪因受热而剧烈反应，加速种子燃烧，导致种子分裂、膨胀、破碎和灰化，因而其从炭化到灰化的区间非常小，通常只有 50～80°C，与其他谷物种子相比较难呈现炭化状态，保存下来的概率较小（Boardman and Jones，1990；Gustafsson，2000；Wright，2003；Märkle and Rösch，2008；Colledge and Conolly，2014）。粟、黍种子主要成分是淀粉，脂肪含量较低。本研究没有测定实验种子的脂肪含量，但通过对中国作物种质资源库中 2038 份粟和 681 份黍的粗脂肪含量进行统计（http://www.cgris.net/[2022.5.9]）（表 2-18），发现粟平均脂肪含量（4%）略高于黍（3.6%），但差别不大。而且粟、黍脂肪含量的分布区间大致相同，统计上应该都呈正态分布，那么所选样品脂肪含量接近各自平均水平的概率最大。按照这一假设，脂肪含量相近的粟、黍炭化程度应该相似，而实际上并非如此。我们认为，粟、黍油脂比例不高，脂肪含量可能会有限地影响粟、黍炭化的过程，但并不是粟、黍炭化程度差异的决定因素。

表 2-18　现代粟、黍种子粗脂肪含量统计

学名	样品数/份	最小值/%	最大值/%	平均值/%	标准差	变异系数/%
Setaria italica（粟）	2038	1.21	6.21	4.046	0.668	16.52
Panicum miliaceum（黍）	681	1.62	5.67	3.574	0.780	21.83

另一个需要考虑的成分因素是种子的含水量（moisture content）。种子的含水量是指种子中所含水分的重量占样品重量的百分率。潮湿或新鲜的种子比干燥的种子含水量高，在受热过程中水分快速大量释放，更容易造成种子的变形和破坏，从而失去鉴定特征（Wright，2003；Colledge and Conolly，2014）。本次实验采集的粟和黍样品均是收获脱粒后，按安全水分标准晒干，在贮藏中保持通风干燥的。虽然没有实际测得实验种子含水量，但根据其他学者的研究可知（刘勇等，2006；孟祥艳，2008；张仁堂等，2012；巩敏等，2013；王晓琳，2014），这样干燥贮藏的粟和黍种子水分含量没有明显差别（10%～13%），因而种子含水量也不是粟和黍炭化差异的原因。

粟和黍的最主要成分是淀粉，含量一般为 60%～70%（马力等，2005；孟祥艳，2008；周文超，2013；杨斌等，2013）。淀粉的结构和性质对粟、黍籽粒的理化特性具有重要的影响。淀粉是一种天然多晶聚合物，由直链淀粉和支链淀粉两种高分子组成，二者分别构成非结晶区和结晶区，交替排列形成环层。直链淀粉分子和支链淀粉分子之间以氢键紧密结合成散射状结晶性“束”结构，即双螺旋结构（黄强等，2004；杨景峰等，2007）。根据杨青等（2011）对粟、黍种子炭化过程亚显微结构的观察，伴随着种子未炭化—炭化—灰化过程，淀粉结构也出现了从晶体结构到无定形结构再到结构、淀粉颗粒完全破坏的变化，说明淀粉结晶结构变化程度与种子炭化状态关系密切。除温度高低之外，淀粉晶体结构强度也是淀粉颗粒变化，或种子炭化程度的影响因素，而这一因素又与直链淀粉含量密切相关。直链淀粉含量高的淀粉分子间缔合程度大，分子排列紧密，结晶程度高，结晶区范围大，破坏分子间的结晶结构需要更多能量，这样就提高了淀粉的稳定性和耐热性；其次，直链淀粉含量越高，直链淀粉与脂肪形成的复合物越多，该复合物对热稳定，导致淀粉颗粒破坏温度升高（周文超，2013；赵冰等，2015）。换句话说，直链淀粉含量越高，淀粉晶体结构的强度、硬度和密度越大，耐热性就越好，相应地，种子颗粒炭化和灰化温度就越高。

目前我国的黍和粟的品种非常多样。一般来说，黍的黏性要大于粟，这是因其直链淀粉含量较低，如糯性（黏）黍的直链淀粉含量通常在3.7%以下，优质糯性黍甚至不含直链淀粉，而粳性（不黏）黍的直链淀粉含量一般为4.5%～12.7%，最高仅为20%左右（孟祥艳，2008；姚亚平等，2009）。目前作为主食的粟主要是粳性品种，而品种间直链淀粉含量差异较大，优良品种的直链淀粉含量为14%～18%（林汝法等，2002；刘成等，2010；王力立，2011），但大多数品种的直链淀粉含量为20%～45%（陈正宏等，1992；马力等，2005；赵学伟等，2010；刘辉和张敏，2010；周文超，2013；李玲伊等，2013），与之不同，一些糯性粟（黏谷子）的直链淀粉含量可低至2.22%（杨斌等，2012，2013）。可见，除少量糯性粟外，粟的直链淀粉含量往往高于黍，因而粟比黍种子更加耐高温，这可能是粟炭化区间大于黍的原因。此外，本次实验中即使是糯性粟，其炭化温度区间也要大于黍，可能反映其直链淀粉含量仍高于两种黍样品。

炭化实验的结果还表明粟和黍的种子在带壳的情况下对高温非常敏感，形态结构很容易破坏，耐受的最高炭化温度降低。这可能是因为粟和黍的种子的颖壳和稃壳与种皮紧密结合，透气性较差，在受热过程中种子中的水分变成水蒸气但无法释放，导致种子内部压力上升，膨胀系数增加，种子体积迅速膨胀，在达到极限值后便很快爆裂和形变。温度越高，这一极限值越容易达到，因而在相对较低的温度条件下带壳种子才能保持炭化状态。较窄的炭化区间使得带壳种子被炭化的概率低于无壳种子，在考古遗存中很少保存和发现。目前多数植物考古报告中没有炭化带壳粟、黍的报道，而在少数遗址中虽有发现，但数量远少于无壳种子，如在北阡遗址，完整的炭化黍发现了 3376 粒，其中 598 粒带有颖壳，只占总数的 18%（王海玉，2012）。

需要指出的是，本研究并未直接测定实验种子的成分，我们在探讨中采用的是他人研究结果的平均水平，而实际上因品种、产地、种植环境（气候、光照、土壤）和测定方法的差异，不同研究中粟、黍各项成分的数值变化范围非常大，并互有高低，而这些成分因素都可能影响着种子的炭化状态，这就使得粟、黍炭化结果及成因的解释变得复杂。如果所选粟、黍样品成分含量一致，还会不会出现炭化程度上的差异？如果出现，其决定原因又是什么？所以本次炭化实验的结果和原因推测还需要更多材料和实验验证，这需要在定量控制种子成分因素的条件下，确认粟、黍的炭化条件和程度的差别，再探寻差别形成的因素和机制。例如，现代黍、粟品种多样，均有黏与不黏之分，后续炭化实验研究需要增加样品种类，并直接测定所用黍、粟种子的大小、密度、含水量、油脂含量和直链淀粉含量等理化性质数据，以此观察不同品种和产地的黍、粟炭化温度区间是否存在明显的种间差异，从而检验和完善本次研究结果。

综上，我们通过现代粟、黍种子的炭化模拟实验确定了粟、黍的炭化温度区间，提出黍的炭化温度区间小于粟是导致考古遗存中炭化黍比例低于粟的可能因素，在对炭化遗存分析和解释时应考虑黍的低代表性。以炭化植物遗存研究黍、粟旱作种植格局，还需结合植硅体方法加以验证。在未来的研究中，选取与人类关系密切的植物种类，对其种子的炭化温度区间进行模拟实验分析，进而提供校正炭化遗存数据的参考值，将会对古代农业种植结构的重建大有裨益。

2.6　中原地区早期植物利用与全新世中期农业特征

2.6.1　中原地区早期植物利用概况

旧石器时代晚期到新石器时代初期人类利用植物的情况是理解全新世中期农业特征的重要背景信息。然而在本书研究区，即嵩山周边的中原地区内，目前还没有裴李岗文化之前的遗址进行过植物考古研究，早期植物利用的信息缺失。但在这一点上，柿子滩遗址和磁山遗址的植物遗存资料可以提供参考信息，因为这两个遗址分处的山西南部和河北南部与嵩山地区同属广义的中原地区（高江涛，2009），在早期植物利用上应该有许多相似之处。

柿子滩遗址的植物遗存资料来自第 29 地点、第 5 地点，第 14 地点和第 9 地点。Liu 等（2018）在第 29 地点（28000～13000a cal BP）和第 5 地点（10000a cal BP）的 39 件石器（磨盘、磨棒、细石叶、石片）上共提取出 1114 粒淀粉粒，经鉴定后分属小麦族、黍族（狗尾草或稗草）、薏苡（*Coix lacryma-jobi*）、百合属（*Lilium* sp.）、山药、栝楼等 6 个植物种类，结合地层年代和石器微痕分析，揭示出早在 28000 年前北方旧石器人群就开始了对小麦族植物和薏苡的收割和加工，并在 24000 年前对野生粟类进行收割和碾磨，比粟、黍最初的驯化发生早 14000 年，而包含摄取根茎类植物在内的广谱植物利用延续了 18000 年。Liu 等（2013）又对第 14 地点第Ⅲ、Ⅳ层出土的 3 件石磨盘（23000～19500a cal BP）进行了淀粉粒分析，共鉴定出 136 粒淀粉粒，分属 5 个植物种类，其中小麦族淀粉最多，占总数的 33%，其他依次是山药（18%）、豆类（15%）、黍族（13%）和栝楼根（11%）。第 9 地点的年代稍晚，Liu 等（2011）对其第 4 层上部出土的 2 件石磨盘、2 件石磨棒（12700～11600a cal BP）进行了淀粉粒分析，鉴定结果表明，大部分淀粉属于黍族（38%）和小麦族（26%）等禾草类，而橡子的淀粉也占到总数的 26%，栝楼根、山药和豆类淀粉的含量很少，都在 2%左右。Bestel 等（2014）还对第 9 地点第 4 层进行了采样浮选，共发现了 28 粒炭化种子，在可鉴定的 14 粒种子中，狗尾草属、稗属等黍族植物共有 8 粒，其他还有藜科、禾本科种子。

磁山遗址曾经发现大量的灰化谷物遗存，灰像法鉴定为粟（黄其煦，1982b），但对其性质的争议一直存在。Lu 等（2009b）对磁山遗址 5 个窖穴填土进行了重新采样，通过对样品的植硅体分析和 ^{14}C 测年，发现早期所有样品中的稃壳植硅体 100%均为黍，从形态参数上看可能已经属于驯化类型，而其年代为距今 10300～8700 年。粟则在距今 8700～7500 年的样品中少量出现（0.4%～2.8%），其中距今 8700 年的粟型植硅体形态接近狗尾草，而到距今 7500 年的粟型植硅体形态更接近于驯化粟（张健平，2010）。

从以上资料看，中原地区早期很可能采用的是广谱的植物采集和利用策略，但主要集中在黍族和小麦族等禾草类植物资源的利用上（柿子滩遗址）。这种禾草类特别是黍族植物的集约利用或栽培可能最终导致了黍和粟的先后驯化（磁山遗址），进而发展出粟、黍旱作农业。其实，从旧石器时代晚期开始，对禾草类资源的利用已普遍存在于包括中原在内的整个中国北方地区，只不过旧石器时代晚期时更多地利用小麦族植物（Liu et al.，2013；Guan et al.，2014），而到了新石器时代初期（1 万年前后）逐步转为对黍族或野生粟、黍类的栽培和驯化，如在东胡林（Yang et al.，2012b）、南庄头（Yang et al.，2012b）和转年遗址（Yang X Y et al.，2014）均发现了大量粟类淀粉，其中一些已具有驯化特征，而在东胡林遗址发现的炭化粟形态上也已具备驯化特征，很可能属于由狗尾草向驯化粟进化过程中的过渡类型，此时便处于旱作农业形成过程的孕育阶段（赵志军，2014；赵志军等，2020）。可见，中原地区早期农业是在中国北方对禾草类尤其是黍族植物集约利用的宏观图景下发展起来的，而距今 1 万年前后对黍和粟两种小米的耕作和驯化奠定了中原地区早期农业的基础。

2.6.2　中原地区裴李岗文化时期的农业特征

裴李岗文化时期是中原地区史前农业形成过程的关键阶段，这一时期的农业生产包含哪些农作物、农作物的结构与比例如何是我们首先要回答的问题。

坞罗西坡（7366～7283a cal BP）、李家沟（7815a cal BP）、庄岭（8295a cal BP）和朱寨遗址（7935～7766a cal BP）的植硅体和植物大遗存分析结果表明，中原地区（嵩山周边-郑州一带）裴李岗文化时期的农作物包含黍、粟、稻三种，整体上属稻-旱混作农业模式。

为了进一步分析裴李岗时期的整体农作物结构，我们将发现的农作物植硅体单独进行分析，计算各农作物的相对百分含量。由于坞罗西坡和李家沟遗址仅发现少量农作物植硅体（表 2-19），所以其在整体农作物结构分析中的统计意义略显不足。分析结果显示，黍在整个农作物结构中所占比例最高（88.88%），其次为粟（7.67%），而稻的比例最低（3.46%）。此外，我们还采用两种统计方法计算各农作物的出土概率，一种以 65 个总样品量（包括王嘴遗址样品）为分析单位，一种以 5 个总遗址数（包括王嘴遗址）为分析单位，计算出土各农作物的样品/遗址在总数中所占的比例。结果表明，按第一种方法，黍、粟、稻的出土概率依次为 53.9%、35.4%和 9.2%；按第二种方法，黍、粟、稻的出土概率依次为 80%、60%和 20%。综合植硅体相对百分比和出土概率的分析结果，中原地区裴李岗文化时期的农作物结构中，黍的比重最大，其产量远超粟和稻，是当时人类的主要粮食作物，粟占次要地位，而稻虽有种植，但就其产量而言可能只是农业生产中的补充作物。

表 2-19　本章考古样品中农作物植硅体数量统计　　（单位：个）

考古样品	裴李岗文化时期				仰韶文化中晚期									
	坞罗西坡	李家沟	庄岭	朱寨	马沟	北李庄	庄岭	沙石嘴	朱寨	袁村	颍阳	马鞍河	菜园沟	大河村
黍稃壳η型	7	2	376	448	187	14	39	78	592	344	519	754	375	421
粟稃壳Ω型	4	0	63	4	46	28	13	9	261	12	109	635	42	328
水稻双峰型	0	0	0	29	0	0	0	0	115	1	202	190	59	55
并排哑铃型	0	0	0	0	0	0	0	0	3	0	1	0	0	0
水稻扇型	0	0	0	3	0	0	0	0	15	1	5	2	3	3

在植物大遗存方面，坞罗西坡遗址 2 个样品中发现了 1 粒黍，朱寨遗址 4 个样品中发现了 1 粒稻、5 粒黍和 6 粒粟，根据农作物种子密度计算，两个遗址农作物出现的频率非常低，分别为 0.07 粒/L 和 0.4 粒/L，整体仅为 0.3 粒/L，说明

裴李岗文化时期中原地区的农业生产还处在初始阶段，农作物产量不高。因为样品量和出土的农作物种子数较少，对各农作物的比例和出土概率的计算缺乏统计意义，所以很难根据植物大遗存结果判断当时的农作物结构。仅从数量上看，黍和粟各发现 6 粒，大体相当，而稻只发现 1 粒，如果将粟颗粒数除 2.3 校正为产量，那么粟的相对产量（n=2.6）应该低于黍（n=6），这与植硅体的分析结果相一致。

以上探讨的是中原地区裴李岗文化时期的总体农业特征，但遗址间因自然条件和聚落等级的不同，其农作物种类和结构也可能存在差异（张俊娜等，2014）。我们据此将本章研究遗址以及唐户遗址（Zhang et al.，2012）分为两组。坞罗西坡、李家沟和庄岭遗址为一组，它们面积较小，均为中小聚落，地处浅山丘陵区的黄土台塬沟谷地带；朱寨和唐户遗址为一组，其面积较大，为大型聚落，地处河流冲积平原（表 2-5）。利用每个遗址的植硅体数据计算各农作物的相对百分含量，以此考察遗址间农作物结构的差别。结果显示（图 2-49），台塬沟谷地带 3 处遗址的农作物只有黍和粟两种，黍占主导地位（63%～100%），而李家沟遗址只发现黍这种唯一的农作物；平原区的两处遗址除了发现粟、黍外，还发现了稻，而且稻的比例（7%～12%）超过粟，仅次于黍（88%～92%）。

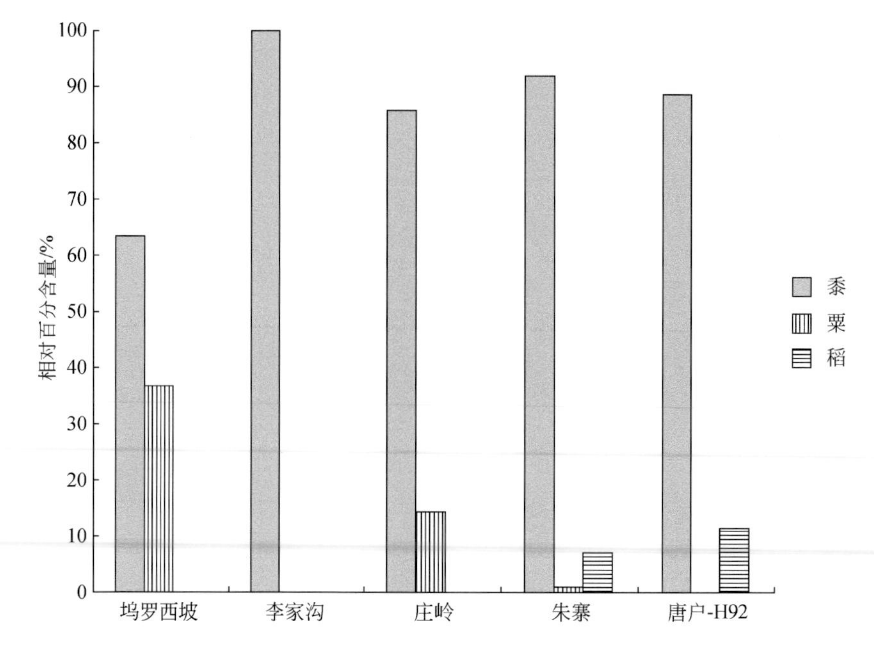

图 2-49　裴李岗文化遗址黍、粟、稻植硅体相对百分含量（唐户遗址数据来自 Zhang et al.，2012）

综合而言，中原地区裴李岗文化时期是以黍占主导的黍、粟、稻混作农业，而不是单纯的旱作农业；不同地貌单元的遗址具有不同的农业格局，在平原地带为稻-旱混作，在台塬沟谷地带为黍、粟旱作农业。此外，虽然在稻-旱混作的朱寨遗址中，水稻的含量高于粟，但其在总体农业生产中只占很小的比例。值得注意的是，虽然早先在唐户遗址已经发现了裴李岗文化时期的水稻植硅体和淀粉粒遗存（Zhang et al.，2012；杨玉璋等，2015），但始终没有发现炭化稻，这与同期后李文化的月庄、西河遗址（Crawford et al.，2006；Jin et al.，2014）炭化稻和植硅体同出相比，在水稻利用的证据上稍显缺憾。本章朱寨遗址 H158（7800a cal BP）出土了 1 粒炭化稻，而 Bestel 等（2018）在该遗址 3 个裴李岗文化灰坑中又浮选出 16 粒炭化稻，这是首次在中原地区裴李岗文化遗址中发现的水稻大遗存，虽然数量不多，但具有十分重要的意义，其与植硅体结果相印证，能够确认中原地区裴李岗文化时期稻-旱混作农业模式的真实存在，并可作为稻作农业早期向北方旱作区传播的重要证据。

结合伊洛河流域（Lee et al.，2007）、洛阳盆地（张俊娜等，2014）、唐户遗址（Zhang et al.，2012；杨玉璋等，2015）和朱寨遗址（Wang C et al.，2018；Bestel et al.，2018）所做浮选工作，嵩山周边中原地区具有丰富炭化作物遗存的裴李岗文化遗址非常稀少，这种情况可能与当时的农业发展水平较低相关，但保存上的原因也不可忽视，这极大限制了炭化遗存在早期农业研究中的有效性，而水稻遗存更可能被忽视或低估。通过本次研究，可以看到植硅体分析可以弥补这一时期大遗存在农作物发现上的不足，将二者相结合是全面复原中原地区裴李岗文化时期农业特征的有效途径。

2.6.3　中原地区裴李岗文化时期农业生产的地位

距今9000～7000 年通常被认为是史前中国由采集狩猎经济向以农作物栽培为特征的农业经济过渡的关键时期（赵志军，2014），而裴李岗文化则是中原地区这一关键时段的典型代表，体现出采集和农作物生产兼有的生业形态（Lu，1999）。有关农业生产在此时人类经济活动中的地位一直存有争论。有学者认为中原地区的农业在裴李岗文化时期就已达到相当高的水平，是最主要的经济活动（李友谋，2003），但最新的观点认为此时中原先民采用的是广谱生计策略，农业生产处于次要地位（Liu and Chen，2012；Liu，2014）。根据我们的炭化植物遗存数据可知，朱寨和坞罗西坡遗址出土的农作物密度非常低，这表明中原地区裴李岗文化时期的农业生产规模较小，农作物产量不高。而且，在朱寨遗址裴李岗文化时期的炭化遗存中还发现了丰富的野生植物种类，包括如大叶朴（*Celtis koraiensis*）、构树（*Broussonetia papyrifera*）、葡萄属（*Vitis* sp.）、花椒属（*Zanthoxylum* sp.）、胡桃楸（*Juglans mandshurica*）、栎属（*Quercus* sp.）等，这些都是可利用的果类食物资源，数量百分比达 37.5%，而所有农作物仅占 18.8%，也不及杂草类的比例 31.25%。

可见，野生植物采集应该是中原地区裴李岗文化时期最重要的获取植物性食物的活动，农业仅是采集经济之外辅助性的生产活动，而且栽培耕作技术较低，尚未对农田杂草进行有效的管理。

从植物遗存相关报道来看，中原地区其他裴李岗文化遗址，如沙窝李、莪沟、石固、水泉、铁生沟等遗址都曾发现过非常丰富的炭化植物种类，其中枣、梅、核桃、榛子和栎属等野生植物普遍性很高（Liu and Chen，2012；吴文婉，2014）。对裴李岗、沙窝李、莪沟、石固、岗时、寨根、班沟等遗址石磨盘的淀粉粒分析也表明这类工具主要的加工对象是野生植物，其中栎属橡子的比例较高，其次还有小麦族、根茎类、豆类植物，而粟类作物淀粉粒的比例较低（Liu et al.，2010；张永辉，2011；刘莉等，2013）。虽然在唐户遗址石磨盘、石磨棒和陶炊器表面发现了大量的粟类淀粉，但栎属和小麦族的比例依然很高（杨玉璋等，2015）。各种野生植物在中原地区不同裴李岗遗址中的普遍出现，说明野生植物的采集和利用是中原裴李岗文化聚落普适性的生计策略。尽管因不同植物的加工利用方式不同，器物表面淀粉粒组合很难直接反映当时取食结构的比例，但以橡子等野生植物为主，粟类作物为辅的淀粉粒组合反复在中原裴李岗文化遗址出现，也能在一定程度证明野生植物采集在当时生业经济中应占最重要的地位，而农业在整个食物生产中的比重还处于较低水平。这些裴李岗文化遗址植物遗存反映的信息可与朱寨遗址植物大遗存组合（Wang C et al.，2018；Bestel et al.，2018）得出的判断相印证，共同说明以黍种植为主，粟、稻种植为辅的农业在中原裴李岗文化时期的经济生活中居于次要地位。

2.6.4 中原地区仰韶文化中晚期的农业特征

庄岭、朱寨、颍阳、袁村、马鞍河、马沟、沙石嘴、菜园沟、大河村和北李庄 10 处仰韶文化遗址的植硅体和植物大遗存分析结果表明，中原地区（嵩山周边-郑州一带）仰韶文化中晚期的农作物依然包含黍、粟、稻三种，整体延续了裴李岗文化时期形成的稻-旱混作模式。

我们计算了这 10 个仰韶文化中晚期遗址各农作物植硅体的相对百分含量，以考察整体农作物结构。结果显示，黍在整个农作物结构中所占比例仍然最高（60.85%），粟占其次（27.16%），而稻的比例依然最低（11.99%）。此外，我们继续采用两种统计方法计算各农作物的出土概率，一种以 160 个总样品量为分析单位，一种以10 个总遗址数为分析单位，计算出土各农作物的样品/遗址在总数中所占的比例。结果表明，按第一种方法，黍、粟、稻的出土概率依次为 80.6%、67.5% 和 43.8%；按第二种方法，黍和粟的出土概率均为 100%，稻的出土概率为 60%。综合植硅体相对百分含量和出土概率的分析结果，中原地区仰韶文化中晚期的农作物结构中，黍的产量最大，仍然是中原先民的主要粮食作物，粟的产量还是没有超过黍，而稻在中原农业生产中的比重依然很小。

在植物大遗存方面，10 处遗址发现的炭化农作物有黍和粟两种，没有发现炭化稻。根据农作物种子密度计算，遗址间农作物出现的频率有明显差别，最低的是庄岭遗址，农作物种子密度为 0.3 粒/L，最高的是大河村遗址，农作物种子密度达到 44 粒/L。从总体上看，在仰韶时期 230.5L 浮选土样中发现了 1246 粒炭化黍、粟，密度达到 5.4 粒/L，相较于裴李岗时期的 0.3 粒/L 有了很大提高，说明仰韶中晚期中原地区的农业生产规模有了一定程度的扩大，农作物产量增加。在 1246 粒炭化作物种子中，粟就有 1205 粒，如果将粟颗粒数除 2.3 倍校正为产量，那么粟的相对产量（n=524）依然远高于黍（n=41）；而以仰韶时期 33 个浮选样品为分析单位，粟的出土概率为 63.6%，黍的则为 39.4%，这与植硅体结果相异。考虑到相同条件下黍比粟更难炭化的情况，不排除植物大遗存结果中黍的数量相对于粟被低估的可能性，加上组合中炭化稻的缺失，利用植物大遗存结果复原当时的农作物结构有一定局限性，因此我们对中原地区仰韶中晚期农作物结构的判断依赖于植硅体结果。

按照地貌部位，朱寨和大河村遗址位于冲积平原，其他 8 处遗址位于台塬沟谷；按照聚落规模，朱寨、大河村、颍阳、马鞍河和袁村遗址属一级大型聚落，马沟、沙石嘴、庄岭、菜园沟和北李庄遗址属于二、三级中小型聚落（表 2-5）。从图 2-50 可以看出，此时稻不仅种植在冲积平原，而且种植在台塬沟谷的部分遗

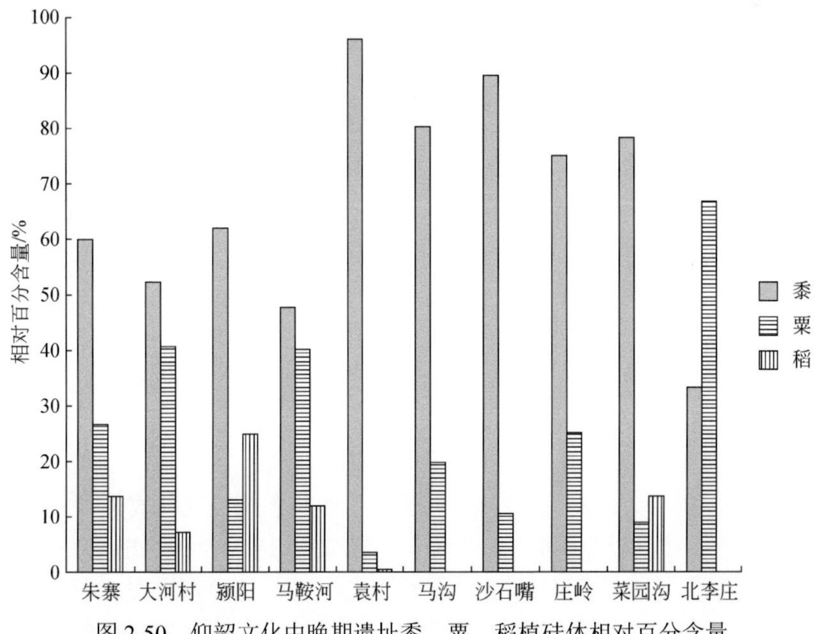

图 2-50　仰韶文化中晚期遗址黍、粟、稻植硅体相对百分含量

址，其中颍阳和菜园沟遗址稻的比例甚至接近或超过了冲积平原区朱寨和大河村遗址的比例。将大型聚落和中小型聚落的农作物加以对比，发现在 5 处大型聚落中均有水稻植硅体发现，但在 5 处中小型聚落中，仅菜园沟遗址发现了水稻植硅体。这说明中原地区仰韶文化中晚期的稻作主要集中在大型遗址中，中小遗址大部分仍从事黍、粟旱作农业。

以上分析揭示了中原地区仰韶文化中晚期的总体农业特征，但不同遗址间的个体差异也需要注意。首先是在以黍作为主的背景下，通常粟的含量要多于稻，而在颍阳、菜园沟遗址中稻的含量却要多于粟；其次是在北李庄遗址中，粟的含量超越了黍（图2-50，表 2-19），表明中原地区仰韶文化中晚期的农作物种植面貌可能是多样化的。尽管如此，这些情况仍然少见，并不影响我们对中原地区仰韶文化中晚期农业特征的判断。

此外，我们还发现，在所有仰韶文化遗址中，稻壳双峰型植硅体（共 622 粒）占所发现水稻植硅体的 95%，水稻扇型和并排哑铃植硅体的数量极少（表 2-19），这一比例说明当时稻属植物的收获可能采用割穗的方式，将稻穗和少量茎叶一同带回遗址（张居中等，2018）。此外，在谷物加工过程中，因为脱穗的副产品主要是产生扇型和并排哑铃型植硅体的稻叶或细小的茎秆，而脱壳的副产品主要是产生双峰型植硅体的稻壳（Harvey and Fuller，2005），所以这些样品中以双峰型植硅体为主的组合，除了可能表明收割方式是割穗外，还有一种可能性就是样品沉积物由脱壳的副产品而非脱穗的副产品构成。如果采集的样品来自脱穗的副产品，那么就可能发现大量的水稻扇型和哑铃型植硅体了。

2.6.5　中原地区仰韶文化中晚期农业生产的地位

现有的考古资料显示，中国北方以耕种粟和黍为主的旱作农业在仰韶文化时期已经形成，并在生业经济中占主体地位（刘长江等，2008；赵志军，2014，2020）。根据我们的植物大遗存数据，中原地区 10 处仰韶文化中晚期遗址的农作物密度整体达 5.4 粒/L，最高为 44 粒/L，表明仰韶中文化晚期的农业生产得到了长足的发展，农作物产量增加。而且，在植物遗存组合中，炭化作物（粟和黍）的数量巨大，共有 1246 粒，占总数的 87%，出土概率也达到了 72.7%；相比之下，野生果类资源的种类减少，仅发现了桃（*Prunus persica*）、酸枣（*Ziziphus jujuba* var. *spinosa*）和酸浆属（*Physalis* sp.）三种，数量也较少，占总数的 1.75%，出土概率仅为 15.2%。另外，这一时期杂草种子的比例与裴李岗文化时期相比也明显减少，仅占 10.7%。这些结果说明，中原地区的农业生产在仰韶文化时期成为人类主要的生计方式，而且农耕技术水平有所提高，可能已经对农田杂草实施了有效的管理，而野生植物虽然仍是人类食谱的组成部分，但已属零星采集的范畴。除此之外，在仰韶文化中晚期遗址中发现的斧、铲、锄、刀等农具远多于镞、掷球、弹丸、网坠等渔猎工具，这是这一阶段仰韶居民重视种植农业的另一种证据（中国社会科学院考古研究所，2010）。因此，在农业经济发展的程度上，中原地区与中国北方农业发展的总体趋势同步，没有超前，也没有滞后。

2.6.6　中原地区全新世中期农业的总体特征和发展趋势

以上分析揭示了在裴李岗文化和仰韶文化中晚期（8000～5000a BP），中原地区是以黍、粟、稻为主要粮食作物的混作农业模式，而不单纯是旱作模式；旱作农业以黍为主，而不是粟，仰韶文化中晚期并未发生粟、黍比例更替；稻在裴李岗文化时期就已经出现在中原地区，但一直都不是主要作物，黍、粟的核心地位始终没有受到稻作的冲击。虽然仰韶文化中晚期以黍为主的大格局不变，但相较于裴李岗文化时期，粟和稻的比例均显著提高（图 2-51），稻作不再局限于冲积平原区和大型聚落，在台塬沟谷区和中小聚落也有分布，标志着仰韶文化中晚期农作物多样化程度的加深以及农作物种植结构的优化。从裴李岗文化时期到仰韶文化中晚期，中原地区农业生产规模逐渐扩大，农作物产量逐步增加，农耕技术水平显著提高，最终促使中原地区生业经济由野生植物采集为主转变为以农作物生产为主。

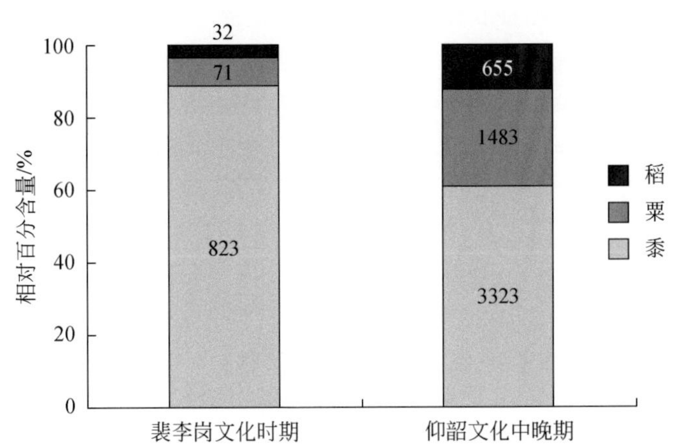

图 2-51　中原地区全新世中期农作物植硅体的相对百分含量变化（数字为每种作物植硅体的粒数）

植物考古资料显示，中国北方早期旱作农业以黍为主，在距今 6000 年之后的仰韶文化中晚期粟取代了黍成为主要的粮食作物，但由于仰韶文化早期（7000～6000a BP）的植物资料匮乏，尚不清楚是否发生了粟、黍比重上的转变（秦岭，2012）。然而，我们的植硅体证据表明，中原地区至少在仰韶文化中晚期还是以黍为主的旱作农业形态，并未发生粟、黍的交替，更何况是更早的仰韶文化早期。按照以上发展趋势，中原地区粟、黍比例如果发生转换，其时间节点应该在仰韶文化之后的某个时期。虽然我们仰韶文化之后的样品不多，但可大体做一推测。菜园沟遗址发现有 3 个龙山时期灰坑，将统计的农作物植硅体数量相加计算相对百分比，结果显示黍植硅体比例仍然最高（77.8%），其次是粟（12.1%）和水稻（10.1%）。二里头文化时期的样品缺失，粟、黍比例的情况尚不清楚，但在商代，朱寨遗址 4 个遗迹单位农作物植硅体的百分比显示，粟（56%）超过了黍（36%），成为主要农作物。因此，中原地区粟、黍的更替很可能发生于商代，至少不早于二里头文化时期。限于遗址和样品数量，这一时间节点还不够确切，需要更多的工作加以验证。

稻作农业虽然很早就出现在中原地区，但始终没有在这一地区成为农业经济中的稳定因素，其比例从裴李岗文化时期的 3.5%扩展到仰韶文化时期的 12%之后，再也没有向前发展的趋势，在龙山文化时期（菜园沟）占 10%，在商代（朱寨）仅占 8%，说明至迟在商代，水稻一直是作为补充作物出现在农业生产中的，中原地区黍、粟旱作农业的核心地位始终没有受到稻作的冲击。这种情况同样出现在嵩山周边的伊洛河流域（Lee et al.，2007）、颍河谷地（傅稻镰等，2007）和洛阳盆地（张俊娜等，2014），这是整个中原地区从新石器时代以来的普遍现象。尽管如此，稻作农业的加入，使中原地区在新石器时代早期就发展出混合农业模式，农耕生产转变为多品种农作物种植制度，提高了对土地的利用效率和农业产量，减少了单一粮食种植的危险系数，保证了农业生产的稳定，为中原地区文化和人口的发展提供了良好的经济基础。稻作在仰韶文化中晚期扩散到各种等级和地貌的遗址当中，使得稻-旱混作农业在区域内更加普及，优化了农作物结构，对加速这一时期农业社会的建立具有重要作用。仰韶文化中晚期，在中原广阔的范围内（从关中平原到豫西晋南再到郑洛地区）形成的以粟、黍旱作为主、水稻含量较少的农业种植格局延续了 1000 多年，直至龙山文化时期小麦和大豆的加入才有所改变（赵志军，2007，2011，2020），既充分体现了中原地区这一阶段较为统一的文化面貌，又反映出其农业发展稳定而保守的群体性特征。中原地区开启于庙底沟期（仰韶文化中期）的社会复杂化进程呈现出了平稳、和谐、逐步过渡的特点，没有发生暴力冲突或曲折反复，很大程度上源于这一时期趋于稳固的农业生产发展方式。

2.6.7　中原地区全新世中期旱作农业发现的意义

中原地区裴李岗文化素来被视为北方旱作农业的代表之一（Lu，1999；李友谋，2003；Liu and Chen，2012），但是确切的植物遗存发现十分稀少，过去报道出土粟或其他野生植物资源的遗址，如裴李岗（中国社会科学院考古研究所河南一队，1984）、班村（孔昭宸等，1998）、丁庄（许天申，1998）、沙窝李（王吉怀，

1984）等均未开展系统的植物考古工作。Lee等（2007）对伊洛河流域坞罗西坡和府店东两处裴李岗文化晚期遗址进行了系统浮选，但出土农作物数量极少，仅各发现了2粒炭化粟，而张俊娜等（2014）在洛阳盆地的裴李岗文化遗址中未发现任何农作物遗存，如此有限的炭化遗存数量使我们很难评估当时的农作物种植种类和比例。

中原地区裴李岗文化时期旱作农业的新证据来自植物微体遗存研究。张永辉（2011）、张永辉等（2011）对裴李岗、莪沟、石固、沙窝李和岗时5处裴李岗文化类型遗址的15件石磨盘进行了淀粉粒分析，结果表明粟类淀粉在各遗址中普遍存在，比例为12.1%～23.5%，但究竟是粟还是黍或是二者兼有还不是很清楚。杨玉璋等（2015）对唐户遗址出土的裴李岗文化时期6件石磨盘、2件石磨棒和8件陶炊器残片进行了淀粉粒分析，共发现6类496粒淀粉，其中249粒属于粟类淀粉，虽然作者认为主要来源于粟，但也不排除含有部分黍的淀粉粒的可能性，因此对粟、黍种类的判定仍不够确切。同样是在唐户遗址，Zhang等（2012）采用植硅体方法对T0316文化层剖面、5个灰坑和4个房址的23份土样进行了分析，从中发现了黍稃壳植硅体，而未见粟植硅体，表明中原地区裴李岗文化时期最早利用的旱作作物很可能是黍，这也是目前中原地区裴李岗文化时期唯一明确的旱作农业微体遗存证据。然而，单一遗址的证据并不能代表中原地区早期旱作农业的全貌，相关的植物遗存材料仍然缺乏。

我们利用植硅体和植物大遗存方法，对嵩山周边5处裴李岗文化聚落的样品进行了系统分析，发现了黍、粟植硅体和炭化颗粒遗存，量化分析表明，黍的比重要远远大于粟。这一结果为中原地区裴李岗文化时期的旱作农业研究提供了明确的植物遗存信息，也对描绘中国北方早期旱作农业的整体面貌具有重要的意义。

中国北方旱作农业体系起源于新石器时代早期（Lu et al.，2009b; Zhao，2011; Yang et al.，2012b），来自磁山（Lu et al.，2009b）、唐户（Zhang et al.，2012）、月庄（Crawford et al.，2006，2013）、张马屯（Wu W W et al.，2014）、扁扁洞（Sun et al.，2014）、兴隆沟（赵志军，2004b）、大地湾（刘长江等，2004）和甘肃中部地区遗址（吉笃学，2009；安成邦等，2010）的植物考古证据表明，这一时期黍的含量均高于粟，粟在上述遗址中出现数量极少，甚至没有出现，北方旱作农业发展的早期阶段很可能是以黍为主，兼有少量粟的种植格局。我们的研究揭示，中原地区裴李岗文化时期也是以黍为主的旱作农业，黍是当时最主要的粮食来源，这与新石器时代早期中国北方旱作农业的格局相吻合，跟其他地区同时期遗址的植物遗存证据有很好的互证关系，同时也进一步证明中国北方裴李岗文化时期（9000～7000a cal BP）从东到西（海岱地区到甘肃中部），从北到南（西辽河地区到中原地区），其旱作农业具有统一的耕作面貌。

这种统一的以种植黍为主的旱作农业格局从仰韶文化中晚期开始可能被打破。大量的植物大遗存数据表明，仰韶文化中晚期以后，粟的种植迅速发展，在多数同时出土的黍、粟遗存中，粟的数量和出土概率均显著高于黍（刘长江等，2008；秦岭，2012）。中原地区鱼化寨（赵志军，2017）、东阳（赵志军，2019）、杨官寨（钟华等，2020）、西坡（钟华等，2020）、新街（钟华等，2015）、汪沟（杨凡等，2020）、南交口遗址（秦岭，2009）、颍河上游（傅稻镰等，2007）、伊洛河流域（Lee et al.，2007）和洛阳盆地（张俊娜等，2014）遗址的植物大遗存资料也显示，仰韶文化时期粟已成为最主要的农作物。但是，仰韶文化中晚期以来这种以粟为主的旱作农业并没有在北方形成统一的格局，仍有一些地区延续了早期以黍为主的旱作农业。例如，陇东地区仰韶文化早中期以种植黍为主，到仰韶文化晚期粟的比例有所增加，但数量仍然少于黍，直到齐家文化时期粟才超越黍成为主要的农作物（周新郢等，2011）；甘青地区 6000～5000a cal BP 期间的李家台和胡李家遗址，发现的炭化黍数量明显多于粟（贾鑫，2012）；豫西南的淅川沟湾遗址在仰韶文化一到四期都是黍占绝对优势，而且到石家河文化时期也没有改变（王育茜等，2011）；关中盆地 6 个遗址的植硅体分析结果显示，在 6000～2100a cal BP 期间，黍的产量始终大于粟（张健平等，2010）；海岱地区的北阡遗址在大汶口文化早期（6200～5500a cal BP）就形成以黍的种植为主，粟次之的格局，直到周代黍才转变为粟的辅助农作物（王海玉，2012）。本研究 10 处仰韶文化中晚期遗址的植硅体分析结果也显示，中原地区此时的旱作农业依然以黍为主。先前有学者指出，仰韶文化时期黍遗存多分布在西北（Lee et al.，2007；刘长江等，2008），暗示着相对于东部地区，西北地区对黍的利用较为普遍，但关中、豫西南、海岱地区及我们中原地区的发现表明，仰韶文化时期北方以黍为主的旱作农业不仅延续下来，而且不局限于局部地区，是普遍存在的。这意味着，中国北方仰韶文化时期的旱作农业很可能属于多样化的种植格局，或以粟为主，或以黍为主，即使是在一些水热条件良好、生产力水平相对较高的地区，粟取代黍的过程也没有完全完成。

值得注意的是，在粟、黍植硅体鉴定标准（Lu et al.，2009a）提出之前，北方旱作农业研究主要依靠炭化植物遗存资料。如前面所述，同产量的粟产生的颗粒数量要多于黍，黍的种子较粟来说又更难炭化和保存，两个因素相叠加会造成炭化遗存组合中黍的产量被低估。那么，北方裴李岗文化时期炭化黍数量多于粟的现象背后，真实的情况很可能是黍的产量比发现的还要多，黍的优势地位应该更加明显，这在本研究裴李岗文化遗址及磁山（Lu et al.，2009b）、唐户遗址（Zhang et al.，2012）粟、黍植硅体含量的对比中清楚地表现了出来。对于仰韶文化中晚期及之后的遗址，多数的植物大遗存资料都揭示出粟颗粒数量远大于黍，因而得出了粟取代黍的宏观图景，但本研究和目前已有的关中盆地（张健平等，2010）、喇家遗址（王灿等，2015）的植硅体结果总是与植物大遗存结果（赵志军，2003；尚雪等，2012；刘焕等，2013；张晨，2013；刘晓媛，2014）相反，考虑到粟、黍植硅体含量可准确反映相对产量，而粟、黍大遗存又存在潜在的埋藏学偏差，那么大遗存研究得出的仰韶文化中晚期后粟、黍比例转换，粟成为主要农作物的认识值得商榷和检验，这使得我们必须重新思考北方粟、黍旱作农业在仰韶文化中晚期之后的格局变化，其真实的旱作农业图景还需要更多植硅体和大遗存的对比研究来揭示。

最后，需要提及的是，北方早期以黍为主旱作农业格局的形成是与当时的气候条件、生产力水平和黍、粟两种谷物的自身特性密不可分的。在新石器早期或早全新世（距今10000～7000 年）的中国北方，虽然温度和降水呈逐步增加趋势，但整体气候仍相对冷干（Lu et al.，2007；Feng et al.，2004，2006），尤其是降水，可能受西风环流增强及其南移的影响（Chen et al.，2008；Ran and Feng，2013），东亚夏季风降水的北进受到压制，导致这一时期中国北方降水减少，气候较为干旱，直到距今 7000～4000 年才达到全新世降水的高值（Chen et al.，2015b；Li J et al.，2015a）。而 9.5～8.5ka BP 和 8.2ka BP 两次冷干事件的发生，更加剧了短期极端干冷的气候状况。在这种干冷气候条件下，土壤发育缓慢，没有足够的营养物质，肥力偏低（Lu et al.，2009b）。而另一方面，粟、黍的生长对环境要求不同。粟在中国东部半湿润区更为普遍，其最佳生长环境为年均温 8～10℃，年均降水量为 450～550mm；黍则多生长于干旱的内陆环境，其最佳生长环境为年均温 6～8℃，年均降水量为350～450mm（Lu et al.，2009b），可见粟相对于黍需要更多的水分和热量，同时，黍的生长周期也相对较短，而且更耐贫瘠，具有更强的抗病性，少有大面积病虫害传播（游修龄，1993；Nesbitt，2005；周新郢等，2011）。因此，在冷干的气候环境和农业耕作技术尚不发达的情况下，北方新石器早期先民可能更倾向于选择黍作为首要的粮食作物。在仰韶时代（距今 7000～5000 年），我国北方处于全新世适宜期，气候温暖湿润（An et al.，2006；Chen et al.，2015b），为粟的广泛栽培提供合适的气候条件，中原地区粟的比例也迅速上升（图 2-51），但如上面所述，暖湿的气候没有从根本上改变中原地区等多地以黍为主的种植格局，而这一时期旱作农业可能是多样化的，粟尚未完全取代黍，可见随着文化和农业技术的发展，气候已不再是旱作农业粟、黍种植比例的关键因素，而暖湿气候相对于冷干气候，为先民作物种植结构的选择提供了更为宽松的背景条件。

2.6.8　中原地区全新世中期稻作农业与稻-旱混耕

水稻在北方最早见于河南南部的贾湖遗址（陈报章等，1995a，1995b；赵志军和张居中，2009）和八里岗遗址（邓振华和高玉，2012；Deng et al.，2015），年代为距今 9000～8000 年，是稻作农业由长江流域向北扩展的重要证据，但仅限于淮汉流域。近年来，海岱地区的西河遗址和月庄遗址分别发现了后李文化时期的炭化稻和水稻植硅体（Crawford et al.，2006，2013；Jin et al.，2014），表明稻作农业在距今 8000 年前后进一步向北扩展到黄河流域。从文化遗存上来看，东部的后李文化与中原的裴李岗文化联系密切（栾丰实，1997），那么在对水稻资源的利用上也可能相互影响。然而，中原地区早期的水稻遗存资料十分缺乏，比较明确的有巩义赵城遗址和偃师灰嘴遗址发现的炭化稻（Lee et al.，2007；张俊娜等，2014）、羽林庄遗址的水稻植硅体（陈星灿等，2003）及颍河上游袁桥、袁村、石羊关三处遗址的炭化稻（傅稻镰等，2007），但年代均晚至仰韶文化晚期，8000a cal BP 前后水稻资源的第一次北扩（秦岭，2012）是否到达中原裴李岗文化区还需要证据支持。

目前，中原地区裴李岗文化时期的水稻利用证据只来自新郑唐户遗址。Zhang 等（2012）在该遗址发现了水稻扇型和双峰型植硅体，年代范围在 7800～4500a cal BP，通过测量水稻扇型植硅体的大小及其鱼鳞状纹饰数量，并将发现的双峰型植硅体与栽培稻的植硅体进行比较，研究者认为这些水稻很可能已经是栽培的。杨玉璋等（2015）还在唐户遗址裴李岗文化的 SQ8 石磨棒表面提取出 13 粒稻族（Oryzeae）淀粉，结合以上水稻植硅体的发现，他们认为这些淀粉应来源于水稻（*Oryza sativa*）。本研究及 Bestel 等（2018）在朱寨遗址发现的裴李岗时期的炭化稻及水稻植硅体（7935～7766a cal BP）使唐户遗址的证据不再是一个孤例。这些材料明确表明，中原地区在 8000a cal BP 前后已经开始了水稻种植。

黄河流域唐户、朱寨、月庄和西河遗址的证据共同说明，8000cal BP 前后稻作向北扩散到旱作区，比今天稻作的主要分布范围向北推进 3～4 个纬度。在北方旱作区，相对于粟、黍，水稻的生长需要更多的水热资源，那么这第一次的稻作北扩应该与全新世大暖期的到来密不可分（王星光，2011）。全新世大暖期时，全球平均温度比现在（1961～1990 年）高约 1℃（Marcott et al.，2013），而在中国可能要高出 2～4℃（Shi et al.，1993；Zheng et al.，1998；Wang and Gong，2000；Ge et al.，2007；方修琦和侯光良，2011），与此同时，东亚季风快速增强带来更多的降水（An et al.，2000；Xiao et al.，2004；Dykoski et al.，2005），夏季风雨带向北推移（Yang S et al.，2015），东部季风区变得温暖湿润，这种适宜的气候条件很可能促使野生稻资源的分布范围覆盖到长江以北地区，甚至中原和山东（Fuller et al.，2010；d'Alpoim Guedes et al.，2015），从而被当地先民利用和栽培，进而发展出稻作农业。当然，大暖期暖湿气候促动的人群流动和文化传播也可能带来稻作的北传。有学者认为，在全新世大暖期来临之际，随着暖温带和亚热带的持续北移，来自长江中游地区的文化及人群逐渐北进到淮汉地区，然后向北迅速扩展到黄河流域，与北方新石器文化相遇发展为裴李岗、老官台和后李文化，南方的稻属资源和稻作技术便传入北方（张弛，2011）。无论是稻属资源的自然北扩，还是文化北进的稻作传入，都能说明黄河流域 8000a cal BP 前后稻作农业的出现是在大暖期稳定暖湿的气候背景下发展起来的，农业的扩展伴随着文化的融合。

有学者在梳理水稻遗存资料后发现，北方对水稻资源的利用在 7000～6000a cal BP 期间的仰韶文化早期发生中断，稻作农业南退到长江中下游一线（秦岭，2012）。然而，这一现象有可能与仰韶文化早期遗址的植物考古工作较少有关。以中原地区为例，在伊洛河流域（Lee et al.，2007）、洛阳盆地（张俊娜等，2014）和颍河上游（傅稻镰等，2007）系统的植物考古调查中，所有仰韶文化遗址的年代都是仰韶文化晚期，而本研究 10 处仰韶文化遗址的时代也都集中在仰韶文化中晚期。豫西和关中的南交口（魏兴涛等，2000；秦岭，2009）、兴乐坊（刘焕等，2013）、下河（尚雪等，2012）、新街（钟华等，2015）、杨官寨（钟华等，2020）、西坡（钟华等，2020）、汪沟（杨凡等，2020）、东阳（赵志军，2019）及泉护等（张健平等，2010）发现水稻遗存的遗址都属于仰韶文化中晚期。仰韶文化早期植物考古资料的缺乏也体现于粟、黍农业的研究上（刘长江等，2008）。海岱地区北辛文化和大汶口早期文化遗址则很少有系统的植物考古工作。其实，最新的研究表明，只要进行了科学的植物考古研究，北方仰韶文化早期（或同时代）遗址不乏水稻遗存的发现，如在鱼化寨遗址，赵志军（2014，2017）发现了属于仰韶文化早期的少量炭化稻；在唐户遗址，距今 7800～4500 年的地层中都发现有水稻植硅体（Zhang et al.，2012）；在海岱地区，北阡（Jin et al.，2016）、东盘（Jin et al.，2016）、大汶口（吴瑞静，2018）、万北（程至杰等，2020）和官桥村南遗址（Jin et al.，2020）均发现了北辛文化-大汶口文化早期的炭化稻。可见，7000～6000a cal BP 期间，黄河流域仍在持续利用水稻资源，发展稻作经济。

从距今 6000～5000 年的仰韶文化中晚期开始，黄河流域水稻种植逐步普及（吴耀利，1994），而长江流域成熟的稻作经济分别以中游和下游为源头向北传播（秦岭，2012）。从传播路线上看，中原地区很有可能在原有水稻耕作的基础上，融合了来自长江中游地区的稻作文化，并进一步向西传播，在 6000a cal BP 出现在三门峡南交口（秦岭，2009），在 5600a cal BP 到达关中地区（张健平等，2010），在 5000a cal BP 抵达甘肃中部和陇东地区（张文绪和王辉，2000；李小强等，2008；安成邦等，2010；周新郢等，2011）。另一个可能的路线是长江中游稻作经由汉水上游（八里岗遗址）（Deng et al.，2015）传入豫西南（沟湾遗址）（王育茜等，2011），再沿丹江进入豫西和关中地区。但是，如果是由汉水流域传入，北方的粟作农业势必受到稻作农业的强势冲击，而从实际结果来看，豫西、关中和甘肃地区还是以旱作农业为优势，水稻的比例不高，这与中原地区的情况相似。因此，中原地区稻作农业的发展应该是仰韶文化中晚期水稻在黄河流域西向传播的主要推动力量。此外，仰韶文化中晚期还处于全新世大暖期期间，因此这一时期的水稻传播除因稻作技术的发展外，也受益于当时良好的水热条件。

在新石器时代，“南稻北粟”是我国农业生产的传统布局（王星光和徐栩，2003）。一般说来，稻主要种植在南方，粟和黍种植在北方，但稻作区和旱作区之间并非泾渭分明，而是在中部黄淮流域形成重叠的混作区（王星光和徐栩，2003；刘桂娥和向安强，2005）。但是，稻-旱混耕最早形成于何时何地？其中的农作物结构如何？形成的原因是什么？这些问题还需要整合新的材料后加以探讨。

距今 8000 年前后，北方地区整体进入以黍为主的旱作农业体系，各地分别出现发展水平相似的旱作经济文化，而稻属资源向北扩展。此时在朱寨、唐户、月庄和西河遗址均出现了稻和黍、粟被共同利用的现象，表明中原地区和山东西部的旱作农业者最早开发了北扩的水稻资源，发展出稻-旱混作农业。可见，早期稻-旱混耕农业的形成离不开全新世早期水稻资源的北扩，而黄河中下游地区应该是稻-旱混耕模式的起源地。黍、粟、稻三种农作物均被包含在早期混耕模式内，而不单纯是黍-稻种植模式或粟-稻种植模式，只不过随着时间推移及地域不同，三者的比例会有变化。如果说早期混耕的形成依赖于水稻北扩，那么仰韶文化早期之后黄淮之间混耕区的形成则是旱作南下与水稻北上共同作用的结果，其中旱作的南下甚至抵达长江中游的城头山遗址（5800a cal BP）（Nasu et al.，2007）及中国东南沿海地区（5500a cal BP ）（Dai et al.，2021），形成稻-粟混合耕作体系。在仰韶文化中晚期，稻-旱混耕模式便覆盖了中国中部广大地区，北到黄河中下游，南到长江流域及东南沿海，西至关中及甘肃中部，东至山东沿海地区。

中原地区是稻-旱混耕方式出现最早的地区之一，在其黍、粟旱作农业形成之际，便接受了稻作农业。但在裴李岗文化时期更偏重黍，稻作仅局限于平原地带，经过仰韶文化中晚期的发展，粟、稻比例明显增加，稻作在空间上更加普及，混耕体系的结构日趋合理，而这一体系很可能稳定保持到商代。黍、粟、稻三种农作物的混合耕作，形成于全新世大暖期暖湿的气候环境，伴随着南北方人口和生产技术的交流，早期农业既稳定发展又不断调整和革新，成为中原地区文化发展源源不断的动力，为华夏民族向文明阶段的连续演进提供了必要的物质条件。

2.6.9 中原地区全新世中期古代农业时空特征的影响因素

本研究分析结果结合其他 9 处遗址的植物考古数据（Wang et al.，2017），揭示出中原郑州一带裴李岗文化时期，浅山丘陵区遗址的先民从事旱作农业，稻-旱混作农业只分布在冲积平原区。在相同的气候条件下，不同遗址农业模式的选择主要受地貌和水文条件影响。这种空间格局也反映了人类对不同自然环境的适应性生存策略。

浅山丘陵区的遗址主要分布在河流沟谷两岸的黄土台地上，所处位置相对较高，不仅远离水源，而且适于耕作的平坦土地面积较小，不能满足稻作的需求。粟类作物，尤其是黍，对水分的需求较低，可在年均降水量为350～550mm 的条件下良好地生长于黄土沉积之上（Lu et al.，2009b；Weber et al.，2010），因此更加适合浅山丘陵区的自然环境。另外，该区域遗址很可能是小村落甚至是流动人群的季节性营地（Liu and Chen，2012），当地先民不太可能投入时间和精力从事劳动量巨大的稻作农业，而粟类作物生长期较短，通常 80～120 天即可成熟，加之旱作方法并不需要太多田间管理（Weber et al.，2010），因而黍、粟农业成为当地居民的首选。

冲积平原区的遗址通常位于两河交汇处的台地上，所处位置相对较低。该区域广阔平坦，水源充足，土地肥沃，适合稻作。区域内遗址面积较大，具有更高的定居程度和更多的人口数量（Liu and Chen，2012），为先民在旱作耕种之外持续种植和管理稻属植物提供了必要条件，从而促成当地稻-旱混作农业的形成。

与郑州地区遗址不同的是，位于淮河流域冲积平原区的贾湖遗址发现了大量裴李岗文化时期的水稻，却未出现任何同时期的粟、黍类遗存（Zhao，2011；张居中等，2018）。该遗址毗邻贾湖、沙河和北汝河，大量的水生动植物资源如莲藕、菱角、鱼骨、蚌壳等与水稻同出（Zhao，2011；Liu and Chen，2012），而且遗址古土壤中发现有较多水生和沼生植物的孢粉和植硅体（陈报章，2001），这表明当时贾湖遗址周围是沼泽湖塘遍布的湿地环境。因为黍、粟生长需要排水性良好的土壤，所以这一环境并不适合旱作耕种。由此可知，在不同河流的冲积平原地区，局地水文生态环境是影响先民农作物选择的重要因素。

仰韶文化中晚期被认为处于北方旱作农业形成过程的完成阶段（赵志军，2017）。以耕种粟和黍为主的旱作农业已经成为中国北方地区仰韶文化分布范围内的经济主体，而稻作农业则少量存在（秦岭，2012）。本研究分析结果表明，中原地区此时也出现了类似的以黍、粟为主要农作物，稻属作物含量较少的农业种植格局。在仰韶文化时代（距今 7000～5000 年），我国北方处于全新世适宜期，降水量达到全新世的最高值，气候温暖湿润（An et al.，2006；Chen et al.，2015b），为粟的广泛栽培提供了合适的气候条件，中原地区粟的比例也迅速上升（图 2-51），但这没有从根本上改变该区以黍为主的种植结构，可见此时气候并不是影响旱作农业粟、黍种植比例的关键因素。

如前面所述，中原地区仰韶文化中晚期粟和稻的种植比例均显著提高，而且稻作已经分布到了台塬沟谷地带及中小遗址当中（图 2-50），裴李岗文化时期稻属资源无法种植在黄土台塬的困难似乎已经被突破。这说明仰韶文化中晚期的农耕技术得到改进，优化了农作物结构，而稻-旱混作在更多遗址得到普及，这些进展使得农业取代采集活动成为先民生业经济的首选方式，最终促进了仰韶文化中晚期农业社会的建立（赵志军，2017）。

最新的研究表明，酿酒（谷芽酒和曲酒）及宴饮活动是黄河中游仰韶文化人群的一个重要的共同文化特征（Wang et al.，2016；刘莉等，2017，2018a，2018b，2021；刘莉，2017）。残留物分析则显示，黍和稻是仰韶先民酿酒的主要谷物原料，但尚未发现粟的痕迹（Wang et al.，2016；刘莉等，2017，2018a，2018b；刘莉，2017）。因此，以黍和稻为主要原料的酿酒与饮酒活动的流行，既可能是仰韶文化时期农业生产以黍为主要作物的社会动力，也很可能是稻作向更多遗址传播的社会背景。此外，仰韶文化时期的统治阶层很可能将组织酿酒和宴饮活动集中在大型遗址，以作为获取与维护权力的重要手段（刘莉等，2017，2018a），与此同时，稻作农业也集中在大型聚落中（图 2-50）。因此，稻很可能作为一种“贵食”被大城市里的显贵们享用。水稻在仰韶文化时期的这种分布状况及其重要性，可能促进了郑州地区乃至黄河下游地区聚落功能分化以及社会复杂化进程的出现。

2.6.10 中原地区全新世中期水稻遗存的性质

水稻植硅体和炭化稻的发现，确认了中原地区裴李岗文化和仰韶文化时期对水稻的利用，但这些水稻遗存的性质如何？是驯化还是野生？如果是驯化稻，那么其种类属于粳稻还是籼稻？这需要对水稻遗存进行判别后加以揭示。目前，鉴定考古遗址出土的水稻遗存性质，最常用的鉴定特征是稻粒形态、大小和小穗轴脱落面形状（赵志军和顾海滨，2009；秦岭，2012；Fuller and Castillo，2014），但在本研究的浮选中水稻大遗存非常稀少，不足以进行判别。与大遗存相比，本研究发现的水稻植硅体较为丰富，而且水稻植硅体的形成受基因控制，野生稻和驯化稻、粳稻和籼稻的植硅体形态特征差异取决于遗传背景（Zheng et al.，2003；Ma and Yamaji，2006；Gu et al.，2013），为利用植硅体判别水稻遗存性质提供了可行性。因此，在过去的20多年间学界提出了许多水稻植硅体鉴定标准，在考古水稻遗存的鉴定和区分上发挥了重要作用（Ball et al.，2016）。概括说来，无论是判别野生稻和驯化稻，还是判别粳稻和籼稻，常用的植硅体鉴定方法包括：①水稻双峰型植硅体形态参数判别；②水稻扇型植硅体大小和形态参数判别；③水稻扇型植硅体鱼鳞状纹饰数量参数判别（图 2-52）（王灿和吕厚远，2012）。虽然对这些方法一直存在质疑（Fuller et al.，2010；Fuller and Castillo，2014），但在早期缺少大遗存证据的情况下，仍然是判定水稻遗存性质的最主要手段。下面以时代为单位，介绍、讨论裴李岗和仰韶文化时期水稻性质判定的材料、方法和结果。

1. 裴李岗文化时期水稻的性质

在本研究中，仅朱寨遗址发现了裴李岗时期的水稻植硅体，而且多为双峰型植硅体，扇型植硅体含量很少，因此双峰型植硅体是裴李岗文化时期水稻遗存性质判定的主要材料。Zhao 等（1998）基于双峰型植硅体 5 个形态测量参数（双峰间距 TW、基底宽度 MW、双峰高度 *H*1 和 *H*2、垭深度 CD）（图 2-52）建立了一套判别函数，用于野生/驯化性质判别，最近 Gu 等（2013）的研究证明了这些参数可以成功区分驯化稻和野生稻。利用这一判别函数，Zhao（1998）和 Wu Y 等（2014a）发现了长江中下游地区距今12000 年的驯化稻遗存，并揭示了水稻驯化的过程。

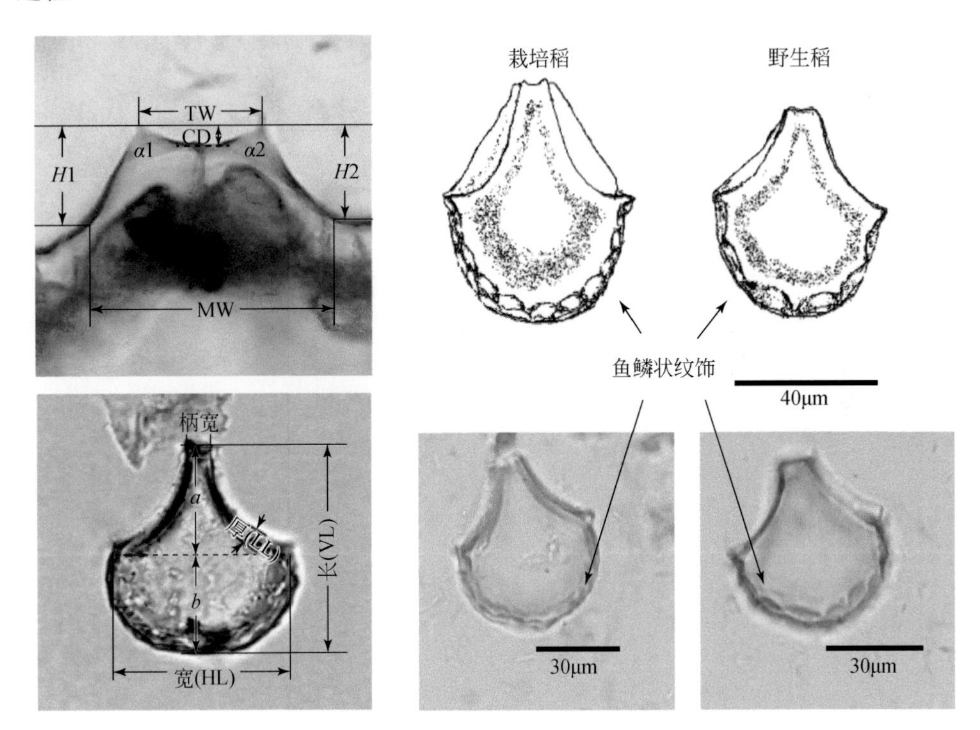

图 2-52　水稻双峰型和扇型植硅体测量参数及纹饰特征

*α*1、*α*2 为峰角度；*a* 为扇柄长度；*b* 为扇面长度

根据 Zhao 等（1998）的标准，我们选取了 12 粒正视状态的双峰型植硅体，依次测量其 5 个形态参数，然后代入以下 4 个方程式判别其野生/驯化性质，如果预测值 A＞B、D＞C，则判别为驯化稻；如果 C＞D、B＞A，则判别为野生稻；如果 A、B 与 C、D 预测结果相矛盾，则水稻性质不确定（Zhao et al.，1998）。

驯化稻预测

A：驯化稻=−19.027−0.129(TW)+0.116(MW)+0.676($H1$)+3.101($H2$)
+0.921(CD)−0.028($H1^2$)−0.079($H2^2$)−0.047(CD^2)

B：野生稻=−14.124−0.085(TW)+0.013(MW)+0.7($H1$)+2.288($H2$)
+1.338(CD)−0.024($H1^2$)−0.066($H2^2$)−0.067(CD^2)

野生稻预测

C：野生稻=−14.617−0.085(TW)+0.013(MW)+0.7($H1$)+2.288($H2$)
+1.338(CD)−0.021($H1^2$)−0.066($H2^2$)−0.067(CD^2)

D：驯化稻=−18.334−0.129(TW)+0.116(MW)+0.676($H1$)+3.101($H2$)
+0.921(CD)−0.028($H1^2$)−0.079($H2^2$)−0.047(CD^2)

结果如表 2-20 所示，所有 12 粒双峰型的驯化稻预测值都大于野生稻预测值，因此，至少这些双峰型植硅体来自驯化稻。

表 2-20　中原地区裴李岗时期水稻双峰型植硅体形态参数及判别结果

编号	TW/μm	MW/μm	$H1$/μm	$H2$/μm	CD/μm	A得分	B得分	C得分	D得分	判别结果
1	22.325	42.308	21.112	17.483	3.318	17.399	12.139	12.983	18.092	A>B，D>C　驯化稻
2	38.331	56.087	29.318	26.311	5.272	8.736	2.942	5.028	9.429	A>B，D>C　驯化稻
3	27.407	37.504	17.578	16.132	3.352	17.044	12.389	12.823	17.737	A>B，D>C　驯化稻
4	20.034	37.442	16.802	14.755	4.440	17.904	13.656	14.010	18.597	A>B，D>C　驯化稻
5	23.980	36.050	18.669	18.187	4.185	18.221	13.217	13.770	18.914	A>B，D>C　驯化稻
6	34.120	39.913	18.669	18.669	3.863	17.278	12.079	12.631	17.971	A>B，D>C　驯化稻
7	21.717	41.330	24.881	21.986	3.748	15.234	9.601	10.965	15.927	A>B，D>C　驯化稻
8	28.107	44.509	21.486	22.978	2.968	15.972	9.134	10.026	16.665	A>B，D>C　驯化稻
9	32.831	39.269	20.816	21.244	5.583	17.133	11.969	12.776	17.826	A>B，D>C　驯化稻
10	23.819	38.413	13.735	17.597	4.077	19.438	13.604	13.677	20.131	A>B，D>C　驯化稻
11	35.406	41.040	18.669	22.853	1.609	14.996	7.901	8.454	15.689	A>B，D>C　驯化稻
12	37.124	42.278	19.742	13.090	4.721	13.877	11.200	11.876	14.570	A>B，D>C　驯化稻

此外，通过 6 种驯化稻和 7 种野生稻扇型植硅体的对比分析，Lu 等（2002）发现驯化稻扇型植硅体鱼鳞状纹饰的数量为 8～14 个，而野生稻的通常少于 9 个，因此扇型植硅体鱼鳞状纹饰数量大于或等于 9 个被认为是驯化稻的鉴定特征（王灿和吕厚远，2012）。这一鉴定标准得到了广泛的应用（Lu et al.，2002；Saxena et al.，2006；Zhang et al.，2012；Wu Y et al.，2014a；郇秀佳等，2014），为水稻

驯化及传播的研究提供了新的资料和认识。本研究发现的裴李岗文化时期的水稻扇型植硅体比较少，可以准确计数鱼鳞状纹饰数量的只有 3 粒，但其鱼鳞纹饰数量分别为 9 个、10 个和 12 个，应属于驯化稻。

以上分析揭示裴李岗文化时期的水稻遗存主要为驯化稻，那么是属于粳、籼哪个亚种？我们仍然选择上述 12 粒双峰型植硅体进行粳、籼性质判别。张文绪根据双峰间距、垭深度、峰角度等性状，把双峰型分为两种基本类型，籼稻为“锐型”，粳稻为“钝型”（张文绪，1995；张文绪和汤圣祥，1997），但没有给出定量化标准。顾海滨（2009）在此基础上，选取双峰间距 L（相当于 TW）、垭深度 H（相当于 CD）、角度 $\alpha1$ 和 $\alpha2$ 四个测量参数（图 2-52）建立了粳、籼判别公式：

$$Y_{粳}=-78.861+0.606L+5.937H+0.643(\alpha1+\alpha2) \tag{2-1}$$

$$Y_{籼}=-61.746+0.490L+6.511H+0.553(\alpha1+\alpha2) \tag{2-2}$$

遗址中水稻双峰型植硅体进行粳籼鉴定时，直接将测量数据代入式（2-1）和式（2-2），分别得到 $Y_{粳}$及 $Y_{籼}$得分，得分高的一类就是该双峰型植硅体的类别。经过对式（2-1）和式（2-2）的交互验证，其判别结果的可信度为 87.3%（王灿和吕厚远，2012）。将发现的 12 粒双峰型植硅体相应测量值代入式（2-1）和式（2-2），结果如表 2-21 所示，有 7 粒双峰型植硅体被判别为粳稻，占 58.3%，因此这一时期种植粳稻的可能更高。

表 2-21　中原地区裴李岗时期水稻双峰型植硅体形态参数及粳籼判别结果

编号	L/μm	H/μm	$\alpha1$/(°)	$\alpha2$/(°)	$\alpha1+\alpha2$/(°)	$Y_{粳}$得分	$Y_{籼}$得分	判别结果
1	22.325	3.318	132.607	148.556	281.163	135.155	126.280	$Y_{粳}>Y_{籼}$，粳稻
2	38.331	5.272	82.735	99.647	182.382	92.939	92.219	$Y_{粳}>Y_{籼}$，粳稻
3	27.407	3.352	84.806	98.830	183.636	75.726	75.059	$Y_{粳}>Y_{籼}$，粳稻
4	20.034	4.440	70.393	85.836	156.229	60.095	63.374	$Y_{粳}<Y_{籼}$，籼稻
5	23.980	4.185	52.337	88.103	140.440	50.820	54.916	$Y_{粳}<Y_{籼}$，籼稻
6	34.120	3.863	68.749	86.090	154.839	64.312	65.751	$Y_{粳}<Y_{籼}$，籼稻
7	21.717	3.748	73.101	83.541	156.642	57.272	59.922	$Y_{粳}<Y_{籼}$，籼稻
8	28.107	2.968	123.861	89.774	213.635	93.160	89.491	$Y_{粳}>Y_{籼}$，粳稻
9	32.831	5.583	105.683	107.103	212.786	111.002	108.363	$Y_{粳}>Y_{籼}$，粳稻
10	23.819	4.077	84.596	133.678	218.274	100.129	97.176	$Y_{粳}>Y_{籼}$，粳稻
11	35.406	1.609	84.382	85.264	169.646	61.230	59.893	$Y_{粳}>Y_{籼}$，粳稻
12	37.124	4.721	65.772	79.019	144.791	64.765	67.253	$Y_{粳}<Y_{籼}$，籼稻

2. 仰韶文化时期水稻的性质

与裴李岗文化时期不同，仰韶文化时期有多个遗址发现了水稻植硅体，而且水稻扇型植硅体含量增加，双峰型植硅体虽然较多，但可供测量和判别的形态极少，因此扇型植硅体是仰韶文化时期水稻性质判别的主要材料。

如前面所述，在水稻野生/驯化性质的判定上，扇型植硅体鱼鳞状纹饰数量大于等于 9 个可作为驯化稻的鉴定特征（Lu et al.，2002）。现代稻田表土扇型植硅体研究表明，驯化稻田土鱼鳞状纹饰数量≥9 的扇型植硅体比例为 63.70%±9.22%，而野生稻田土的比例仅为 17.46%±8.29%，根据鱼鳞纹饰数量≥9 的扇型植硅体所占比例可以在考古样品中区分野生稻和驯化稻（Huan et al.，2015）。最新的研究基于更大的样本数量，又将驯化稻田表土样品中具有≥9 个鱼鳞状纹饰的扇型植硅体的比例更新为 57.6%±8.7%（郇秀佳等，2020）。我们共测量了132 粒仰韶文化时期的水稻扇型植硅体，它们主要来自颍阳遗址（*N*=60）、朱寨遗址（*N*=50）、菜园沟遗址（*N*=14）和马鞍河遗址（*N*=8）。这些水稻扇型植硅体的鱼鳞状纹饰数量为 5～14 个，其中在 9～14 个的共有 76 粒（图 2-53），占总数的 57.6%，这一比例值落在现代驯化稻田土的数据范围内，应该属于驯化稻。

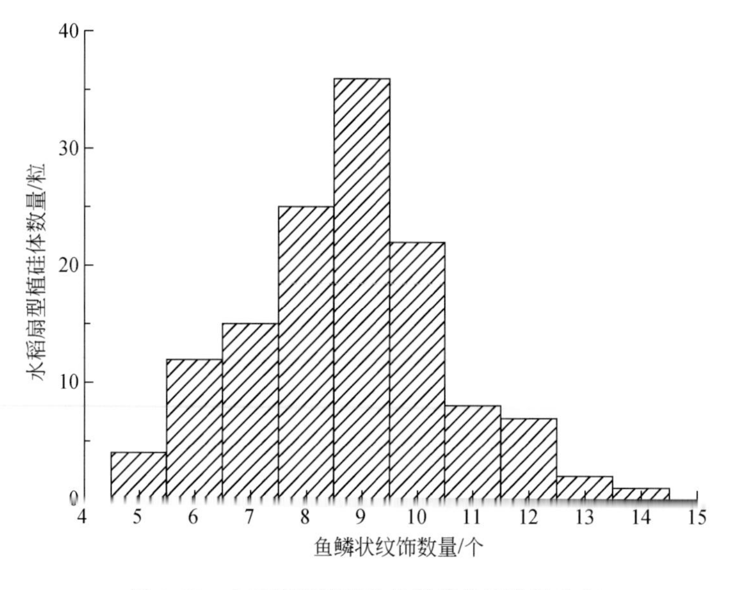

图 2-53　水稻扇型植硅体鱼鳞状纹饰数量分布

仰韶文化时期的水稻扇型植硅体属于驯化稻，那么便可利用这些扇型植硅体进行粳籼性质的判别，常用的判别方法有 *b*/*a* 形状系数法和判别式法两种（王灿和吕厚远，2012）。一般来讲，籼稻扇型植硅体 b/a 值多数大于 1，而粳稻扇型植硅体 b/a 值多数小于 1（王灿和吕厚远，2012）。基于扇型植硅体 b/a 值、长度（VL）、宽度（HL）、厚度（LL）和柄宽等参数，学界建立了诸多粳、籼稻判别式，比较常见的有三种。第一种由 Sato 等（1990）提出，其选择 4 个参数 a、b、c（相当于 HL）和 d（相当于 LL），建立了判别式：

$$Z=0.049(a+b)-0.019c+0.197d-4.792(b/a)-2.614 \tag{2-3}$$

发现籼稻多属于 $Z<-0.5$ 的α型（水稻扇型植硅体为短柄型），粳稻多属 $Z>0.5$ 的β型（水稻扇型植硅体为长柄型），$Z=-0.5\sim0.5$ 的为过渡型，无法区分其亚种。第二种由 Wang 等（1996）建立，判别式为

$$Z(\mathrm{PO})=-0.4947\mathrm{VL}+0.2994\mathrm{HL}-0.1357\mathrm{LL}+3.8154b/a+8.9567 \tag{2-4}$$

发现以 0 为判别值的分界点，粳、籼稻判别值的分布高峰差异很大，籼稻多是 $Z(\mathrm{PO})>0$ 的类型，而粳稻则多属于 $Z(\mathrm{PO})\leqslant 0$ 的类型。第三种由顾海滨（2009）提出，其选择了扇柄长 α（ 相当于 a）、扇叶长 β（ 相当于 b）、扇柄宽 c、扇叶宽 d（相当于 HL）和扇厚 e（相当于 LL）5 个参数，建立了判别式：

$$Y_{粳}=-33.220+0.765\alpha+0.357\beta+1.459c+0.339d+0.461e \tag{2-5}$$

$$Y_{籼}=-30.931+0.562\alpha+0.375\beta+1.502c+0.440d+0.361e \tag{2-6}$$

遗址中水稻扇型植硅体进行粳、籼鉴定时，直接将观测数据代入公式，则分别得到 $Y_{粳}$及 $Y_{籼}$的得分，得分高的一类就是该扇型植硅体的类别。无论是 b/a 值法，还是判别式法，都被认为是区分驯化稻粳、籼亚种的有效指标，并被广泛应用（王灿和吕厚远，2012）。

我们对发现的 132 粒水稻扇型植硅体的各项参数进行了测量和统计，利用上述判别方法进行判别，判别结果列于表 2-22 中。b/a 形状系数的平均值是 0.89，这处于粳稻范围内。前两种判别式将这些水稻扇型判别为粳稻，利用第三种判别式判别，则有 80.3%的水稻扇型被判别为粳稻。综合以上结果，中原地区仰韶文化时期的驯化稻品种依然属于粳稻。

表 2-22　仰韶文化时期水稻扇型植硅体形态参数的平均值和不同判别方法的判别结果

统计数量/粒	长/μm	宽/μm	厚/μm	柄宽/μm	a/μm	b/μm	b/a	判别值及判别结果		
								Wang 等	Sato 等	顾海滨
132	44.88	37.56	30.04	7.62	24.53	20.35	0.89	−2.57，粳	0.53，粳	80.3%粳 19.7%籼

通过以上对中原地区早期水稻遗存性质的判别，可以得出以下几点认识。

（1）中原地区裴李岗文化时期已出现处于驯化状态的水稻遗存，而且很有可

能是粳稻品种；

（2）在仰韶文化时期，中原地区统计到的水稻扇型植硅体个体较大，其鱼鳞状纹饰多在 9 个及以上，因而这些水稻遗存来自驯化稻，并且其驯化程度较高，而这些水稻扇型植硅体也被判别为粳稻，说明中原地区早期驯化稻的类型一直属于粳稻。

中原地区早期水稻性质被判别为驯化粳稻，其意义在于以下两点：第一点是为驯化稻出现时间的争论提供了新的参考资料。在水稻驯化的起源地——长江中下游地区，吊桶环遗址和上山遗址均发现了距今 10000 年前的水稻遗存，而且很可能处于驯化的早期阶段（Zhao，1998；Jiang and Liu，2006；郑云飞和蒋乐平，2007），到距今 9000～8000 年，跨湖桥、小黄山、贾湖、八里岗遗址中出现了明确的驯化稻（Liu et al.，2007；郑云飞和蒋乐平，2007；赵志军和张居中，2009；Deng et al.，2015），但 Fuller 等（2007，2008）认为这些早期水稻遗存大多属于野生稻范畴，甚至到距今7000 年之后的马家浜、河姆渡文化也很少有驯化的迹象。黄河流域 8000 年前水稻遗存的发现使这一问题变得复杂，以月庄、西河遗址为例，由于发现者均未对出土炭化稻的性质做出明确界定（Crawford et al.，2006，2013；Jin et al.，2014），其他学者或推测属于野生稻，是野生稻北扩的证据（Fuller et al.，2010；秦岭，2012），或根据考古文化背景推测为驯化稻（张弛，2011），这并不能为界定驯化稻出现时间提供可靠依据。与之相比，唐户遗址水稻遗存已经出现了明确的驯化特征（Zhang et al.，2012），而本研究朱寨遗址出现裴李岗文化时期的驯化稻也是确定的，表明距今 8000 年前后，在远离水稻起源地的中原地区已经具有驯化稻，那么在长江流域驯化稻出现的时间至少不晚于 8000a cal BP，或者更早。当然，驯化稻的最早出现只是水稻漫长驯化过程的开始，而到仰韶文化时期中原地区的水稻遗存已呈现较高的驯化程度，说明距今 6000～5000 年中原地区可能完成了水稻的驯化，这一时间节点与长江流域的相一致（Fuller et al.，2009）。

第二点是为中国是粳稻起源地的假说提供证据。目前，虽然还有粳、籼同源和异源起源的争论（Londo et al.，2006；Vaughan et al.，2008；Molina et al.，2011），但越来越多的遗传学证据表明粳稻起源于中国，随着粳稻传入印度，与当地普通野生稻偏籼类型杂交才产生了完全驯化的籼稻，而其产生时间则晚至 4000a cal BP（Fuller and Sato，2008；Fuller，2011；Huang et al.，2012；Gross and Zhao，2014），据此推断，中国早期驯化稻应属粳稻类型而无籼稻种类。这一点得到了众多考古学证据的支持，从早期的上山遗址、小黄山遗址、跨湖桥遗址、贾湖遗址（陈报章，1997；郑云飞和蒋乐平，2007），到稍晚的龙虬庄遗址、罗家角遗址、草鞋山遗址（邹江石等，1998；宇田津彻郎等，1998；郑云飞等，2000），再到新石器晚期的两城镇遗址（靳桂云等，2004），出土的驯化稻遗存均被鉴定为粳稻，中原地区裴李岗文化时期和仰韶文化时期种植的也是粳稻，这些进一步证明从长江流域到黄河流域，从早期到晚期，中国发现的考古水稻遗存属于粳稻类型，与遗传学的推论相吻合，共同支持了粳稻起源于中国的观点。因此，可以推测，中国新石器时代出土水稻遗存只要是驯化的，便是偏粳类型应没有疑问，而几乎没有属于籼稻的可能性。但需要注意的是，最近莫角山遗址发现了新石器时代籼稻的古DNA片段（Tanaka et al.，2020），这一方面需要更多遗传学研究验证，另一方面还需要考古学证据的支持，说明在未来的研究中，使用考古学方法对出土新石器时代驯化稻遗存进行粳、籼性质的判定仍然是必要的。

第3章　中国旧石器时代晚期到新石器时代中期植物利用的宏观进程

3.1　引　　言

无论是过去还是现在，植物对于人类的生存至关重要。在过去的十年，人类-植物相互作用的历史被逐步推至上新世（Lee-Thorp and Sponheimer，2006；Sponheimer et al.，2013；Cerling et al.，2013；Wynn et al.，2013），说明人类利用植物的进程已经有数百万年之久。虽然植物可被用作多种用途，如药物、衣料、燃料、工具、建筑材料等，但植物性食物无疑是人类生计中最重要的资源。

人类对植物性食物的利用是一个渐进的过程。自上新世以来，伴随着人类的演化，这一过程发生了显著变化（Allaby et al.，2015）。一般来讲，在旧石器时代早期，古人对植物的采集和利用是简单而随机的，直到旧石器时代中期才开始定向采集某些植物性食物（Ungar et al.，2006；Hardy，2010；Guan et al.，2012，2014）。在旧石器时代晚期，人类利用植物的行为日趋复杂化，开始集约采集、加工和贮存多种可食用的野生植物，尤其是野生禾草类种子（Bar-Yosef，2002b；Weiss et al.，2004b；Revedin et al.，2010；Henry et al.，2011；Guan et al.，2012，2014；Humphrey et al.，2014），而这种广谱性的植物采集有可能出现于更早的25万年前（Hardy and Moncel，2011），甚至78万年前（Melamed et al.，2016）。经过长期野生植物种植的实践，在全新世伊始人类对植物的利用进入了“低水平食物生产”的新阶段（Smith，2001）。这一阶段在集约化农业经济形成之前，期间人类在继续利用多种野生植物的同时，还从事以驯化谷物为基础的农业生产。

由上述可知，自旧石器时代晚期以来，人类的植物生计经历了从采集到农业生产的重大转变。有关这一转变的详细过程及随后的农业发展情况最为清晰的记录来自西亚地区，这源于几十年来，西亚地区进行的深入而广泛的考古学及植物考古研究（Flannery，1969，1973；Bar-Yosef and Belfer-Cohen，1989；Bar-Yosef and Meadow，1995；Piperno et al.，2004；Weiss et al.，2004a；Tanno and Willcox，2006；Bar-Yosef，2011；Zeder，2011）。然而，与西亚地区相比，另一个农业起源中心——中国的可靠植物考古数据仍然不多，这是因为中国考古学研究长期缺少科学的植物遗存采集和分析方法（刘长江等，2008；赵志军，2009b；Liu and Chen，2012）。幸运的是，自新世纪以来，中国的植物考古学研究迅速发展，越来越多的研究采用多种系统的植物考古学方法，如浮选法、淀粉粒分析和植硅体分析等，积累了许多很有价值的数据，特别是一些早期遗址的数据（赵志军，2004b，2014；Crawford et al.，2005，2006，2013；Lu et al.，2009b；Yang X Y et al.，2009，2012b，2014；Zhao，2011；Liu et al.，2011，2013；Barton and Torrence，2015）。这些新材料为我们更深入地了解中国农业起源进程中植物利用方式的变化提供了难得的机会。

最近十年来，许多研究在整合植物考古证据的基础上，大体描绘了中国古代农业形成过程中植物利用方式的演变格局（刘长江等，2008；Jones and Liu，2009；Cohen，2011；Zhao，2011；秦岭，2012；张居中等，2014；赵志军，2014；Liu，2015），但是这些综述性研究仅一一介绍和讨论了每个遗址的结果，缺少定量化数据，因而得出的结论还需要进一步验证。在本章中，我们系统地编辑了一个中国植物考古数据库。其数据来源于多种研究方法，年代范围在距今 3 万年到 5 千年。然后，我们对这些数据进行定量化分析，并结合其他证据，重建旧石器时代晚期到新石器时代中期人类植物生计变化的进程，以更好地理解中国农业起源和发展的轨迹。

3.2　材料与方法

数据库中的植物考古数据来自相关研究论文、浮选报告和学位论文。因研究时段限定到新石器时代中期，所以年代在 5ka cal BP 之后的数据没有录用。所选数据主要是植物大遗存和淀粉粒数据，兼有少量植硅体数据。来源文献提供了多种数据形式，其中只有植物遗存的绝对数量数据被录入数据库，以此作为定量分析的数据基础。

收集到的植物遗存数据均有明确的年代范围，这来自原文献对植物遗存或其出土单位所做的^{14}C 和考古学文化综合定年。此外，原文献以植物考古专业人员的系统工作为基础，并经过严格评审而发表，从而确保植物遗存鉴定数据的可靠性。原文献中认为存疑或无法鉴定的数据则不被录入。跨湖桥遗址和八十垱遗址的植物大遗存是发掘过程中非系统采样获得的，采用的是筛洗和肉眼拣选的提取方法（浙江省文物考古研究所和萧山博物馆，2004；湖南省文物考古研究所，2006），因此其数据代表性不够全面，应该在分析时被排除。然而，鉴于这两处遗址拥有丰富而多样的植物遗存，这些数据也被录入数据库，但并不直接用于定量分析。还需要说明的是，一些研究尽管采用了系统的植物考古采样和研究方法，但在发表时仅公布了部分植物种属的鉴定数据（赵志军，2004b；邓振华和高玉，2012；张俊娜等，2014），在统计分析中会出现不同种属间的权重偏差，因此这些数据在分析中也不被采纳。目前，数据库中的数据来自 87 个考古遗址（图 3-1），共发现了 89 科、150 属和 125 种植物种类，显示了史前植物利用的多样性（图 3-2）。

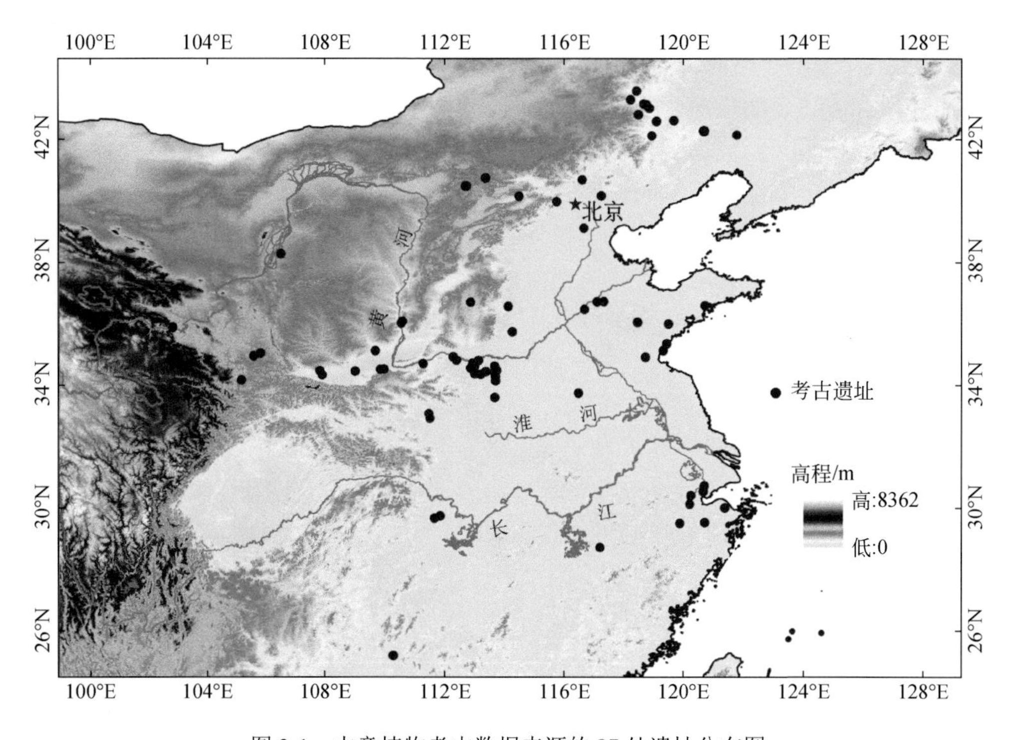

图 3-1　本章植物考古数据来源的 87 处遗址分布图

旧石器时代晚期以来，中国的史前文化可大致分为两个系统：中国北方地区系统和中国南方地区系统。这两个文化系统在石器、陶器、植物驯化和农业等方面具有不同的发展脉络和特征（张森水，1999；严文明，2000；Zhao，2011；Qu et al.，2013）。因此，本章将分别考察这两个区域的植物利用策略。结合前人的学术观点（刘长江等，2008；秦岭，2012；赵志军，2014）和本章所用数据的特点，我们将史前植物利用的发展历史大体划分为 4 个阶段：①33000～19000a cal BP，旧石器时代晚期；②14000～9000a cal BP，新旧石器过渡时期；③9000～6000a cal BP，新石器时代早期，南方地区在这一阶段又可进一步细分为 9000～7000a cal BP 和 7000～6000a cal BP 两个时期；④6000～5000a cal BP，新石器时代中期。虽然一些阶段和地区的数据有限，但将目前已有的数据集成和分析来描绘史前植物利用的宏观进程应该是可行的。

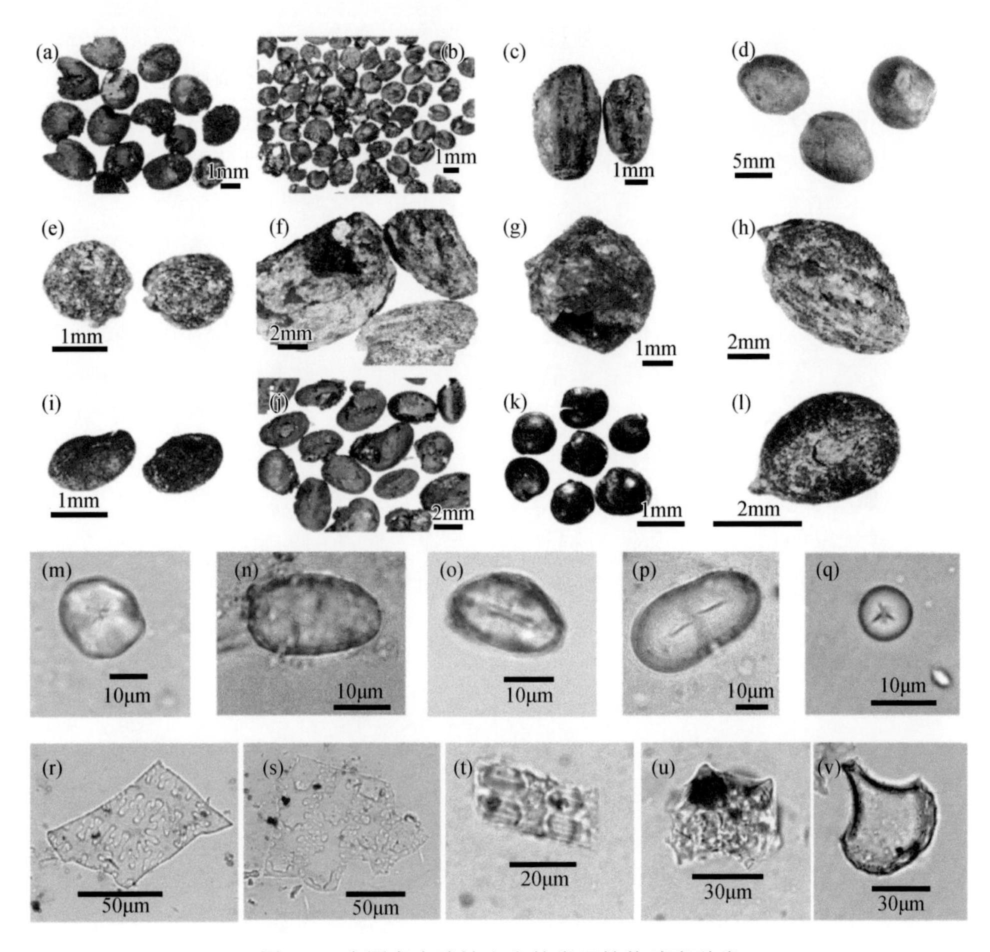

图 3-2　中国考古遗址出土的常见植物遗存种类

植物大遗存：（a）黍 *Panicum miliaceum*；（b）粟 *Setaria italica*；（c）水稻 *Oryza sativa*；（d）芡实 *Euryale ferox*；（e）构树 *Broussonetia papyrifera*；（f）栎属 *Quercus* sp.；（g）李属 *Prunus* sp.；（h）枣 *Ziziphus jujuba*；（i）草木樨属 *Melilotus* sp.；（j）豆科 Fabaceae；（k）藜属 *Chenopodium* sp.；（l）葡萄属 *Vitis* sp.。淀粉粒：（m）粟类；（n）块根块茎类；（o）小麦族；（p）食用豆类；（q）橡子。植硅体：（r）黍稃壳 η 型；（s）粟稃壳 Ω 型；（t）水稻茎叶并排哑铃型；（u）水稻颖壳双峰型；（v）水稻叶片扇型。该图包含本书第二章和附录中的部分植物遗存图版及其他研究者提供的照片，在此仅用作标本示例

本章采用的定量分析方法有相对百分比和出土概率两种。相对百分比是用来考察不同植物种类在植物生计中比重的历时变化。这一指标仅用于植物大遗存和淀粉粒数据的定量分析，计算方法为 $n_1/N_1\times100\%$，其中 n_1 为每个植物种类的绝对数量，N_1 为所有植物种类的绝对数量。出土概率也称普遍性分析，常被用来衡量不同植物种类在生计方式中的重要性（Pearsall，2000；刘长江等，2008；赵志军，2010）。本章在分析时对其计算方法进行了稍许修改，即分析的基本单元改为遗址

数量，而非样品数。计算公式为某植物种类的出土概率$=n_2/N_2\times 100\%$，其中 n_2 为出现有某植物种类的遗址数量，N_2 为遗址总数。现有的植硅体数据不够充足，不能进行相对百分比分析，仅在相同遗址同时具有植物大遗存或淀粉粒数据时才被加入到出土概率分析。因此，在 87 个遗址中最后有 83 个遗址的数据被用于定量分析，其中 10 处遗址位于南方地区，73 处遗址位于北方地区。

本章主要关注的是农业起源和发展的宏观轨迹，也就是生计方式由野生植物采集为主到谷物生产为主的转变过程，并不关心具体每一种植物利用的变化。因此，在分析中，我们将所有植物归纳为 6 大类：块根块茎类、水果和坚果类、豆类、禾草类、杂草类和谷物类。禾草类包括谷物和其他禾本科植物。谷物类包括野生和驯化的小米、水稻及薏苡，对它们的种植是农业生产的基础。杂草中的某些种类在农业发展的早期阶段有可能被有意地采集，然而在植物考古记录中，它们通常被认为是与谷物伴生的农田杂草。因此，杂草类在一定程度上可被用作农业发展状况的指示物。其他植物种类则应属先民利用的野生食物资源。结合各植物种类的相对百分比和出土概率，便可衡量各自在过去植物生计中的比重和重要性。

3.3　分 析 结 果

3.3.1　中国南方地区的植物利用

中国南方地区最早的植物利用证据来自仙人洞和吊桶环遗址。万智巍等（2012b）在这两处遗址出土的两件蚌器上发现了小麦族和黍族植物淀粉粒，年代为 20～19ka cal BP。这意味着中国南方地区先民对禾草类植物的利用可上推至末次冰盛期（LGM，26.5～19ka cal BP）。

图 3-3（a）和（b）分别展示了14～5ka cal BP 期间中国南方地区 5 个植物种类的相对百分比和出土概率的变化，分为 4 个发展阶段。然而，南方地区 19～14ka cal BP 期间的植物考古信息是缺失的。水果和坚果类，如朴树（*Celtis sinensis*）、山桃（*Prunus davidiana*）、壳斗科（Fagaceae）和菱属（*Trapa* sp.）等，在新旧石器过渡期和新石器时代早期的植物组合中始终占有最高的比例（占植物大遗存的 78%～98%，占淀粉粒的 51%～99%）。但是，在新石器时代中期（6～5ka cal BP），它们的比例却急剧下降（占植物大遗存的 3%）。南方地区发现的谷物类包括水稻、粟和薏苡（*Coix lacryma-jobi*），其中水稻是最主要的谷物，其他两种谷物仅零星出现。这 3 种谷物所占比例从早到晚呈逐渐增加趋势，并在新石器时代中期占据主要地位（占植物大遗存的 69%）。杂草类主要包括莎草（莎草属 *Cyperus* sp.、藨

草属 *Scirpus* sp.、水莎草属 *Juncellus* sp.）及一年生和多年生草本植物（狗尾草属 *Setaria* spp.、马唐属 *Digitaria* sp.、蓼属 *Polygonum* sp.、葎草属 *Humulus* sp.、眼子菜属 *Potamogeton* sp.），其比例变化趋势与谷物类相似。块根块茎类（如薯蓣属 *Dioscorea* sp.）和豆类（如豇豆属 *Vigna* sp.）的比例与其他植物种类相比非常低，可能不是人类经常利用的资源。

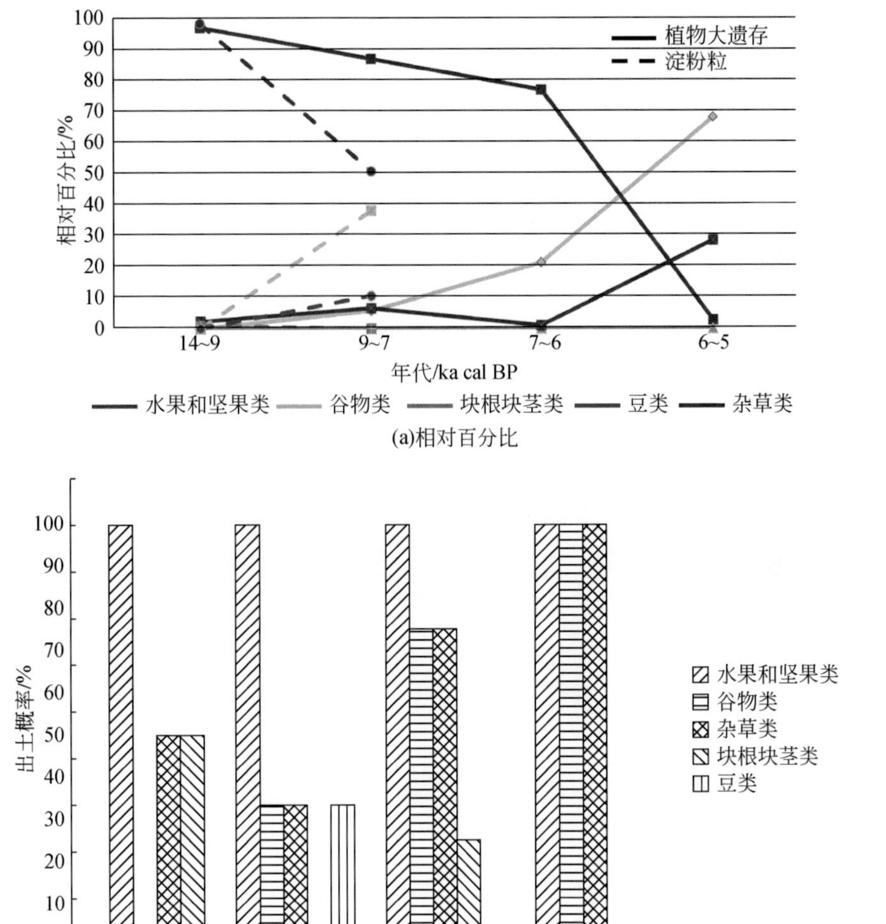

图 3-3　中国南方地区 14～5ka cal BP 期间 5 个植物种类对比变化图

在 4 个发展阶段中，水果和坚果类的出土概率一直是100%［图 3-3（b）］。谷物类的出土概率从新石器时代早期的 33%上升到新石器时代中期的100%，而杂草类的出土概率也有相同的增加趋势。块根块茎类在 14～9ka cal BP 和 7～6ka cal BP 期间零星出现，出土概率分别为 50%和 25%。豆类仅在 9～7ka cal BP 期间出现，出土概率为 33%。

根据出土概率，橡子在中国南方的早期阶段，尤其是 9～7ka cal BP 期间是最主要的食物资源（图 3-4）。在 7～5ka cal BP 期间，水稻、莎草科和狗尾草属植物的出土概率增加，而橡子则减少以至消失（图 3-4）；与橡子不同，其他可食的野生植物，如菱角、芡实和柿子（*Diospyros* sp.）的出土概率仍然较高，表明它们在这一时期依然是重要的食物来源。

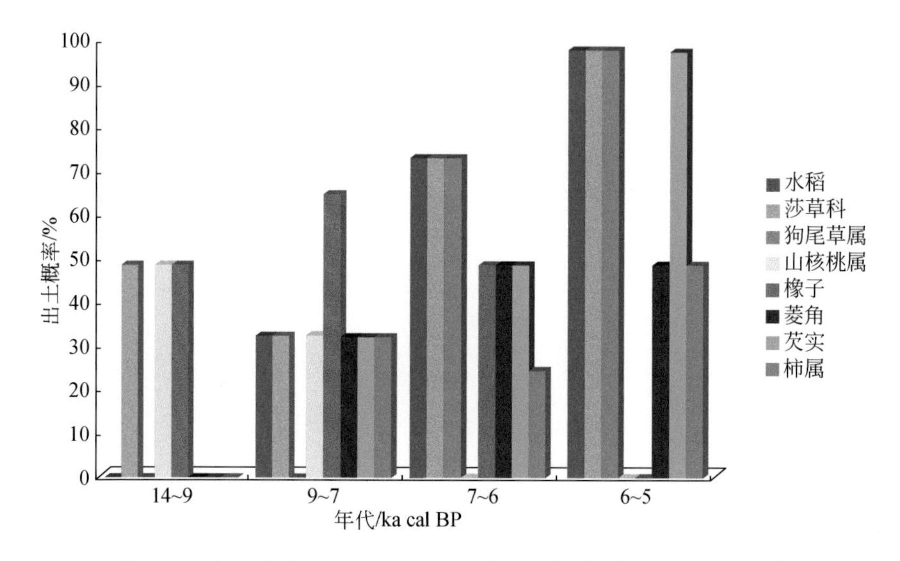

图 3-4　中国南方地区 14～5ka cal BP 期间重要植物资源的出土概率

综合的植物考古数据也反映了南方地区水稻驯化的发展过程（图 3-5）。在 9～7ka cal BP 期间，还没有发现明确鉴定为驯化状态的水稻遗存。到了 7～6ka cal BP 期间，驯化稻出现，但相对百分比只有15%。在 6～5ka cal BP 期间，驯化稻的相对百分比迅速增加到了 63%。

3.3.2　中国北方地区的植物利用

中国北方地区33～5ka cal BP 期间 5 个植物种类的相对百分比的变化历程可划分为 4 个阶段（图 3-6）。与中国南方地区相同，中国北方地区19～14ka cal BP 期间的植物考古数据缺失。北方地区旧石器时代晚期（33～19ka cal BP）的植物

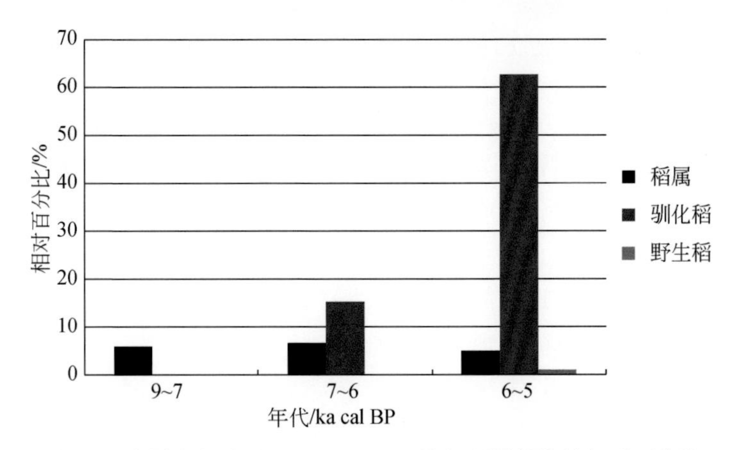

图 3-5　中国南方地区 9～5 ka cal BP 期间稻属植物的相对百分比

利用信息来自石器淀粉粒分析结果。在淀粉粒组合中，禾草类所占比例最大（50%），其中小麦族占 40%，黍族占 9%；豆类淀粉其次，比例为 31%；块根块茎类占 18%，包括山药（学名薯蓣，*Dioscorea polystachya*）（12%）、香蒲（*Typha* sp.）（3%）、栝楼根（*Trichosanthes kirilowii*）（2%）和百合属（*Lilium* sp.）；坚果类淀粉粒很少，仅占 1%，包括栗属（*Castanea* sp.）和栎属（*Quercus* sp.）。

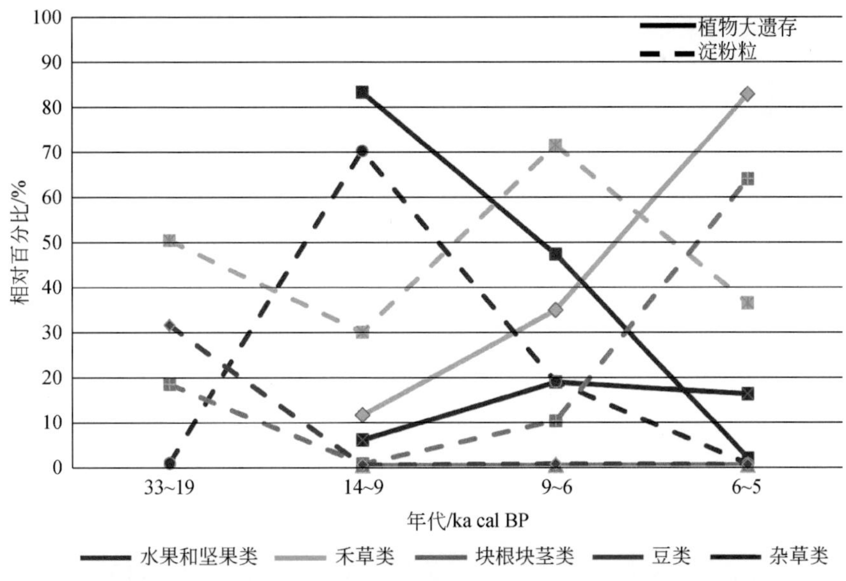

图 3-6　中国北方地区 33～5ka cal BP 期间 5 个植物种类的相对百分比变化

在新旧石器过渡时期（14～9ka cal BP），水果和坚果类的比例占优，其在植物大遗存中占 83%，在淀粉粒组合中占 70%；禾草类比例次之，占植物大遗存的

11%，淀粉粒组合的 29.7%（19.4%是粟类）；杂草类比例较低，占植物大遗存的 6%；而块根块茎类和豆类的含量极少，分别占淀粉粒组合的 0.3%和 0.1%。在 9～6ka cal BP 期间，水果和坚果类的比例下降，但仍在植物大遗存组合中占有较大比例（47%），在淀粉粒组合中则显著下降到 19%；禾草类在植物大遗存和淀粉粒组合中的比例均有增加，分别达到 35%和 71%；而杂草类在植物大遗存中的比例也上升到 19%。在禾草类之内，谷物（小米、水稻和薏苡）的比例也有所增加，但比例相对较低，占植物大遗存的 18%和淀粉粒组合的 38%。虽然块根块茎类和豆类的比例增加，在淀粉粒组合中分别占到 10%和 0.3%，但其含量仍然较低。在新石器时代中期（6～5ka cal BP），水果和坚果类的比例明显降低，仅占植物大遗存的 2%，淀粉粒组合的 0.2%；禾草类在植物大遗存中的比例大大提高（83%），但在淀粉粒组合中的比例下降（36%）。杂草类的比例稍有降低，在植物大遗存中占 16%。禾草类中，谷物在植物大遗存中的比例增加到 46%，在淀粉粒组合中仍保持在 33%。块根块茎类在淀粉粒组合中的比例显著增加到 63.7%，占有的比例最大，然而豆类的比例依然很低，仅占淀粉粒组合的 0.1%。

从旧石器时代晚期到新石器时代中期（33～5ka cal BP），禾草类的出土概率始终是 100%（图 3-7），而块根块茎类和豆类的出土概率从旧石器时代晚期（33～19ka cal BP）的 100%分别逐渐下降到 14.3%和 3.6%。水果和坚果类在旧石器时代晚期的出土概率为 50%，在 14～9ka cal BP 期间增加到 80%，但在新石器时代中期（6～5ka cal BP）下降为 42.9%（图 3-7）。杂草类的出土概率在新石器时代中期达到最高，为 57.1%。

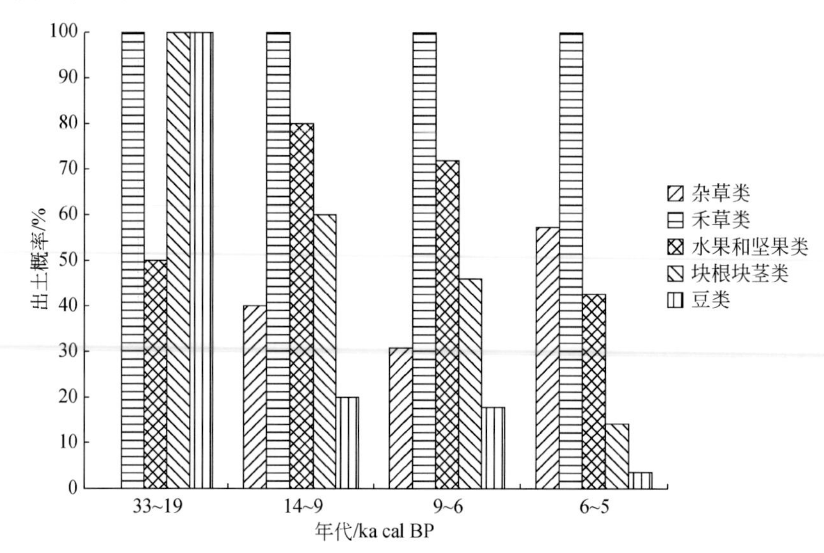

图 3-7　中国北方地区 33～5ka cal BP 期间 5 个植物种类的出土概率变化

图 3-8 是几种重要的禾草类植物出土概率的历时变化，用来指示北方地区从野生禾草类采集到谷物生产的转变过程。在 33～19ka cal BP 期间，相当于深海氧同位素 3 阶段（MIS3；50～26.5ka cal BP）和末次冰盛期时期，野生禾草类，如小麦族和黍族已经被采集利用，出土概率分别为 100%和 50%；在新旧石器过渡时期（14～9ka cal BP），小麦族和黍族的出土概率分别下降到 80%和 40%，与此同时，野生和驯化粟类出现，出土概率为 60%。在 9～6ka cal BP 期间，驯化谷物的出土概率增加，特别是粟和黍的出土概率分别达到 48.7%和 46.2%。然而，此时小麦族的出土概率依然较高，达 61.5%。在 6～5ka cal BP 时期，粟、黍和水稻的出土概率分别显著地增加到 82.1%、75.0%和 32.1%，相比之下，小麦族的出土概率下降到了 21.4%，但黍族的出土概率达到了 57.1%，这可能与此时伴随着谷物种植的扩大，某些黍族杂草，如狗尾草属、马唐属的普遍存在有关。

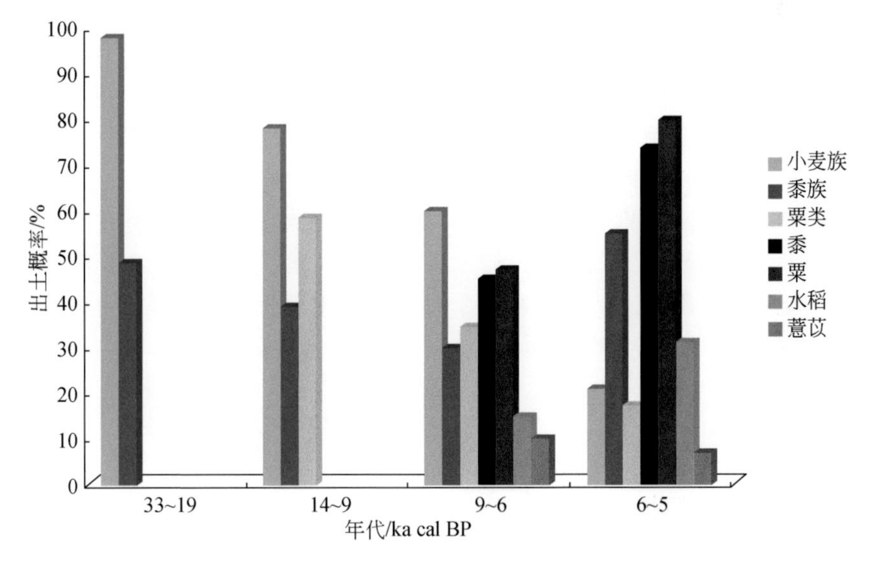

图 3-8　中国北方地区 33～5ka cal BP 期间几种重要禾草类植物的出土概率变化

比较几种谷物、杂草和可食野生植物的出土概率（图 3-9），可以发现在旧石器时代晚期（33～19ka cal BP），块根块茎类、豆类和橡子是主要的食物资源（50%～100%）。谷物和杂草在新旧石器过渡时期出现，其出土概率呈从早到晚的增加趋势，而可食野生植物的出土概率逐渐下降。最终在6～5ka cal BP 的新石器时代中期，谷物（小米、薏苡和水稻）和杂草成为最主要的资源，出土概率达到 32%～100%，相反没有一种野生资源的出土概率能超过 15%。

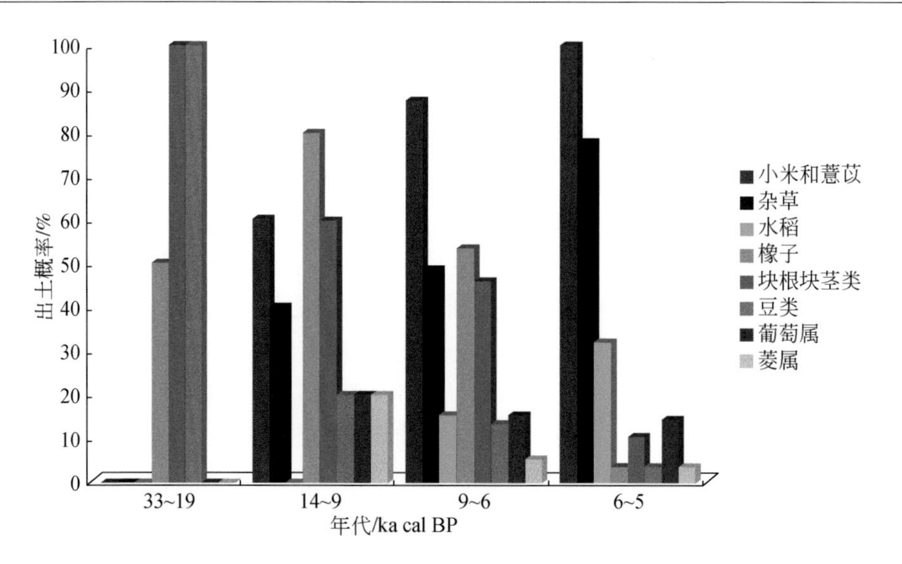

图 3-9　中国北方地区33～5ka cal BP 期间几种谷物、杂草和可食野生植物的出土概率对比

图 3-10 将北方地区两种主要的作物——粟和黍的比例进行了对比。在新石器时代早期（9～6ka cal BP），黍的百分比为 14.1%，而粟的百分比仅为 0.8%（植物大遗存）；二者的出土概率相近，黍为 46.2%，粟为 48.7%。到了新石器时代中期（6～5ka cal BP），粟的百分比和出土概率（27.5%；82.1%）都超过了黍（17.9%；75.0%），显示粟和黍的比例转换发生在 6ka cal BP 之后。

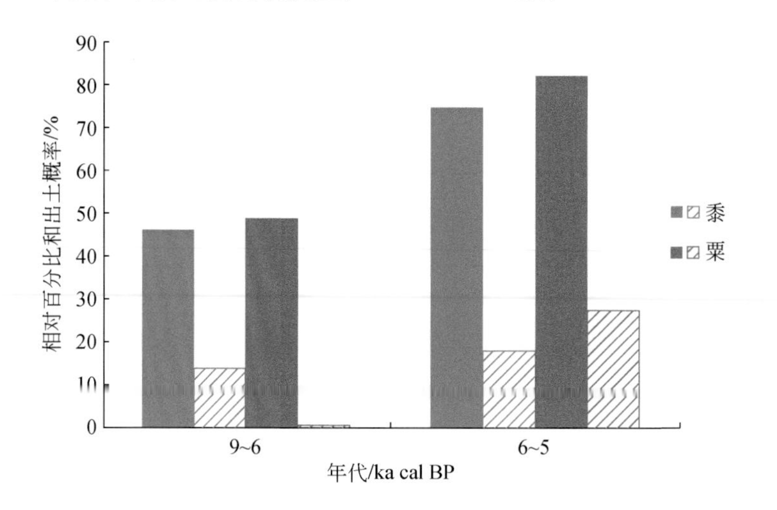

图 3-10　中国北方地区9～5ka cal BP 期间粟和黍的相对百分比（条纹）和出土概率（纯色）对比

3.4 讨论与结论

通过浮选法获得的植物大遗存是了解过去植物利用情况的主要材料，许多综述性研究也是以植物大遗存数据为基础探讨中国的农业起源问题（刘长江等，2008；Jones and Liu，2009；Cohen，2011；Zhao，2011）。植物大遗存组合主要包括谷物类、杂草类、水果和坚果类等，然而，这些只是古人利用的植物种类的一部分；此外，由于保存上的原因，已发表的年代在旧石器时代晚期和新旧石器时代过渡时期的植物大遗存资料极其少见。植物微体遗存，如淀粉粒和植硅体，可在地层中长久保存，在古代植物遗存，尤其是在块根块茎类、食用豆类和早期栽培谷物的复原和鉴别上非常有效（Piperno，2006；Torrence and Barton，2006），而这些种类在植物大遗存组合中很少发现。本章将植物大遗存和植物微体遗存的数据进行了整合分析，因此可以较为全面地反映古人植物利用的种类和格局。

结果显示，在旧石器时代晚期（33～19ka cal BP），中国北方和南方地区的先民均已开始有意地采集、加工小麦族和黍族等禾草类植物。此外，这些可能曾被采集者视为低等级食物资源的野生禾草种子（Edwards and O'Connell，1995），似乎在此时的中国，尤其是中国北方地区，与食用豆类、根茎类植物一道成了人类食谱中的主要植食性资源（图 3-6），这反映出当时人类食谱范围的扩大。这一现象与西亚地区（23ka cal BP）（Piperno et al.，2004；Weiss et al.，2004b，2008；Nadel et al.，2012）、欧洲地区（30～50ka cal BP）（Revedin et al.，2010；Henry et al.，2011，2014）对禾草类种子的早期利用情况相似。然而不同的是，西方先民对小麦族植物的集约化利用开启了大粒型谷物，如小麦和大麦的漫长驯化过程，而中国北方地区选择了黍族植物，在同样漫长的时间里进行着小粒型谷物——小米的栽培和驯化。虽然小麦族植物一直是中国北方早期禾草利用的重要组分（图 3-8），但却始终处于野生状态（Yang et al.，2018b）。中国旧石器时代晚期对禾草类植物的利用可能与 MIS3、LGM 时期的干冷气候和以禾草类为主的植被状况有关（Ray and Adams，2001；Wang et al.，2001；Xia et al.，2002）。

在新旧石器过渡时期（14～9ka cal BP），水果和坚果类是狩猎采集者生计中的主要植物性食物。这与末次冰消期和全新世伊始的气候转暖、阔叶树扩张有关（Xia et al.，2002；Xiao et al.，2004；Dykoski et al.，2005）。在采集野生植物的同时，对谷物的驯化前栽培可能已经开始。虽然在统计结果中，中国南方地区这一时期的谷物证据缺失（图 3-3），但吊桶环（12ka cal BP）（Zhao，1998；张弛，2000）、玉蟾岩（12ka cal BP）（张文绪和袁家荣，1998；袁家荣，2000；Yuan，2002）、牛栏洞（14ka cal BP）（广东省珠江文化研究会岭南考古研究专业委员会等，2013）

和上山遗址（9～10ka cal BP）（Jiang and Liu，2006；Zhao，2010；赵志军，2014）的植硅体/植物大遗存证据表明，水稻此时已经被人类有意识地采集和栽培，并用作野生坚果外的补充食物资源。然而，还没有充足的证据明确证明驯化稻已经出现。与水稻不同，基于东胡林（Yang et al.，2012b；赵志军，2014，2020）、南庄头（Yang et al.，2012b）、转年（Yang X Y et al.，2014）和磁山遗址（Lu et al.，2009b）距今10000～12000年的形态上具备驯化特征的粟、黍遗存证据，我们推测在中国北方地区，粟类作物不仅被广泛栽培，而且可能已处于驯化状态。新仙女木事件（12.9～11.5ka cal BP）带来的干冷气候可能是触发谷物驯化前栽培的关键因素，在这一点上，中国与西亚地区的情况类似（Bar-Yosef，2011）。

新石器时代早期（9～6ka cal BP）是中国古代农业形成过程中的关键转折时期。此时，野生植物采集仍然是最主要的植物生计，但也出现了以驯化谷物为基础的低水平食物生产，这与全新世适宜期良好的气候环境同步（Zheng et al.，1998；Wang and Gong，2000；Ge et al.，2007；方修琦和侯光良，2011）。以雨热同期为特征的东亚季风气候在此时转暖变湿，非常有利于粟类、稻及其野生祖本的生长，为作物驯化的完成和产量的稳定增长提供了必要的气候环境条件。在中国南方地区，水果和坚果类，如橡子、菱角、芡实和柿子依然是主食资源；相比之下，其他可食野生资源如块根块茎类和豆类可能很少被利用，谷物生产（主要是水稻）也只是生业经济中很小的一部分，但其比重还是逐渐增加的（图3-3和图3-4）。与此同时，水稻已处在驯化的进程之中（图3-5）。在中国北方，野生植物采集也是主要的生业方式。除水果和坚果类外，野生禾草种子（小麦族）和块根块茎也是人类食谱重要的组成部分（图3-6～图3-8）。北方地区的农业生产较南方地区更加多样化，农作物种类丰富，包括粟、黍、水稻和薏苡（图3-8）。粟作农业是北方地区食物生产的主要组成部分，其中黍是最重要的农作物（图3-10）。粟类的驯化非常迅速，驯化粟、黍已明确在记录中出现（图3-8），而且分布广泛，从山东地区到甘肃地区、从内蒙古中南部到中原地区的广大地域内都有发现（刘长江等，2008）。粟类的出土概率较高（图3-9），暗示这一时期粟作农业在北方地区生业经济中具有较高的普遍性和重要性，与之相比，稻作农业在中国南方地区生业经济中的地位相对较低。

经过长时间的发展进程（约3万年），在新石器时代中期（6～5ka cal BP），农作物及其伴生杂草在植物遗存组合中占据了最高的比例，表明野生植物采集衰退，稻作和旱作农业分别成为中国南方地区和中国北方地区的主要生计方式。结果还表明，这一时期中国南方地区的水稻驯化基本完成（图3-5），同时中国北方地区旱作农业的主要农作物由黍转变为粟（图3-10），尽管一些遗址仍然是以黍为主的农业生产（Zhang et al.，2010；王育茜等，2011）。此外，虽然都是发达的农业生产，稻作农业和旱作农业也是各具特色。在中国南方地区的稻作农业系统中，虽然水稻耕作是主要的经济活动，但野生坚果（如菱角和芡实）的采集仍然是人类生计活动的重要组分。与此相反，在中国北方地区，旱作农业完全取代了采集经济，可食野生资源仅被零星采集甚至消失。农业生产作为人类主要食物来源地位的确立得益于全新世中期适宜的气候条件（夏正楷，2012），并进而促进了新石器文化的繁荣（Liu and Chen，2012），文明的形成（苏秉琦，2009）及人口的扩张（Wang et al.，2014）。

综上所述，本章重建了中国旧石器时代晚期到新石器时代中期植物利用的宏观进程，可划分为 4 个阶段，表 3-1 对每个阶段的特点进行了简要归纳。结果表明，从旧石器时代晚期开始，一些野生植物资源特别是野生禾草类种子，已被人类有意地采集和利用。在此之后，野生植物采集一直是最主要的植物生计，但其重要性从早到晚逐步减弱，到新石器时代中期（6～5ka cal BP），被以谷物栽培和驯化为基础的农业生产所代替。此外，中国北方地区和南方地区的植物利用方式存在明显不同，体现在某些植物种类（如小麦族、块根块茎类）在生业经济中的比重，谷物的驯化速率及农业主导地位完全建立后的植物生计方式等方面。中国史前从采集经济到稻作、旱作农业的转变过程是缓慢而漫长的（约 3 万年），这与西亚地区小麦和大麦农业的发展轨迹相似。需要指出的是，19～14ka cal BP 期间的植物遗存信息存在明显缺环，因此未来的研究应该重点关注这一时段，采用多种方法提取其植物利用信息。当然，要深入理解中国史前植物利用的进程，还需要更多植物考古研究以及对植物考古数据的定量分析。

本章编辑的植物考古数据库可在 https://journals.plos.org/plosone/article?id=10.1371/ journal.pone.0148136[2022.5.10]网站 Supporting Information 里下载。

表 3-1　中国旧石器时代晚期到新石器时代中期植物利用宏观进程的 4 个阶段

阶段	时间区间/ka cal BP	文化期	植物生计特征		气候特征
			中国南方	中国北方	
Ⅰ	33～19	旧石器时代晚期	野生禾草类的有意采集和利用	野生禾草类、豆类和块根块茎类的有意采集和利用	干冷
Ⅱ	14～9	新旧石器过渡时期	重点利用水果和坚果类植物，同时进行水稻栽培	重点利用水果和坚果类植物，同时进行粟类谷物栽培；粟类谷物已出现驯化状态	逐渐转暖
Ⅲ	9～6	新石器时代早期	水果和坚果类是主要的植物性食物；水稻消费的比例增加；水稻的驯化过程开始	水果和坚果类，连同禾草类、块根块茎类成为主要的植食资源；栽培谷物的种类多样；粟类植物的驯化快速发展；黍是最主要的农作物	暖湿
Ⅳ	6～5	新石器时代中期	稻作农业占据主导地位；水稻驯化基本完成；坚果类采集仍然是重要的植物生计	粟作农业完全取代采集经济成为主要的植物生计；粟是最主要的农作物；野生植物采集变得更加零星，甚至消失	暖湿

第4章　中国史前人口变化及其与最近5万年气候变化的关联

4.1　引　　言

近年来，人类活动、农业发展与气候变化的关系得到了深入的研究（Sandweiss et al.，1999；Weiss and Bradley，2001；deMenocal，2001；McMichael，2012；Xie et al.，2013；Ziegler et al.，2013）。气候变化在农业、人类社会发展上起到何种作用是争论的热点问题（Catto and Catto，2004；Coombes and Barber，2005；Yancheva et al.，2007；Zhang et al.，2007；O'Sullivan，2008；Maher et al.，2011；Zong et al.，2012）。尽管存在争议，许多可靠的环境证据仍然表明干旱和寒潮等灾难性气候波动与农业-文明瓦解和人类危机密切相关（Weiss et al.，1993；Cullen et al.，2000；Hodell et al.，2001；Polyak and Asmerom，2001；Wu and Liu，2004；An et al.，2005；Zhang et al.，2007；D'Andrea et al.，2011；Hsiang et al.，2011；Kennett et al.，2012；Medina-Elizalde and Rohling，2012）。越来越多的证据也表明，古气候波动触发了非洲人类进化过程中的快速变化（Donges et al.，2011），而末次冰盛期（LGM）之后的升温导致新石器时期之前全球人口的增加和人类居住地域的扩张（Zheng et al.，2011，2012）。随着定年精确、分辨率高、可与考古数据进行对比的气候记录不断增加，未来的研究可以提供过去人类-气候相互作用的更有价值的信息。然而，探究气候变化与过去人口规模或人类活动强度的确切关系仍具有挑战性，因为在很多情况下，重建可与长尺度、连续的古气候记录进行对比的高分辨率史前人口变化趋势十分困难。

目前，虽然证据难免欠缺，但学界仍尝试通过许多不同方法获取史前人口的信息（Chamberlain，2006；Bocquet-Appel，2008），可大体归纳为两类：基因学方法和考古学方法。越来越多的现代和古基因数据已被用于推算不同时空尺度人口规模的变化趋势（Haak et al.，2005；Atkinson et al.，2008；Gignoux et al.，2011；Zheng et al.，2011，2012；Aimé et al.，2013），但这一方法仍属推理性质，并且存在技术难点（Riede，2009），其基于分子时钟建立的年龄框架也具有很大的不确定性。此外，基因学重建的人口变化曲线过于平滑、单调，无法与波动的气候曲线进行精确对比。就重建史前人口规模而言，考古记录被认为优于基因学数据（Riede，2009）。考古遗址数量、密度、规模和分布的时间序列分析已被广泛接受并用于研究人口波动及其与气候变化的关系（李非等，1993；An et al.，2004；Tarasov et al.，2006；Li et al.，2009；Wagner et al.，2013；卓海昕等，2013）。然而，由于时间分辨率较低、年龄控制各异，将某一时空范围的考古记录和气候记录进行对比时，简单地将考古遗址数量转换为人口规模难以获得足够准确的信息（Tarasov et al.，2006）。那么鉴于以上困难，在考古记录中，什么指标可用于准确追踪人口历史的变化？

自 Rick（1987）的开创性工作以来，利用考古 ^{14}C 年代数据重建区域史前人口变化趋势的研究越来越多（Gamble et al.，2004，2005；Barton et al.，2007；Shennan and Edinborough，2007；Riede，2009；Hinz et al.，2012；Williams，2012）。这类研究基于一个合理的假设：某地区某时间段内，人口数量多，活动强度大，则产生和沉积较多的碳以供测年，从而 ^{14}C 年代数据多，概率密度大，因此考古 ^{14}C 年代数据的概率密度分布（summed radiocarbon probability distribution）可作为史前人口规模的代用指标（Holdaway and Porch，1995；Surovell and Brantingham，2007；Munoz et al.，2010；Peros et al.，2010）。该方法假定如果 ^{14}C 年代数据充足，来源的区域广大，并且来自多个遗址和不同学者的研究，那么其概率密度变化就能可靠地反映过去人口的波动。这一假定已得到广泛认可（Kuzmin and Keates，2005；Peros et al.，2010；Anderson et al.，2011）。此外，^{14}C 指标主要的优势还在于，可提供比分子时钟和文化期更为精确的年代框架（Gamble et al.，2005）。因样品量、年龄数据质量、遗址采样、定年不均衡、年代校正、埋藏学及人类生计方式改变等问题（Surovell et al.，2009；Steele，2010；Ballenger and Mabry，2011；Bamforth and Grund，2012；Williams，2012；Attenbrow and Hiscock，2015；Torfing，2015），该指标的可靠性受到影响，但学界已经提出了多种方法来解决这些问题，从而使提取的人口信息更为准确可靠（Williams，2012；Armit et al.，2013；Kerr and McCormick，2014；Contreras and Meadows，2014；Brown，2015）。

^{14}C 年代数据的时间频率分布通常表示为总和概率曲线图或频率直方图，已被广泛用于北美洲（Buchanan et al.，2008；Munoz et al.，2010；Peros et al.，2010；Anderson et al.，2011；Kelly et al.，2013；Miller and Gingerich，2013）、欧洲（Gkiasta et al.，2003；Gamble et al.，2005；Turney et al.，2006；Shennan and Edinborough，2007；González-Sampériz et al.，2009；Hinz et al.，2012；Tallavaara and Seppä，2012；Shennan et al.，2013；Wicks and Mithen，2014；Crombé and Robinson，2014；Timpson et al.，2014；Naudinot et al.，2014；Downey et al.，2014；French and Collins，2015；Balsera et al.，2015）、俄罗斯西伯利亚及远东地区（Dolukhanov et al.，2002；

Kuzmin and Keates，2005；Fiedel and Kuzmin，2007）、澳大利亚（Turney and Hobbs，2006；Smith et al.，2008；Williams et al.，2008，2010，2013，2015；Williams，2013）、西亚（Maher et al.，2011；Lawrence et al.，2015）、撒哈拉（Kuper and Kröpelin，2006；Manning and Timpson，2014）及南美洲（Delgado Burbano，2012；Bueno et al.，2013；Méndez Melgar，2013；Martínez et al.，2013；Prates et al.，2013；Rademaker et al.，2013；Gayo et al.，2015）人口变化及其与气候变化关系的探究。大多数研究认为人口变化与气候波动存在关联，但一些研究并未发现支持这种关联的证据（Buchanan et al.，2008；Maher et al.，2011；Shennan et al.，2013），这意味着运用类似的思路和相同的方法进一步对其他区域开展研究显得尤为必要。

基于现有方法，有学者认为 ^{14}C 年代数据的总和概率密度曲线是比简单的频率直方图更为严格的人口规模指标（Holdaway and Porch，1995；Smith et al.，2008），因为大量年龄数据概率分布的累加为详细分析人口变化提供了更高的年代精度（Shennan，2013）。^{14}C 年代数据的概率密度曲线还是连续的时间序列记录，可重建某一区域长时间尺度的人口变化，并可与古气候记录进行直接对比（Smith et al.，2008；Williams，2012）。因此，考古 ^{14}C 年代数据的总和概率分布被用作重建人口历史，进而探讨人口波动与气候变化相关性的主要方法（Williams，2012；Shennan，2013）。

然而迄今为止，这一方法在我国的应用仍十分少见，仅有的研究实例或关注于单个遗址和小区域，或基于较少的数据量和较短的时间尺度（Barton et al.，2007，2009；马敏敏等，2012；Dong et al.，2013；Rhode et al.，2014；Li H et al.，2015）。因此，无论是我国史前人口波动状况还是其在长时间尺度上对气候变化的响应方式均不清楚。造成这种状况的原因在于，我国缺乏诸如加拿大 CARD 数据库（Morlan，2005）、欧洲 S2AGES 数据库（Gamble et al.，2004）和澳大利亚 AustArch 数据库（Williams，2012）等可利用的考古遗址 ^{14}C 年代数据库，以及对这些 ^{14}C 年代数据的详细分析。本章首先编录了中国考古遗址 ^{14}C 年代数据库，进而在严格评估偏差因素影响的基础上，利用 ^{14}C 年代数据的总和概率密度分布，重建区域至全国人口的长时间尺度变化，并探讨人口变化与最近 5 万年气候变化的关联。

4.2　区 域 背 景

4.2.1　环境背景

中国位于亚欧大陆东端，濒临太平洋西海岸，主要跨越 20°N～54°N 和 73°E～135°E，国土面积广阔，达 960 万 km^2（图 4-1）。中国北部、西部和西南边界由沙漠、高原和山脉围绕，东部和东南部地区则面向海洋，具有相对独立的地理环境，地形条件与气候类型多样。

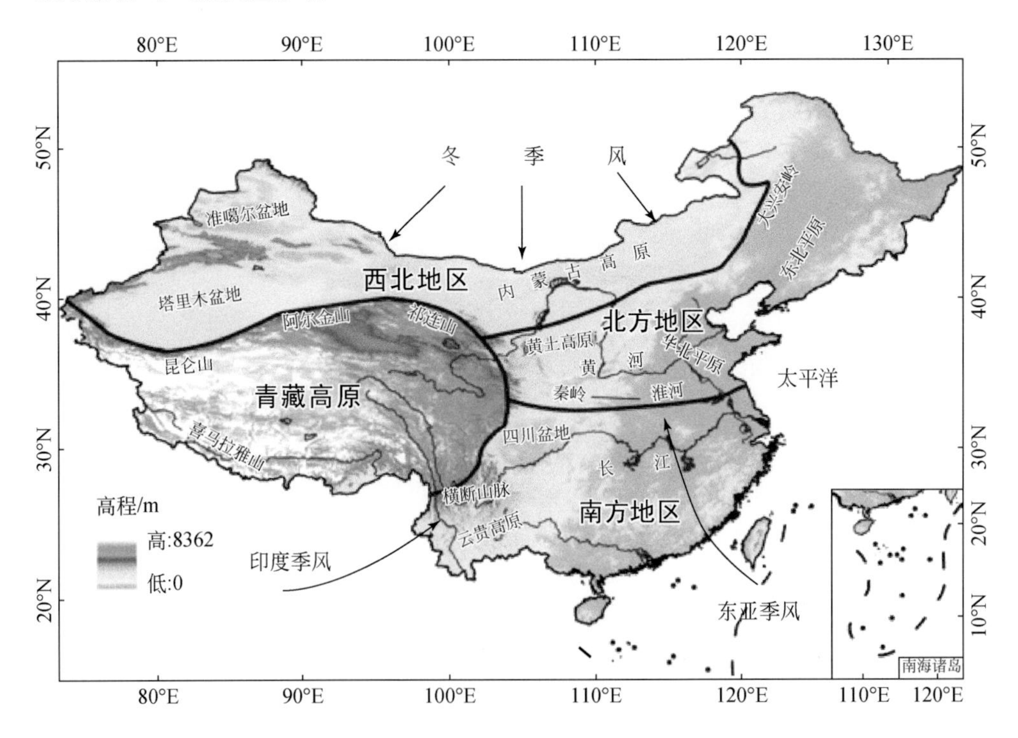

图 4-1　中国地形环境、季风系统和四大地理区域示意图

中国地形分三大阶梯，海拔自西向东依次降低。第一阶梯为青藏高原，平均海拔为4000m；第二阶梯包括内蒙古高原、黄土高原、云贵高原、塔里木盆地、准噶尔盆地和四川盆地，平均海拔为1000～2000m；第三阶梯为东部冲积平原，平均海拔为200～500m。基于这些地形条件，中国的河流系统大多自西向东流动，其中最主要的就是北方的黄河和南方的长江。这两大河流谷地通常被认为是中国史前先民活动的关键区域，同时也是早期文明和国家起源的中心地带。

中国的气候主要由亚洲季风系统控制（图 4-1），在温度和降水上呈现出强烈的季节和空间差异。冬季的冬季风南下，干冷空气最远达到 22°N，意味着大部分地区会经历低温和干旱。与之相反，夏季东南季风和印度季风带来的暖湿气流会使降水量增加，气候温暖湿润。夏季风强度由东南向西北递减，因此距离海洋较远的内陆地区的降水量明显稀少。除了青藏高原，中国其他区域夏季普遍高温，而冬季南北方的温度则有所差异。

基于自然环境条件，中国可大体划分为四大地理区域（赵松乔，1983）（图

4-1）：湿润或半湿润的东部季风区分为北方地区和南方地区，干旱或半干旱的西北地区，以及高寒干燥的青藏高原。每个地理区域的现代环境状况描述如下。

（1）北方地区。地处大兴安岭以东，秦岭淮河一线以北，包括黄河中下游平原、华北平原和东北平原。其最基本的地形单元为平原和丘陵，气候为温带季风气候，年均降水量为400～800mm。一月平均温度从该区南部的3.9℃降到东北大部地区的-17.8℃。七月平均温度普遍超过22.2℃，在华北平原可达到30℃。该区主要的植被类型有暖温带落叶林、寒温带针叶林和温带针叶阔叶混交林。

（2）南方地区。地处青藏高原以东，秦岭淮河一线以南，地域上包括长江中下游谷地及其南部、西南各省及自治区。该区主要的地形单元为丘陵和山地，气候为亚热带和热带湿润季风气候，年均降水量超过800mm。冬季平均温度从南方热带地区的17.8℃降至长江流域的3.9℃，夏季平均温度大约为26℃。亚热带常绿落叶混交林和热带雨林是这一地区主要的植被类型。

（3）西北地区。地处大兴安岭以西，昆仑山-阿尔金山-祁连山脉以北，地域上包括甘肃省西北部、内蒙古、宁夏和新疆。该区主要的地形单元为高原和盆地，气候为沙漠和草原气候，年均降水量低于400mm，在某些地点甚至低于100mm。除塔里木盆地外，该区一月平均温度低于-10℃，而七月平均温度普遍超过20℃。该区主要的植被类型为温带草原和温带沙漠。

（4）青藏高原。地处横断山脉以西，喜马拉雅山脉以北，昆仑山-阿尔金山-祁连山以南。由于海拔较高，青藏高原气候干燥而寒冷。除东南部外，青藏高原其他地区年均降水量不足300mm，年均温度为-4～11℃。该区植被类型主要有沙漠、草原和草甸。

高分辨率的古气候记录（Thompson et al.，1997；Wang et al.，2001）显示，近5万年来，中国气候变化的总体趋势与全球气候变化趋势相一致，大体经历了深海氧同位素3阶段（MIS3，50～26.5ka cal BP）、末次冰盛期（LGM，26.5～19ka cal BP）、末次冰消期（LDW，19～11.5ka cal BP）和全新世（11.5ka cal BP至今）四个阶段。此外，在此期间一系列的全球性的气候事件也在中国发生，如末次冰期中的D-O旋回，Heinrich事件和新仙女木事件（12.9～11.5ka cal BP），以及全新世大暖期间的8.2ka、5.3ka和4.2ka事件。尽管如此，这些气候事件的开始/持续时间、强度及特征在中国不同地区是不相一致的。这一现象及其机制仍是学术界激烈讨论的话题。

4.2.2 文化背景

大约距今5万年前，人类文化进入旧石器时代晚期阶段（张之恒等，2003）。考古证据清楚地表明，从距今5～3万年开始，古人类遗存贯穿整个中国旧石器时代晚期（Bar-Yosef，2002b；张之恒等，2003；Wu，2004；夏正楷，2012）（表4-1）。中国境内所有地区均有现代智人化石或其文化遗存发现。中国旧石器时代晚期文化出现重大技术革新，并可大体分为两大文化系统：①中国北方系统，以细石叶、细石核、细石片和碾磨石器为代表；②中国南方系统，以砾石石器，如刮削器和尖状器为代表（张森水，1999；张之恒等，2003；Liu and Chen，2012；Qu et al.，2013）。然而，在中国旧石器时代晚期末段（23～12ka cal BP），狩猎采集者最重要的发明很可能是陶器。南方陶器大约起源于20～17ka cal BP（Boaretto et al.，2009；Bar-Yosef and Wang，2012；Wu X H et al.，2012；Qu et al.，2013），而北方陶器起源则晚至12.4ka cal BP前后（Kuzmin，2013a，2013b）。

表4-1　中国重要的旧石器时代晚期遗址（据夏正楷，2012；Wu，2004）

文化系统	省级行政区	遗址	年代/ka cal BP
北方	内蒙古	萨拉乌苏	40
	辽宁	小孤山	40
	山西	下川	36.2～16.4
	山西	峙峪	28.9
	山西	塔水河	26
	山西	薛关	13.6
	山西	柿子滩	23～11.8
	陕西	龙王辿	29～24.7
	河南	小南海	24.1～18.9
	河南	织机洞	40～30
	河南	北窑	40～30
	河南	嵩山南麓遗址群	50～20
	宁夏	水洞沟	38～16.7
	北京	周口店山顶洞	34～29
	北京	王府井东方广场	25～24
南方	四川	资阳B	39～37
	重庆	铜梁	25
	云南	龙潭山	31
	湖北	樟脑洞	13.5
	湖南	玉蟾岩	18～14
	湖南	仙人洞	30～12
	贵州	猫猫洞	14.6
	广西	白岩脚洞	14.6～12.1

表4-2　中国新石器文化分期，年代框架和主要考古学文化（据中国社会科学院考古研究所，2010）

地理区域		中国北方地区				中国南方地区				青藏高原
文化区域		甘青	中原	海岱	燕北-辽西	两湖	江浙	华南	巴蜀	西藏
时代		黄河上游	黄河中游	黄河下游	北方地区	长江中游	长江下游	华南	西南	
青铜时代	4	寺洼	二里头	岳石	夏家店下层	商	马桥			
新石器时代晚期	5	齐家 马家窑	龙山 庙底沟二期	龙山 大汶口	小河沿	石家河 屈家岭	良渚	石峡/昙石山	宝墩	卡若
新石器时代中期	6 7	马家窑	仰韶	大汶口 北辛	红山 赵宝沟	大溪	崧泽 马家浜	咸头岭/壳丘头		
新石器时代早期	8 ka cal BP	大地湾	裴李岗/磁山	北辛 后李	兴隆洼	城背溪 皂市下层 彭头山	小黄山/跨湖桥	顶狮山		

距今 12500～9000 年是中国新旧石器文化过渡时期（Liu and Chen，2012；夏正楷，2012）。在这一时期发生了许多技术革新和社会变革，包括定居生活方式的增强、越来越多地使用陶器和磨光石器、植物性食物资源的集约化利用、谷物栽培的萌芽及储存设施的运用，以上这些均会导致人口显著增加（Liu and Chen，2012；夏正楷，2012）。

中国新石器时代大约开始于 9ka cal BP 并持续至 4ka cal BP（Liu and Chen，2012），可大致分为三个阶段：新石器时代早期（9～7ka cal BP）、新石器时代中期（7～5ka cal BP）和新石器时代晚期（5～4ka cal BP）（Liu and Chen，2012）。在这些阶段，不同地区的新石器文化繁荣发展，形成许多相对独立的文化区（严文明，2000；中国社会科学院考古研究所，2010）（表 4-2）。不同时期，不同地区的技术类型，生计方式和社会复杂化程度也各有不同。在距今 4000 年之后，中国进入中华文明形成的关键时期——青铜时代。

4.3　材料与方法

4.3.1　考古 ^{14}C 年代数据收集和数据库编录

为了编录一个相对全面的中国考古 ^{14}C 年代数据库，本研究进行了详尽的文献收集和审阅，以获得可用的 ^{14}C 年代数据。数据库中的 ^{14}C 年代数据主要来源于已经发表的 ^{14}C 年代数据集、测年报告、研究文章、学位论文，以及一些学者提供的未发表数据。根据已有数据收集规则（Munoz et al.，2010；Williams，2012），原文献认为异常，受到污染或非人类活动来源的数据不予采纳。所有 ^{14}C 年代半衰期按 5568 年计算，年代误差范围为±1σ，BP 为距 1950 年的年代。利用 OxCal 4.2.3 程序（Bronk Ramsey，2009）和 IntCal13 校正曲线（Reimer et al.，2013）对所收录 ^{14}C 年代数据进行统一校正。校正年代的概率分布分别为 1σ（68.2%）和 2σ（95.4%）置信水平。所有校正年代的格式参照“cal BP”。

数据库中的数据包含以下信息：遗址名称、地理坐标、海拔、实验室编号、测年材料、测年方法、^{14}C 年代及误差、校正年代及误差、δ^{13}C 值、文化属性、遗址类型及参考文献。然而，由于一些文献中相关信息缺乏，加之描述术语不同，所以数据库中信息的表述并不统一，有时也会出现缺漏。此外，鉴于原文献中遗址坐标的精度和可用性参差不齐，本研究在录入原坐标后又通过 Google Earth 软件进行了验证和修正。

4.3.2　数据筛选与合并

在数据分析之前，为了保证所用数据的质量，本节根据 Roosevelt 等（2002）和 Maher 等（2011）所提标准稍作修改，进行了数据筛选。符合如下标准的数据会被筛除：①年龄误差大的数据（1σ误差大于 400^{14}C 年）；②基于贝壳、土壤、未知及其他不适合测年材料所得的数据；③来自与人类占领或定居活动关系较弱的遗址或材料，如寺庙、石窟或独木舟的测年数据。在一些考古遗址中，同一出土单位通过不同材料，如木炭和贝壳或木炭和炭化粟粒获得多个年龄，那么其中更为可靠的测年材料获得的数据会被采用。对于下面的数据分析来说，筛选余下的数据应该是充足而可靠的。

在考古学研究中，一些重要遗址或遗址中某一重要文化期会格外受到关注，相应地，^{14}C 年代测年工作也会大量增加，从而导致遗址间或同一遗址不同时期间的人为采样偏差，利用 ^{14}C 年代数据重建人口趋势的可靠性会受到影响。因此，为了减少这类遗址或文化期的数据在统计分析中的权重，本研究又对筛选后的数据进行了合并。具体做法是当一处遗址年代多于一个，便将这些年代数据带入 Ward 和 Wilson（1978）提出的χ^2检验，如果 T 值小于 5%显著性水平的临界值，说明这组数据在统计上没有差别，属于同一个“遗址占领期”（occupation events），可以进行合并。本研究通过 OxCal4.2.3 程序中的“R_Combine”命令（Bronk Ramsey，2009）执行χ^2检验，并得到新的合并 ^{14}C 年龄值。这些年龄值具有更小的误差，从而使每个遗址的年代范围更加精确（Ward and Wilson，1978；Selden，2012）。

4.3.3　^{14}C 年代数据库全集与子集相关性检验

前面提到 ^{14}C 年代概率密度方法的基本假设是如果 ^{14}C 年代数据量充足，并且来源于广大区域内的多个遗址，那么其总和概率密度分布可以反映人口波动信息（Gamble et al.，2005；Shennan and Edinborough，2007）。Williams（2012）则进一步解释说，这种大范围多遗址的丰富的 ^{14}C 年代数据收集可视为一种准随机抽样，能够减少遗址间与不同时期间采样不均衡的影响，因此用其概率密度分布指示人口发展趋势在统计上是可靠的。对于本研究来说，假定 ^{14}C 年代数据库的总样品量足够大，那么其包含的人口趋势信息应该是真实而可靠的。然而，如上节所述，我们对 ^{14}C 年代总数据库进行了数据筛选和数据合并，而这些数据处理过程是否会造成数据重采样，进而人为地改变总体数据中的原有趋势？

根据 Williams（2012，2013）提出的方法，本节对 ^{14}C 年代数据库全集和筛选/合并子集间的相关性进行检验，以此判定这两个数据子集能否准确表示全集中的数据趋势。具体做法是利用 OxCal4.2.3 程序（Bronk Ramsey，2009）和 IntCal13 曲线（Reimer et al.，2013）对各个数据集中的数据进行校正，获得每个校正年龄的中值，然后将这些中值以 200 年的时间间隔绘入频率直方图，以此考察和对比 50ka cal BP 以来各数据集数据的频率分布变化。各数据集每段数据间隔的频数也被计算出来，但不进行埋藏学校正（详见下节），然后将频数按照数据集两两对应的方式绘入散点图，进而对散点进行线性回归，得到皮尔逊相关系数和显著性水平，由此判定数据库全集与子集，以及子集之间的相关性。

4.3.4　总和概率密度计算

利用 OxCal4.2.3 程序中的“Sum”命令（Bronk Ramsey，2009）和 IntCal13 曲线（Reimer et al.，2013）对合并后的 ^{14}C 年代数据进行年龄校正（95.4%置信度），同时得到全国和不同区域的 ^{14}C 总和概率密度值。有学者认为由于自然侵蚀和破坏过程，年代越久远，保存下来的测年材料就越少，相应地，年代数据在数据系列中会被低估（Surovell and Brantingham，2007；Surovell et al.，2009）。为了减轻这一埋藏学偏差的影响，本研究采用 Surovell 等（2009）提出的方法对概率密度值进行校正计算，计算公式如下：

$$N=n/\left[5726442\times(t+2176.4)^{-1.3925309}\right] \tag{4-1}$$

式中，N 为埋藏校正后的概率密度值；n 为原始概率密度值；t 为时间。

与前人（Kelly et al.，2013）只将埋藏学校正用于露天聚落遗址不同，本研究还把洞穴和岩厦等封闭性遗址纳入到埋藏校正范畴。这主要是因为在中国人类活动历史久远，加之大部分洞穴遗址为分布在岩溶地貌单元上的石灰岩溶洞穴（Liu and Chen，2012），极易受到地貌过程改造和地下水的侵蚀，造成文化层堆积的塌陷和损失，所以对所有类型遗址的 ^{14}C 年代数据进行埋藏校正应该是可行的。

在埋藏校正之后，就是对概率密度值进行数据标准化，公式为

$$N=X_i/X_{max} \tag{4-2}$$

式中，N 为标准化概率密度值；X_i 为每个埋藏校正后概率密度值；X_{max} 为系列数据中的最大值。

Williams（2012）推荐使用 500～800 年数据平滑来消除年代校正过程中校正曲线带来的峰谷噪声，使得概率密度曲线的趋势和波动更加清晰明了。因此，对于 0～50ka cal BP 或 10～50ka cal BP 这样长时间范围内的概率密度值采用 800 年平滑处理，平滑后的数据以 10 年为间隔画出总和概率密度曲线，横坐标时间单位为 a cal BP。总和概率密度曲线上主要的峰和谷分别代表较多和较少的人口数量，而由峰到谷或由谷到峰的曲线倾斜度则指示人口数量减少或增加的速率和幅度（Gamble et al.，2005；Bamforth and Grund，2012）。

需要注意的是，在完成埋藏校正和数据标准化之后，本研究又对 10 ka cal BP 以来的概率密度值进行了降趋势分析以去除任何方向性趋势，从而使波动趋势更加清晰。如图 4-2（a）所示，首先对总和概率密度曲线进行多项式拟合，拟合公式为

$$Y=0.0202-0.0001X+1.9106\text{E}-007X^2-5.2738\text{E}-011X^3+5.3301\text{E}-015X^4-1.8597\text{E}-019X^5 \quad (4\text{-}3)$$

式中，Y 为拟合值；X 为时间，以 10 年为时间间隔，时间单位为a cal BP。

用标准化后的概率值减去拟合值就得到了概率密度残差值，之后对这一降趋势的残差值进行 500 年平滑［图 4-2（b）］，得到的曲线用来指示人口数量的相对波动状况。

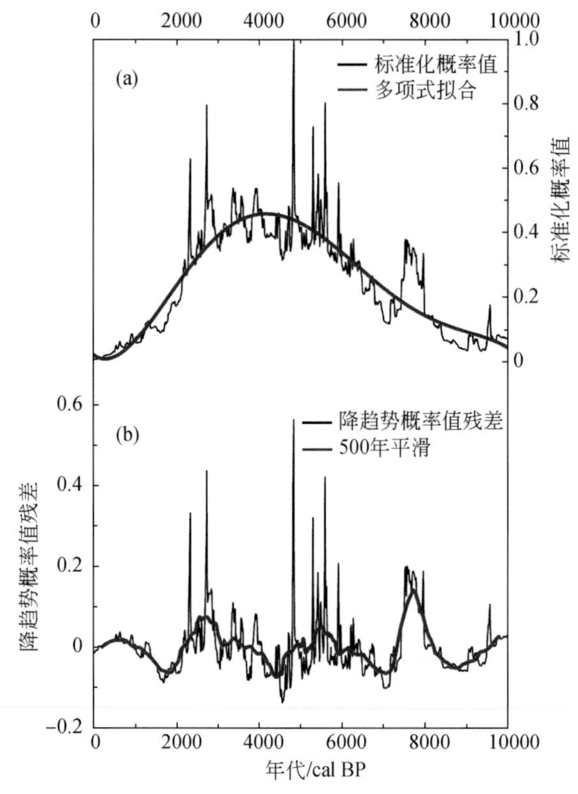

图 4-2　中国 10ka 以来 ^{14}C 总和概率曲线及降趋势分析

4.3.5　古气候记录

本研究选择四个长尺度的、连续的、高分辨率的古气候记录与 5 万年来 ^{14}C 总和概率曲线进行对比。格陵兰 GISP2 冰芯（72.6°N，38.5°W）δ^{18}O 值和温度重

建结果用来指示全球温度变化（GISP2，1997；Alley，2004），其中δ^{18}O 高值指示较为温暖的气候条件。中国葫芦洞（32.5°N，119.2°E）和董哥洞（25.3°N，108.1°E）石笋氧同位素记录用来指示季风强度的年代际变化（Wang et al.，2001；Dykoski et al.，2005），其中δ^{18}O 低值指示夏季风强盛，气候温暖湿润；δ^{18}O 高值指示冬季风强盛，气候寒冷干燥。对比研究发现格陵兰冰芯记录的半球温度低值时期与夏季风减弱时期相对应（Wang et al.，2001），而在冰期时热带来源的降水减少。中国岱海（40.5°N，112.6°E）孢粉记录用来指示全新世季风气候和植被变化（Xiao et al.，2004），其中木本花粉含量较高指示更多的森林植被及温暖的气候条件。这些古气候记录提供了全球或区域温度和降水变化的可靠信息，使进一步探讨人口变化与气候变化的关联更为可行。

4.3.6　相关分析

除了在视觉图像上识别 ^{14}C 年代数据记录和古气候记录之间的关联，本研究还运用皮尔逊相关分析对其进行统计学上的检验，判定观察到的人口变化和气候变化的关系是否显著可靠。具体做法是，首先运用线性内插方法对所有古气候数据进行 10 年分辨率插值，确保在相同时间段内与 ^{14}C 年代数据的分辨率相一致。然后将 ^{14}C 年代数据和古气候数据带入 SPSS17.0 软件，执行皮尔逊相关分析，从而得到两组数据的相关系数（r）和显著性水平（P）。

4.4　结　　果

4.4.1　中国考古 ^{14}C 年代数据库概况

目前，数据库共包含 1063 处考古遗址的 4656 个 ^{14}C 年代数据（图 4-3）。这些未校正数据的年代范围为 43～0.1ka BP，但大多集中在 10ka 以内。全部 ^{14}C 年代数据的平均误差（ΔT）为 99.96a。超过 98%的数据（n=4565）误差在 400 年以内，而大约 80%的数据（n=3707）误差小于等于 100 年（图 4-4）。

如图 4-3 所示，经过 ^{14}C 年代测年的考古遗址分布并不平衡，大多分布在北方地区（47.0%）和南方地区（33.6%），其中又以黄河中上游和长江下游谷地最为密集，囊括了中原地区在内的最主要的文化区。西北地区和青藏高原的 ^{14}C 年代数据定年遗址较少，仅分别占总数的 11.6%和 7.8%（表 4-3）。超过一半的 ^{14}C 年代数据来自北方地区（51.4%），与之相比，西北地区和青藏高原的 ^{14}C 年代数据量尚未达到总数的 20%（表 4-3）。然而，区域间平均每个遗址的 ^{14}C 年代数据量（采样密度）差异并不明显（表 4-3），可能说明不同区域测年工作的深入程度较为平衡，也可能是受到一些遗址产生大量 ^{14}C 年代数据的影响。

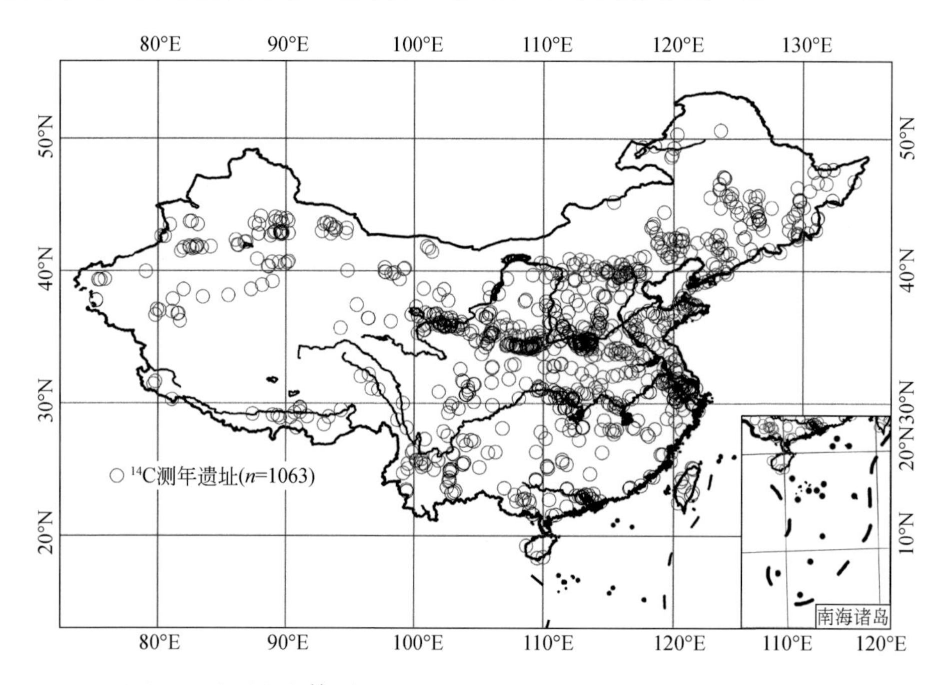

图 4-3　中国考古 ^{14}C 年代数据库数据来源的 1063 处考古遗址分布图

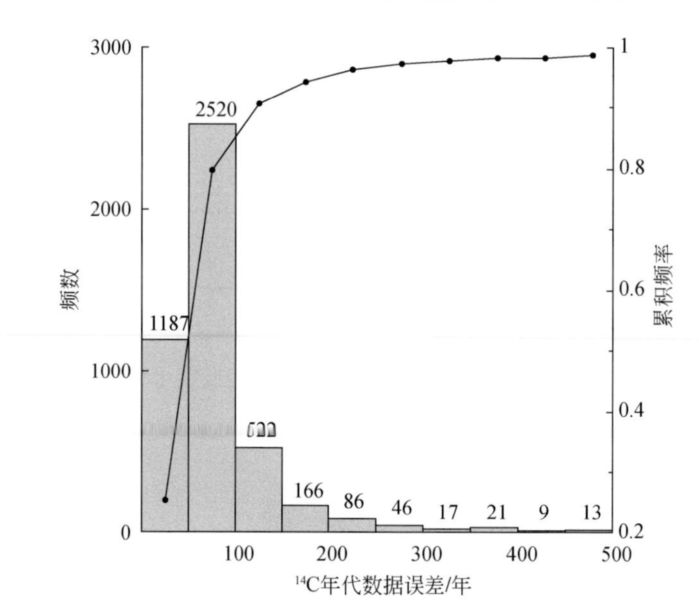

图 4-4　未校正 ^{14}C 年代数据误差分布直方图（50 年间隔）及其累积频率

表 4-3　中国四个区域 ^{14}C 年代数据和测年遗址数量

区域	^{14}C 年代数据量/个	测年遗址数量/个	采样密度	筛除数据量/个
北方地区	2395	500	4.79	264
南方地区	1400	357	3.92	311
西北地区	592	123	4.81	158
青藏高原	269	83	3.24	45
总计	4656	1063	4.38	778

注：采样密度通过 ^{14}C 年代数据量/遗址数量获得。

数据库包含多种遗址类型，以聚落遗址和贝丘遗址最多（71.2%；*n*=757），墓葬遗址很少（16.2%；*n*=172），而洞穴和岩厦遗址则更为少见（3.5%；*n*=37）。此外，数据库中常规 ^{14}C 年代数据和加速器质谱（AMS）^{14}C 年代数据在数量上差异显著，分别占总数的 77.23%（*n*=3596）和 22.16%（*n*=1032），还有少量数据没有测年方法信息（0.60%；*n*=28）。虽然 AMS^{14}C 年代数据并不丰富，但在最近发表的文献中越来越多。对于年龄校正十分关键的δ^{13}C 值，数据库中只有少量数据包含这一信息，占总数据量的 5.5%（*n*=257）。

另一项评估 ^{14}C 年代数据可靠性的重要依据是选择的测年材料。表 4-4 列出了数据库中测年材料的类型及其数量比例，可见木炭所占比重最大，达 45.25%，其次是人骨或兽骨（18.13%）、木头（炭化木，脱水、浸水遗存；17.87%）和植

表 4-4　数据库中主要测年材料的类型及其数量比例

测年材料	数量/个	百分比/%
木炭	2107	45.25
人骨或兽骨	844	18.13
木头	832	17.87
植物遗存	356	7.65
贝壳或蜗牛	175	3.76
土壤、淤泥、泥炭、灰土、有机质	148	3.18
钙华、钙结核	24	0.52
陶片	14	0.30
动物遗存	13	0.28
其他	117	2.51
未知	26	0.56
总计	4656	100

物遗存（种子、茎秆；7.65%）。贝壳类和土壤有机质所测年代很少，分别占总数的 3.76%和 3.18%。在一些情况下，测年物质为多种材料的混合，如木炭和草木灰、木炭和灰土，对于这类材料将其归入“其他材料”，在数据库中的比例仅 2.51%。

根据上面提出的数据筛选标准，共有 778 个 ^{14}C 年代数据被筛除（表 4-3）。筛选后的数据库包含 888 处遗址的 3878 个 ^{14}C 年代数据（ΔT=82.64a），数据合并后还有 1644 个数据（ΔT=75.43a）。分区域来看，数据筛选之后，北方地区共有 431 处遗址的 2131 个数据，合并数据为 807 个，占总合并数据的 49%；南方地区共有 287 处遗址的 1089 个数据，合并数据为 545 个，占总合并数据的 33.2%；西北地区共有 98 处遗址的 434 个数据，合并数据为 186 个，占总合并数据的 11.3%；青藏高原共有 72 处遗址的 224 个数据，合并数据为 106 个，占总合并数据的 6.5%。

4.4.2　^{14}C 年代数据库全集和子集的相关性

全国 ^{14}C 年代总数据库的数据量（n=4656）大大超过了 Williams（2012）所建议的 500 个数据的最小样品量。同样，筛选后数据子集（n=3878）和合并后数据子集（n=1644）的样品量也足够充足。如图 4-5 所示，每个子集与全集以及子集之间均具有显著的相关性（r=0.992，P<0.001；r=0.971，P<0.001；r=0.963，P<0.001），说明各数据集中的数据趋势能够很好地对应。四个区域各数据集之间的频数趋势同样具有很好的相关性（图 4-6～图 4-9）。上述结果表明，基于大量 ^{14}C 年代数据，全国 ^{14}C 年代总数据库中的数据趋势统计上是坚实稳定的，因为数据筛选和合并的处理过程并未明显改变数据中的固有趋势和波动。另外，这一结果证明筛选数据集尤其是合并数据集中的数据趋势来源于总体数据，而不是由人为的数据处理造成的，因而能够准确代表总体趋势，真实反映其中包含的人口信息。

4.4.3　采样不均衡影响的减弱

如前面所述，数据库中不同地区、不同遗址和不同文化期的 ^{14}C 年代数据数量是不均衡的，这可能部分取决于不同强度的采样和测年工作，一些重要遗址和文化期的 ^{14}C 年代数据所占比重过多。这种人为的采样偏差会影响 ^{14}C 年代概率密度分布的分析、解释和对比，妨碍真实人口信息的提取。充足的样品量能够减少遗址间与不同时期间采样不均衡的影响，但通过数据合并才能有效地将其影响降至最低。在数据合并之后，一些具有大量数据的遗址和文化期比重明显降低，如二里头文化遗址从筛选后的 107 个数据降至合并后的 4 个数据，在所有数据中所占比例从 3%降到 0.2%。对于合并后的数据子集，其 1644 个数据来自 888 个遗址，没有一个遗址的数据多于 20 个，而仅有 7 个遗址的数据超过 10 个。因此，

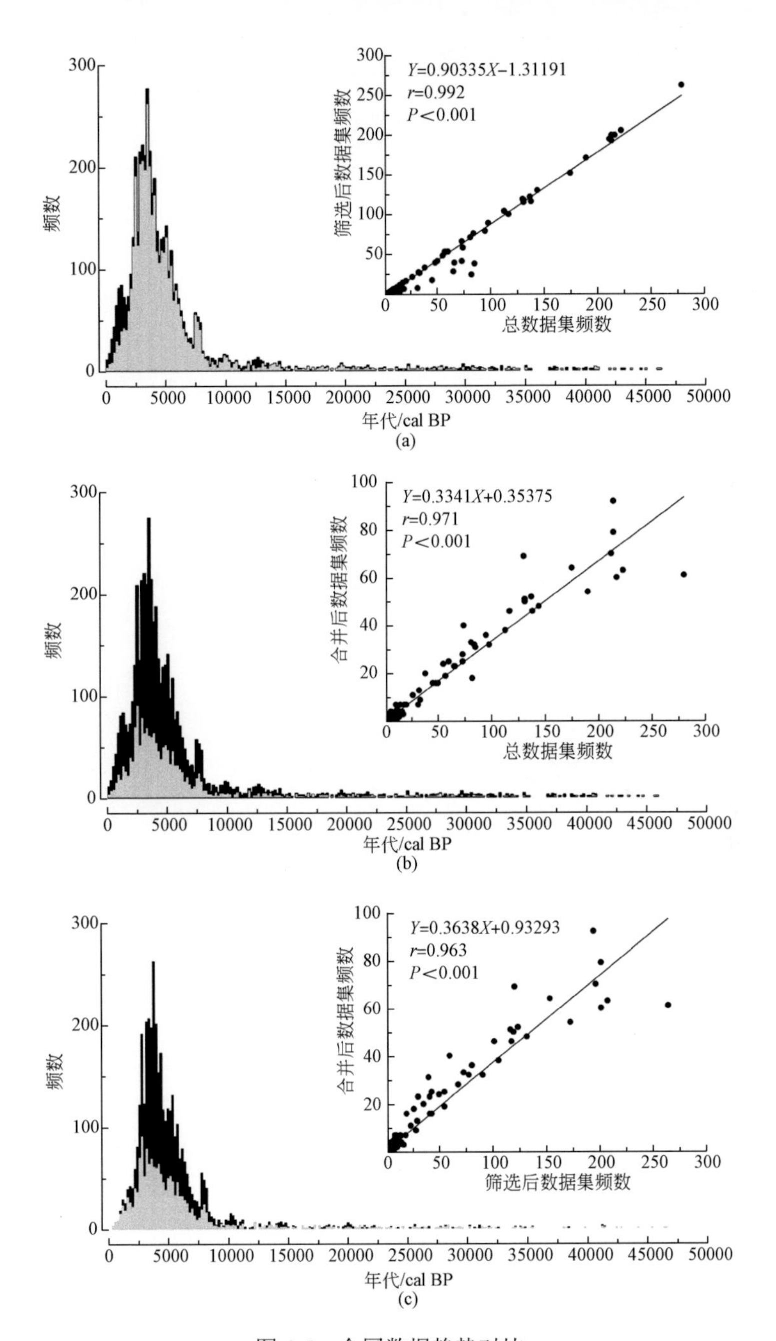

图 4-5　全国数据趋势对比

(a) 总数据库（n=4656，黑色）与筛选后数据集（n=3878，灰色）；(b) 总数据库（n=4656，黑色）与合并后数据集（n=1644，灰色）；(c) 筛选后数据集（黑色）与合并后数据集（灰色）；散点图显示每组数据集的线性相关关系，均是显著相关

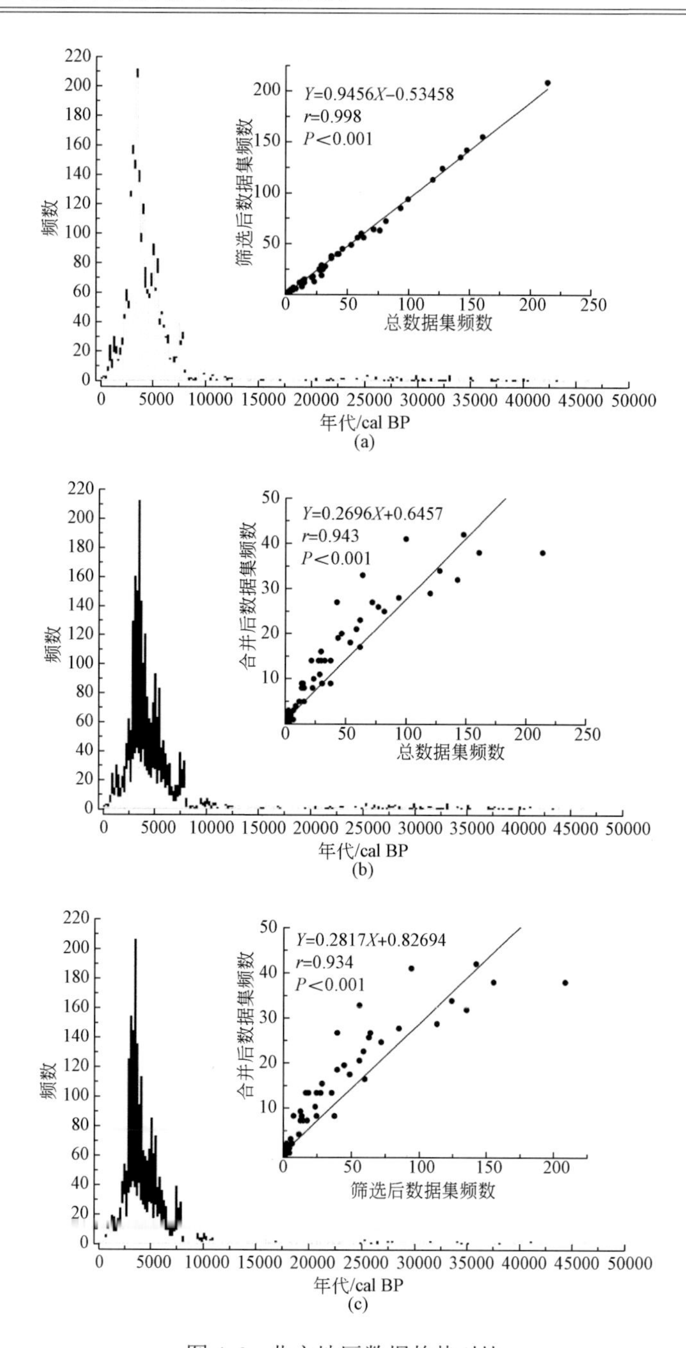

图 4-6　北方地区数据趋势对比

(a) 总数据库（n=2395，黑色）与筛选后数据集（n=2131，白色）；(b) 总数据库（n=2395，黑色）与合并后数据集（n=807，白色）；(c) 筛选后数据集（黑色）与合并后数据集（白色）；散点图显示了每组数据集的线性相关关系，均是显著相关

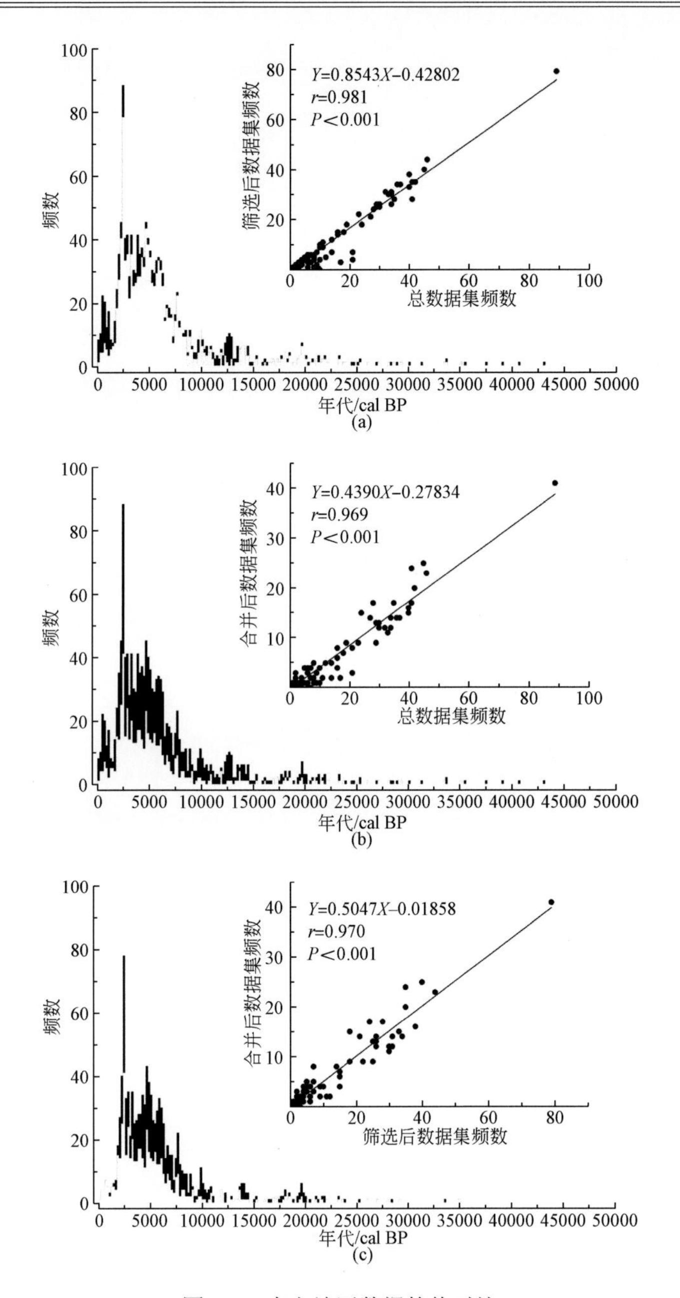

图 4-7　南方地区数据趋势对比

（a）总数据库（n=1400，黑色）与筛选后数据集（n=1089，白色）；（b）总数据库（n=1400，黑色）与合并后数据集（n=545，白色）；（c）筛选后数据集（黑色）与合并后数据集（白色）；散点图显示了每组数据集的线性相关关系，均是显著相关

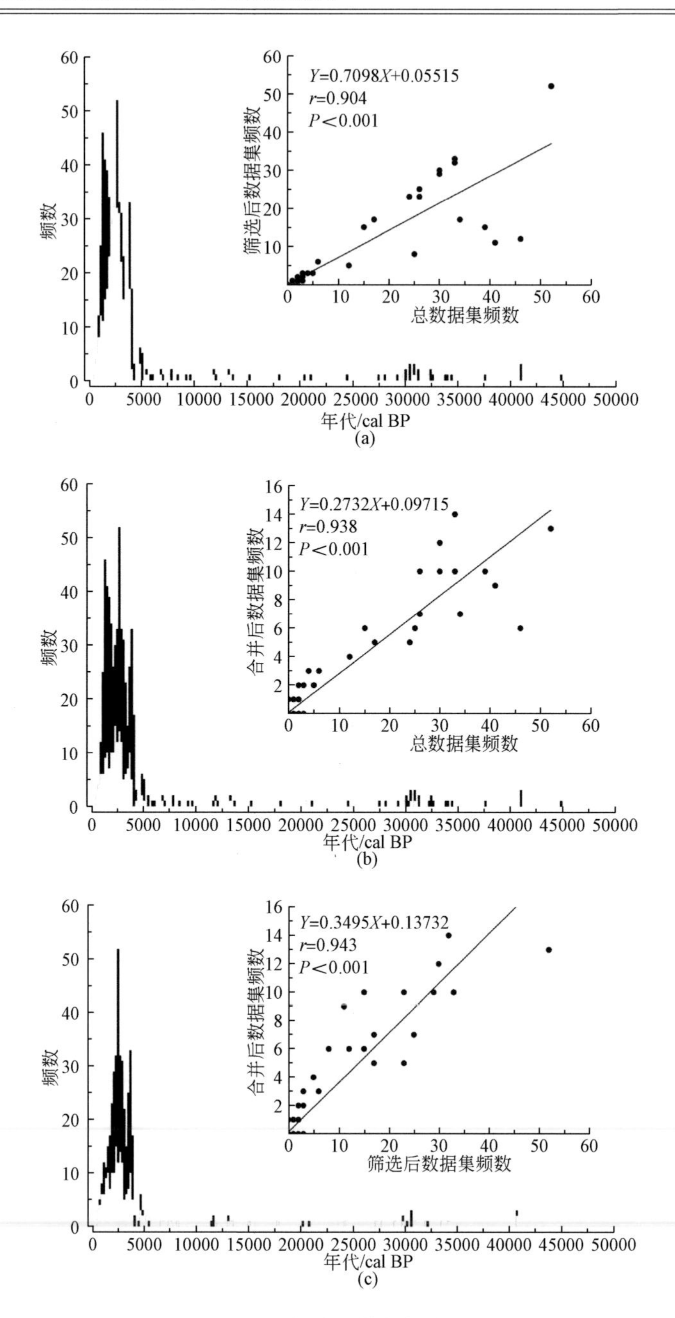

图 4-8　西北地区数据趋势对比

（a）总数据库（n=592，黑色）与筛选后数据集（n=434，白色）；（b）总数据库（n=592，黑色）与合并后数据集（n=186，白色）；（c）筛选后数据集（黑色）与合并后数据集（白色）；散点图显示了每组数据集的线性相关关系，均是显著相关

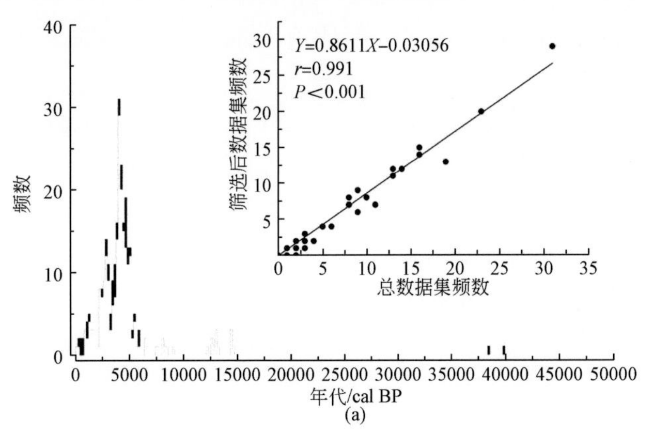

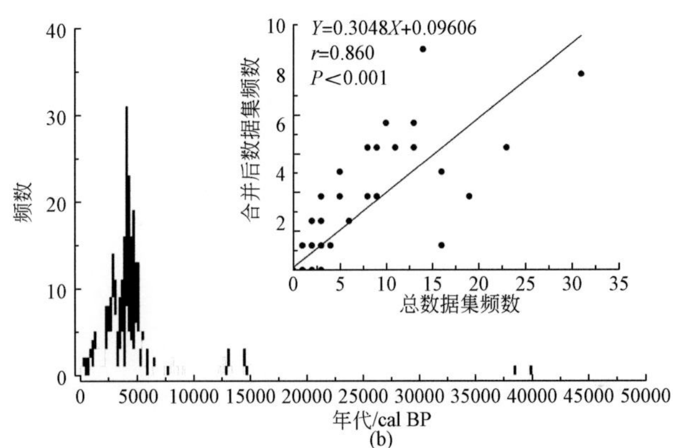

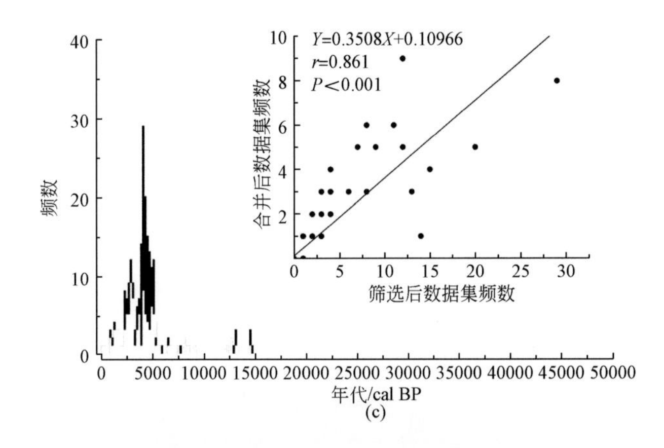

图 4-9　青藏高原地区数据趋势对比

(a) 总数据库（n=269，黑色）与筛选后数据集（n=224，白色）；(b) 总数据库（n=269，黑色）与合并后数据集（n=106，白色）；(c) 筛选后数据集（黑色）与合并后数据集（白色）；散点图显示了每组数据集的线性相关关系，均是显著相关

遗址间的数据比重较为均衡。此外，对比这 1644 个合并数据在四个区域的分布，发现四个区域遗址的采样密度（数据量/遗址量）也大致相同，北方地区为 1.87，南方地区为 1.90，西北地区为 1.90，青藏高原为 1.47，从而减弱了区域间采样不均衡的影响。虽然由于考古工作所限，西北地区和青藏高原的 ^{14}C 年代数据密度依然很小，但鉴于这两个区域内多是沙漠和高原，气候干冷，实际上对史前人类活动和现代的考古发现也有所妨碍，因此现有的遗址和 ^{14}C 年代数据量应该足以用来探究人口的变化及其与其他区域的对比。

虽然目前尚未有公认的方法来彻底消除采样不均衡的影响，但通过上述数据处理，这一因素已不能显著影响 ^{14}C 年代数据概率分布的可靠性，加之数据筛选，埋藏校正，数据平滑等方法进一步消除数据噪声，从而使得到的概率密度曲线准确地反映史前人口的变化。

4.4.4　^{14}C 年代数据反映的人口趋势与波动

图4-10为5万年来中国 ^{14}C 年代总和概率密度曲线，并将其与GISP2冰芯 $\delta^{18}O$ 记录对比。^{14}C 总和概率密度曲线在释读时需要关注其宏观趋势，以及大尺度的高峰和低谷，以此指示人口数量的增加或减少，而小尺度的峰谷则不被认为是人口变化的指示物。

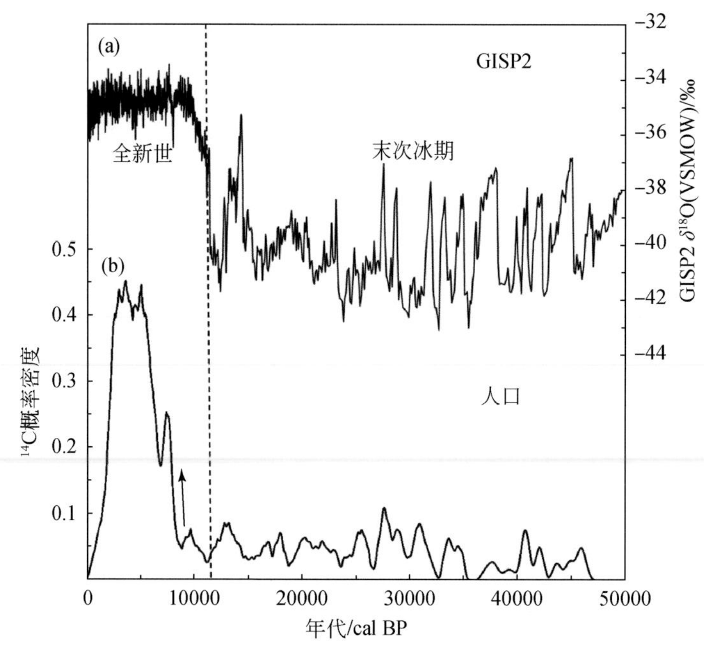

图 4-10　5 万年来中国 ^{14}C 年代总和概率密度曲线与 GISP2 冰芯 $\delta^{18}O$ 曲线（GISP2，1997）对比图黑色箭头指示人口显著增长的开始节点；虚线表示末次冰期与全新世的分界线

从宏观上看，^{14}C 年代总和概率密度曲线反映出在 50～2.8ka cal BP 期间人口发展呈现长时间尺度上的指数般增长趋势，间有人口爆发与消退的交替循环。距今 2800 年以来，人口数量呈现显著下降趋势，而这应该与中国青铜时代以来的遗址多用器物和文献定年，而用 ^{14}C 测年数量减少有关。从 ^{14}C 年代总和概率密度曲线还发现，在 50～9ka cal BP 期间，人口规模一直很小并且频繁波动。这一时期早于新石器时代或农业革命，对应于末次冰期频繁大幅波动的气候条件（图 4-10）。随后，在 9～5ka cal BP 期间发生了快速的几何级的人口增长，其平均人口增长接近每千年增长 2 倍，期间从 7ka cal BP 开始人口发生了二次增长。在这之后，人口数量保持高位兼有些许波动直至 2.8ka cal BP。为了更加细致地观察 ^{14}C 年代总和概率密度曲线中的波动，这一曲线按照时间段被分为两部分分别加以考察。

图 4-11 展示了 50～10ka cal BP 期间 ^{14}C 年代总和概率密度分布与古气候记录的对比，这一时期大约对应于末次冰期。^{14}C 年代总和概率密度曲线反映，这一时期人口呈现出由早到晚小幅增长的总趋势，间有许多人口波动，其中就包括 6 次大尺度的低谷，指示了人口的显著减少。第一个人口锐减时期大约开始于 46ka cal BP，在误差范围内与格陵兰冰芯和葫芦洞石笋记录的 Heinrich 5（H5）事件的开始时间相一致。这次人口锐减大概持续了 3ka，在 43ka cal BP 达到最低值。在 41～38ka cal BP 期间，人口数量经历了第二次突然锐减和低密度期，在时间上与 Heinrich 4（H4）事件同时。在 38～36ka cal BP 期间人口规模极小，之后人口增加，在 34ka cal BP 达到峰值。随后，经过一个小幅低谷时期，人口数量在 31ka cal BP 再次达到高峰。

第三次主要人口锐减期开始于 31ka cal BP，与 Heinrich 3（H3）事件的开始时间相对应（图 4-11）。在 31～28.6ka cal BP 期间，人口规模相对较小但仍大于前两次人口锐减期的规模，在这之后，出现了一次显著的人口高峰时期。在 27.8ka cal BP 之后，人口突然减少，然后在 27.5～10ka cal BP 保持了较为平稳的发展趋势，间有一系列的人口振荡，而在这一时期内，第四次显著的人口锐减发生于 25ka cal BP，并持续至 23.5ka cal BP，这与 Heinrich 2（H2）事件同时。然后，一个显著的人口高峰出现在 23.5～19ka cal BP 期间。

第五次主要的人口锐减大约开始于 18ka cal BP，并持续了约 1.2ka，在 15.2ka cal BP 达到最低值，这与 Heinrich 1（H1）事件同时。随后，人口迅速增长直至 13ka cal BP 结束，这大致对应于博令-阿勒罗德暖期（BA），期间气候逐渐变得更加暖湿。在 13～11.4ka cal BP，第六次人口锐减发生，打断了之前的人口增长，并在误差范围内与 YD 事件同时。在这之后直到 10ka cal BP，人口重新开始增长，

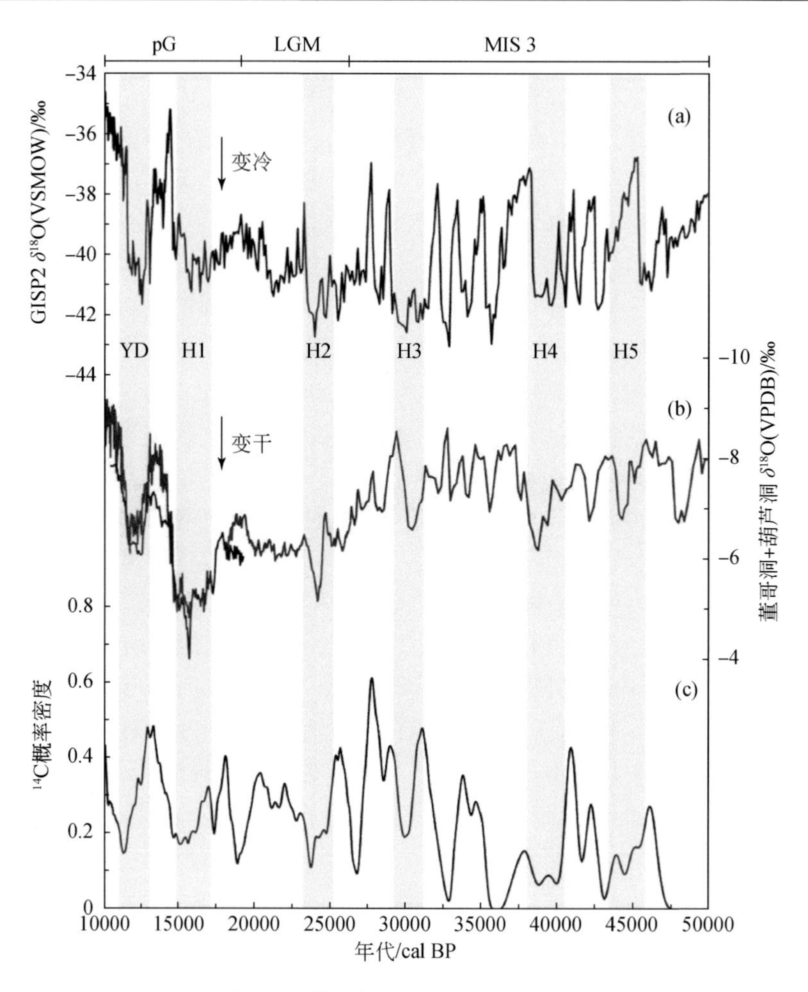

图 4-11 ^{14}C 记录与气候记录的对比

(a) 格陵兰 GISP2 冰芯δ^{18}O 记录（GISP2，1997），指示全球温度变化；(b) 董哥洞石笋 D4（红色）(Dykoski et al.，2005）和葫芦洞石笋 PD（黑色）与 MSD（蓝色）(Wang et al.，2001) δ^{18}O 记录，指示亚洲季风强度变化；(c) 50～10ka cal BP ^{14}C 总和概率密度曲线，指示人口发展的趋势和波动；蓝色条棒指示 YD 和 Heinrich 事件及与之相关联的人口锐减；MIS3：深海氧同位素 3 阶段（50～26.5ka cal BP）；LGM：末次冰盛期（26.5～19ka cal BP）；pG：冰后期（19～10ka cal BP）

这可能与早全新世的气候改善相关联。除了图像上能够很好地对应外，如表 4-5 所示，以上 6 次主要的人口锐减与 Heinrich/YD 事件的相关性在统计上也是显著的，说明末次冰期的几次快速变冷事件很可能是这 6 次人口锐减的驱动因素。

表 4-5　末次冰期和末次冰消期不同时间段人口记录与古气候记录之间的皮尔逊相关系数及其显著性

气候事件	时间/ka cal BP	董哥洞（Dykoski et al.，2005）（$\delta^{18}O$）		葫芦洞（Wang et al.，2001）（$\delta^{18}O$）		GISP2 冰芯（GISP2，1997）（$\delta^{18}O$）	
		r 值	P 值	r 值	P 值	r 值	P 值
YD	11～13	−0.216*	0.002	−0.217*	0.002	0.555*	0.000
H1	15～18	—	—	−0.675*	0.000	0.217*	0.000
H2	23～24.5	—	—	−0.372*	0.000	0.740*	0.000
H3	28.5～31	—	—	−0.281*	0.000	0.442*	0.000
H4	38～41	—	—	−0.468*	0.000	0.375*	0.000
H5	43.5～46	—	—	−0.625*	0.000	0.401*	0.000

* 在 0.01 水平上相关性是统计显著的（双尾检验）。

注：与董哥洞和葫芦洞石笋记录相关的负 r 值是合理的，因为这一负相关关系可理解为石笋$\delta^{18}O$ 值越大，指示冷干气候，则 ^{14}C 概率密度值越小，指示人口减少。

图 4-12 展示了 10ka 以来降趋势后的 ^{14}C 总和概率密度曲线与古气候记录的对比，用来考察这时期人口显著增长趋势中（图 4-10）相对的人口波动状况及其与气候变化的关系。从 ^{14}C 曲线可以观察到 3 次主要的人口高峰期（图 4-12）。第一次人口高峰期为 8.5～7ka cal BP，期间人口数量顶峰出现在 7.7ka cal BP，而此时的温度和湿度达到高值。第二次和第三次人口高峰分别出现于 6.5～5ka cal BP 和 4.3～2.8ka cal BP，与暖湿的气候状况同时。同样地，如表 4-6 所示，这三次人口高峰期与全新世的气候适宜时期的相关性也是统计显著的，尽管可能由于不同的年龄模式和波动方式，^{14}C 记录并不能完全与所选气候记录良好地对应。

以上三次人口高峰期还对应于中国新石器文化和青铜文化繁荣发展时期，而且与农业快速发展期同时：8.5～7ka cal BP，在北方广泛的区域内同时出现了黍、粟种植，南方稻作农业开始兴起并向北扩张；6.5～5ka cal BP，旱作、稻作农业规模扩大，并逐步成为主要的经济活动；4.3～2.8ka cal BP，小麦、大豆等农作物加入到农业生产，农耕技术改善，提高了农业的总体产量。此外，人口规模较低时期，比如 7～6.5ka cal BP 和 5～4.5ka cal BP，能够很好地与古代文化转折期相对应，而这很有可能与董哥洞石笋$\delta^{18}O$ 高值和岱海木本花粉含量低值（图 4-12）所指示的干冷气候条件有关。

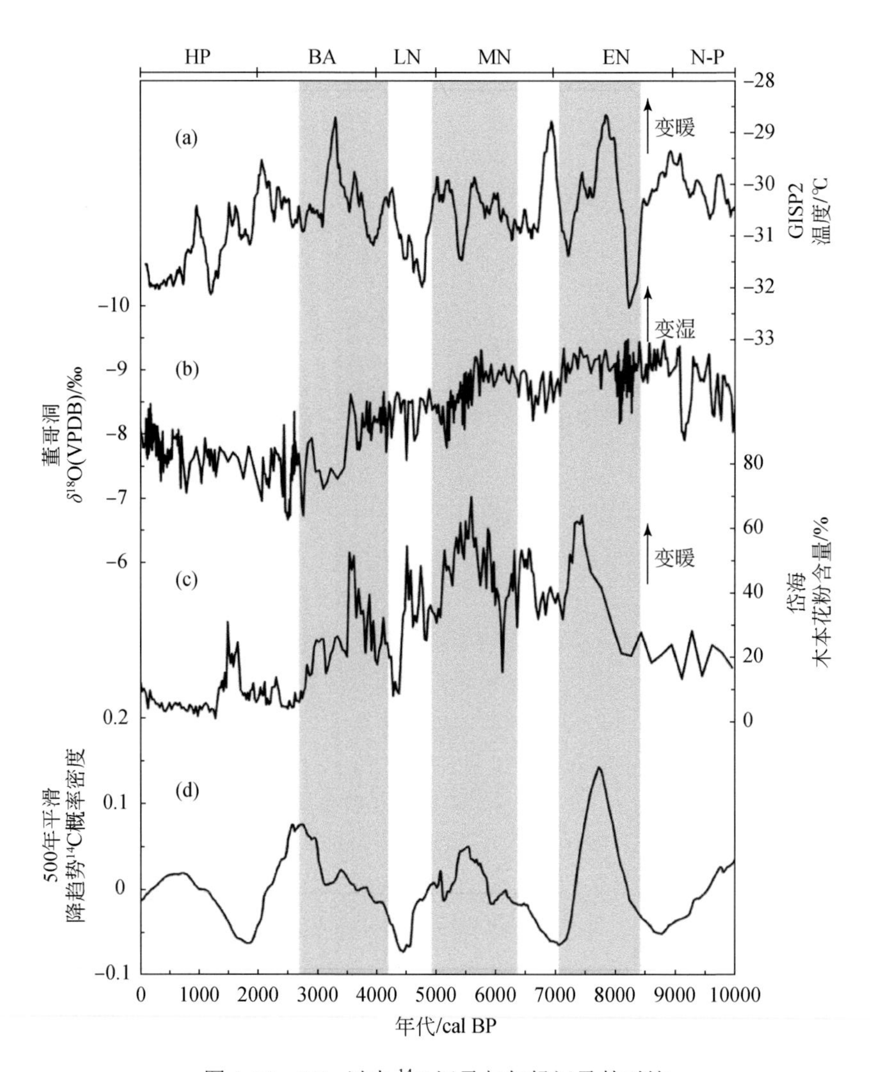

图 4-12　10ka以来 ^{14}C 记录与气候记录的对比

（a）格陵兰 GISP2 冰芯温度重建（Alley，2004）；（b）董哥洞 D4 石笋 δ^{18}O 记录（Dykoski et al.，2005）；（c）岱海木本花粉百分含量（Xiao et al.，2004）；（d）500 年平滑后的降趋势 ^{14}C 总和概率密度曲线，指示相对的人口增长与减少；红色条棒指示温暖湿润的气候时期及人口高峰期；N-P：新旧石器时代过渡期（～9ka cal BP）；EN：新石器时代早期（9～7ka cal BP）；MN：新石器时代中期（7～5ka cal BP）；LN：新石器时代晚期（5～4ka cal BP）；BA：青铜时代（4～2ka cal BP）；HP：历史时期（2ka cal BP 至今）

表 4-6　全新世不同时间段 ^{14}C 记录和古气候记录之间的皮尔逊相关系数及其显著性

时间/ka cal BP	董哥洞 $\delta^{18}O$（Dykoski et al.，2005）		岱海木本花粉百分含量（Xiao et al.，2004）		GISP2 温度重建（℃）（Alley，2004）	
	r 值	P 值	r 值	P 值	r 值	P 值
3～4.3	0.591	0.000	0.264*	0.002	0.279*	0.001
5～6.5	0.119	0.147	0.506*	0.000	−0.113	0.167
7～8	−0.327*	0.001	0.002	0.986	0.742*	0.000

* 在 0.01 水平上相关性是统计显著的（双尾检验）。

图 4-13 为50ka 以来中国四大地理区域的 ^{14}C 总和概率密度曲线。这些曲线表明四个区域的人口发展模式是不尽相同的。北方地区和南方地区的人口增长开始较早，尽管存在一些波动，但通常是持续发展的。与此相反，西北地区和青藏高原的人口增长开始较晚，而且经常中断，特别是青藏高原地区，直至距今 15000 年才开始出现较为连续的人类活动。图 4-10 已经表明了全国人口快速几何级增长开始于 9ka cal BP，而这一趋势也大体存在于所有四个区域之中（图 4-13）。然而，在青藏高原和西北地区，更为持续的人口增长则很可能开始于 6ka cal BP，大大落后于北方地区和南方地区。

根据图 4-13，可以推测突然的气候变冷事件与这些区域人口的减少或崩溃直接相关，但人口减少的幅度在区域间是有所差别的。比如，在 LGM 最冷时期，青藏高原不见人类生存，而西北地区的人口则近于消失，但北方地区和南方地区的人口增长却并未中断。西北地区和青藏高原的人口在 YD 事件时期大幅消减，进而在相当长的时间内没有人类活动。然而，与此同时，南方地区和北方地区的人口规模仅小幅下降。因此，中国不同地理区域的人口对气候变化的响应方式也是多样化的。

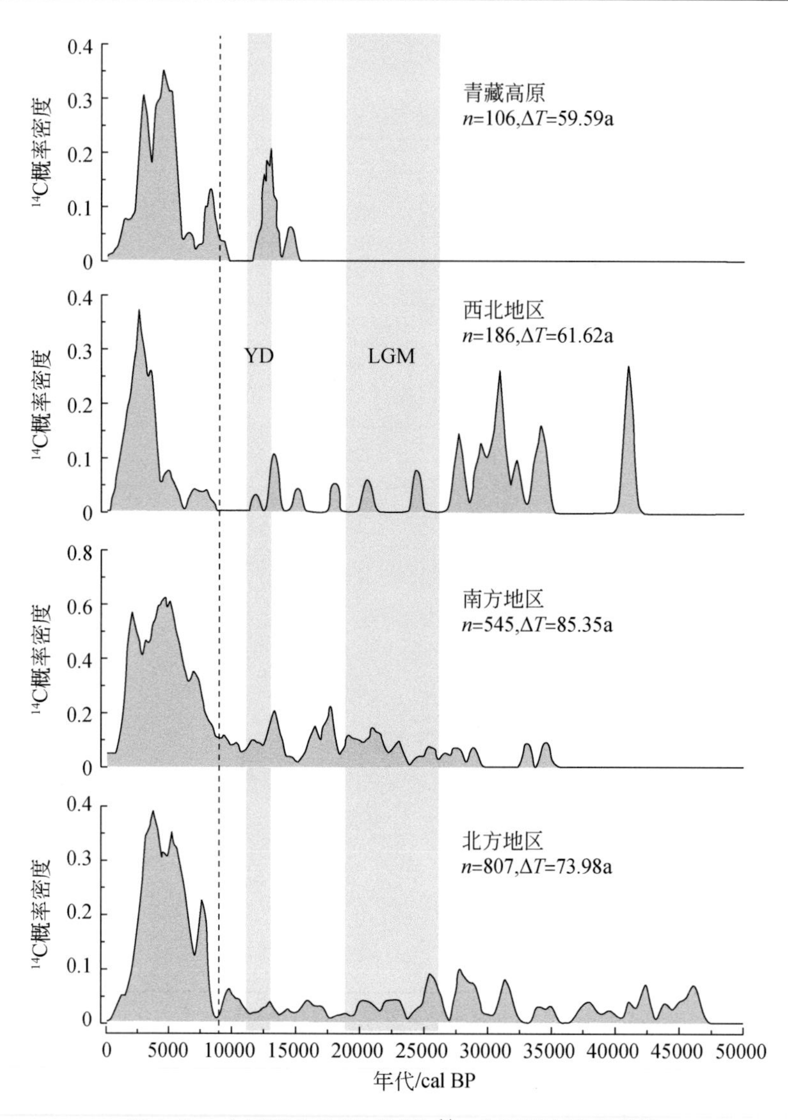

图 4-13　中国四个地理区域的 ^{14}C 总和概率密度曲线

每个区域曲线的纵坐标值经过了数据标准化处理，所以不能用来比较区域间人口规模的大小；虚线指示人口显著增长的起始节点

4.5　讨　　论

4.5.1　中国主要人口扩张的肇始

主要的人口扩张是否开始于农业产生之后是考古学和人类学研究中的一个重要问题（Zheng et al.，2011）。通常认为，农业的发明对人口的快速扩张至关重要（Stiner，2001；Diamond，2002；Gupta，2004；Bocquet-Appel，2011；Gignoux et al.，2011）。然而，最新的全球人群线粒体 DNA（mtDNA）研究表明，主要的人口扩张开始于旧石器时代，很可能早于农业的出现（Laval et al.，2010；Zheng et al.，2011，2012；Aimé et al.，2013）。根据 DNA 研究，东亚特别是中国的人口扩张开始于 13ka cal BP 并一直持续到 4ka cal BP（Zheng et al.，2011）。尽管分子人类学家做了许多系统的工作，但由于分子时钟年代框架的不确定性，中国主要人口扩张的开始时间仍不明确。

作为一种史前人口重建的指标，^{14}C 记录拥有更加精确的年龄控制，能对这一问题提供另一种备选答案。^{14}C 总和概率密度曲线（图 4-10）显示中国主要的人口扩张应该开始于 9ka cal BP，这也正是中国新石器时代的开始时间（Liu and Chen，2012）。中国新石器时代这种快速而显著的人口增长趋势也与 Li 等（2009）基于遗址数量、遗址大小和分布方式的人口重建结果相一致。

尽管中国农业起源的时间在不同学者间尚有争议，但最近的研究已经将中国小米和水稻种植的起源时间推到 1 万年前（Barton et al.，2009；Lu et al.，2009b；Bettinger et al.，2010；Zhao，2011；Yang et al.，2012b）。9～7ka cal BP 是狩猎采集经济到农业经济的转折时期，而在 7～6.5ka cal BP 之后粟作和稻作农业才逐步确立并被广泛接受与实践（Fuller et al.，2007；Barton et al.，2009；Bettinger et al.，2010；Zhao，2011）。因此，根据 ^{14}C 人口重建结果，中国主要的人口扩张发生于农业产生之后，而在 7ka cal BP 开始的二次人口扩张发生于农业经济逐渐确立之时。农业这种新的食物生产方式能够帮助人们获得稳定充足的食物，促进定居的发生和聚落规模的扩大，进而加速人口数量的增长。

农业的起源及随后的人口扩张也与多种古气候记录中（Wang et al.，2001；Dykoski et al.，2005；Peterse et al.，2011）的早全新世气候改善有关。此外，这一结果证明气候变化和人类技术进步均对史前人口的发展起到关键作用。

4.5.2　末次冰期中国人口波动与气候突变事件的关系

关于人口规模和气候变化的互动关系，一个广泛接受的观点是温暖湿润的气候条件能够促进人口的发展，而干冷的气候事件则会导致人口的减退（An et al.，2004；Yancheva et al.，2007；Zhang et al.，2008；Tallavaara and Seppä，2012）。前人的研究表明，末次冰期内严峻的干冷气候事件，特别是 YD 事件和 LGM 事件，极大地影响了人类的适应性，导致北美克洛维斯人群的衰退与重组（Lovvorn et al.，2001；Newby et al.，2005；Firestone et al.，2007；Anderson et al.，2011）、黎凡特地区纳吐夫晚期文化开始时聚落密度的降低（Belfer-Cohen and Bar-Yosef，2000；Grosman，2003；Byrd，2005）及中国北方人类定居的减少（Barton et al.，2007）。然而，一些学者对是否有充足有效的证据将文化变化与气候突变事件加以关联表示质疑，而在一些案例中甚至没有发现气候突变期间的人口减退现象（Buchanan et al.，2008；Holliday and Meltzer，2010；Maher et al.，2011；Miller and Gingerich，2013）。在最近的批评性文章中，北美 ^{14}C 记录显示的 YD 事件期间的人口衰退被认为是 ^{14}C 校正曲线的产物，而不是真正的人口信息（Bamforth and Grund，2012），但这仍需要进一步的验证。

以上相反的研究结果说明，需要做更多的工作来证明晚更新世的气候突变事件对早期人群产生了相当可观的影响。中国 ^{14}C 记录的人口重建结果表明，末次冰期主要的人口锐减可与 Heinrich/YD 事件等干冷气候事件进行很好地关联，意味着末次冰期千年尺度的气候波动可能会对中国人口发展施加巨大影响。

Heinrich 事件是全球性的快速降温事件，导致了许多环境变化（Bond et al.，1992，1993）。在中国，多种古气候证据表明 Heinrich 事件期间的冬季风十分强盛（Porter and An，1995；吕厚远等，1996b；Wang et al.，2001；张美良等，2004）。这种极端干冷的气候条件严重影响了狩猎采集人群，植物和动物资源分布的收缩给人类生存造成极大压力。对于突然来临的霜冻、干旱和资源短缺，大部分人群来不及调整生计策略以适应新的环境，因而消减或消失，仅留少数幸存者等待温暖气候的回归。

YD 事件是末次冰消期内一次显著的气候干冷事件。作为一个全球性的气候事件，其导致温度下降大约 6℃（Andres et al.，2003）。虽然 YD 事件期间，中国不同地区和不同指标间温度与降水变化的幅度不尽相同，但 YD 事件典型的突然变冷变干的气候变化模式在全国大体相同（An et al.，1993；Wang et al.，2001；Shen et al.，2005；Hong et al.，2010；Ma et al.，2012）。YD 事件导致生态环境显著改变，一些重要的动植物物种减少或灭绝，这无疑会影响到狩猎采集者的可用资源供给。以上困难使得中国史前人口或消亡或迁徙，而并非所有的迁徙地都有利于迁徙者的生存。

上述中国史前人口锐减与 YD 事件的关联类似于北美克洛维斯人群缩减与 YD 事件的关系（Firestone et al.，2007；Anderson et al.，2011）。然而，中国人群和北美人群对 YD 事件的响应方式则稍微有些不同。同样利用 ^{14}C 总和概率密度曲线，Anderson 等（2011）发现在 YD 事件开始时突然的气候变冷使得北美人口密度减小，但在 YD 事件后半段气候继续变冷时其影响反而减弱，说明北美人群在很短的时间内适应了气候变化并很快出现人口回升。与之相反，中国史前人口在 YD 事件期间呈现持续下降趋势直至 YD 事件结束（图 4-11），说明 YD 事件突然的气候变化对中国史前人口发展产生了破坏性影响。这一差异的原因应该是未来研究的课题，着重关注这两个地区 YD 事件期间气候变化幅度及人类适应策略的不同。

中国不同地区人口对 YD 事件的响应方式的差异也值得注意（图 4-13）。在 YD 事件期间，西北地区和青藏高原的人口显著减少甚至完全消失，直到 YD 事件结束 2500 年之后的 9ka cal BP 才开始恢复。这两个地区干冷的沙漠和高寒气候在 YD 事件期间被进一步加强，环境变得更加恶劣，不适合人类长期生存。YD 事件对北方地区和南方地区的影响不像对西北地区和青藏高原这样深远。然而，这期间南方地区人口减少的幅度要大于北方地区。可能的原因是北方地区的狩猎采集者对 YD 事件具有重要的行为方式上的适应（Yi et al.，2013）。YD 事件似乎推动了北方狩猎采集人群的技术或行为革新，特别是从少量高品质原材料中制作更多细石器的技术。这一技术促进了保暖衣物的制作，帮助人类适应寒冷的环境，增强了人群冬季的流动性，从而使人类在有限的环境中获得更多的生存资源。因此，相比于南方人群，这种有益的技术革新帮助北方人群更加成功地适应了 YD 事件期间干冷的气候环境。

综上所述，鉴于中国区域地貌和气候条件的多样，末次冰期中的气候突变对不同地区造成的影响也不相同。虽然如此，作为全球性的气候波动，这些气候突变事件确实深刻地影响了中国人口的发展，不同地区的人口对这些气候突变的响应也是多种多样的（图 4-11 和图 4-13）。

4.5.3　全新世中国人口波动与气候变化和文化转换之间的关系

^{14}C 记录显示，中国人口在 9～5ka cal BP 期间显著增加（图 4-10），这与中国全新世大暖期或中全新世气候适宜期（8.9～4ka cal BP）同时，而当时的温度要比现在高 2～4℃（Shi et al.，1993；Zheng et al.，1998；Wang and Gong，2000；Ge et al.，2007；方修琦和侯光良，2011），并伴随有季风环流增强带来的降水量的增加（An et al.，2000）。全新世温度和湿度的增加给人类提供了一个稳定而适宜的环境，人类活动不再被限制在有限的区域内，从而为人口地域上的扩张提供了巨大的机会。此外，适宜的气候条件不仅有利于狩猎采集者对生存资源的搜寻，而且有助于农作物的栽培和驯化，从而促进了人口的扩张。

尽管全新世气候大体上是较为稳定的，但其中的一些气候波动也对中国人口的发展产生了影响。如图 4-12 所示，主要的人口增长期发生于温暖湿润的气候条件下，并与史前文化繁荣期同步，而人口缩减期对应于干冷的气候条件，同时文化更替发生。

在 8.5～7ka cal BP 期间，中国全新世温度达到最高值（方修琦和侯光良，2011），夏季风强盛，降水充沛（Yuan et al.，2004）。此时，中国新石器时代早期文化迅速发展（9～7ka cal BP；表 4-2）并采用广谱的生计方式，包括狩猎采集和动植物的逐步驯化（Liu and Chen，2012）。温暖湿润的气候条件有利于这种生计方式，使人类能够获得和储存丰富的食物资源，从而导致人口的增长。这一时期的人口高峰出现在 7.7ka cal BP，之后人口开始下降，在 7～6.5ka cal BP 期间达到低值，而这正是史前文化的转换期，如裴李岗文化到仰韶文化、后李文化到北辛文化等。气候变化可能是人口下降和文化转换出现的原因，因为相对干冷的气候条件限制了资源的可用性，破坏土地的生产力，从而导致人口数量的减少并促进新技术的发明或新文化的产生以适应新的生存环境。

在 6.5～5ka cal BP 和 4.3～2.8ka cal BP 期间的人口增长也可能与气候变化有关。前者是中国新石器文化最为发达的时期，同时全新世温和的气候条件达到高峰（夏正楷，2012）。这一时期，许多发达的新石器文化在中国大部分地区繁荣发展，表现为遗址数量和规模的增加，以及向更多不同地理区域的广泛扩张，这些都意味着人口的快速增长（Liu and Chen，2012）。此外，在适宜的气候条件下，农业生产成为食物供给的主要来源，从而进一步促进了人口的快速稳定发展。

大约在 5ka cal BP，发生了一次气候突然变冷事件，即“5 千年事件”。该事件中断了全新世大暖期的温暖气候，并与一些复杂的社会-文化变化相关联（Weiss and Bradley，2001）。这一气候恶化事件在中国被广泛地记录下来，表现为持续 0.1～0.5ka 的夏季风减弱和温度的降低（Li et al.，2003；Xiao et al.，2004；Dykoski et al.，2005；An et al.，2006）。这一干冷气候期可能导致了中国 5～4.5ka cal BP 期间人口的缩减以及社会的转变。比如，辽河流域发达的红山文化突然衰落，被落后的小河沿文化所代替（Jin and Liu，2002；夏正楷，2012）；黄河流域仰韶文化衰退而由龙山文化取而代之（Liu and Chen，2012）。

在 4.3～2.8ka cal BP 期间的人口增长对应于新石器时代晚期和青铜时代。当时，在黄河和长江流域，集约化农业生产，高人口密度及复杂发达的社会集团已经广泛存在，而在许多边缘地区狩猎采集/游牧文化仍然在继续发展（Liu and Chen，2012）。虽然这一时期全新世大暖期已经结束，相较于前时气候也逐渐变得干凉（Feng et al.，2004，2006），但是其温度和降水量仍然高于现在，因而适合人口的增长。此外，需要特别注意的是，在 3.5ka cal BP 之后，发达的社会系统和集约化农业生产可能是帮助先民克服恶劣气候条件的一个重要因素。

4.5.4　不同区域人口发展的多样性

区域 ^{14}C 总和概率密度曲线（图 4-13）表明北方地区和南方地区是中国史前人类活动的主要区域，人口发展历史长而连续，而西北地区和青藏高原则是人类活动的边缘地区，人口出现晚而增长不连续。这一模式与考古学记录相一致（严文明，2000；Wu，2004），而后者表明中国主要的旧石器时代遗址和新石器文化区大多繁荣于季风区的北方和南方地区。

青藏高原极端的环境条件，如高海拔、低温、极端干旱及严重缺氧等，限制了人类的生存。人类何时以及如何登上青藏高原至今仍是争论的话题。一些考古发现（黄慰文等，1987；Zhang and Li，2002；Brantingham and Gao，2006；Brantingham et al.，2007；Yuan et al.，2007；Aldenderfer，2011）和基因学研究（Niermeyer et al.，1995；Qi et al.，2013）认为现代人最初出现于青藏高原的时间是 MIS3 时期（50～26.5ka cal BP，但很有可能是 30ka cal BP）。然而，这些推测主要依靠于有限的考古遗址和个别的基因样本，而一些早期遗址的年代仍然存在争议（Sun et al.，2010；仪明洁等，2011；Brantingham et al.，2013）。

与上述研究结果不同，^{14}C 记录显示在旧石器时代晚期早段，甚至是相对温暖湿润的 MIS3 时期青藏高原也没有早期人类存在的迹象。目前的 ^{14}C 总和概率密度结果表明，人类最初登上青藏高原是在末次冰消期，大概开始于 15ka cal BP，与博令-阿勒罗德暖期气候转暖转湿同步。许多具有大量细石器工具的旧石器时代晚期遗址也出现在 15ka cal BP 之后（Madsen et al.，2006；Rhode et al.，2007；高星等，2008；仪明洁等，2011），这一考古现象支持了以上 ^{14}C 记录得到的认识。这一认识还得到了基因学证据的支持。*EPAS*1 基因的自然选择的出现时间可以认为是人类最初到达青藏高原的时间，而这一时间被推定至 18ka cal BP（Peng et al.，2011），这与 ^{14}C 记录得到的时间节点非常接近，可能意味着来自低海拔地区的最初迁徙者在逐步定居青藏高原之前，对高寒缺氧环境进行了一段时间的生理上的适应。

最近，西藏阿里尼阿底遗址的发掘和研究将人类踏足青藏高原高海拔地区（海拔 4600m）的时间上推至距今 4～3 万年前（Zhang X et al.，2018b）。该遗址出土的以石叶为技术特征的文化遗存，不仅为古人征服高原极端环境提供了有力的技术装备，也为今人揭示古代不同地区人群的迁徙、交流提供了重要的考古证据（Zhang X et al.，2018b）。无独有偶，研究者在甘肃下河白石崖溶洞（海拔 3280m）发现了属于丹尼索瓦人的下颌骨化石，对其碳酸盐包裹体铀系测年的结果显示，该化石至少形成于距今 16 万年前，是目前青藏高原最早的人类活动证据（Chen et al.，2019）。以上两处新发现的年代已经接近或超出 ^{14}C 测年方法的上限，但我们

应该注意到单一 ^{14}C 概率密度指标重建人口的限制性，在研究中结合多指标证据对结果加以补充和完善。

在 12～9ka cal BP 期间，青藏高原的人口发展经历了明显断层，说明受到 YD 事件的深远影响，早期居民可能已经消亡或迁徙到低海拔地区的"避难所"。然而，基因学研究认为当地旧石器先民的基因片段在现代中国西藏地区人民的基因中仍然留存（Zhao et al.，2009；Qi et al.，2013），而青藏高原新石器时代遗址出土的细石器也具有一些青藏旧石器的特征（霍巍，2000），这些都强烈地证明青藏高原的旧石器时代先民不仅在这一时期生存了下来，而且还与新到来的迁徙人群进行了杂交及文化上的交流（Qi et al.，2013）。

在 9～6ka cal BP 期间，青藏高原的气候变得相对温暖湿润（Thompson et al.，1997；Liu et al.，2002），人口开始重新扩张。基因学研究也显示青藏高原的人口在 10～7ka cal BP 发生扩张（Qi et al.，2013），从而支持了 ^{14}C 记录得到的认识。在这一时期，青藏高原第一次出现了永久性定居聚落（Brantingham et al.，2007；Rhode et al.，2007），而在 10ka cal BP 起源于西北地区的早期新石器文化已迁徙到青藏高原，促进了当地农业经济的发展（Barton et al.，2009；Bettinger et al.，2010）。

从 6ka cal BP 开始，青藏高原的人口在中全新世适宜的气候条件下快速增长并充分发展。最近的基因学研究也认为青藏高原人口在 6ka cal BP 之后发生了快速扩张（Qi et al.，2013），两者结果相一致。这次人口扩张很有可能是由马家窑文化（6～4ka cal BP）、宗日文化（5.6～4ka cal BP）和卡若文化（5.3～4.3ka cal BP）等新石器农业文化带来的集约化农耕生产技术引起（谢端琚，2002；Liu and Chen，2012）。粟作农业和家猪驯养是该时期重要的生计方式，而这些新石器技术在青藏高原的引入也可能导致了本地大麦种植及牦牛驯化的起源（Aldenderfer，2011；Wang et al.，2011；Dai et al.，2012），因此为随之而来的人口快速增长提供了稳定而多样的资源基础。

中国西北位于高纬地区，大部分被沙漠和草地覆盖，其干旱-半干旱的气候条件给人类定居带来障碍。西北地区的人口在温暖湿润的 MIS3 时期轻微扩张，随后在很长的时间内极其式微（图 4-13），即使是在全新世大暖期该区气候渐渐变得温暖和湿润的时候（Zhou et al.，2008；Xiao et al.，2009；Yang et al.，2010，李小强等，2013）。最近根据考古遗址密度考察呼伦贝尔和浑善达克沙地人类活动的研究也证明了全新世该地区人类活动密度极低（卓海昕等，2013）。然而，另一种可能性是该区人群是游牧的，造成其短期营地不太明显从而很难被发现。在 6ka cal BP 左右，西北地区人口终于开始扩张，并在 4ka cal BP 之后显著增长，此时新疆地区出现了永久性定居聚落以及农牧活动（Chen and Hiebert，1995），而河西走廊和内蒙古地区的农牧经济也在繁荣发展（谢端琚，2002；Liu and Chen，2012）。

图4-13表明中国北方地区和南方地区的人口具有大致相同的发展趋势。季风区雨热同期的气候模式有利于史前人口的发展，多样的地貌条件给予人类发展多种经济方式的机会。两个地区广阔的地理范围也便于不同人群间的迁徙和交流。在有利的地理条件外，先进的文化技术如定居、植物（水稻、小米）和动物（猪、狗）驯化及复杂的社会组织均会促进人口的增长。然而，在相对不利的气候条件下，末次冰期时两个地区的人口瓶颈一直存在。大概从9ka cal BP开始，随着气候的改善以及稻作、粟作和热带原始农业的产生（Zhao，2011），北方地区和南方地区的人口均经历了主要的扩张时期。

4.6　本章小结

历史时期人类-气候相互作用一直备受学界关注。然而，由于缺乏人口重建的有效指标，在长时间尺度上史前人口波动与气候变化的关系仍是一项具有挑战性的研究课题。近年来，考古^{14}C年代的总和概率密度分布已被广泛用作人口规模的代用指标，尽管有学者认为这种应用必须谨慎。由于缺乏考古^{14}C年代的集成数据库，这一方法在我国的应用十分少见，因此我国史前人口与气候变化的关系仍不清楚。本章首次系统地编录了我国考古^{14}C年代数据库（n=4656）。利用^{14}C年代的总和概率密度分布，结合高分辨率古气候记录，本章提出：①我国大规模人口扩张始于距今9ka前，发生在农业出现之后，并与早全新世气候改善有关。②人口规模较小和人口减少时期主要出现于距今46～43ka、41～38ka、31～28.6ka、25～23.5ka、18～15.2ka和13～11.4ka，对应于末次冰期的快速变冷事件，如Heinrich事件和YD事件；而全新世期间人口规模较大的时段，如距今8.5～7ka、6.5～5ka和4.3～2.8ka，则与暖湿气候期和新石器文化、农业发展繁荣期同步。这一结果表明，气候突变会显著限制人口的规模，而适宜的气候条件会促进史前人口的增加和人类文化的进步。③由于区域环境状况和人类适应水平存在差异，因此，不同区域的人口具有不同的发展模式，人口波动对气候变化的响应方式也有所不同。本章研究为探索中国长时间尺度上气候变化、农业、人类文化和人口之间的相互关系提供了新的方法与视角。需要指出的是，鉴于人类-气候相互作用的复杂性及^{14}C单一指标的运用，本章有关中国史前人口波动及其与气候变化关系的研究结果仍然是初步的，在未来的研究中需要更新的考古和环境数据以及多种指标相结合来加以检验、改善和充实。本章所编汇的中国考古^{14}C年代数据库可在https://www.sciencedirect.com/science/article/pii/S0277379114001966［2022. 5. 11］网站下载。

参考文献

安成邦, 吉笃学, 陈发虎, 等. 2010. 甘肃中部史前农业发展的源流: 以甘肃秦安和礼县为例. 科学通报, 55(14): 1381-1386.

北京大学考古文博学院, 河南省文物考古研究所. 2007. 登封王城岗考古发现与研究(2002—2005). 郑州: 大象出版社.

北京大学考古文博学院, 郑州市文物考古研究院. 2011a. 河南新密市李家沟遗址发掘简报. 考古, (4): 292-297.

北京大学考古文博学院, 郑州市文物考古研究院. 2011b. 中原腹地首次发现石叶工业——河南登封西施遗址旧石器时代考古获重大突破. 中国文物报, 2011 年 2 月 25 日第 4 版.

彼得斯 K E, 沃尔特斯 C C, 莫尔多万 J M. 2011. 生物标志化合物指南: 生物标志化合物和同位素在环境与人类历史研究中的应用(下册). 北京: 石油工业出版社.

曹雯, 夏正楷. 2008. 河南孟津寺河南中全新世湖泊沉积物的易溶盐测定及其古水文意义. 北京大学学报: 自然科学版, 44(6): 933-937.

陈报章. 1997. 植硅石分析与栽培稻起源研究. 作物学报, 23(1): 114-118.

陈报章. 2001. 河南贾湖遗址植硅石组合及其在环境考古学上的意义. 微体古生物学报, 18(2): 211-216.

陈报章, 王象坤, 张居中. 1995a. 舞阳贾湖新石器时代遗址炭化稻米的发现、形态学研究及意义. 中国水稻科学, 9: 129-134.

陈报章, 张居中, 吕厚远. 1995b. 河南贾湖新石器时代遗址水稻硅酸体的发现及意义. 科学通报, 40(4): 339-342.

陈淳. 1995. 谈中石器时代. 人类学学报, 14(1): 82-90.

陈发虎, 刘峰文, 张东菊, 等. 2016. 史前时代人类向青藏高原扩散的过程与动力. 自然杂志, 38: 235-240.

陈峰. 2010. 明清时期嵩山地区生态环境的变迁. 郑州: 郑州大学.

陈良佐. 1997. 从生态学的交会带(ecotone)、边缘效应(edge effect)试论史前中原核心文明的形成//臧振华. 中国考古学与历史学之整合研究. 台北: 中央研究院历史语言研究所, 131-159.

陈胜前. 2013. 史前的现代化——中国农业起源过程的文化生态考察. 北京: 科学出版社.

陈文华. 2002. 农业考古. 北京: 文物出版社.

陈星灿. 2001. 黄河流域的农业起源: 现象与假设. 中原文物, (4): 24-29.

陈星灿, 刘莉, 李润权, 等. 2003. 中国文明腹地的社会复杂化进程——伊洛河地区的聚落形态研究. 考古学报, (2): 161-217.
陈雪香. 2007. 海岱地区新石器时代晚期至青铜时代农业稳定性考察. 济南: 山东大学.
陈有清. 2000. 粟名演变考. 中国农史, (4): 93-95.
陈正宏, 乐静, 沈爱光. 1992. 小米淀粉特性的研究. 郑州粮食学院学报, (3): 38-43.
程胜利, 劳子强, 张翼. 2003. 嵩山地质博览. 北京: 地质出版社.
程至杰, 杨玉璋, 甘恢元, 等. 2020. 江苏沭阳万北遗址2015年度炭化植物遗存分析. 中国农史, (5): 33-42.
戴锦奇, 左昕昕, 蔡喜鹏, 等. 2019. 闽江下游白头山遗址稻旱混作农业的植硅体证据. 第四纪研究, 39(1): 161-169.
邓振华. 2015. 汉水中下游史前农业研究. 北京: 北京大学.
邓振华, 高玉. 2012. 河南邓州八里岗遗址出土植物遗存分析. 南方文物, (1): 156-163.
刁现民. 2011. 中国谷子产业与产业技术体系. 北京: 中国农业科学技术出版社.
董广辉, 夏正楷, 刘德成, 等. 2006. 河南孟津地区中全新世环境变化及其对人类活动的影响. 北京大学学报: 自然科学版, 42(2): 238-243.
董广辉, 杨谊时, 韩建业, 等. 2017. 农作物传播视角下的欧亚大陆史前东西方文化交流. 中国科学: 地球科学, 47(5): 530-543.
杜春磊. 2013. 灵井许昌人遗址第5层出土石制品研究. 济南: 山东大学.
樊龙江, 桂毅杰, 郑云飞, 等. 2011. 河姆渡古稻DNA提取及其序列分析. 科学通报, 56(28-29): 2398-2403.
方修琦, 侯光良. 2011. 中国全新世气温序列的集成重建. 地理科学, 31(4): 385-393.
傅大雄. 2001. 西藏昌果沟遗址新石器时代农作物遗存的发现、鉴定与研究. 考古, (3): 66-74.
傅稻镰, 张海, 方燕明. 2007. 颍河中上游谷地植物考古调查的初步报告//北京大学考古文博学院, 河南省文物考古研究所. 登封王城岗考古发现与研究(2002—2005)附录四. 郑州: 大象出版社.
傅稻镰, 黄超, 王玉琪. 2009. 水稻驯化进程与驯化率: 长江下游田螺山遗址出土小穗轴基盘研究. 农业考古, (4): 27-30.
高江涛. 2009. 中原地区文明化进程的考古学研究. 北京: 社会科学文献出版社.
高霄旭. 2011. 西施旧石器遗址石制品研究. 北京: 北京大学.
高星, 周振宇, 关莹. 2008. 青藏高原边缘地区晚更新世人类遗存与生存模式. 第四纪研究, 28(6): 970-977.
龚子同, 陈鸿昭, 袁大刚, 等. 2007. 中国古水稻的时空分布及其启示意义. 科学通报, 52(5): 562-567.
巩敏, 席亭亭, 孙翠霞, 等. 2013. 小米挤压膨化特性的差异及相关性分析. 粮油食品科技, 21(5): 4-7.

巩启明. 2002. 仰韶文化. 北京: 文物出版社.
巩义市文管所. 1992. 巩义市坞罗河流域裴李岗文化遗存调查. 中原文物, (4): 1-7.
巩义市文物保护管理所, 河南省社会科学院河洛文化研究所. 1998. 河南巩义市洪沟旧石器遗址试掘简报. 中原文物, (1): 2-9.
顾海滨. 2009. 遗址水稻硅质体粳籼性质判别方法综述. 湖南考古辑刊(第8集), (1): 268-276.
广东省珠江文化研究会岭南考古研究专业委员会, 中山大学地球科学系, 英德市人民政府, 等. 2013. 英德牛栏洞遗址——稻作起源与环境综合研究. 北京: 科学出版社.
郭巧生, 王庆亚, 刘丽. 2009. 中国药用植物种子原色图鉴. 北京: 中国农业出版社.
郭琼霞. 1998. 杂草种子彩色鉴定图鉴. 北京: 中国农业出版社.
郭志永, 翟秋敏, 沈娟. 2011. 黄河中游渑池盆地湖泊沉积记录的古气候变化及其意义. 第四纪研究, 31(1): 150-162.
韩建业. 2009. 裴李岗文化的迁徙影响与早期中国文化圈的雏形. 中原文物, (2): 11-15.
韩建业. 2016. 中原和江汉地区文明化进程比较. 江汉考古, (6): 39-44.
河南省文物局. 2009. 河南省文物志. 北京: 文物出版社.
河南省文物考古研究所. 2001. 郑州商城: 1953～1985年考古发掘报告(上中下). 北京: 文物出版社.
河南省文物考古研究所. 2009. 河南许昌灵井"许昌人"遗址考古发现与探索. 华夏考古, (3): 3-7.
河南省文物考古研究所. 2010. 许昌灵井旧石器时代遗址 2006 年发掘报告. 考古学报, (1): 73-100.
侯西勇, 毋亭, 侯婉, 等. 2016. 20世纪40年代初以来中国大陆海岸线变化特征. 中国科学: 地球科学, 46(8): 1065-1077.
湖南省文物考古研究所. 2006. 彭头山与八十垱. 北京: 科学出版社.
郇秀佳, 李泉, 马志坤, 等. 2014. 浙江浦江上山遗址水稻扇形植硅体所反映的水稻驯化过程. 第四纪研究, 34(1): 106-113.
郇秀佳, 吕厚远, 王灿, 等. 2020. 水稻扇型植硅体野生–驯化特征研究进展. 古生物学报, 59(4): 467-478.
黄其煦. 1982a. 黄河流域新石器时代农耕文化中的作物——关于农业起源问题的探索. 农业考古, (2): 55-61.
黄其煦. 1982b. "灰像法"在考古学中的应用. 考古, (4): 418-420.
黄强, 罗发兴, 杨连生. 2004. 淀粉颗粒结构的研究进展. 高分子材料科学与工程, 20(5): 19-23.
黄慰文, 陈克造, 袁宝印. 1987. 青海小柴达木湖的旧石器//中国—澳大利亚第四纪学术讨论会论文集. 北京: 科学出版社.
霍巍. 2000. 近十年西藏考古的发现与研究. 文物, (3): 85-95.

吉笃学. 2009. 中国西北地区采集经济向农业经济过渡的可能动因. 考古与文物, (4): 36-47.
吉云平, 夏正楷. 2008. 河南洛阳寺河南剖面沉积物的磁化率及其与粒度参数的关系. 南水北调与水利科技, 6(6): 78-80.
贾鑫. 2012. 青海省东北部地区新石器——青铜时代文化演化过程与植物遗存研究. 兰州: 兰州大学.
姜钦华. 1994. 应用植硅石分析鉴定我国史前的稻作农业. 农业考古, (4): 85-88.
姜修洋, 杨邦, 王晓艳, 等. 2015. 黔北洞穴石笋记录的末次冰消期至早全新世百年-十年际气候变化. 地理科学, 35(6): 773-781.
近藤炼三. 2010. 植物硅酸体图谱. 北海道: 北海道大学出版会.
靳桂云. 2007. 中国早期小麦的考古发现与研究. 农业考古, (4): 11-20.
靳桂云, 吕厚远, 魏成敏. 1999. 山东临淄田旺龙山文化遗址植物硅酸体研究. 考古, (2): 82-87.
靳桂云, 栾丰实, 蔡凤书, 等. 2004. 山东日照市两城镇遗址土壤样品植硅体研究. 考古, (9): 81-86.
靳桂云, 燕生东, 宇田津彻郎, 等. 2007. 山东胶州赵家庄遗址4000年前稻田的植硅体证据. 科学通报, 52(18): 2161-2168.
靳松安. 2009. 试论裴李岗文化的分期和类型//山东大学东方考古研究中心. 东方考古(第6集). 北京: 科学出版社.
开封地区文物管理委员会. 1979. 河南开封地区新石器时代遗址调查简报. 考古, (3): 206-208.
孔昭宸, 刘长江, 张居中. 1998. 渑池班村遗址植物遗存及其在环境考古学上的意义. 第四纪研究, 18(3): 280.
赖旭龙. 2001. 古代生物分子与分子考古学. 地球科学进展, 16(2): 20-28.
李非, 李水城, 水涛. 1993. 葫芦河流域的古文化与古环境. 考古, (9): 822-842.
李玲伊, 韩立宏, 王晓慧, 等. 2013. 不同品种小米淀粉理化性质的比较研究. 中国食物与营养, 19(3): 31-35.
李小强. 2013. 中国全新世气候和农业活动研究新进展. 中国科学: 地球科学, 43(12): 1919-1928.
李小强, 周新郢, 周杰, 等. 2007. 甘肃西山坪遗址生物指标记录的中国最早的农业多样化. 中国科学: 地球科学, 37(7): 934-940.
李小强, 张宏宾, 周新郢, 等. 2008. 甘肃西山坪遗址5000年水稻遗存的植物硅酸体记录. 植物学通报, 25(1): 20-26.
李小强, 刘汉斌, 赵克良, 等. 2013. 河西走廊西部全新世气候环境变化的元素地球化学记录. 人类学学报, 32(1): 110-120.
李秀丽, 张文君, 鲁剑巍, 等. 2012. 植物体内草酸钙的生物矿化. 科学通报, 57(26): 2443-2455.
李永飞, 于革, 李春海, 等. 2014. 郑州—荥阳附近全新世湖沼沉积环境及对人类文化发展的意义. 海洋地质与第四纪地质, 34(3): 143-154.
李友谋. 2003. 裴李岗文化. 北京: 文物出版社.
李占扬. 1995. 荥阳蝙蝠洞旧石器时代洞穴遗址. 中国考古学年鉴(1993), 166-167.
李占扬. 2007. 许昌灵井遗址2005年出土石制品的初步研究. 人类学学报, 26(2): 138-154.
李占扬, 董为. 2007. 河南许昌灵井旧石器遗址哺乳动物群的性质及时代探讨. 人类学学报, 26(4): 345-360.
李占扬, 沈辰. 2010. 微痕观察初步确认灵井许昌人遗址旧石器时代骨制工具. 科学通报, 55(10): 895-903.
李占扬, 李雅楠, 加藤真二. 2014. 灵井许昌人遗址第5层细石核工艺. 人类学学报, 33(3): 285-303.
廖永民. 1994. 坞罗西坡文化遗存试析. 中原文物, (1): 38-40.
林汝法, 柴岩, 廖琴, 等. 2002. 中国小杂粮. 北京: 中国农业科技出版社.
刘长江, 孔昭宸. 2004. 粟, 黍籽粒的形态比较及其在考古鉴定中的意义. 考古, (8): 76-83.
刘长江, 孔昭宸, 朗树德. 2004. 大地湾遗址农业植物遗存与人类生存的环境探讨. 中原文物, (4): 26-30.
刘长江, 靳桂云, 孔昭宸. 2008. 植物考古: 种子和果实研究. 北京: 科学出版社.
刘成, 张佩丽, 沈群. 2010. 河北产区9个谷子品种淀粉性质的研究. 食品工业科技, 31(1): 81-83.
刘德成, 夏正楷, 王幼平, 等. 2008. 河南织机洞旧石器遗址的洞穴堆积和沉积环境分析. 人类学学报, 27(1): 71-77.
刘桂娥, 向安强. 2005. 史前“南稻北粟”交错地带及其成因浅析. 农业考古, (1): 115-122.
刘化清, 王军, 王永栋, 等. 1996. 对phytolith汉译名的商榷. 西北大学学报: 自然科学版, 26(4): 340-342.
刘焕, 胡松梅, 张鹏程, 等. 2013. 陕西两处仰韶时期遗址浮选结果分析及其对比. 考古与文物, (4): 106-112.
刘辉, 张敏. 2010. 不同品种小米的直链淀粉含量与快速黏度分析仪谱特征值关系研究. 食品科学, 31(15): 31-33.
刘莉. 2007. 中国新石器时代: 迈向早期国家之路. 北京: 文物出版社.
刘莉. 2017. 早期陶器、煮粥、酿酒与社会复杂化的发展. 中原文物, (2): 24-34.
刘莉, 玖迪丝•菲尔德, 爱丽森•韦斯克珀夫, 等. 2010. 全新世早期中国长江下游地区橡子和水稻的开发利用. 人类学学报, 29(3): 317-336.
刘莉, 陈星灿, 赵昊. 2013. 河南孟津寨根、班沟出土裴李岗晚期石磨盘功能分析. 中原文物, (5): 76-86.
刘莉, 王佳静, 赵雅楠. 2017. 仰韶文化的谷芽酒: 解密杨官寨遗址的陶器功能. 农业考古, (6):

26-32.
刘莉, 王佳静, 陈星灿. 2018a. 仰韶文化大房子与宴饮传统: 河南偃师灰嘴遗址 F1 地面和陶器残留物分析. 中原文物, (1): 32-43.
刘莉, 王佳静, 赵昊. 2018b. 陕西蓝田新街遗址仰韶文化晚期陶器残留物分析: 酿造谷芽酒的新证据. 农业考古, (1): 7-15.
刘莉, 李永强, 候建星. 2021. 渑池丁村遗址仰韶文化的曲酒和谷芽酒. 中原文物, (5): 75-85.
刘晓媛. 2014. 案板遗址 2012 年发掘植物遗存研究. 西安: 西北大学.
刘彦锋, 鲍颖建. 2012. 郑州朱寨遗址考古发掘与收获. 中国文物报, 2012-7-13(8).
刘勇, 姚惠源, 王强. 2006. 黄米营养成分分析. 食品工业科技, 27(2): 172-174.
刘振华. 1973. 永吉杨屯遗址试掘简报. 文物, (8): 63-68.
鲁鹏. 2015. 环嵩山地区史前聚落分布时空模式及其形成机制. 北京: 北京大学.
鲁鹏, 田燕, 杨瑞霞. 2012. 环嵩山地区 9000aB. P. -3000aB. P. 聚落规模等级. 地理学报, 67(10): 1375-1382.
鲁鹏, 田燕, 陈盼盼, 等. 2014a. 环嵩山地区 9000-3000aBP 聚落分布与区域构造的关系. 地理学报, 69(6): 738-746.
鲁鹏, 田奇丁, 邱士可, 等. 2014b. 河南溱须河流域更新世地貌演变及机制分析. 地域研究与开发, 33(3): 172-176.
吕厚远. 2018. 中国史前农业起源演化研究新方法与新进展. 中国科学: 地球科学, 48(2): 181-199.
吕厚远, 王永吉. 1989a. 我国第四纪海陆相地层中盾形化石的亲缘关系及环境意义. 海洋湖沼通报, (4): 48-51.
吕厚远, 王永吉. 1989b. 植物硅酸体研究及在青岛三千年来古环境解释中的应用. 科学通报, (19): 1485-1488.
吕厚远, 吴乃琴, 王永吉. 1996a. 水稻扇型硅酸体的鉴定及在考古学中的应用. 考古, (4): 84-88.
吕厚远, 郭正堂, 吴乃琴. 1996b. 黄土高原和南海陆架古季风演变的生物记录与 Heinrich 事件. 第四纪研究, 16(1): 11-20.
吕厚远, 李玉梅, 张健平, 等. 2015. 青海喇家遗址出土 4000 年前面条的成分分析与复制. 科学通报, 60(8): 744-756.
吕烈丹. 2013. 稻作与史前文化演变. 北京: 科学出版社.
栾丰实. 1997. 试论后李文化//栾丰实. 海岱地区考古研究. 济南: 山东大学出版社.
栾丰实. 2010. 试论裴李岗文化与周边地区同时期文化的关系及其发展去向//河南省文物考古学会等. 论裴李岗文化——纪念裴李岗文化发现 30 周年暨学术研讨会. 北京: 科学出版社.
马春梅, 朱诚, 郑朝贵, 等. 2008. 中国东部山地泥炭高分辨率腐殖化度记录的晚冰期以来气候变化. 中国科学: 地球科学, 38(9): 1078-1091.
马力, 李新华, 路飞, 等. 2005. 小米淀粉与玉米淀粉糊性质比较研究. 粮食与油脂, (2): 22-25.
马敏敏, 董广辉, 贾鑫, 等. 2012. 青海省化隆县新石器-青铜时代聚落形态及其影响因素分析. 第四纪研究, 32(2): 209-218.
马志坤, 李泉, 郇秀佳, 等. 2014. 青海民和喇家遗址石刀功能分析: 来自石刀表层残留物的植物微体遗存证据. 科学通报, 59(13): 1242-1248.
孟祥艳. 2008. 黄米淀粉理化特性的研究. 重庆: 西南大学.
秦岭. 2009. 南交口遗址2007年出土仰韶文化早、中期植物遗存及相关问题探讨//河南省文物考古研究所. 三门峡南交口. 北京: 科学出版社.
秦岭. 2012. 中国农业起源的植物考古研究与展望. 考古学研究, (九): 260-315.
邱士可, 鲁鹏. 2013. 河南伊洛河流域更新世地貌演变及驱动评述. 地理与地理信息科学, 29(3): 96-100.
邱振威, 刘宝山, 李一全, 等. 2016. 江苏无锡杨家遗址植物遗存分析. 中国科学: 地球科学, 46(8): 1051-1064.
区树俊, 汪鸿儒, 储成才. 2012. 亚洲栽培稻主要驯化性状研究进展. 遗传, 34(11): 1379-1389.
尚雪, 张鹏程, 周新郢, 等. 2012. 陕西下河遗址新石器时代早期农业活动初探. 考古与文物, (4): 55-59.
石兴邦. 2000. 下川文化的生态特点与粟作农业的起源. 考古与文物, (4): 17-35.
时子明. 1983. 河南自然条件与自然资源. 郑州: 河南科学技术出版社.
苏秉琦. 2009. 中国文明起源新探. 沈阳: 辽宁人民出版社.
苏鑫, 李玉梅, 谷永建. 2019. 小麦炭化过程中质量和颜色变化的实验模拟. 中国科学院大学学报, 36(3): 417-424.
孙雄伟, 夏正楷. 2005. 河南洛阳寺河南剖面中全新世以来的孢粉分析及环境变化. 北京大学学报: 自然科学版, 41(2): 289-294.
汤陵华. 1999. 中国草鞋山遗址古代稻种类型. 江苏农业学报, 15(4): 193-197.
陶大卫. 2011. 淀粉粒的鉴别和分析及在考古学中的应用. 北京: 中国科学院大学.
陶大卫, 杨益民, 黄卫东, 等. 2009. 雕龙碑遗址出土器物残留淀粉粒分析. 考古, (9): 92-96.
万晔, 刘勇, 史正涛. 2010. 河南黄河-洛河地区地貌结构与特征. 兰州大学学报: 自然科学版, 46(1): 40-47.
万智巍, 杨晓燕, 李明启, 等. 2012a. 中国常见现代淀粉粒数据库. 第四纪研究, 32(2): 371-372.
万智巍, 马志坤, 杨晓燕, 等. 2012b. 江西万年仙人洞和吊桶环遗址蚌器表面残留物中的淀粉粒及其环境指示. 第四纪研究, 32(2): 256-263.
汪品先. 1990. 冰期时的中国海——研究现状与问题. 第四纪研究, 10(2): 13-26.
王灿. 2009. 山东地区青铜时代农作物结构的变化及其原因试析. 济南: 山东大学.

王灿. 2016. 中原地区早期农业-人类活动及其与气候变化关系研究. 北京: 中国科学院大学.
王灿, 吕厚远. 2012. 水稻扇型植硅体研究进展及相关问题. 第四纪研究, 32(2): 269-281.
王灿, 吕厚远. 2020. 黍、粟炭化温度研究及其植物考古学意义. 东南文化, (1): 65-74.
王灿, 吕厚远, 张健平, 等. 2015. 青海喇家遗址齐家文化时期黍粟农业的植硅体证据. 第四纪研究, 35(1): 209-217.
王灿, 吕厚远, 顾万发, 等. 2019. 全新世中期郑州地区古代农业的时空演变及其影响因素. 第四纪研究, 39(1): 108-122.
王德甫, 王超, 王朝栋, 等. 2012. 禹荥泽——古黄河的一块天然滞洪区. 湖泊科学, 24(2): 320-326.
王贵成, 白光华. 2000. 嵩山地区地质构造初探. 辽宁师专学报: 自然科学版, 2(3): 87-90.
王海玉. 2012. 北阡遗址史前生业经济的植物考古学研究. 济南: 山东大学.
王吉怀. 1984. 新郑沙窝李遗址发现碳化粟粒. 农业考古, (2): 276.
王佳音, 张松林, 汪松枝, 等. 2012. 河南新郑黄帝口遗址2009年发掘简报. 人类学学报, 31(2): 127-136.
王开发, 王宪曾. 1983. 孢粉学概论. 北京: 北京大学出版社.
王力立. 2011. 小米中主要营养成分的测定及小米茶的制备. 西安: 山西大学.
王祁, 宫玮, 蒋志龙, 等. 2015a. 普通小麦炭化实验及其在植物考古学中的应用//山东大学文化遗产研究院. 东方考古(第11集). 北京: 科学出版社.
王祁, 陈雪香, 蒋志龙, 等. 2015b. 炭化模拟实验在植物考古研究中的意义. 南方文物, (3): 192-198.
王仁湘. 2010. 中国史前的艺术浪潮——庙底沟文化彩陶艺术的解读. 文物, (3): 46-55.
王绍武. 1994. 气候系统引论. 北京: 气象出版社.
王绍武. 2011. 全新世气候变化. 北京: 气象出版社.
王淑云, 吕厚远, 刘嘉麒, 等. 2007. 湖光岩玛珥湖高分辨率孢粉记录揭示的早全新世适宜期环境特征. 科学通报, 52(11): 1285-1291.
王文楷, 毛继周, 陈代光. 1990. 河南地理志. 郑州: 河南人民出版社.
王晓琳. 2014. 黄米品质特性及稠酒酿造研究. 咸阳: 西北农林科技大学.
王星光. 2011. 气候变化与黄河中下游地区的早期稻作农业. 中国农史, (3): 3-12.
王星光. 2013. 李家沟遗址与中原农业的起源. 中国农史, (6): 13-20.
王星光, 李秋芳. 2002. 太行山地区与粟作农业的起源. 中国农史, (1): 27-36.
王星光, 徐栩. 2003. 新石器时代粟稻混作区初探. 中国农史, (3): 3-9.
王永吉, 吕厚远. 1989. 植物硅酸体的研究及应用简介. 黄渤海海洋, (7): 66-68.
王永吉, 吕厚远. 1993. 植物硅酸体研究及应用. 北京: 海洋出版社.
王幼平. 2008. 织机洞的石器工业与古人类活动. 考古学研究, (七): 136-148.

王幼平. 2013. 嵩山东南麓 MIS3 阶段古人类的栖居形态及相关问题. 考古学研究, (十): 287-296.

王幼平. 2014. 新密李家沟遗址研究进展及相关问题. 中原文物, (1): 20-24.

王幼平, 汪松枝. 2014. MIS3 阶段嵩山东麓旧石器发现与问题. 人类学学报 33(3): 304-314.

王幼平, 张松林, 顾万发, 等. 2012. 郑州老奶奶庙遗址暨嵩山东南麓旧石器地点群. 中国文物报, 2012-1-13(4).

王幼平, 张松林, 顾万发, 等. 2013. 李家沟遗址的石器工业. 人类学学报, 32(4): 411-420.

王育茜, 张萍, 靳桂云, 等. 2011. 河南淅川沟湾遗址 2007 年度植物浮选结果与分析. 四川文物, (2): 80-92.

魏新民. 2009. 河南省新密市新发现一处古代文化遗址——马沟遗址. 第三次全国文物普查网 (http: //pucha. sach. gov. cn/tabid/271/InfoID/10783/Default. aspx).

魏兴涛, 孔昭宸, 刘长江. 2000. 三门峡南交口遗址仰韶文化稻作遗存的发现及其意义. 农业考古, (3): 77-79.

吴瑞静. 2018. 大汶口文化生业经济研究——来自植物考古的证据. 济南: 山东大学.

吴诗池. 1983. 山东新石器时代农业考古概述. 农业考古, (2): 165-171.

吴文婉. 2014. 中国北方地区裴李岗时代生业经济研究. 济南: 山东大学.

吴文婉. 2015. 辽宁阜新查海遗址生业经济初步分析: 来自石器淀粉粒分析结果的指示. 农业考古, (3): 1-9.

吴耀利. 1994. 黄河流域新石器时代的稻作农业. 农业考古, (1): 78-84.

夏正楷. 2004. 豫西-晋南地区华夏文明形成过程的环境背景研究. 古代文明, 3: 102-114.

夏正楷. 2012. 环境考古学: 理论与实践. 北京: 北京大学出版社.

夏正楷, 陈戈. 2001. 黄河中游地区末次冰消期新旧石器文化过渡的气候背景. 科学通报, 46(14): 1204-1208.

夏正楷, 刘德成, 王幼平, 等. 2008. 郑州织机洞遗址 MIS3 阶段古人类活动的环境背景. 第四纪研究, 28(1): 96-102.

萧家仪. 1991. 水稻的植物蛋白石及其考古学意义//周昆叔. 环境考古研究(第一辑). 北京: 科学出版社.

谢端琚. 2002. 甘青地区史前考古. 北京: 文物出版社.

谢树成, 梁斌, 郭建秋, 等. 2003. 生物标志化合物与相关的全球变化. 第四纪研究, 23(5): 521-528.

信应君, 胡亚毅, 张永清, 等. 2010. 河南新郑市唐户遗址裴李岗文化遗存 2007 年发掘简报. 考古, (5): 3-23.

徐海亮, 王朝栋. 2010. 史前郑州地区黄河河流地貌与新构造活动关系初探. 华北水利水电学院学报, 31(6): 101-106.

许宏, 陈国梁, 赵海涛. 2004. 二里头遗址聚落形态的初步考察. 考古, (11): 23-31.
许俊杰, 莫多闻, 王辉, 等. 2013. 河南新密溱水流域全新世人类文化演化的环境背景研究. 第四纪研究, 33(5): 954-964.
许清海, 曹现勇, 王学丽, 等. 2010. 殷墟文化发生的环境背景及人类活动的影响. 第四纪研究, 30(2): 273-286.
许天申. 1998. 论裴李岗文化时期的原始农业——河南古代农业研究之一. 中原文物, (3): 12-23.
薛轶宁. 2010. 云南剑川海门口遗址植物遗存初步研究. 北京: 北京大学.
闫慧, 申怀飞, 李中轩. 2011. 河南省全新世环境演变研究概述. 气象与环境科学, 34(1): 73-78.
严文明. 1982. 中国稻作农业的起源. 农业考古, (2): 19-31.
严文明. 1987. 中国史前文化的统一性与多样性. 文物, (3): 38-50.
严文明. 2000. 东方文明的摇篮//严文明. 农业发生与文明起源. 北京: 科学出版社.
严文明, 安田喜宪. 2000. 稻作陶器和都市的起源. 北京: 文物出版社
严文明, 庄丽娜. 2006. 不懈的探索——严文明先生访谈录. 南方文物, (2): 7-14.
杨斌, 张喜文, 张国权, 等. 2012. 夏谷区主栽谷子品种淀粉理化特性研究. 食品科学, 33(17): 58-63.
杨斌, 张喜文, 张国权, 等. 2013. 山西不同品种谷子淀粉的理化特性研究. 现代食品科技, 29(12): 2901-2908.
杨凡, 顾万发, 靳桂云, 等. 2020. 河南郑州汪沟遗址炭化植物遗存分析. 中国农史, (2): 3-12.
杨景峰, 罗志刚, 罗发兴. 2007. 淀粉晶体结构研究进展. 食品工业科技, 28(7): 240-243.
杨青, 李小强, 周新郢, 等. 2011. 炭化过程中粟, 黍种子亚显微结构特征及其在植物考古中的应用. 科学通报, 56(9): 700-707.
杨晓燕. 2017. 中国古代淀粉研究: 进展与问题. 第四纪研究, 37(1): 196-210.
杨晓燕, 吕厚远, 刘东生, 等. 2005. 粟、黍和狗尾草的淀粉粒形态比较及其在植物考古研究中的潜在意义. 第四纪研究, 25(2): 224-227.
杨晓燕, 刘长江, 张健平, 等. 2009a. 汉阳陵外藏坑农作物遗存分析及西汉早期农业. 科学通报, 54(13): 1917-1921.
杨晓燕, 郁金城, 吕厚远, 等. 2009b. 北京平谷上宅遗址磨盘磨棒功能分析: 来自植物淀粉粒的证据. 中国科学: 地球科学, 39(9): 1266-1273.
杨益民. 2016. 古代蛋白质分析在考古学中的应用. 郑州大学学报(哲学社会科学版), 49(4): 102-105.
杨玉璋, 李为亚, 姚凌, 等. 2015. 淀粉粒分析揭示的河南唐户遗址裴李岗文化古人类植物性食物资源利用. 第四纪研究, 35(1): 229-239.
杨玉璋, 程至杰, 李为亚, 等. 2016. 淮河上, 中游地区史前稻-旱混作农业模式的形成, 发展与

区域差异. 中国科学: 地球科学, 46(1): 1037-1050.
姚亚平, 田呈瑞, 张国权, 等. 2009. 糜子淀粉理化性质的分析. 中国粮油学报, 24(9): 45-52.
仪明洁, 高星, 张晓凌, 等. 2011. 青藏高原边缘地区史前遗址 2009 年调查试掘报告. 人类学学报, 30(2): 124-136.
印丽萍, 颜玉树. 1996. 杂草种子图鉴. 北京: 中国农业科技出版社.
游修龄. 1993. 黍粟的起源及传播问题. 中国农史, (3): 1-13.
宇田津彻郎, 汤陵华, 王才林, 等. 1998. 中国的水田遗构探查. 农业考古, (1): 138-155.
袁家荣. 2000. 湖南道县玉蟾岩 1 万年以前的稻谷和陶器//严文明, 安田喜宪. 稻作、陶器和都市的起源. 北京: 文物出版社.
袁靖, 黄蕴平, 杨梦菲, 等. 2007. 公元前 2500 年～公元前 1500 年中原地区动物考古学研究——以陶寺, 王城岗, 新砦和二里头遗址为例//中国社会科学院考古研究所科技考古中心. 科技考古(第二辑). 北京: 科学出版社.
袁文明. 2015. 河南地区旧石器文化遗存及相关问题研究. 长春: 吉林大学.
张本昀, 陈常优, 王家耀. 2008. 洛阳盆地平原区全新世地貌环境演变. 信阳师范学院学报: 自然科学版, 20(3): 381-384.
张晨. 2013. 青海民和喇家遗址浮选植物遗存分析. 咸阳: 西北大学.
张弛. 2000. 江西万年早期陶器和稻属植硅石遗存//严文明, 安田喜宪. 稻作、陶器和都市的起源. 北京: 文物出版社.
张弛. 2011. 论贾湖一期文化遗存. 文物, (3): 46-53.
张弛, 洪晓纯. 2009. 华南和西南地区农业出现的时间及相关问题. 南方文物, (3): 64-71.
张东菊, 董广辉, 王辉, 等. 2016. 史前人类向青藏高原扩散的历史过程和可能驱动机制. 中国科学: 地球科学, 46(8): 1007-1023.
张光业. 1985. 河南省第四纪古地理的演变. 河南大学学报(自然科学版), (3): 11-22.
张光业, 周华山. 1981. 嵩山构造地貌分析. 河南师大学报(自然科学版), (2): 33-41.
张光直. 1987. 中国东南海岸的“富裕的食物采集文化”//上海博物馆. 上海博物馆集刊. 上海: 上海古籍出版社.
张健平. 2010. 黍、粟和青狗尾草植硅体分析及我国典型农作物的起源与传播. 北京: 中国科学院地质与地球物理研究所.
张健平, 吕厚远, 吴乃琴, 等. 2010. 关中盆地 6000～2100cal a B. P. 期间黍、粟农业的植硅体证据. 第四纪研究, 30(2): 287-297.
张健平, 吕厚远, 葛勇, 等. 2019. 粟类作物稃片植硅体形态研究回顾与展望. 第四纪研究, 39(1): 1-11.
张杰, 张清俐. 2015. 仰韶文化是中国古代文明主根——访中国社会科学院考古研究所副所长陈星灿. 中国社会科学报, 2015-7-31(779).

张居中. 2006. 黄河中下游地区新石器时代文化谱系的动态思考. 中原文物, (6): 18-25.
张居中, 尹若春, 杨玉璋, 等. 2004. 淮河中游地区稻作农业考古调查报告. 农业考古, (3): 84-91.
张居中, 陈昌富, 杨玉璋. 2014. 中国农业起源与早期发展的思考. 中国国家博物馆馆刊, (1): 6-16.
张居中, 程至杰, 蓝万里, 等. 2018. 河南舞阳贾湖遗址植物考古研究的新进展. 考古, (4): 100-110.
张俊娜, 夏正楷, 张小虎. 2014. 洛阳盆地新石器-青铜时期的炭化植物遗存. 科学通报, 59(34): 3388-3397.
张美良, 程海, 袁道先, 等. 2004. 末次冰期贵州七星洞石笋高分辨率气候记录与Heinrich事件. 地球学报, 25(3): 337-344.
张仁堂, 董浩, 高琳, 等. 2012. 不同产区小米品质特性比较研究. 中国食物与营养, 18(10): 22-26.
张森水. 1999. 管窥新中国旧石器考古学的重大发展. 人类学学报, 18(3): 193-214.
张绍维. 1983. 吉林原始农业的作物及其生产工具. 农业考古, (2): 172-176.
张双权, 李占扬, 张乐, 等. 2009. 河南灵井许昌人遗址大型食草类动物死亡年龄分析及东亚现代人类行为的早期出现. 科学通报, 54(19): 2857-2863.
张双权, 高星, 张乐, 等. 2011a. 灵井动物群的埋藏学分析及中国北方旧石器时代中期狩猎-屠宰遗址的首次记录. 科学通报, 56(35): 2988-2995.
张双权, 李占扬, 张乐, 等. 2011b. 河南灵井许昌人遗址动物骨骼表面人工改造痕迹. 人类学学报, 30(3): 313-326.
张双权, 李占扬, 张乐, 等. 2012. 河南灵井许昌人遗址大型食草类动物的骨骼单元分布. 中国科学: 地球科学, 42(5): 764-772.
张双权, 张乐, 栗静舒, 等. 2016. 晚更新世晚期中国古人类的广谱适应生存-动物考古学的证据. 中国科学: 地球科学, 46(8): 1024-1036.
张松林. 2003. 郑州文物考古工作回顾与思考//张松林. 郑州文物考古与研究(上). 北京: 科学出版社.
张松林. 2010. 裴李岗文化与裴李岗文化时代//河南省文物考古学会. 论裴李岗文化——纪念裴李岗文化发现30周年暨学术研讨会. 北京: 科学出版社.
张松林, 刘彦锋. 2003. 织机洞旧石器时代遗址发掘报告. 人类学学报, 22(1): 1-17.
张松林, 宋柏松, 张莉. 2004. 嵩山文化圈在中国古代文明进程中的地位和作用. 中国古都研究(第二十一辑)——郑州商都3600年学术研讨会暨中国古都学会2004年年会论文集, 27-35.
张松林, 信应君, 胡亚毅, 等. 2008. 河南新郑市唐户遗址裴李岗文化遗存发掘简报. 考古, (5): 3-20.

张文祥. 1999. 宝鸡渭水流域是我国粟(谷)作文化发源地之一. 农业考古, (3): 188-189.
张文绪. 1995. 水稻颖花外稃表面双峰乳突扫描电镜观察. 北京农业大学学报, 21(2): 143-146.
张文绪, 汤圣祥. 1997. 稻属 20 个种外稃乳突的扫描电镜观察. 作物学报, 23(3): 296-300.
张文绪, 王辉. 2000. 甘肃庆阳遗址古栽培稻的研究. 农业考古, (3): 80-85.
张文绪, 袁家荣. 1998. 湖南道县玉蟾岩古栽培稻的初步研究. 作物学报, 24(4): 416-420.
张岩, 郭正堂, 邓成龙, 等. 2014. 周口店第 1 地点用火的磁化率和色度证据. 科学通报, 59(8): 679-686.
张永辉. 2011. 裴李岗文化植物类食物加工工具表面淀粉粒研究. 北京: 中国科学技术大学.
张永辉, 翁屹, 姚凌, 等. 2011. 裴李岗遗址出土石磨盘表面淀粉粒的鉴定与分析. 第四纪研究, 31(5): 891-899.
张震宇, 周昆叔, 杨瑞霞, 等. 2007. 双洎河流域环境考古. 第四纪研究, 27(3): 453-460.
张之恒. 1998. 黄河流域的史前粟作农业. 中原文物, (3): 5-11.
张之恒, 黄建秋, 吴建民. 2003. 中国旧石器时代考古. 南京: 南京大学出版社.
赵冰, 陈佩, 张晓, 等. 2015. 不同直链淀粉含量米淀粉结构性质的研究. 食品研究与开发, 36(5): 5-8.
赵春青. 2001. 郑洛地区新石器时代聚落的演变. 北京: 北京大学出版社.
赵松乔. 1983. 中国综合自然地理区划的一个新方案. 地理学报, 38(1): 1-10.
赵团结, 盖钧镒. 2004. 栽培大豆起源与演化研究进展. 中国农业科学, 37(7): 954.
赵琨怿, 毛礼米. 2015. 四种稻属植物花粉外壁 TEM 的超微结构比较研究. 古生物学报, 54(4): 547-555.
赵学伟, 魏益民, 张波. 2010. 冀优小香米淀粉的理化特性研究. 粮食与饲料工业, (10): 33-36.
赵志军. 2003. 青海喇家遗址尝试性浮选的结果. 中国文物报, 2003-9-19(7).
赵志军. 2004a. 植物考古学的田野工作方法——浮选法. 考古, (3): 80-87.
赵志军. 2004b. 从兴隆沟遗址浮选结果谈中国北方旱作农业起源问题//南京师范大学文博系. 东亚古物(A 卷). 北京: 文物出版社.
赵志军. 2005. 有关农业起源和文明起源的植物考古学研究. 社会科学管理与评论, (2): 82-91.
赵志军. 2007. 公元前 2500～公元前 1500 年中原地区农业经济研究//中国社会科学院考古研究所科技考古中心. 科技考古(第二辑). 北京: 科学出版社.
赵志军. 2009a. 栽培稻与稻作农业起源研究的新资料和新进展. 南方文物, (3): 59-63.
赵志军. 2009b. 植物考古学简史. 中国文物报, 2009-12-25(7).
赵志军. 2010. 植物考古学的实验室工作方法//赵志军. 植物考古学: 理论, 方法和实践. 北京: 科学出版社.
赵志军. 2011. 中华文明形成时期的农业经济特点//中国社会科学院考古研究所科技考古中心. 科技考古(第三辑). 北京: 科学出版社.

赵志军. 2014. 中国古代农业的形成过程——浮选出土植物遗存证据. 第四纪研究, 34(1): 73-84.

赵志军. 2015. 小麦传入中国的研究——植物考古资料. 南方文物, (5): 44-52.

赵志军. 2017. 仰韶文化时期农耕生产的发展和农业社会的建立——鱼化寨遗址浮选结果的分析. 江汉考古, (6): 98-108.

赵志军. 2019. 渭河平原古代农业的发展与变化——华县东阳遗址出土植物遗存分析. 华夏考古, (5): 70-84.

赵志军. 2020. 新石器时代植物考古与农业起源研究. 中国农史, (3): 3-13.

赵志军, 陈剑. 2011. 四川茂县营盘山遗址浮选结果及分析. 南方文物, (3): 60-67.

赵志军, 顾海滨. 2009. 考古遗址出土稻谷遗存的鉴定方法及应用. 湖南考古辑刊, (8): 257-267.

赵志军, 蒋乐平. 2016. 浙江浦江上山遗址浮选出土植物遗存分析. 南方文物, (3): 109-116.

赵志军, 杨金刚. 2017. 考古出土炭化大豆遗存的鉴定标准和方法. 南方文物, (3): 149-159.

赵志军, 张居中. 2009. 贾湖遗址 2001 年度浮选结果分析报告. 考古, (8): 84-93.

赵志军, 赵朝洪, 郁金成, 等. 2020. 北京东胡林遗址植物遗存浮选结果及分析. 考古, (7): 99-106.

浙江省文物考古研究所, 萧山博物馆. 2004. 跨湖桥. 北京: 文物出版社.

郑云飞, 陈旭高, 王海明. 2013. 浙江嵊州小黄山遗址的稻作生产——来自植物硅酸体的证据. 农业考古, (4): 11-17.

郑云飞, 蒋乐平. 2007. 上山遗址出土的古稻遗存及其意义. 考古, (9): 19-25.

郑云飞, 藤原宏志, 游修龄, 等. 1999. 太湖地区部分新石器时代遗址水稻硅酸体形状特征初探. 中国水稻科学, 13(1): 25-30.

郑云飞, 俞为洁, 芮国耀, 等. 2000. 河姆渡、罗家角两遗址水稻硅酸体形状特征之比较. 株洲工学院学报, 14(4): 4-6.

郑云飞, 蒋乐平, 郑建明. 2004. 浙江跨湖桥遗址的古稻遗存研究. 中国水稻科学, 18(2): 119-124.

郑云飞, 孙国平, 陈旭高. 2007. 7000 年前考古遗址出土稻谷的小穗轴特征. 科学通报, 52(9): 1037-1041.

郑云飞, 蒋乐平, CrawfordW. 2016. 稻谷遗存落粒性变化与长江下游水稻起源和驯化. 南方文物, (3): 122-130.

郑州市文物工作队. 1995. 河南登封县几处新石器时代遗址的调查. 考古, (6): 481-496.

郑州市文物考古研究院. 2001. 郑州大河村. 北京: 科学出版社.

郑州市文物考古研究院, 北京大学考古文博学院. 2011. 新密李家沟遗址发掘的主要收获. 中原文物, (1): 4-6.

郑州市文物考古研究院, 北京大学考古文博学院. 2018. 河南新密李家沟遗址北区 2010 年发掘简报. 中原文物, (6): 31-37.
中国社会科学院考古研究所. 2010. 中国考古学——新石器时代卷. 北京: 中国社会科学出版社.
中国社会科学院考古研究所河南一队. 1984. 1979 年裴李岗遗址发掘报告. 考古学报, (1): 23-52.
钟华, 杨亚长, 邵晶, 等. 2015. 陕西省蓝田县新街遗址炭化植物遗存研究. 南方文物, (3): 36-43.
钟华, 李新伟, 王炜林, 等. 2020. 中原地区庙底沟时期农业生产模式初探. 第四纪研究, 40(2): 472-485.
周华山, 张震宇. 1994. 嵩山地区地貌和环境问题. 地域研究与开发, 13(1): 51-54.
周昆叔. 2002a. 花粉分析与环境考古. 北京: 学苑出版社.
周昆叔. 2002b. 中原古文化与环境//周昆叔. 花粉分析与环境考古. 北京: 学苑出版社.
周昆叔. 2012. 自然与人文. 北京: 科学出版社.
周昆叔, 张松林, 张震宇, 等. 2005. 论嵩山文化圈. 中原文物, (1): 12-20.
周昆叔, 张松林, 莫多闻, 等. 2006. 嵩山中更新世末至晚更新世早期的环境与文化. 第四纪研究, 26(4): 543-547.
周昆叔, 宋豫秦, 鲁鹏. 2009. 再论嵩山文化圈//周昆叔,齐岸青. 中华文明与嵩山文明研究(第一辑). 北京: 科技出版社.
周文超. 2013. 我国不同地区特色品种小米淀粉理化性质的研究. 大庆: 黑龙江八一农垦大学.
周新郢, 李小强, 赵克良, 等. 2011. 陇东地区新石器时代的早期农业及环境效应. 科学通报, 56(4-5): 318-326.
周振宇, 关莹, 王春雪, 等. 2012. 旧石器时代的火塘与古人类用火. 人类学学报, 31(1): 24-40.
朱诚, 马春梅, 张文卿, 等. 2006. 神农架大九湖 15.753kaBP 以来的孢粉记录和环境演变. 第四纪研究, 26(5): 814-826.
朱乃诚. 2002. 中国新石器时代几种主要特征的起源——兼论中国新石器时代开始的标志//中国社会科学院考古研究所. 21 世纪中国考古学与世界考古学. 北京: 中国社会科学出版社.
卓海昕, 鹿化煜, 贾鑫, 等. 2013. 全新世中国北方沙地人类活动与气候变化关系的初步研究. 第四纪研究, 33(2): 303-313.
邹江石, 汤陵华, 王才林. 1998. 论亚洲栽培粳稻的起源. 中国农业科学, 31(5): 75-81.
左昕昕. 2013. 植硅体分析在长江三角洲环境演变及黄土高原碳封存研究中的应用. 北京: 中国科学院地质与地球物理研究所.
Aceituno F J, Loaiza N. 2014. Early and Middle Holocene evidence for plant use and cultivation in the Middle Cauca River Basin, Cordillera Central（Colombia）. Quaternary Science Reviews, 86: 49-62.

Aimé C, Laval G, Patin E, et al. 2013. Human genetic data reveal contrasting demographic patterns between sedentary and nomadic populations that predate the emergence of farming. Molecular Biology and Evolution, 30: 2629-2644.

Aldenderfer M. 2011. Peopling the Tibetan plateau: insights from archaeology. High Altitude Medicine & Biology, 12: 141-147.

Allaby R G, Kistler L, Gutaker R M, et al. 2015. Archaeogenomic insights into the adaptation of plants to the human environment: pushing plant–hominin co-evolution back to the Pliocene. Journal of Human Evolution, 79: 150-157.

Alley R B. 2000. The Younger Dryas cold interval as viewed from central Greenland. Quaternary Science Reviews, 19: 213-226.

Alley R B. 2004. GISP2 ice core temperature and accumulation data. IGBP PAGES/World Data Center for Paleoclimatology（National Oceanic and Atmospheric Administration/National Geophysical Data Center Paleoclimatology Program, Boulder, CO）.

Alley R B, Clark P U. 1999. The deglaciation of the northern hemisphere: a global perspective. Annual Review of Earth and Planetary Sciences, 27: 149-182.

Alley R B, Marotzke J, Nordhaus W, et al. 2003. Abrupt climate change. Science, 299: 2005-2010.

An C B, Feng Z D, Tang L. 2004. Environmental change and cultural response between 8000 and 4000 cal yr BP in the western Loess Plateau, northwest China. Journal of Quaternary Science, 19: 529-535.

An C B, Tang L, Barton L, et al. 2005. Climate change and cultural response around 4000 cal yr B.P. in the western part of Chinese Loess Plateau. Quaternary Research, 63: 347-352.

An C B, Feng Z D, Barton L. 2006. Dry or humid? Mid-Holocene humidity changes in arid and semi-arid China. Quaternary Science Reviews, 25: 351-361.

An Z, Porter S C, Zhou W, et al. 1993. Episode of strengthened summer monsoon climate of Younger Dryas age on the Loess Plateau of central China. Quaternary Research, 39: 45-54.

An Z, Porter S C, Kutzbach J E, et al. 2000. Asynchronous Holocene optimum of the East Asian monsoon. Quaternary Science Reviews, 19: 743-762.

Anderson D, Goudie A, Parker A. 2007. Global Environments Through the Quaternary: Exploring Evironmental Change. Oxford: Oxford University Press.

Anderson D G, Goodyear A C, Kennett J, et al. 2011. Multiple lines of evidence for possible Human population decline/settlement reorganization during the early Younger Dryas. Quaternary International, 242: 570-583.

Andres M S, Bernasconi S M, McKenzie J A, et al. 2003. Southern Ocean deglacial record supports global Younger Dryas. Earth and Planetary Science Letters, 216: 515-524.

Armit I, Swindles G T, Becker K. 2013. From dates to demography in later prehistoric Ireland? Experimental approaches to the meta-analysis of large ^{14}C data-sets. Journal of Archaeological Science, 40: 433-438.

Arranz-Otaegui A, Colledge S, Zapata L. 2016. Regional diversity on the timing for the initial appearance of cereal cultivation and domestication in southwest Asia. Proceedings of the National Academy of Sciences, 113: 14001-14006.

Atahan P, Itzstein-Davey F, Taylor D, et al. 2008. Holocene-aged sedimentary records of environmental changes and early agriculture in the lower Yangtze, China. Quaternary Science Reviews, 27: 556-570.

Atkinson Q D, Gray R D, Drummond A J. 2008. mtDNA variation predicts population size in humans and reveals a major Southern Asian chapter in human prehistory. Molecular Biology and Evolution, 25: 468-474.

Attenbrow V, Hiscock P. 2015. Dates and demography: are radiometric dates a robust proxy for long-term prehistoric demographic change? Archaeology in Oceania, 50: 30-36.

Ball T, Gardner J, Brotherson J. 1996. Identifying phytoliths produced by the inflorescence bracts of three species of wheat（*Triticum monococcum* L., *T. dicoccon* Schrank., and *T. aestivum* L.）using computer-assisted image and statistical analyses. Journal of Archaeological Science, 23: 619-632.

Ball T, Gardner J, Anderson N. 1999. Identifying inflorescence phytoliths from selected species of wheat（*Triticum monococcum*, *T. dicoccon*, *T. dicoccoides*, and *T. aestivum*）and barley（*Hordeum vulgare* and *H. spontaneum*）（Gramineae）. American Journal of Botany, 86: 1615-1623.

Ball T, Vrydaghs L, Hauwe I, et al. 2006. Differentiating banana phytoliths: wild and edible Musa acuminata and Musa balbisiana. Journal of Archaeological Science, 33: 1228-1236.

Ball T, Chandler-Ezell K, Dickau R, et al. 2016. Phytoliths as a tool for investigations of agricultural origins and dispersals around the world. Journal of Archaeological Science, 68: 32-45.

Ballenger J A M, Mabry J B. 2011. Temporal frequency distributions of alluvium in the American Southwest: taphonomic, paleohydraulic, and demographic implications. Journal of Archaeological Science, 38: 1314-1325.

Balsera V, Díaz-del-Río P, Gilman A, et al. 2015. Approaching the demography of late prehistoric Iberia through summed calibrated date probability distributions（7000–2000cal BC）. Quaternary International, 386: 208-211.

Bamforth D B, Grund B. 2012. Radiocarbon calibration curves, summed probability distributions, and early Paleoindian population trends in North America. Journal of Archaeological Science, 39: 1768-1774.

Bard E, Hamelin B, Arnold M, et al. 1996. Deglacial sea-level record from Tahiti corals and the timing of global meltwater discharge. Nature, 382: 241-244.

Barton H, Torrence R. 2015. Cooking up recipes for ancient starch: assessing current methodologies and looking to the future. Journal of Archaeological Science, 56: 194-201.

Barton L, Brantingham P J, Ji D. 2007. Late Pleistocene climate change and Paleolithic cultural evolution in northern China: implications from the Last Glacial Maximum//Madsen D B, Chen F H, Gao X. Developments in Quaternary Sciences. Amsterdam: Elsevier.

Barton L, Newsome S, Chen F, et al. 2009. Agricultural origins and the isotopic identity of domestication in northern China. Proceedings of the National Academy of Sciences, 106: 5523-5528.

Bar-Yosef O. 1998. The Natufian Culture in the Levant, threshold to the origins of agriculture. Evolutionary Anthropology Issues News & Reviews, 6: 159-177.

Bar-Yosef O. 2002a. The role of the Younger Dryas in the origin of agriculture in West Asia//Yasuda Y. The Origins of Pottery and Agriculture. Japan: Lustre Press.

Bar-Yosef O. 2002b. The Upper Paleolithic Revolution. Annual Review of Anthropology, 31: 363-393.

Bar-Yosef O. 2011. Climatic fluctuations and early farming in West and East Asia. Current Anthropology, 52: S175-S193.

Bar-Yosef O, Belfer-Cohen A. 1989. The origins of sedentism and farming communities in the Levant. Journal of World Prehistory, 3: 447-498.

Bar-Yosef O, Meadow R H. 1995. The origins of agriculture in the Near East//Price T D, Gebauer A B . Last Hunters, First Farmers: New Perspectives on the Prehistoric Transition to Agriculture. SantaFe: School of American Research Press.

Bar-Yosef O, Wang Y. 2012. Paleolithic archaeology in China. Annual Review of Anthropology, 41: 319-335.

Beck J W, Recy J, Taylor F, et al. 1997. Abrupt changes in early Holocene tropical sea surface temperature derived from coral records. Nature, 385: 705-707.

Belfer-Cohen A, Bar-Yosef O. 2000. Early sedentism in the Near East: a bumpy ride to village life//Kuijt I. Life in Neolithic Farming Communities: Social Organization, Identity, and Differentiation. New York: Kluwer Academic/Plenum Press.

Bellwood P. 2005. First Farmers: the origins of Agricultural Societies. London: Blackwell Publishing.

Bender B. 1978. Gatherer-hunter to farmer: a social perspective. World archaeology, 10: 204-222.

Berlin A, Ball T, Thompson R, et al. 2003. Ptolemaic agriculture, "syrian wheat", and *Triticum aestivum*. Journal of Archaeological Science, 30: 115-121.

Bestel S, Crawford G W, Liu L, et al. 2014. The evolution of millet domestication, Middle Yellow

River Region, North China: evidence from charred seeds at the late Upper Paleolithic Shizitan Locality 9 site. The Holocene, 24: 261-265.

Bestel S, Bao Y J, Zhong H, et al. 2018. Wild plant use and multi-cropping at the early Neolithic Zhuzhai site in the middle Yellow River region, China. The Holocene, 28: 195-207.

Bettinger R L, Barton L, Morgan C. 2010. The origins of food production in North China: a different kind of agricultural revolution. Evolutionary Anthropology, 19: 9-21.

Binford L R. 1968. Post-pleistocene adaptations//Binford S R, Binford L R. New Perspectives in Archeology. Chicago: Aldine Publishing Company.

Blinnikov M S. 2013. Phytoliths//Elias S. Encyclopedia of Quaternary Science. Amsterdam: Elsevier Scientific Publishing.

Boardman S, Jones G. 1990. Experiments on the effects of charring on cereal plant components. Journal of Archaeological Science, 17: 1-11.

Boaretto E, Wu X, Yuan J, et al. 2009. Radiocarbon dating of charcoal and bone collagen associated with early pottery at Yuchanyan Cave, Hunan Province, China. Proceedings of the National Academy of Sciences, 106: 9595-9600.

Bocquet-Appel J P. 2008. Recent Advances in Palaeodemography: Data, Techniques, Patterns. Amsterdam: Springer.

Bocquet-Appel J P. 2011. When the world's population took off: the springboard of the Neolithic Demographic Transition. Science, 333: 560-561.

Bond G, Heinrich H, Broecker W, et al. 1992. Evidence for massive discharges of icebergs into the North Atlantic ocean during the last glacial period. Nature, 360: 245-249.

Bond G, Broecker W, Johnsen S, et al. 1993. Correlations between climate records from North Atlantic sediments and Greenland ice. Nature, 365: 143-147.

Boyd M, Surette C. 2010. Northernmost precontact maize in North America. American Antiquity, 75: 117-133.

Braadbaart F. 2004. Carbonization of Peas and Wheat—a Window into the Past. Leiden: Leiden University.

Braadbaart F. 2008. Carbonisation and morphological changes in modern dehusked and husked *Triticum dicoccum* and *Triticum aestivum* grains. Vegetation History and Archaeobotany, 17: 155-166.

Braadbaart F, van Bergen P F. 2005. Digital imaging analysis of size and shape of wheat and pea upon heating under anoxic conditions as a function of the temperature. Vegetation History and Archaeobotany, 14: 67-75.

Braadbaart F, Boon J J, Veld H, et al. 2004a. Laboratory simulations of the transformation of peas as a result of heat treatment: changes of the physical and chemical properties. Journal of Archaeological Science, 31: 821-833.

Braadbaart F, van der Horst J, Boon J J, et al. 2004b. Laboratory simulations of the transformation of emmer wheat as a result of heating. Journal of Thermal Analysis and Calorimetry, 77: 957-973.

Braidwood R J, Sauer J D, Helbaek H, et al. 1953. Symposium: did man once live by beer alone? American Anthropologist, 55: 515-526.

Brantingham P J, Gao X. 2006. Peopling of the northern Tibetan Plateau. World Archaeology, 38: 387-414.

Brantingham P J, Gao X, Olsen J W, et al. 2007. A short chronology for the peopling of the Tibetan Plateau. Developments in Quaternary Sciences, 9: 129-150.

Brantingham P J, Gao X, Madsen D B, et al. 2013. Late occupation of the High-Elevation Northern Tibetan Plateau based on cosmogenic, luminescence, and radiocarbon ages. Geoarchaeology, 28: 413-431.

Bronk Ramsey C. 2009. Bayesian analysis of radiocarbon dates. Radiocarbon, 51: 337-360.

Brook E J, Harder S, Severinghaus J, et al. 2000. On the origin and timing of rapid changes in atmospheric methane during the last glacial period. Global Biogeochemical Cycles, 14: 559-571.

Brown W A. 2015. Through a filter, darkly: population size estimation, systematic error, and random error in radiocarbon-supported demographic temporal frequency analysis. Journal of Archaeological Science, 53: 133-147.

Buchanan B, Collard M, Edinborough K. 2008. Paleoindian demography and the extraterrestrial impact hypothesis. Proceedings of the National Academy of Sciences, 105: 11651-11654.

Bueno L, Dias A S, Steele J. 2013. The Late Pleistocene/Early Holocene archaeological record in Brazil: a geo-referenced database. Quaternary International, 301: 74-93.

Byrd B F. 2005. Reassessing the emergence of village life in the Near East. Journal of Archaeological Research, 13: 231-290.

Byrne R. 1987. Climatic change and the origins of agriculture//Manzanilla L. Studies in the Neolithic and Urban Revolutions. Cambridge: Archaeopress. BAR. International Series.

Callaway E. 2014. Domestication: the birth of rice. Nature, 514: S58-S59.

Carnelli A L, Madella M, Theurillat J P. 2001. Biogenic silica production in selected alpine plant species and plant communities. Annals of Botany, 87: 425-434.

Carrancho Á, Villalaín J. 2011. Different mechanisms of magnetisation recorded in experimental fires: archaeomagnetic implications. Earth and Planetary Science Letters, 312: 176-187.

Castillo C. 2011. Rice in Thailand: the archaeobotanical contribution. Rice, 4: 114-120.

Castillo C, Tanaka K, Sato Y, et al. 2016. Archaeogenetic study of prehistoric rice remains from

Thailand and India: evidence of early japonica in South and Southeast Asia. Archaeological and Anthropological Sciences, 8: 523-543.

Catto N, Catto G. 2004. Climate change, communities, and civilizations: driving force, supporting player, or background noise? Quaternary International, 123: 7-10.

Cauvin J. 2000. The Birth of the Gods and the Origins of Agriculture. Translated by Watkins T. Cambridge: Cambridge University Press.

Cerling T E, Manthi F K, Mbua E N, et al. 2013. Stable isotope-based diet reconstructions of Turkana Basin hominins. Proceedings of the National Academy of Sciences, 110: 10501-10506.

Chamberlain A. 2006. Demography in Archaeology. Cambridge: Cambridge University Press.

Chandler-Ezell K, Pearsall D M, Zeidler J A. 2006. Root and tuber phytoliths and starch grains document manioc (*Manihot esculenta*) arrowroot (*Maranta arundinacea*) and llerén (*Calathea* sp.) at the real alto site Ecuador. Economic Botany, 60: 103-120.

Charles M, Forster E, Wallace M, et al. 2015. "Nor ever lightning char thy grain" 1: establishing archaeologically relevant charring conditions and their effect on glume wheat grain morphology. STAR: Science & Technology of Archaeological Research, 1: 1-6.

Chen F H, Yu Z, Yang M, et al. 2008. Holocene moisture evolution in arid central Asia and its out-of-phase relationship with Asian monsoon history. Quaternary Science Reviews, 27: 351-364.

Chen F H, Dong G H, Zhang D J, et al. 2015a. Agriculture facilitated permanent human occupation of the Tibetan Plateau after 3600 BP. Science, 347: 248-250.

Chen F H, Xu Q, Chen J, et al. 2015b. East Asian summer monsoon precipitation variability since the last deglaciation. Scientific Reports, 5: 11186.

Chen F H, Welker F, Shen C, et al. 2019. A late Middle Pleistocene Denisovan mandible from the Tibetan Plateau. Nature, 569: 409-412.

Chen K-T, Hiebert F T. 1995. The late prehistory of Xinjiang in relation to its neighbors. Journal of World Prehistory, 9: 243-300.

Chen W, Wang W M, Dai X R. 2009. Holocene vegetation history with implications of human impact in the Lake Chaohu area, Anhui Province, East China. Vegetation History and Archaeobotany, 18: 137-146.

Cheng H, Fleitmann D, Edwards R L, et al. 2009. Timing and structure of the 8.2 kyr BP event inferred from $\delta^{18}O$ records of stalagmites from China, Oman, and Brazil. Geology, 37: 1007-1010.

Cheng-hwa T. 2004. Recent discoveries of the Tapenkeng Culture in Taiwan//Sagart L et al. The Peopling of East Asia. London, New York: Routledge Curzon.

Childe V G. 1951. Man Makes Himself. New York and Toronto: The New American Library.

Choi J, Platts A, Fuller D, et al. 2017. The rice paradox: multiple origins but single domestication in asian rice. Molecular Biology and Evolution, 34: 969-979.

Chuenwattana N. 2010. Rice Grain Charring Experiments: Can We Distinguish Sticky or Plain Archaeologically? London: Dissertation, UCL, Institute of Archaeology.

Civáň P, Craig H, Cox C, et al. 2015. Three geographically separate domestications of Asian rice. Nature Plants, 1: 15164.

Clark P, Dyke A, Shakun J, et al. 2009. The last glacial maximum. Science, 325: 710-714.

Clark P U, Shakun J D, Baker P A, et al. 2012. Global climate evolution during the last deglaciation. Proceedings of the National Academy of Sciences, 109: E1134-E1142.

Cohen D J. 2011. The beginnings of agriculture in China: a multiregional view. Current Anthropology, 52: S273-S293.

Cohen M N. 1977. The Food Crisis in Prehistory: Overpopulation and the Origins of Agriculture. New Haven: Yale University Press.

Colledge S, Conolly J. 2014. Wild plant use in European Neolithic subsistence economies: a formal assessment of preservation bias in archaeobotanical assemblages and the implications for understanding changes in plant diet breadth. Quaternary Science Reviews, 101: 193-206.

Contreras D A, Meadows J. 2014. Summed radiocarbon calibrations as a population proxy: a critical evaluation using a realistic simulation approach. Journal of Archaeological Science, 52: 591-608.

Coombes P, Barber K. 2005. Environmental determinism in Holocene research: causality or coincidence? Area, 37: 303-311.

Corbineau R, Reyerson P E, Alexandre A, et al. 2013. Towards producing pure phytolith concentrates from plants that are suitable for carbon isotopic analysis. Review of Palaeobotany and Palynology, 197: 179-185.

Corteletti R, Dickau R, DeBlasis P, et al. 2015. Revisiting the economy and mobility of southern proto-Jê（Taquara-Itararé）groups in the southern Brazilian highlands: starch grain and phytoliths analyses from the Bonin site, Urubici, Brazil. Journal of Archaeological Science, 58: 46-61.

Crawford G. 2006. East Asian plant domestication//Stark M. Archaeology of Asia. Malden: Blackwell Publishing.

Crawford G, Underhill A, Zhao Z, et al. 2005. Late Neolithic plant remains from Northern China: preliminary results from Liangchengzhen, Shandong. Current Anthropology, 46: 309-317.

Crawford G, 陈雪香, 王建华. 2006. 山东济南长清区月庄遗址发现后李文化时期的炭化稻//山东大学东方考古研究中心. 东方考古（第3集）. 北京: 科学出版社.

Crawford G, 陈雪香, 栾丰实, 等. 2013. 山东济南长清月庄遗址植物遗存的初步分析. 江汉考古,（2）: 107-116.

Crombé P, Robinson E. 2014. ^{14}C Dates as demographic proxies in Neolithisation models of northwestern Europe: a critical assessment using Belgium and northeast France as a case-study. Journal of Archaeological Science, 52: 558-566.

Cullen H M, Hemming S, Hemming G, et al. 2000. Climate change and the collapse of the Akkadian empire: evidence from the deep sea. Geology, 28: 379-382.

d'Alpoim Guedes J. 2011. Millets, rice, social complexity, and the spread of agriculture to the Chengdu Plain and Southwest China. Rice, 4: 104-113.

d'Alpoim Guedes J, Lu H, Li Y, et al. 2014. Moving agriculture onto the Tibetan Plateau: the archaeobotanical evidence. Archaeological and Anthropological Sciences, 6: 255-269.

d'Alpoim Guedes J, Jin G, Bocinsky R K. 2015. The impact of climate on the spread of rice to north-eastern China: a new look at the data from Shandong Province. PLoS ONE, 10: e0130430.

D'Andrea A C. 2008. T'ef（*Eragrostis tef*）in ancient agricultural systems of highland Ethiopia. Economic Botany, 62: 547-566.

D'Andrea W J, Huang Y, Fritz S C, et al. 2011. Abrupt Holocene climate change as an important factor for human migration in West Greenland. Proceedings of the National Academy of Sciences, 108: 9765-9769.

Dai F, Nevo E, Wu D, et al. 2012. Tibet is one of the centers of domestication of cultivated barley. Proceedings of the National Academy of Sciences, 109: 16969-16973.

Dai J, Cai X, Jin J, et al. 2021. Earliest arrival of millet in the South China coast dating back to 5, 500 years ago. Journal of Archaeological Science, 129: 105356.

Dallongeville S, Garnier N, Rolando C, et al. 2015. Proteins in art, archaeology, and paleontology: from detection to identification. Chemical Reviews, 116: 2-79.

Delgado Burbano M E. 2012. Mid and Late Holocene population changes at the Sabana de Bogotá（Northern South America）inferred from skeletal morphology and radiocarbon chronology. Quaternary International, 256: 2-11.

deMenocal P B. 2001. Cultural responses to climate change during the Late Holocene. Science, 292: 667-673.

Deng Z, Qin L, Gao Y, et al. 2015. From early domesticated rice of the Middle Yangtze Basin to millet, rice and wheat agriculture: archaeobotanical macro-remains from Baligang, Nanyang Basin, Central China（6700–500 BC）. PLoS ONE, 10: e0139885.

Deng Z, Hung H C, Fan X C, et al. 2017a. The ancient dispersal of millets in southern China: new archaeological evidence. The Holocene, 28: 34-43.

Deng Z, Hung H C, Carson M T, et al. 2017b. The first discovery of Neolithic rice remains in eastern Taiwan: phytolith evidence from the Chaolaiqiao site. Archaeological and Anthropological

Sciences, 10: 1477-1484.

Diamond J. 2002. Evolution, consequences and future of plant and animal domestication. Nature, 418: 700-707.

Diamond J, Bellwood P. 2003. Farmers and their languages: the first expansions. Science, 300: 597-603.

Diao X, Jia G. 2017. Origin and domestication of foxtail millet//Doust A, Diao X. Genetics and Genomics of *Setaria*. Plant Genetics and Genomics: Crops and Models. Berlin: Springer International Publishing Switzerland.

Dickau R, Ranere A J, Cooke R G. 2007. Starch grain evidence for the preceramic dispersals of maize and root crops into tropical dry and humid forests of Panama. Proceedings of the National Academy of Sciences, 104: 3651-3656.

Dickau R, Bruno M C, Iriarte J, et al. 2012. Diversity of cultivars and other plant resources used at habitation sites in the Llanos de Mojos, Beni, Bolivia: evidence from macrobotanical remains, starch grains, and phytoliths. Journal of Archaeological Science, 39: 357-370.

Dickau R, Whitney B S, Iriarte J, et al. 2013. Differentiation of neotropical ecosystems by modern soil phytolith assemblages and its implications for palaeoenvironmental and archaeological reconstructions. Review of Palaeobotany and Palynology, 193: 15-37.

Dodson J, Li X, Zhou X, et al. 2013. Origin and spread of wheat in China. Quaternary Science Reviews, 72: 108-111.

Dolukhanov P M, Shukurov A M, Tarasov P E, et al. 2002. Colonization of Northern Eurasia by modern humans: radiocarbon chronology and environment. Journal of Archaeological Science, 29: 593-606.

Dong G, Jia X, Elston R, et al. 2013. Spatial and temporal variety of prehistoric human settlement and its influencing factors in the upper Yellow River valley, Qinghai Province, China. Journal of Archaeological Science, 40: 2538-2546.

Dong G, Yang Y, Han J, et al. 2017. Exploring the history of cultural exchange in prehistoric Eurasia from the perspectives of crop diffusion and consumption. Science China Earth Sciences, 60: 1110-1123.

Donges J F, Donner R V, Trauth M H, et al. 2011. Nonlinear detection of paleoclimate-variability transitions possibly related to human evolution. Proceedings of the National Academy of Sciences, 108: 20422-20427.

Downey S S, Bocaege E, Kerig T, et al. 2014. The Neolithic demographic transition in Europe: correlation with Juvenility index supports interpretation of the summed calibrated radiocarbon date probability distribution（SCDPD）as a valid demographic proxy. PLoS ONE, 9: e105730.

Dykoski C A, Edwards R L, Cheng H, et al. 2005. A high-resolution, absolute-dated Holocene and deglacial Asian monsoon record from Dongge Cave, China. Earth and Planetary Science Letters, 233: 71-86.

Edman G, Söderberg E. 1929. Auffindung von reis in einer tonscherbe aus einer etwa fünftausend-jährigen chinesischen siedlung. Bulletin of the Geological Society of China Banner, 8: 363-368.

Edwards D A, O'Connell J F. 1995. Broad spectrum diets in arid Australia. Antiquity, 69: 769-783.

Elbaum R, Melamed-Bessudo C, Tuross N, et al. 2009. New methods to isolate organic materials from silicified phytoliths reveal fragmented glycoproteins but no DNA. Quaternary International, 193: 11-19.

Faegri K, Iversen J. 1992. Textbook of Pollen Analysis, Fifth ed. Chichester: Wiley.

Fearn M, Liu K. 1995. Maize pollen of 3500 b.p. from southern alabama. American Antiquity, 60: 109-117.

Feng Z D, An C, Tang L, et al. 2004. Stratigraphic evidence of a Megahumid climate between 10,000 and 4000 years BP in the western part of the Chinese Loess Plateau. Global and Planetary Change, 43: 145-155.

Feng Z D, An C, Wang H. 2006. Holocene climatic and environmental changes in the arid and semi-arid areas of China: a review. The Holocene, 16: 119-130.

Fiedel S J, Kuzmin Y V. 2007. Radiocarbon date frequency as an index of intensity of Paleolithic occupation of Siberia: Did humans react predictably to climate oscillations? Radiocarbon, 49: 741-756.

Firestone R B, West A, Kennett J, et al. 2007. Evidence for an extraterrestrial impact 12,900 years ago that contributed to the megafaunal extinctions and the Younger Dryas cooling. Proceedings of the National Academy of Sciences, 104: 16016-16021.

Flannery K V. 1969. Origins and ecological effects of early domestication in Iran and the Near East//Ucko P J, Dimbleby G W. The Domestication and Exploitation of Plants and Animals. Chicago: Aldine Publishing Company.

Flannery K V. 1973. The origins of agriculture. Annual review of anthropology, 2: 271-310.

Frachetti M D, Spengler R N, Fritz G J, et al. 2010. Earliest direct evidence for broomcorn millet and wheat in the central Eurasian steppe region. Antiquity, 84: 993-1010.

Fraser R, Bogaard A, Charles M, et al. 2013. Assessing natural variation and the effects of charring, burial and pre-treatment on the stable carbon and nitrogen isotope values of archaeobotanical cereals and pulses. Journal of Archaeological Science, 40: 4754-4766.

French J C, Collins C. 2015. Upper Palaeolithic population histories of Southwestern France: a comparison of the demographic signatures of ^{14}C date distributions and archaeological site counts.

Journal of Archaeological Science, 55: 122-134.

Fujiwara H. 1976. Fundamental studies in plant opal analysis. 1. On the silica bodies of motor cell of rice plants and their near relatives, and the method of quantitative analysis. Archaeology & Nature Science, 9: 15-29.

Fukunaga K, Ichitani K, Kawase M. 2006. Phylogenetic analysis of the rDNA intergenic spacer subrepeats and its implication for the domestication history of foxtail millet, *Setaria italica*. Theoretical and Applied Genetics, 113: 261-269.

Fuller D. 2011. Finding plant domestication in the Indian subcontinent. Current Anthropology, 52: S347-S362.

Fuller D, Castillo C. 2014. Rice: origins and development//Smith C. Encyclopedia of Global Archaeology. Springer, R: 6339-6343.

Fuller D, Sato Y. 2008. *Japonica* rice carried to, not from, Southeast Asia. Nature Genetics, 40: 1264-1265.

Fuller D, Harvey E, Qin L. 2007. Presumed domestication? Evidence for wild rice cultivation and domestication in the fifth millennium BC of the Lower Yangtze region. Antiquity, 81: 316-331.

Fuller D, Qin L, Harvey E. 2008. Rice archaeobotany revisited: comments on Liu et al.（2007）. Project Gallery, 82: 315.

Fuller D, Qin L, Zheng Y, et al. 2009. The domestication process and domestication rate in rice: spikelet bases from the Lower Yangtze. Science, 323: 1607-1610.

Fuller D, Sato Y, Castillo C, et al. 2010. Consilience of genetics and archaeobotany in the entangled history of rice. Archaeological and Anthropological Sciences, 2: 1-17.

Fuller D, Denham T, Arroyo-Kalin M, et al. 2014. Convergent evolution and parallelism in plant domestication revealed by an expanding archaeological record. Proceedings of the National Academy of Sciences, 111: 6147-6152.

Gamble C, Davies W, Pettitt P, et al. 2004. Climate change and evolving human diversity in Europe during the last glacial. Philosophical Transactions of the Royal Society of London Series B: Biological Sciences, 359: 243-254.

Gamble C, Davies W, Pettitt P, et al. 2005. The archaeological and genetic foundations of the European population during the Late Glacial: implications for 'agricultural thinking'. Cambridge Archaeological Journal, 15: 193-223.

Gao Y, Dong G, Yang X, et al. 2020. A review on the spread of prehistoric agriculture from southern China to mainland Southeast Asia. Science China Earth Sciences, 63: 615-625.

Gayo E M, Latorre C, Santoro C M. 2015. Timing of occupation and regional settlement patterns revealed by time-series analyses of an archaeological radiocarbon database for the South-Central

Andes（16°–25°S）. Quaternary International, 356: 4-14.

Ge Q, Wang S, Wen X, et al. 2007. Temperature and precipitation changes in China during the Holocene. Advances in Atmospheric Sciences, 24: 1024-1036.

Ge Y, Lu H, Zhang J, et al. 2018. Phytolith analysis for the identification of barnyard millet（*Echinochloa* sp.）and its implications. Archaeological and Anthropological Sciences, 10: 61-73.

Ge Y, Lu H, Zhang J, et al. 2020. Phytoliths in inflorescence bracts: preliminary results of an investigation on common Panicoideae plants in China. Frontiers in Plant Science, 10: 1736.

Ge Y, Lu H, Wang C, et al. 2022. Phytoliths in spikelets of selected Oryzoideae species: new findings from in situ observation. Archaeological and Anthropological Sciences, 14: 73.

Gebauer A B, Price T D. 1992. Foragers to farmers: an introduction//Gebauer A B, Price T D. Transitions to Agriculture in Prehistory. Madison. Wisconsin: Prehistory Press.

Geis J W. 1973. Biogenic silica in selected species of deciduous angiosperms. Soil Science, 116: 113-130.

Gignoux C R, Henn B M, Mountain J L. 2011. Rapid, global demographic expansions after the origins of agriculture. Proceedings of the National Academy of Sciences, 108: 6044-6049.

GISP2. 1997. The Greenland Summit Ice Cores, National Snow and Ice Data Center, University of Colorado at Boulder, and the World Data Center-A for Paleoclimatology, National Geophysical Data Center, Boulder Colorado.（CD-ROM）.

Gkiasta M, Russell T, Shennan S, et al. 2003. Neolithic transition in Europe: the radiocarbon record revisited. Antiquity, 77: 45-62.

Goette S, Williams M, Johannessen S, et al. 1990. Reconstructing Ancient Maize: Experiments in Charring and Processing, Corn and Culture in the Prehistoric New World Conference. Colorado: Westview Press.

Gong Y, Yang Y, Ferguson D K, et al. 2011. Investigation of ancient noodles, cakes, and millet at the Subeixi Site, Xinjiang, China. Journal of Archaeological Science, 38: 470-479.

González-Sampériz P, Utrilla P, Mazo C, et al. 2009. Patterns of human occupation during the early Holocene in the Central Ebro Basin（NE Spain）in response to the 8.2ka climatic event. Quaternary Research, 71: 121-132.

Grobman A, Bonavia D, Dillehay T D, et al. 2012. Preceramic maize from Paredones and Huaca Prieta, Peru. Proceedings of the National Academy of Sciences, 109: 1755-1759.

Grosman L. 2003. Preserving cultural traditions in a period of instability: the Late Natufian of the hilly Mediterranean zone. Current Anthropology, 44: 571-580.

Gross B L, Zhao Z. 2014. Archaeological and genetic insights into the origins of domesticated rice. Proceedings of the National Academy of Sciences, 111: 6190-6197.

Gu Y, Zhao Z, Pearsall D M. 2013. Phytolith morphology research on wild and domesticated rice species in East Asia. Quaternary International, 287: 141-148.

Guan Y, Gao X, Li F, et al. 2012. Modern human behaviors during the late stage of the MIS3 and the broad spectrum revolution: evidence from a Shuidonggou Late Paleolithic site. Chinese Science Bulletin, 57: 379-386.

Guan Y, Pearsall D M, Gao X, et al. 2014. Plant use activities during the Upper Paleolithic in East Eurasia: evidence from the Shuidonggou Site, Northwest China. Quaternary International, 347: 74-83.

Guarino C, Sciarrillo R. 2004. Carbonized seeds in a protohistoric house: results of hearth and house experiments. Vegetation History and Archaeobotany, 13: 65-70.

Gupta A. 2004. Origin of agriculture and domestication of plants and animals linked to early Holocene climate amelioration. Current Science, 87: 54-59.

Gustafsson S. 2000. Carbonized cereal grains and weed seeds in prehistoric houses—an experimental perspective. Journal of Archaeological Science, 27: 65-70.

Gutaker R, Gutaker S, Bellis E, et al. 2020. Genomic history and ecology of the geographic spread of rice. Nature Plants, 6: 492-502.

Haak W, Forster P, Bramanti B, et al. 2005. Ancient DNA from the first European farmers in 7500-year-old Neolithic sites. Science, 310: 1016-1018.

Hardy B L. 2010. Climatic variability and plant food distribution in Pleistocene Europe: implications for Neanderthal diet and subsistence. Quaternary Science Reviews, 29: 662-679.

Hardy B L, Moncel M H. 2011. Neanderthal use of fish, mammals, birds, starchy plants and wood 125–250,000 years ago. PLoS ONE, 6: e23768.

Hart D, Wallis L. 2003. Phytolith and starch research in the Australian-Pacific-Asian regions: the state of the art, Papers from a Conference Held at the ANU, August 2001, Canberra, Australia, 19（2）: 237-242.

Hart J P, Lovis W A. 2013. Reevaluating what we know about the histories of maize in northeastern North America: a review of current evidence. Journal of Archaeological Research, 21: 175-216.

Hart J P, Thompson R G, Brumbach H J. 2003. Phytolith evidence for early maize（*Zea mays*）in the northern Finger Lakes region of New York. American Antiquity, 68: 619-640.

Hart J P, Brumbach H J, Lusteck R. 2007. Extending the phytolith evidence for early maize （*Zea mays* ssp. *mays*）and squash（*Cucurbita* sp.）in central New York. American Antiquity, 72: 563-583.

Hart J P, Matson R, Thompson R G, et al. 2011. Teosinte inflorescence phytolith assemblages mirror zea taxonomy. PLoS ONE, 6: e18349.

Harvey E, Fuller D. 2005. Investigating crop processing using phytolith analysis: the example of rice and millets. Journal of Archaeological Science, 32: 739-752.

Harvey L D. 1989. Modelling the Younger Dryas. Quaternary Science Reviews, 8: 137-149.

Haug G H, Hughen K A, Sigman D M, et al. 2001. Southward migration of the intertropical convergence zone through the Holocene. Science, 293: 1304-1308.

Hayden B. 1992. Models of domestication//Gebauer A B, Price T D. Transitions to Agriculture in Prehistory. Monographs in World Archaeology, No. 4. Madson: Prehistory Press.

Hayden B. 2003. Were luxury foods the first domesticates? Ethnoarchaeological perspectives from Southeast Asia. World Archaeology, 34: 458-469.

He K, Lu H, Zhang J, et al. 2017. Prehistoric evolution of the dualistic structure mixed rice and millet farming in China. The Holocene, 27: 1885-1898.

Helbæk H. 1952. Preserved apples and panicum in the prehistoric site at Nørre Sandegaard in Bornholm. Acta Archaeologica, 23: 107-115.

Henry A G, Brooks A S, Piperno D R. 2011. Microfossils in calculus demonstrate consumption of plants and cooked foods in Neanderthal diets（Shanidar III, Iraq; Spy I and II, Belgium）. Proceedings of the National Academy of Sciences, 108: 486-491.

Henry A G, Brooks A S, Piperno D R. 2014. Plant foods and the dietary ecology of Neanderthals and early modern humans. Journal of Human Evolution, 69: 44-54.

Henry D O. 1989. From Foraging to Agriculture: the Levant at the End of the Ice Age. Philadelphia: University of Pennsylvania Press.

Hesse M, Buchner R, Froschradivo A, et al. 2009. Pollen Terminology: an Illustrated Handbook. Vienna: Springer Vienna.

Higham C, Lu T. 1998. The origins and dispersal of rice cultivation. Antiquity, 72: 867-877.

Hinz M, Feeser I, Sjögren K-G, et al. 2012. Demography and the intensity of cultural activities: an evaluation of Funnel Beaker Societies（4200–2800 cal BC）. Journal of Archaeological Science, 39: 3331-3340.

Hodell D A, Brenner M, Curtis J H, et al. 2001. Solar forcing of drought frequency in the Maya lowlands. Science, 292: 1367-1370.

Hodson M J, Parker A G, Leng M J, et al. 2008. Silicon, oxygen and carbon isotope composition of wheat（*Triticum aestivum* L.）phytoliths: implications for palaeoecology and archaeology. Journal of Quaternary Science, 23: 331-339.

Holdaway S, Porch N. 1995. Cyclical patterns in the Pleistocene human occupation of Southwest Tasmania. Archaeology in Oceania, 30: 74-82.

Holliday V T, Meltzer D J. 2010. The 12.9-ka ET impact hypothesis and North American Paleoindians. Current Anthropology, 51: 575-607.

Hong B, Hong Y, Lin Q, et al. 2010. Anti-phase oscillation of Asian monsoons during the Younger Dryas period: evidence from peat cellulose δ^{13}C of Hani, Northeast China. Palaeogeography, Palaeoclimatology, Palaeoecology, 297: 214-222.

Hsiang S M, Meng K C, Cane M A. 2011. Civil conflicts are associated with the global climate. Nature, 476: 438-441.

Hu C, Henderson G M, Huang J, et al. 2008. Quantification of Holocene Asian monsoon rainfall from spatially separated cave records. Earth and Planetary Science Letters, 266: 221-232.

Hu X, Wang J, Ping L, et al. 2009. Assessment of genetic diversity in broomcorn millet（*Panicum miliaceum* L.）using SSR markers. Journal of Genetics and Genomics, 36: 491-500.

Huang X, Kurata N, Wei X, et al. 2012. A map of rice genome variation reveals the origin of cultivated rice. Nature, 490: 497-501.

Huan X, Lu H, Wang C, et al. 2015. Bulliform phytolith research in wild and domesticated rice paddy soil in south China. PLoS ONE, 10: e0141255.

Huan X, Deng Z, Zhou Z, et al. 2022. The emergence of rice and millet farming in the Zang-Yi Corridor of Southwest China dates back to 5000 years ago. Frontiers in Earth Science, 10: 874649.

Humphrey L T, De Groote I, Morales J, et al. 2014. Earliest evidence for caries and exploitation of starchy plant foods in Pleistocene hunter-gatherers from Morocco. Proceedings of the National Academy of Sciences, 111: 954-959.

Hunt H, Badakshi F, Romanova O, et al. 2014. Reticulate evolution in *Panicum*（Poaceae）: the origin of tetraploid broomcorn millet, *P. miliaceum*. Journal of Experimental Botany, 65: 3165-3175.

IPCC. 2013. Climate Change 2013: The Physical Science Basis. Intergovernmental Panel on Climate Change, Working Group I Contribution to the IPCC Fifth Assessment Report（AR5）. New York: Cambridge Univ Press.

Iriarte J. 2003. Assessing the feasibility of identifying maize through the analysis of cross-shaped size and three-dimensional morphology of phytoliths in the grasslands of southeastern South America. Journal of Archaeological Science, 30: 1085-1094.

Iriarte J, Holst I, Marozzi O, et al. 2004. Evidence for cultivar adoption and emerging complexity during the mid-Holocene in the La Plata basin. Nature, 432: 614-617.

Izawa T, Konishi S, Shomura A, et al. 2009. DNA changes tell us about rice domestication. Current Opinion in Plant Biology, 12: 185-192.

Jiang J, Lu G, Wang Q, Wei S, et al. 2021. The analysis and identifcation of charred suspected tea remains unearthed from Warring State Period Tomb. Scientifc Reports, 11: 16557.

Jiang L, Liu L. 2006. New evidence for the origins of sedentism and rice domestication in the Lower Yangzi River, China. Antiquity, 80: 355-361.

Jiang W, Guo Z, Sun X, et al. 2006. Reconstruction of climate and vegetation changes of Lake Bayanchagan（Inner Mongolia）: Holocene variability of the East Asian monsoon. Quaternary Research, 65: 411-420.

Jiang X, He Y, Shen C, et al. 2012. Stalagmite-inferred Holocene precipitation in northern Guizhou Province, China, and asynchronous termination of the Climatic Optimum in the Asian monsoon territory. Chinese Science Bulletin, 57: 795-801.

Jin G, Liu D. 2002. Mid-Holocene climate change in North China, and the effect on cultural development. Chinese Science Bulletin, 47: 408-413.

Jin G, Wu W, Zhang K, et al. 2014. 8000-Year old rice remains from the north edge of the Shandong Highlands, East China. Journal of Archaeological Science, 51: 34-42.

Jin G, Wagner M, Tarasov P, et al. 2016. Archaeobotanical records of Middle and Late Neolithic agriculture from Shandong Province, East China, and a major change in regional subsistence during the Dawenkou Culture. The Holocene, 26: 1605-1615.

Jin G, Chen S, Li H. 2020. The Beixin Culture: archaeobotanical evidence for a population dispersal of Neolithic hunter-gatherer-cultivators in northern China. Antiquity, 94: 1426-1443.

Jones H, Lister D, Cai D, et al. 2016. The trans-Eurasian crop exchange in prehistory: discerning pathways from barley phylogeography. Quaternary International, 426: 26-32.

Jones M K, Liu X. 2009. Origins of agriculture in East Asia. Science, 324: 730-731.

Juggins S. 2003. C2 User guide: software for ecological and palaeoecological data analysis and visualisation. Newcastle: University of Newcastle.

Katz O, Gilead I, Bar P, et al. 2007. Chalcolithic agricultural life at Grar, Northern Negev, Israel: dry farmed cereals and dung-fueled hearths. Paléorient, 33: 101-116.

Kelly R L, Surovell T A, Shuman B N, et al. 2013. A continuous climatic impact on Holocene human population in the Rocky Mountains. Proceedings of the National Academy of Sciences, 110: 443-447.

Kennett D J, Breitenbach S F M, Aquino V V, et al. 2012. Development and disintegration of Maya political systems in response to climate change. Science, 338: 788-791.

Kerr T, McCormick F. 2014. Statistics, sunspots and settlement: influences on sum of probability curves. Journal of Archaeological Science, 41: 493-501.

King F B. 1987. Prehistoric maize in eastern North America: an evolutionary evaluation. Chicago: University of Illinois.

Kislev M, Rosenzweig S. 1991. Influence of experimental charring on seed dimensions of pulses//Hajnalova E. Palaeoethnobotany and Archaeology. International Work-Group for Palaeoethnobotany, 8th Symposium. Nitra: Archaeological Institute of the Slovak Academy of

Sciences.

Klein R L, Geis J W. 1978. Biogenic silica in the Pinaceae. Soil Science, 126: 145-156.

Kollmann F, Sachs I. 1967. The effects of elevated temperature on certain wood cells. Wood Science and Technology, 1: 14-25.

Kouakou B, Albarin G, Louise O. 2008. Assessment of some chemical and nutritional properties of maize, rice and millet grains and their weaning mushes. Pakistan Journal of Nutrition, 7: 721-725.

Kuper R, Kröpelin S. 2006. Climate-controlled Holocene occupation in the Sahara: motor of Africa's evolution. Science, 313: 803-807.

Kuzmin Y V. 2013a. Origin of Old World pottery as viewed from the early 2010s: when, where and why? World Archaeology, 45: 539-556.

Kuzmin Y V. 2013b. Two trajectories in the Neolithization of Eurasia: pottery versus agriculture（spatiotemporal patterns）. Radiocarbon, 55: 1304-1313.

Kuzmin Y V, Keates S G. 2005. Dates are not just data: Paleolithic settlement patterns in Siberia derived from radiocarbon records. American Antiquity, 70: 773-789.

Lambeck K, Chappell J. 2001. Sea level change through the last glacial cycle. Science, 292: 679-686.

Larson G, Piperno D R, Allaby R G, et al. 2014. Current perspectives and the future of domestication studies. Proceedings of the National Academy of Sciences, 111: 6139-6146.

Laval G, Patin E, Barreiro L B, et al. 2010. Formulating a historical and demographic model of recent human evolution based on resequencing data from noncoding regions. PLoS ONE, 5: e10284.

Lawrence D, Philip G, Wilkinson K, et al. 2015. Regional power and local ecologies: accumulated population trends and human impacts in the northern Fertile Crescent. Quaternary International, 437（Part B）: 60-81.

Lee G-A. 2011. The transition from foraging to farming in prehistoric Korea. Current Anthropology, 52: S307-S329.

Lee G-A, Crawford G, Liu L, et al. 2007. Plants and people from the early Neolithic to Shang periods in North China. Proceedings of the National Academy of Sciences, 104: 1087-1092.

Lee-Thorp J, Sponheimer M. 2006. Contributions of biogeochemistry to understanding hominin dietary ecology. American Journal of Physical Anthropology, 131: 131-148.

Lev-Yadun S, Gopher A, Abbo S. 2000. The cradle of agriculture. Science, 288: 1602-1603.

Li H, An C, Fan W, et al. 2015. Population history and its relationship with climate change on the Chinese Loess Plateau during the past 10,000 years. The Holocene, 25: 1144-1152.

Li J, Ilvonen L, Xu Q, et al. 2015. East Asian summer monsoon precipitation variations in China over the last 9500 years: a comparison of pollen-based reconstructions and model simulations. The Holocene, 26: 592-602.

Li T, Liu Z, Hall M A, et al. 2001. Heinrich event imprints in the Okinawa Trough: evidence from oxygen isotope and planktonic foraminifera. Palaeogeography, Palaeoclimatology, Palaeoecology, 176: 133-146.

Li W, Tsoraki C, Yang Y, et al. 2020. Plant foods and different uses of grinding tools at the Neolithic site of Tanghu in central China. Lithic Technology, 45: 154-164.

Li X, Zhou W, An Z, et al. 2003. The vegetation and monsoon variations at the desert-boess transition belt at Midiwan in northern China for the last 13ka. The Holocene, 13: 779-784.

Li X, Dodson J, Zhou J, et al. 2009. Increases of population and expansion of rice agriculture in Asia, and anthropogenic methane emissions since 5000BP. Quaternary International, 202: 41-50.

Li Z Y, Ma H H. 2016. Techno-typological analysis of the microlithic assemblage at the Xuchang Man site, Lingjing, central China. Quaternary International, 400: 120-129.

Linford N, Canti M. 2001. Geophysical evidence for fires in antiquity: preliminary results from an experimental study. Archaeological Prospection, 8: 211-225.

Liu L. 2014. Peiligang: agriculture and domestication//Smith C. Encyclopedia of Global Archaeology. Berlin: Springer.

Liu L. 2015. A long process towards agriculture in the middle Yellow River Valley, China: evidence from macro- and micro-botanical remains. Journal of Indo-Pacific Archaeology, 35: 3-14.

Liu L, Chen X. 2012. The Archaeology of China: from the Late Paleolithic to the Early Bronze Age. Cambridge: Cambridge University Press.

Liu L, Lee G A, Jiang L, et al. 2007. Evidence for the early beginning（c. 9000 cal BP）of rice domestication in China: a response. The Holocene, 17: 1059-1068.

Liu L, Field J, Fullagar R, et al. 2010. What did grinding stones grind? New light on Early Neolithic subsistence economy in the Middle Yellow River Valley, China. Antiquity, 84: 816-833.

Liu L, Ge W, Bestel S, et al. 2011. Plant exploitation of the last foragers at Shizitan in the Middle Yellow River Valley China: evidence from grinding stones. Journal of Archaeological Science, 38: 3524-3532.

Liu L, Bestel S, Shi J, et al. 2013. Paleolithic human exploitation of plant foods during the last glacial maximum in North China. Proceedings of the National Academy of Sciences, 110: 5380-5385.

Liu L, Levin M J, Bonomo M F, et al. 2018. Harvesting and processing wild cereals in the Upper Palaeolithic Yellow River Valley, China. Antiquity, 92: 603-619.

Liu X, Shen J, Wang S, et al. 2002. A 16000-year pollen record of Qinghai Lake and its paleo-climate and paleoenvironment. Chinese Science Bulletin, 47: 1931-1936.

Liu X, Reid R, Lightfoot E, et al. 2016. Radical change and dietary conservatism: mixing model estimates of human diets along the inner asia and China's mountain corridors. The Holocene, 26:

1-10.

Logan A, Hastorf C, Pearsall D. 2012. "Let's drink together": early ceremonial use of maize in the Titicaca Basi. American Antiquity, 23: 235-258.

Lombardo U, Iriarte J, Hilbert L, et al. 2020. Early Holocene crop cultivation and landscape modification in Amazonia. Nature, 581: 190-193.

Londo J P, Chiang Y C, Hung K H, et al. 2006. Phylogeography of Asian wild rice, *Oryza rufipogon*, reveals multiple independent domestications of cultivated rice, *Oryza sativa*. Proceedings of the National Academy of Sciences, 103: 9578-9583.

Lone F A, Khan M, Buth G M. 1993. Palaeoethnobotany: plants and ancient man in kashmir. Review of Palaeobotany and Palynology, 80（1-2）: 173-174

Lovvorn M B, Frison G C, Tieszen L L. 2001. Paleoclimate and amerindians: evidence from stable isotopes and atmospheric circulation. Proceedings of the National Academy of Sciences, 98: 2485-2490.

Lu H Y. 2017. New methods and progress in research on the origins and evolution of prehistoric agriculture in China. Science China Earth Sciences, 60: 2141-2159.

Lu H Y, Wu N Q, Liu B. 1997. Recognition of rice phytoliths//Pinilla A, Juan-Tresserras J, Machado M J. The State of the Art of Phytoliths in Plants and Soils. Madrid: Monogra as del Centro de Ciencias Medambioentales, Madrid.

Lu H Y, Liu Z X, Wu N Q, et al. 2002. Rice domestication and climatic change: phytolith evidence from East China. Boreas, 31: 378-385.

Lu H Y, Yang X, Ye M, et al. 2005. Culinary archaeology: millet noodles in Late Neolithic China. Nature, 437: 967-968.

Lu H Y, Wu N Q, Yang X D, et al. 2006. Phytoliths as quantitative indicators for the reconstruction of past environmental conditions in China I: phytolith-based transfer functions. Quaternary Science Reviews, 25: 945-959.

Lu H Y, Wu N Q, Liu K-B, et al. 2007. Phytoliths as quantitative indicators for the reconstruction of past environmental conditions in China II: palaeoenvironmental reconstruction in the Loess Plateau. Quaternary Science Reviews, 26: 759-772.

Lu H Y, Zhang J, Wu N, et al. 2009a. Phytoliths analysis for the discrimination of foxtail millet（*Setaria italica*）and common millet（*Panicum miliaceum*）. PLoS ONE, 4: e4448.

Lu H Y, Zhang J, Liu K, et al. 2009b. Earliest domestication of common millet（*Panicum miliaceum*）in East Asia extended to 10,000 years ago. Proceedings of the National Academy of Sciences, 106: 7367-7372.

Lu H Y, Zhang J, Yang Y, et al. 2016. Earliest tea as evidence for one branch of the Silk Road across the Tibetan Plateau. Scientific Reports, 6: 18955.

Lu H, Yi S, Liu Z, et al. 2013. Variation of East Asian monsoon precipitation during the past 21 ky and potential CO_2 forcing. Geology, 41: 1023-1026.

Lu T. 1999. The transition from foraging to farming in China. Bulletin of the Indo-Pacific Prehistory Association, 18: 77-80.

Luo W H, Gu C G, Yang Y Z, et al. 2019. Phytoliths reveal the earliest interplay of rice and broomcorn millet at the site of Shuangdun（ca. 7.3–6.8ka BP）in the middle Huai River valley, China. Journal of Archaeological Science, 102: 26-34.

Luo W H, Yang Y Z, Zhuang L N, et al. 2020. Phytolith evidence of water management for rice growing and processing between 8,500 and 7,500 cal years BP in the middle Huai river valley, China. Vegetation History and Archaeobotany, 30: 243-254.

Ma J F, Yamaji N. 2006. Silicon uptake and accumulation in higher plants. Trends in Plant Science, 11: 392-397.

Ma Y, Yang X, Huan X, et al. 2016. Rice bulliform phytoliths reveal the process of rice domestication in the Neolithic Lower Yangtze River region. Quaternary International, 426: 126-132.

Ma Z B, Cheng H, Tan M, et al. 2012. Timing and structure of the Younger Dryas event in northern China. Quaternary Science Reviews, 41: 83-93.

Madsen D B, Haizhou M, Brantingham P J, et al. 2006. The Late Upper Paleolithic occupation of the northern Tibetan Plateau margin. Journal of Archaeological Science, 33: 1433-1444.

Maher L A, Banning E, Chazan M. 2011. Oasis or mirage? Assessing the role of abrupt climate change in the prehistory of the southern Levant. Cambridge Archaeological Journal, 21: 1-29.

Manning K, Timpson A. 2014. The demographic response to Holocene climate change in the Sahara. Quaternary Science Reviews, 101: 28-35.

Mao L, Yang X. 2012. Pollen morphology of cereals and associated wild relatives: reassessing potentials in tracing agriculture history and limitations. Japanese Journal of Palynology, 58（Special issue）: 309.

Marcott S A, Shakun J D, Clark P U, et al. 2013. A reconstruction of regional and global temperature for the past 11,300 years. Science, 339: 1198-1201.

Märkle T, Rösch M. 2008. Experiments on the effects of carbonization on some cultivated plant seeds. Vegetation History and Archaeobotany, 17: 257-263.

Martínez G, Flensborg G, Bayala P D. 2013. Chronology and human settlement in northeastern Patagonia（Argentina）: Patterns of site destruction, intensity of archaeological signal, and population dynamics. Quaternary International, 301: 123-134.

Matsuoka Y, Vigouroux Y, Goodma M M, et al. 2002. A single domestication for maize shown by multilocus microsatellite genotyping. Proceedings of the National Academy of Sciences, 99: 6080-6084.

McInerney F A, Strömberg C A, White J W. 2011. The Neogene transition from C_3 to C_4 grasslands in North America: stable carbon isotope ratios of fossil phytoliths. Paleobiology, 37: 23-49.

McMichael A J. 2012. Insights from past millennia into climatic impacts on human health and survival. Proceedings of the National Academy of Sciences, 109: 4730-4737.

Medina-Elizalde M, Rohling E J. 2012. Collapse of classic Maya Civilization related to modest reduction in precipitation. Science, 335: 956-959.

Melamed Y, Kislev M E, Geffen E. 2016. The plant component of an Acheulian diet at Gesher Benot Ya'aqov, Israel. Proceedings of the National Academy of Sciences, 113: 14674-14679.

Méndez Melgar C. 2013. Terminal Pleistocene/Early Holocene ^{14}C dates form archaeological sites in Chile: critical chronological issues for the initial peopling of the region. Quaternary International, 301: 60-73.

Metcalfe C R. 1960. Anatomy of the Monocotyledons. 1. Gramineae. London: Oxford University Press.

Miller D S, Gingerich J A M. 2013. Regional variation in the terminal Pleistocene and early Holocene radiocarbon record of eastern North America. Quaternary Research, 79: 175-188.

Miller N F, Spengler R N, Frachetti M. 2016. Millet cultivation across Eurasia: origins, spread, and the influence of seasonal climate. The Holocene, 26: 1566-1575.

Mithen S, Jenkins E, Jamjoum K, et al. 2008. Experimental crop growing in Jordan to develop methodology for the identification of ancient crop irrigation. World Archaeology, 40: 7-25.

Molina J, Sikora M, Garud N, et al. 2011. Molecular evidence for a single evolutionary origin of domesticated rice. Proceedings of the National Academy of Sciences, 108: 8351-8356.

Monnin E, Indermühle A, Dällenbach A, et al. 2001. Atmospheric CO_2 concentrations over the last glacial termination. Science, 291: 112-114.

Moore A, Hillman G C. 1992. The Pleistocene to Holocene transition and human economy in Southwest Asia: the impact of the Younger Dryas. American Antiquity, 57: 482-494.

Morlan R E. 2005. Canadian archaeological radiocarbon database. http: //www. canadianarchaeology. ca.

Motuzaite-Matuzeviciute G, Hunt H V, Jones M K. 2012. Experimental approaches to understanding variation in grain size in *Panicum miliaceum*（broomcorn millet）and its relevance for interpreting archaeobotanical assemblages. Vegetation History and Archaeobotany, 21: 69-77.

Mulholland S, Prior C. 1992. Processing of phytoliths for radiocarbon dating by AMS. The Phytolitharien News letter, 7: 7-9.

Munoz S E, Gajewski K, Peros M C. 2010. Synchronous environmental and cultural change in the prehistory of the northeastern United States. Proceedings of the National Academy of Sciences, 107: 22008-22013.

Nadel D, Piperno D R, Holst I, et al. 2012. New evidence for the processing of wild cereal grains at Ohalo II, a 23 000-year-old campsite on the shore of the Sea of Galilee, Israel. Antiquity, 86: 990-1003.

Nasu H, Momohara A, Yasuda Y, et al. 2007. The occurrence and identification of *Setaria italica*（L.）P. Beauv.（foxtail millet）grains from the Chengtoushan site（ca. 5800 cal B.P.）in central China, with reference to the domestication centre in Asia. Vegetation History and Archaeobotany, 16: 481-494.

Naudinot N, Tomasso A, Tozzi C, et al. 2014. Changes in mobility patterns as a factor of ^{14}C date density variation in the Late Epigravettian of Northern Italy and Southeastern France. Journal of Archaeological Science, 52: 578-590.

Nesbitt M. 2005. Grains//Prance G, Nesbitt M. Cultural History of Plants. London: Routledge.

Netolitzky F. 1900. Mikroskopische Untersuchung gänzlich verkohlter vorgeschichtlicher Nahrungsmittel aus Tirol. Zeitschrift für Lebensmitteluntersuchung und-Forschung A, 3: 401-407.

Netolitzky F. 1914. Die Hirse aus antiken Funden. Sitzbuch der Keisekiche Akademie fur Wissenschat der Mathamatisch-Naturwissenschaften, 123: 725-759.

Neuweiler E. 1905. Die prähistorischen Pflanzenreste Mitteleuropas mit besonderer Berücksichtignung der schweizerischen Funde. Vierteljahresschr Naturforsch Ges Zurich 50. A. Raustein, 6: 23-134.

Newby P, Bradley J, Spiess A, et al. 2005. A Paleoindian response to Younger Dryas climate change. Quaternary Science Reviews, 24: 141-154.

Niermeyer S, Yang P, Zhuang J, et al. 1995. Arterial oxygen saturation in Tibetan and Han infants born in Lhasa, Tibet. New England Journal of Medicine, 333: 1248-1252.

Novello A, Barboni D, Berti-Equille L, et al. 2012. Phytolith signal of aquatic plants and soils in Chad, Central Africa. Review of Palaeobotany and Palynology, 178: 43-58.

O'Sullivan P. 2008. Thecollapse'of civilizations: what palaeoenvironmental reconstruction cannot tell us, but anthropology can. The Holocene, 18: 45-55.

Pagán-Jiménez J R, Guachamín-Tello A M, Romero-Bastidas M E, et al. 2015. Late ninth millennium BP use of *Zea mays* L. at Cubilán area, highland Ecuador, revealed by ancient starches. Quaternary International, 404（Part A）: 137-155.

Parr J F. 2006. Effect of fire on phytolith coloration. Geoarchaeology, 21: 171-185.

Parr J F, Sullivan L A. 2005. Soil carbon sequestration in phytoliths. Soil Biology and Biochemistry, 37: 117-124.

Parr J F, Sullivan L A. 2011. Phytolith occluded carbon and silica variability in wheat cultivars. Plant and Soil, 342: 165-171.

Parr J F, Sullivan L A, Quirk R. 2009. Sugarcane phytoliths: encapsulation and sequestration of a long-lived carbon fraction. Sugar Tech, 11: 17-21.

Parry D W, Smithson F. 1964. Types of opaline silica depositions in the leaves of British grasses. Annals of Botany, 28: 169-185.

Parry D W, Smithson F. 1966. Opaline silica in the inflorescences of some British grasses and cereals. Annals of Botany, 30: 525-538.

Pearsall D M. 1978. Phytolith analysis of archeological soils: evidence for maize cultivation in Formative Ecuador. Science, 199: 177-178.

Pearsall D M. 2000. Paleoethnobotany: a Hand Book of Procedure. Second ed. San Diego: Academic Press.

Pearsall D M. 2002. Maize is still ancient in prehistoric Ecuador: the view from Real Alto, with comments on Staller and Thompson. Journal of Archaeological Science, 29: 51-55.

Pearsall D M. 2008. Plant domestication and the shift to agriculture in the Andes//Silverman H, Isbell W. The Handbook of South American Archaeology. New York: Springer.

Pearsall D M. 2015. Paleoethnobotany: a Hand Book of Procedure. Third ed. Walnut Creek: Left Coast Press.

Pearsall D M, Piperno D, Dinan E, et al. 1995. Distinguishing rice（*Oryza sativa* Poaceae）from wild *Oryza* species through phytolith analysis: results of preliminary research. Economic Botany, 49: 183-196.

Pearsall D M, Chandler-Ezell K, Chandler-Ezell A. 2003. Identifying maize in neotropical sediments and soilsusing cob phytoliths. Journal of Archaeological Science, 30: 611-627.

Pearsall D M, Chandler-Ezell K, Zeidler J A. 2004. Maize in ancient Ecuador: results of residue analysis of stone tools from the Real Alto site. Journal of Archaeological Science, 31: 423-442.

Peng Y, Xiao J, Nakamura T, et al. 2005. Holocene East Asian monsoonal precipitation pattern revealed by grain-size distribution of core sediments of Daihai Lake in Inner Mongolia of north-central China. Earth and Planetary Science Letters, 233: 467-479.

Peng Y, Shi H, Qi X, et al. 2010. The ADH1B Arg47His polymorphism in East Asian populations and expansion of rice domestication in history. BMC Evolutionary Biology, 10: 15.

Peng Y, Yang Z, Zhang H, et al. 2011. Genetic variations in Tibetan populations and high-altitude adaptation at the Himalayas. Molecular Biology and Evolution, 28: 1075-1081.

Peros M C, Munoz S E, Gajewski K, et al. 2010. Prehistoric demography of North America inferred from radiocarbon data. Journal of Archaeological Science, 37: 656-664.

Perry L, Sandweiss D H, Piperno D R, et al. 2006. Early maize agriculture and interzonal interaction in southern Peru. Nature, 440: 76-79.

Peterse F, Prins M A, Beets C J, et al. 2011. Decoupled warming and monsoon precipitation in East Asia over the last deglaciation. Earth and Planetary Science Letters, 301: 256-264.

Piperno D R. 1984. A comparison and differentiation of phytoliths from maize and wild grasses: use of morphological criteria. American Antiquity, 49: 361-383.

Piperno D R. 1988. Phytolyth Analysis: an Archaeological and Geological Perspective. San Diego: Academic Press.

Piperno D R. 2006. Phytoliths: a Comprehensive Guide for Archaeologists and Paleoecologists. New York: AltaMira Press.

Piperno D R. 2009. Identifying crop plants with phytoliths（and starch grains）in Central and South America: a review and an update of the evidence. Quaternary International, 193: 146-159.

Piperno D R. 2011. The origins of plant cultivation and domestication in the New World tropics. Current Anthropology, 52: S453-S470.

Piperno D R. 2015. Phytolith radiocarbon dating in archaeological and paleoecological research: a case study of phytoliths from modern neotropical plants and a review of the previous dating evidence. Journal of Archaeological Science, 68: 54-61.

Piperno D R, Dillehay T D. 2008. Starch grains on human teeth reveal early broad crop diet in northern Peru. Proceedings of the National Academy of Sciences, 105: 19622-19627.

Piperno D R, Jones J G. 2003. Paleoecological and archaeological implications of a Late Pleistocene/Early Holocene record of vegetation and climate from the Pacific coastal plain of Panama. Quaternary Research, 59: 79-87.

Piperno D R, Pearsall D M. 1993. Phytoliths in the reproductive structures of maize and teosinte: implications for the study of maize evolution. Journal of Archaeological Science, 20: 337-362.

Piperno D R, Pearsall D M. 1998. Origins of Agriculture in the Lowland Neotropics. San Diego: Academic Press.

Piperno D R, Stothert K E. 2003. Phytolith evidence for early Holocene Cucurbita domestication in southwest Ecuador. Science, 299: 1054-1057.

Piperno D R, Andres T C, Stothert K E. 2000. Phytoliths in Cucurbita and other Neotropical Cucurbitaceae and their occurrence in early archaeological sites from the lowland American tropics. Journal of Archaeological Science, 27: 193-208.

Piperno D R, Weiss E, Holst I, et al. 2004. Processing of wild cereal grains in the Upper Palaeolithic revealed by starch grain analysis. Nature, 430: 670-673.

Piperno D R, Ranere A, Holst I, et al. 2009. Starch grain and phytolith evidence for early ninth millennium B.P. maize from the Central Balsas River Valley, Mexico. Proceedings of the National

Academy of Sciences, 106: 5019-5024.

Polyak V J, Asmerom Y. 2001. Late Holocene climate and cultural changes in the southwestern United States. Science, 294: 148-151.

Pope K O, Pohl M E, Jones J G, et al. 2001. Origin and environmental setting of ancient agriculture in the lowlands of Mesoamerica. Science, 292: 1370-1373.

Porter S C, An Z S. 1995. Correlation between climate events in the North Atlantic and China during the last glaciation. Nature, 375: 305-308.

Power R C, Rosen A M, Nadel D. 2014. The economic and ritual utilization of plants at the Raqefet Cave Natufian site: the evidence from phytoliths. Journal of Anthropological Archaeology, 33: 49-65.

Prates L, Politis G, Steele J. 2013. Radiocarbon chronology of the early human occupation of Argentina. Quaternary International, 301: 104-122.

Price T D, Gebauer A B. 1995. Last Hunters, First Farmers: New Perspectives on the Prehistoric Transition to Agriculture. New Mexico: Santa Fe.

Qi X, Cui C, Peng Y, et al. 2013. Genetic evidence of Paleolithic colonization and Neolithic expansion of modern humans on the Tibetan Plateau. Molecular Biology and Evolution, 30: 1761-1778.

Qin J, Yuan D, Cheng H, et al. 2005. The YD and climate abrupt events in the early and middle Holocene: Stalagmite oxygen isotope record from Maolan, Guizhou, China. Science China Earth Sciences, 48: 530-537.

Qu T, Bar-Yosef O, Wang Y, et al. 2013. The Chinese Upper Paleolithic: geography, chronology, and techno-typology. Journal of Archaeological Research, 21: 1-73.

Rademaker K, Bromley G R M, Sandweiss D H. 2013. Peru archaeological radiocarbon database, 13000～7000 ^{14}C B.P. Quaternary International, 301: 34-45.

Ran M, Feng Z. 2013. Holocene moisture variations across China and driving mechanisms: a synthesis of climatic records. Quaternary International, 313: 179-193.

Ranere A J, Piperno D R, Holst I, et al. 2009. The cultural and chronological context of early Holocene maize and squash domestication in the Central Balsas River Valley, Mexico. Proceedings of the National Academy of Sciences, 106: 5014-5018.

Rao H, Li B, Yang Y, et al. 2014. Proteomic identification of organic additives in the mortars of ancient Chinese wooden buildings. Analytical Methods, 7: 143-149.

Rao H, Yang Y, Hu X, et al. 2017. Identification of an Ancient Birch Bark Quiver from a Tang Dynasty（A.D. 618～907）Tomb in Xinjiang, Northwest China. Economic Botany, 71: 1-13.

Ray N, Adams J M. 2001. A GIS-based vegetation map of the world at the last glacial maximum

（25,000–15,000 BP）. Internet Archaeology, 11: 1-44.

Reimer P J, Bard E, Bayliss A, et al. 2013. IntCal13 and Marine13 radiocarbon age calibration curves 0–50,000 years cal BP. Radiocarbon, 55: 1869-1887.

Ren X L, Lemoine X, Mo D, et al. 2016. Foothills and intermountain basins: does China's Fertile Arc have 'Hilly Flanks'? Quaternary International, 426: 86-96.

Revedin A, Aranguren B, Becattini R, et al. 2010. Thirty thousand-year-old evidence of plant food processing. Proceedings of the National Academy of Sciences, 107: 18815-18819.

Rhode D, Haiying Z, Madsen D B, et al. 2007. Epipaleolithic/Early Neolithic settlements at Qinghai Lake, western China. Journal of Archaeological Science, 34: 600-612.

Rhode D, Brantingham P J, Perreault C, et al. 2014. Mind the gaps: testing for hiatuses in regional radiocarbon date sequences. Journal of Archaeological Science, 52: 567-577.

Richerson P J, Boyd R, Bettinger R L. 2001. Was agriculture impossible during the Pleistocene but mandatory during the Holocene? A climate change hypothesis. American Antiquity, 66: 387-411.

Rick J W. 1987. Dates as data: an examination of the Peruvian preceramic radiocarbon record. American Antiquity, 52: 55-73.

Riede F. 2009. Climate and demography in early prehistory: using calibrated ^{14}C dates as population proxies. Human Biology, 81: 309-337.

Rindos D. 1984. The Origin of Agricultural: an Ervolutionary Perspective. New York: Academic Press.

Rindos D, Aschmann H, Bellwood P, et al. 1980. Symbiosis, instability, and the origins and spread of agriculture: a new model. Current Anthropology, 21: 751-767.

Roberts N, Rosen A. 2009. Diversity and complexity in early farming communities of southwest Asia: new insights into the economic and environmental basis of Neolithic Çatalhöyük. Current Anthropology, 50: 393-402.

Roosevelt A C, Douglas J, Brown L. 2002. The migrations and adaptations of the first Americans: clovis and pre-Clovis viewed from South America//Jablonski N G. The First Americans: the Pleistocene Colonization of the New World. San Francisco: California University Press.

Rosen A. 1987. Phytolith studies at Shiqmim. Shiqmim I: studies concerning Ghakolithic societies in the Northern Negev Desert, Israel（1982-1984）. T. E. Levy. Oxford, British Archaeological Repoets. BAR International Series 356, 243-249.

Rosen A M. 1992. Preliminary identification of silica skeletons from Near Eastern archaeological sites: an anatomical approach//Jr. G R, Mulholland S C. Phytolith Systematics: Emerging Issues. New York: Plenum.

Rosen A. 1993. Phytolith evidence for early cereal exploitation in the Levant//Pearsall D M, Piperno

D R. Current Research in Phytolith Analysis: Applications in Archaeology and Paleoecology. MASCA, The University Museum of Archaeology and Anthropology. Philadelphia: University of Pennsylvania.

Rosen A. 2004. Phytolith evidence for plant use at Mallaha/Eynan. Journal of the Israel Prehistoric Society, 34: 189-201.

Rosen A M, Weiner S. 1994. Identifying ancient irrigation: a new method using opaline phytoliths from emmer wheat. Journal of Archaeological Science, 21: 125-132.

Rovner I. 1971. Potential of opal phytoliths for use in paleoecological reconstruction. Quaternary Research, 1: 343-359.

Rowlett R M, Pearsall D M. 1993. Archaological age determinations derived from opal phytoliths by thermoluminescence. MASCA Research Papers In Science and Archaeology, 10: 25-29.

Sage R F. 1995. Was low atmospheric CO_2 during the Pleistocene a limiting factor for the origin of agriculture? Global Change Biology, 1: 93-106.

Sandweiss D H, Maasch K A, Anderson D G. 1999. Climate and culture-Transitions in the mid-Holocene. Science, 283: 499-500.

Sangster A, Parry D W. 1969. Some factors in relation to bulliform cell silicification in the grass leaf. Annals of Botany, 33: 315-323.

Santos G M, Alexandre A, Southon J R, et al. 2012. Possible source of ancient carbon in phytolith concentrates from harvested grasses. Biogeosciences, 9: 1873-1884.

Sato Y I, Fujiwara H, Udatsu T. 1990. Morphological differences in silica body derived from motor cell of indica and japonica in rice. Japanese Journal of Breeding, 40: 495-504.

Sauer C O. 1952. Agricultural Origins and Dispersals. New York: The American Geographical Society.

Saxena A, Prasad V, Singh I B, et al. 2006. On the Holocene record of phytoliths of wild and cultivated rice from Ganga Plain: evidence for rice-based agriculture. Current Science, 90: 1547-1552.

Schellenberg H. 1904. The remains of plants from the North Kurgan, Anau//Pumpelly R. Explorations in Turkestan: Expedition of 1904. Washington DC: Carnegie Institution.

Schilt A, Baumgartner M, Blunier T, et al. 2010. Glacial-interglacial and millennial-scale variations in the atmospheric nitrous oxide concentration during the last 800,000 years. Quaternary Science Reviews, 29: 182-192.

Selden Jr R Z. 2012. Modeling regional radiocarbon trends: a case study from the east texas woodland period. Radiocarbon, 54: 239-265.

Sergusheva E A, Vostretsov Y E. 2009. The advance of agriculture in the coastal zone of East

Asia//Fairbairn A, Weiss E. From Foragers to Farmers: Papers in Honor of Gordon C. Hillman. Oxford: Oxbow Books.

Sergusheva E A, Leipe C, Klyuev N A. 2022. Evidence of millet and millet agriculture in the Far East Region of Russia derived from archaeobotanical data and radiocarbon dating. Quaternary International, 623: 50-67.

Severinghaus J P, Brook E J. 1999. Abrupt climate change at the end of the last glacial period inferred from trapped air in polar ice. Science, 286: 930-934.

Shakun J D, Carlson A E. 2010. A global perspective on Last Glacial Maximum to Holocene climate change. Quaternary Science Reviews, 29: 1801-1816.

Shen J, Liu X, Wang S, et al. 2005. Palaeoclimatic changes in the Qinghai Lake area during the last 18,000 years. Quaternary International, 136: 131-140.

Shennan S. 2013. Demographic continuities and discontinuities in Neolithic Europe: evidence, methods and implications. Journal of Archaeological Method and Theory, 20: 300-311.

Shennan S, Edinborough K. 2007. Prehistoric population history: from the Late Glacial to the Late Neolithic in Central and Northern Europe. Journal of Archaeological Science, 34: 1339-1345.

Shennan S, Downey S S, Timpson A, et al. 2013. Regional population collapse followed initial agriculture booms in mid-Holocene Europe. Nature Communications, 4: 2486.

Shi Y, Kong Z, Wang S, et al. 1993. Mid-holocene climates and environments in China. Global and Planetary Change, 7: 219-233.

Silva F, Stevens C J, Weisskopf A, et al. 2015. Modelling the geographical origin of rice cultivation in asia using the rice archaeological database. PLoS ONE, 10: e0137024.

Smith B D. 1997. The initial domestication of Cucurbita pepo in the Americas 10,000 years ago. Science, 276: 932-934.

Smith B D. 2001. Low-level food production. Journal of Archaeological Research, 9: 1-43.

Smith F A, Anderson K B. 2001. Characterization of organic compounds in phytoliths: improving the resolving power of phytolith delta C-13 as a tool for paleoecological reconstruction of C_3 and C_4 grasses//Meunier J, Colin F. Phytoliths: Applications in Earth Sciences and Human History. Rotterdam: Balkema A A Publishers.

Smith F A, White J W C. 2004. Modem calibration of phytolith carbon isotope signatures for C-3/C-4 paleograssland reconstruction. Palaeogeography, Palaeoclimatology, Palaeoecology, 207: 277-304.

Smith H, Jones G. 1990. Experiments on the effects of charring on cultivated grape seeds. Journal of Archaeological Science, 17: 317-327.

Smith M, Williams A, Turney C, et al. 2008. Human-environment interactions in Australian drylands: exploratory time-series analysis of archaeological records. The Holocene, 18: 389-401.

Solazzo C, Fitzhugh W, Rolando C, et al. 2008. Identification of protein remains in archaeological potsherds by proteomics. Analytical Chemistry, 80: 4590-4597.

Song Z, Liu H, Si Y, et al. 2012a. The production of phytoliths in China's grasslands: implications to the biogeochemical sequestration of atmospheric CO_2. Global Change Biology, 18: 3647-3653.

Song Z, Wang H, Strong P J, et al. 2012b. Plant impact on the coupled terrestrial biogeochemical cycles of silicon and carbon: implications for biogeochemical carbon sequestration. Earth-Science Reviews, 115: 319-331.

Spengler R. 2020. Anthropogenic seed dispersal: rethinking the origins of plant domestication. Trends in Plant Science, 25: 340-348.

Spengler R, Frachetti M, Doumani P, et al. 2014. Early agriculture and crop transmission among Bronze Age mobile pastoralists of Central Eurasia. Proceedings of the Royal Society B: Biological Sciences, 281: 20133382.

Spengler R, Petraglia M, Roberts P, et al. 2021. Exaptation traits for megafaunal mutualisms as a factor in plant domestication. Frontiers in Plant Science, 12: 649394.

Sponheimer M, Alemseged Z, Cerling T E, et al. 2013. Isotopic evidence of early hominin diets. Proceedings of the National Academy of Sciences, 110: 10513-10518.

Stebich M, Rehfeld K, Schlütz F, et al. 2015. Holocene vegetation and climate dynamics of NE China based on the pollen record from Sihailongwan Maar Lake. Quaternary Science Reviews, 124: 275-289.

Steele J. 2010. Radiocarbon dates as data: quantitative strategies for estimating colonization front speeds and event densities. Journal of Archaeological Science, 37: 2017-2030.

Stevens C, Murphy C, Roberts R, et al. 2016. Between China and South Asia: a middle Asian corridor of crop dispersal and agricultural innovation in the bronze age. The Holocene, 26: 1541-1555.

Stiner M C. 2001. Thirty years on the "Broad Spectrum Revolution" and paleolithic demography. Proceedings of the National Academy of Sciences, 98: 6993-6996.

Stockmarr J. 1971. Tablets with spores used in absolute pollen analysis. Pollen Spores, 13: 615-621.

Sun B, Wagner M, Zhao Z, et al. 2014. Archaeological discovery and research at Bianbiandong early Neolithic cave site, Shandong, China. Quaternary International, 348: 169-182.

Sun Y, Lai Z, Long H, et al. 2010. Quartz OSL dating of archaeological sites in Xiao Qaidam Lake of the NE Qinghai-Tibetan Plateau and its implications for palaeoenvironmental changes. Quaternary Geochronology, 5: 360-364.

Surovell T A, Brantingham P J. 2007. A note on the use of temporal frequency distributions in studies of prehistoric demography. Journal of Archaeological Science, 34: 1868-1877.

Surovell T A, Byrd Finley J, Smith G M, et al. 2009. Correcting temporal frequency distributions for taphonomic bias. Journal of Archaeological Science, 36: 1715-1724.

Tallavaara M, Seppä H. 2012. Did the mid-Holocene environmental changes cause the boom and bust of hunter-gatherer population size in eastern Fennoscandia? The Holocene, 22: 215-225.

Tanaka K, Zhao C, Wang N, et al. 2020. Classification of archaic rice grains excavated at the Mojiaoshan site within the Liangzhu site complex reveals an *Indica* and *Japonica* chloroplast complex. Food Production, Processing and Nutrition, 2: 15.

Tanno K, Willcox G. 2006. How fast was wild wheat domesticated? Science, 311: 1886.

Tarasov P, Jin G, Wagner M. 2006. Mid-Holocene environmental and human dynamics in northeastern China reconstructed from pollen and archaeological data. Palaeogeography, Palaeoclimatology, Palaeoecology, 241: 284-300.

Thompson L G, Yao T, Davis M E, et al. 1997. Tropical climate instability: the last glacial cycle from a qinghai-tibetan ice core. Science, 276: 1821-1825.

Thompson R G, Hart J P, Brumbach H J, et al. 2004. Phytolith evidence for twentieth-century BP maize in northern Iroquoia. Northeast Anthropology, 68: 25-40.

Timpson A, Colledge S, Crema E, et al. 2014. Reconstructing regional population fluctuations in the European Neolithic using radiocarbon dates: a new case-study using an improved method. Journal of Archaeological Science, 52: 549-557.

Torfing T. 2015. Neolithic population and summed probability distribution of ^{14}C-dates. Journal of Archaeological Science, 63: 193-198.

Törnqvist T E, Hijma M P. 2012. Links between early Holocene ice-sheet decay, sea-level rise and abrupt climate change. Nature Geoscience, 5: 601-606.

Torrence R, Barton H. 2006. Ancient starch research. California: Left Coast Press.

Tsang C. 2005. Recent discoveries at a Tapenkeng culture site in Taiwan: implications for the problem of Austronesian origins//Sagart L, Blench R, Sanchez-Mazas A. The Peopling of East Asia. London: Routledgecurzon Press.

Tsang C, Li K, Hsu T, et al. 2017. Broomcorn and foxtail millet were cultivated in Taiwan about 5000 years ago. Botanical Studies, 58: 3.

Tubb H, Hodson M, Hodson G. 1993. The inflorescence papillae of the Triticeae: a new tool for taxonomic and archaeological research. Annals of Botany, 72: 537-545.

Turney C S M, Hobbs D. 2006. ENSO influence on Holocene aboriginal populations in Queensland, Australia. Journal of Archaeological Science, 33: 1744-1748.

Turney C S, Baillie M, Palmer J, et al. 2006. Holocene climatic change and past Irish societal response. Journal of Archaeological Science, 33: 34-38.

Twiss P C, Suess E, Smith R M. 1969. Morphological classification of grass phytoliths. Soil Science

Society of America Journal, 33: 109-115.

Ungar P S, Grine F E, Teaford M F, et al. 2006. Dental microwear and diets of African early Homo. Journal of Human Evolution, 50: 78-95.

van Heerwaarden J, Doebley J, Briggs W H, et al. 2011. Genetic signals of origin, spread, and introgression in a large sample of maize landraces. Proceedings of the National Academy of Sciences, 108: 1088-1092.

Vaughan D A, Lu B R, Tomooka N. 2008. Was Asian rice(*Oryza sativa*)domesticated more than once? Rice, 1: 16-24.

Wagner M, Tarasov P, Hosner D, et al. 2013. Mapping of the spatial and temporal distribution of archaeological sites of northern China during the Neolithic and Bronze Age. Quaternary International, 290-291: 344-357.

Walsh R. 2017. Experiments on the effects of charring on *Setaria italica*（foxtail millet）. Vegetation History and Archaeobotany, 26: 447-453.

Wang C L, Udatsu T, Fujiwara H. 1996. Relationship between motor cell silica body shape and grain morphological/physiological traits for discriminating *indica* and *japonica* rice in China. Japanese Journal of Breeding, 46: 61-66.

Wang C, Lu H, Zhan J, et al. 2014. Prehistoric demographic fluctuations in China inferred from radiocarbon data and their linkage with climate change over the past 50,000 years. Quaternary Science Reviews, 98: 45-59.

Wang C, Lu H, Gu W, et al. 2017. The spatial pattern of farming and factors influencing it during the Peiligang culture period in the middle Yellow River valley. Science Bulletin, 62: 1565-1568.

Wang C, Lu H, Gu W, et al. 2018. Temporal changes of mixed millet and rice agriculture in Neolithic-Bronze Age Central Plain, China: archaeobotanical evidence from the Zhuzhai site. The Holocene, 28: 738-754.

Wang C, Lu H, Gu W, et al. 2019. The development of Yangshao agriculture and its interaction with social dynamics in the middle Yellow River region, China. The Holocene, 29: 173-180.

Wang J, Liu L, Ball T, et al. 2016. Revealing a 5,000-y-old beer recipe in China. Proceedings of the National Academy of Sciences, 113: 6444-6448.

Wang S, Gong D. 2000. Climate in China during the four special periods in Holocene. Progress in Natural Science, 10: 325-332.

Wang W, Feng Z. 2013. Holocene moisture evolution across the Mongolian Plateau and its surrounding areas: a synthesis of climatic records. Earth-Science Reviews, 122: 38-57.

Wang W, Mauleon R, Hu Z. 2018. Genomic variation in 3,010 diverse accessions of Asian cultivated rice. Nature, 557: 43-49.

Wang Y J, Cheng H, Edwards R L, et al. 2001. A high-resolution absolute-dated late Pleistocene monsoon record from Hulu Cave, China. Science, 294: 2345-2348.

Wang Y J, Cheng H, Edwards R L, et al. 2005. The Holocene Asian monsoon: links to solar changes and North Atlantic climate. Science, 308: 854-857.

Wang Y P, Zhang S, Gu W, et al. 2015. Lijiagou and the earliest pottery in Henan Province, China. Antiquity, 89: 273-291.

Wang Z, Yonezawa T, Liu B, et al. 2011. Domestication relaxed selective constraints on the yak mitochondrial genome. Molecular Biology and Evolution, 28: 1553-1556.

Ward G, Wilson S. 1978. Procedures for comparing and combining radiocarbon age determinations: a critique. Archaeometry, 20: 19-31.

Weber S, Lehman H, Barela T, et al. 2010. Rice or millets: early farming strategies in prehistoric central Thailand. Archaeological and Anthropological Sciences, 2: 79-88.

Weiss E, Zohary D. 2011. The Neolithic southwest Asian founder crops. Current Anthropology, 52: S237-S254.

Weiss E, Kislev M, Simchoni O, et al. 2008. Plant-food preparation area on an Upper Paleolithic brush hut floor at Ohalo II, Israel. Journal of Archaeological Science, 35: 2400-2414.

Weiss E, Wetterstrom W, Nadel D, et al. 2004a. The broad spectrum revisited: evidence from plant remains. Proceedings of the National Academy of Sciences, 101: 9551-9555.

Weiss E, Kislev M, Simchoni O, et al. 2004b. Small-grained wild grasses as staple food at the 23 000-year-old site of Ohalo II, Israel. Economic Botany, 58: S125-S134.

Weiss H, Bradley R S. 2001. What drives societal collapse? Science, 291: 609-610.

Weiss H, Courty M-A, Wetterstrom W, et al. 1993. The genesis and collapse of third millennium north Mesopotamian civilization. Science, 261: 995-1004.

Weisskopf A. 2016. A wet and dry story: distinguishing rice and millet arable systems using phytoliths. Vegetation History and Archaeobotany, 26: 99-109.

Weisskopf A, Qin L, Ding J, et al. 2015a. Phytoliths and rice: from wet to dry and back again in the Neolithic Lower Yangtze. Antiquity, 89: 1051-1063.

Weisskopf A, Deng Z, Qin L, et al. 2015b. The interplay of millets and rice in Neolithic central China: integrating phytoliths into the Archaeobotany of Baligang. Archaeological Research in Asia, 4: 36-45.

Wen R, Xiao J, Chang Z, et al. 2010. Holocene precipitation and temperature variations in the East Asian monsoonal margin from pollen data from Hulun Lake in northeastern Inner Mongolia, China. Boreas, 39: 262-272.

Wicks K, Mithen S. 2014. The impact of the abrupt 8.2ka cold event on the Mesolithic population of western Scotland: a Bayesian chronological analysis using ‘activity events’ as a population proxy. Journal of Archaeological Science, 45: 240-269.

Wilding L, Brown R E, Holowaychuk N. 1967. Accessibility and properties of occluded carbon in biogenetic opal. Soil Science, 103: 56-61.

Willcox G, Buxo R, Herveux L. 2009. Late Pleistocene and early Holocene climate and the beginnings of cultivation in northern Syria. The Holocene, 19: 151-158.

Williams A N. 2012. The use of summed radiocarbon probability distributions in archaeology: a review of methods. Journal of Archaeological Science, 39: 578-589.

Williams A N. 2013. A new population curve for prehistoric Australia. Proceedings of the Royal Society B: Biological Sciences, 280: 20130486.

Williams A N, Ulm S, Goodwin I D, et al. 2010. Hunter-gatherer response to late Holocene climatic variability in northern and central Australia. Journal of Quaternary Science, 25: 831-838.

Williams A N, Ulm S, Cook A R, et al. 2013. Human refugia in Australia during the Last Glacial Maximum and Terminal Pleistocene: A geospatial analysis of the 25–12ka Australian archaeological record. Journal of Archaeological Science, 40: 4612-4625.

Williams A N, Ulm S, Turney C S M, et al. 2015. Holocene demographic changes and the emergence of complex societies in prehistoric Australia. PLoS ONE, 10: e0128661.

Williams A, Santoro C M, Smith M A, et al. 2008. The impact of ENSO in the Atacama desert and Australian arid zone: exploratory time-series analysis of archaeological records. Chungara, Revista de Antropología Chilena, 40: 245-259.

Wilson D. 1984. The carbonisation of weed seeds and their representation in macrofossil assemblages//van Zeist W, Casparie W A. Plants and Ancient Man: Studies in Palaeoethnobotany. Rotterdam: Balkema.

Winkler M G, Wang P K. 1993. The late-Quaternary Vegetation and Climate of China. Global Climates Since the Last Glacial Maximum. Minneapolis: University of Minnesota Press.

Woodbridge J, Fyfe R, Roberts N, et al. 2014. The impact of the Neolithic agricultural transition in Britain: a comparison of pollen-based land-cover and archaeological ^{14}C date-inferred population change. Journal of Archaeological Science, 51: 216-224.

Wright H E. 1993. Environmental determinism in Near Eastern prehistory. Current Anthropology, 34: 458-469.

Wright P. 2003. Preservation or destruction of plant remains by carbonization? Journal of Archaeological Science, 30: 577-583.

Wu W, Liu T. 2004. Possible role of the “Holocene Event 3” on the collapse of Neolithic Cultures around the Central Plain of China. Quaternary International, 117: 153-166.

Wu W W, Wang X, Wu X, et al. 2014. The early Holocene archaeobotanical record from the Zhangmatun site situated at the northern edge of the Shandong Highlands, China. Quaternary International, 348: 183-193.

Wu X H, Zhang C, Goldberg P, et al. 2012. Early pottery at 20,000 years ago in Xianrendong Cave, China. Science, 336: 1696-1700.

Wu X Z. 2004. On the origin of modern humans in China. Quaternary International, 117: 131-140.

Wu Y, Wang C, Hill D V. 2012. The transformation of phytolith morphology as the result of their exposure to high temperature. Microscopy Research and Technique, 75: 852-855.

Wu Y, Jiang L, Zheng Y, et al. 2014. Morphological trend analysis of rice phytolith during the early Neolithic in the Lower Yangtze. Journal of Archaeological Science, 49: 326-331.

Wynn J G, Sponheimer M, Kimbel W H, et al. 2013. Diet of Australopithecus afarensis from the Pliocene Hadar Formation, Ethiopia. Proceedings of the National Academy of Sciences, 110: 10495-10500.

Xia Z, Chen G, Zheng G, et al. 2002. Climate background of the evolution from Paleolithic to Neolithic cultural transition during the last deglaciation in the middle reaches of the Yellow River. Chinese Science Bulletin, 47: 71-75.

Xiao J, Xu Q, Nakamura T, et al. 2004. Holocene vegetation variation in the Daihai Lake region of north-central China: a direct indication of the Asian monsoon climatic history. Quaternary Science Reviews, 23: 1669-1679.

Xiao J, Chang Z, Wen R, et al. 2009. Holocene weak monsoon intervals indicated by low lake levels at Hulun Lake in the monsoonal margin region of northeastern Inner Mongolia, China. The Holocene, 19: 899-908.

Xie S, Evershed R P, Huang X, et al. 2013. Concordant monsoon-driven postglacial hydrological changes in peat and stalagmite records and their impacts on prehistoric cultures in central China. Geology, 41: 827-830.

Xu D, Lu H, Wu N, et al. 2013. Asynchronous marine-terrestrial signals of the last deglacial warming in East Asia associated with low-and high-latitude climate changes. Proceedings of the National Academy of Sciences, 110: 9657-9662.

Yancheva G, Nowaczyk N R, Mingram J, et al. 2007. Influence of the intertropical convergence zone on the East Asian monsoon. Nature, 445: 74-77.

Yang Q, Li X, Zhou X, et al. 2011. Investigation of the ultrastructural characteristics of foxtail and broomcorn millet during carbonization and its application in archaeobotany. Chinese Science Bulletin, 56: 1495-1502.

Yang S, Ding Z, Li Y, et al. 2015. Warming-induced northwestward migration of the East Asian monsoon rain belt from the Last Glacial Maximum to the mid-Holocene. Proceedings of the National Academy of Sciences, 112: 13178-13183.

Yang X P, Ma N, Dong J, et al. 2010. Recharge to the inter-dune lakes and Holocene climatic changes in the Badain Jaran Desert, western China. Quaternary Research, 73: 10-19.

Yang X Y, Perry L. 2013. Identification of ancient starch grains from the tribe Triticeae in the North China Plain. Journal of Archaeological Science, 40: 3170-3177.

Yang X Y, Yu J, Lu H, et al. 2009. Starch grain analysis reveals function of grinding stone tools at Shangzhai site, Beijing. Science China Earth Sciences, 52: 1164-1171.

Yang X Y, Zhang J, Perry L, et al. 2012a. From the modern to the archaeological: starch grains from millets and their wild relatives in China. Journal of Archaeological Science, 39: 247-254.

Yang X Y, Wan Z, Perry L, et al. 2012b. Early millet use in northern China. Proceedings of the National Academy of Sciences, 109: 3726-3730.

Yang X Y, Barton H, Wan Z, et al. 2013. Sago-type palms were an important plant food prior to rice in southern subtropical China. PLoS ONE, 8: e63148.

Yang X Y, Ma Z, Wang T, et al. 2014. Starch grain evidence reveals early pottery function cooking plant foods in North China. Chinese Science Bulletin, 32: 4352-4358.

Yang X Y, Ma Z, Li J, et al. 2015a. Comparing subsistence strategies in different landscapes of North China 10,000 years ago. The Holocene, 25: 1957-1964.

Yang X Y, Fuller D, Huan X, et al. 2015b. Barnyard grasses were processed with rice around 10000 years ago. Scientific Reports, 5: 16251.

Yang X Y, Chen Q, Ma Y, et al. 2018a. New radiocarbon and archaeobotanical evidence reveal the timing and route of southward dispersal of rice farming in south China. Science Bulletin, 63: 1495-1501.

Yang X Y, Wu W, Perry L, et al. 2018b. Critical role of climate change in plant selection and millet domestication in North China. Scientific Reports, 8: 7855.

Yang Y M, Shevchenko A, Knaust A, et al. 2014. Proteomics evidence for kefir dairy in Early Bronze Age China. Journal of Archaeological Science, 45: 178-186.

Yi M, Barton L, Morgan C, et al. 2013. Microblade technology and the rise of serial specialists in north-central China. Journal of Anthropological Archaeology, 32: 212-223.

Yuan B, Huang W, Zhang D. 2007. New evidence for human occupation of the northern Tibetan Plateau, China during the Late Pleistocene. Chinese Science Bulletin, 52: 2675-2679.

Yuan D, Cheng H, Edwards R L, et al. 2004. Timing, duration, and transitions of the Last Interglacial Asian Monsoon. Science, 304: 575-578.

Yuan J. 2002. Rice and pottery 10,000 years BP at Yuchanyan, Dao County, Hunan Province//Yasuda

Y. The Origins of Pottery and Agriculture. New Delhi: Roli Books.

Zarrillo S, Pearsall D M, Raymond J S, et al. 2008. Directly dated starch residues document early formative maize（*Zea mays* L.）in tropical Ecuador. Proceedings of the National Academy of Sciences, 105: 5006-5011.

Zeder M A. 2011. The origins of agriculture in the Near East. Current Anthropology, 52: S221-S235.

Zhang C, Hung H. 2010. The emergence of agriculture in southern China. Antiquity, 84: 11-25.

Zhang D D, Li S H. 2002. Optical dating of Tibetan human hand- and footprints: an implication for the palaeoenvironment of the last glaciation of the Tibetan Plateau. Geophysical Research Letters, 29（16）: 11-13.

Zhang D D, Brecke P, Lee H F, et al. 2007. Global climate change, war, and population decline in recent human history. Proceedings of the National Academy of Sciences, 104: 19214-19219.

Zhang P, Cheng H, Edwards R L, et al. 2008. A test of climate, sun, and culture relationships from an 1810-Year Chinese cave record. Science, 322: 940-942.

Zhang J P, Lu H Y, Wu N Q, et al. 2010. Phytolith evidence for rice cultivation and spread in Mid-Late Neolithic archaeological sites in central North China. Boreas, 39: 592-602.

Zhang J P, Lu H, Wu N, et al. 2011. Phytolith Analysis for Differentiating between Foxtail Millet（*Setaria italica*）and Green Foxtail（*Setaria viridis*）. PLoS ONE, 6: e19726.

Zhang J P, Lu H, Gu W, et al. 2012. Early mixed farming of millet and rice 7800 years ago in the Middle Yellow River region, China. PLoS ONE, 7: e52146.

Zhang J P, Lu H, Wu N, et al. 2013. Palaeoenvironment and agriculture of ancient Loulan and Milan on the Silk Road. The Holocene, 23: 208-217.

Zhang J P, Lu H, Huang L. 2014. Calciphytoliths（calcium oxalate crystals）analysis for the identification of decayed tea plants（*Camellia sinensis* L.）. Scientific Reports, 4: 6703.

Zhang J P, Lu H Y, Liu M X, et al. 2018. Phytolith analysis for differentiating between broomcorn millet（*Panicum miliaceum*）and its weed/feral type（*Panicum ruderale*）. Scientific Reports, 8: 13022.

Zhang X, Ha B, Wang S, et al. 2018. The earliest human occupation of the high-altitude Tibetan Plateau 40 thousand to 30 thousand years ago. Science, 362: 1049-1051.

Zhao M, Kong Q P, Wang H W, et al. 2009. Mitochondrial genome evidence reveals successful Late Paleolithic settlement on the Tibetan Plateau. Proceedings of the National Academy of Sciences, 106: 21230-21235.

Zhao Y, Yu Z. 2012. Vegetation response to Holocene climate change in East Asian Monsoon-Margin Region. Earth-Science Reviews, 113: 1-10.

Zhao Z. 1998. The middle Yangtze region in China is one place where rice was domesticated:

phytolith evidence from the Diaotonghuan cave, northern Jiangxi. Antiquity, 72: 885-897.

Zhao Z. 2010. New data and new issues for the study of origin of rice agriculture in China. Archaeological and Anthropological Sciences, 2: 99-105.

Zhao Z. 2011. New archaeobotanic data for the study of the origins of agriculture in China. Current Anthropology, 52: S295-S306.

Zhao Z, Piperno D. 2000. Late Pleistocene/Holocene environments in the middle Yangtze River Valley, China and rice (*Oryza sativa* L.) domestication: the phytolith evidence. Geoarchaeology, 15: 203-222.

Zhao Z, Pearsall D, Benfer R, et al. 1998. Distinguishing rice (*Oryza sativa* poaceae) from wild Oryza species through phytolith analysis, II Finalized method. Economic Botany, 52: 134-145.

Zheng H X, Yan S, Qin Z D, et al. 2011. Major population expansion of East Asians began before Neolithic Time: evidence of mtDNA genomes. PLoS ONE, 6: e25835.

Zheng H X, Yan S, Qin Z D, et al. 2012. MtDNA analysis of global populations support that major population expansions began before Neolithic Time. Scientific Reports, 2: 745.

Zheng Y, Dong Y, Matsui A, et al. 2003. Molecular genetic basis of determining subspecies of ancient rice using the shape of phytoliths. Journal of Archaeological Science, 30: 1215-1221.

Zheng Y, Sun G, Chen X. 2007. Characteristics of the short rachillae of rice from archaeological sites dating to 7000 years ago. Chinese Science Bulletin, 52: 1654-1660.

Zheng Y, Crawford G, Jiang L, et al. 2016. Rice domestication revealed by reduced shattering of archaeological rice from the lower Yangtze valley. Scientific Reports, 6: 28136.

Zheng Z, Yuan B, Petit-Maire N. 1998. Paleoenvironments in China during the Last Glacial Maximum and the Holocene optimum. Episodes, 21: 152-158.

Zhou H, Li T, Jia G, et al. 2007. Sea surface temperature reconstruction for the middle Okinawa Trough during the last glacial-interglacial cycle using C_{37} unsaturated alkenones. Palaeogeography, Palaeoclimatology, Palaeoecology, 246: 440-453.

Zhou Y, Lu H, Joseph M, et al. 2008. Optically stimulated luminescence dating of aeolian sand in the Otindag dune field and Holocene climate change. Science China Earth Sciences, 51: 837-847.

Ziegler M, Simon M H, Hall I R, et al. 2013. Development of Middle Stone Age innovation linked to rapid climate change. Nature communications, 4: 1905.

Zohary D, Hopf M, Weiss E. 2012. Domestication of Plants in the Old World: the Origin and Spread of Domesticated Plants in Southwest Asia, Europe, and the Mediterranean Basin. Oxford: Oxford University Press.

Zong Y, Wang Z, Innes J, et al. 2012. Holocene environmental change and Neolithic rice agriculture in the lower Yangtze region of China: a review. The Holocene, 22: 623-635.

Zuo X, Lu H. 2011. Carbon sequestration within millet phytoliths from dry-farming of crops in China. Chinese Science Bulletin, 56: 3451-3456.

Zuo X, Lu H. 2019. Phytolith radiocarbon dating: a review of previous studies in China and the current state of the debate. Frontiers in Plant Science, 10: 1302.

Zuo X, Lu H, Gu Z. 2014. Distribution of soil phytolith-occluded carbon in the Chinese Loess Plateau and its implications for silica-carbon cycles. Plant and Soil, 374: 223-232.

Zuo X, Lu H, Li Z, et al. 2016a. Phytolith and diatom evidence for rice exploitation and environmental changes during the early mid-Holocene in the Yangtze Delta. Quaternary Research, 86: 304-315.

Zuo X, Lu H, Zhang J, et al. 2016b. Radiocarbon dating of prehistoric phytoliths: a preliminary study on archeological sites in China. Scientific Reports, 6: 26769.

Zuo X, Lu H, Jiang L, et al. 2017. Dating rice remains through phytolith carbon-14 study reveals domestication at the beginning of the Holocene. Proceedings of the National Academy of Sciences, 114: 6486-6491.

后　　记

本书主要在本人博士毕业论文的基础上修改完善而成。在成书过程中融合了两位作者的相关研究论文，并追踪和增加引用了最新的参考文献。书稿完成前后，我们利用这套数据资料对朱寨遗址黍的驯化过程、仰韶文化水稻的耕作系统（水田/旱田）及仰韶文化的农业生产组织模式等进行了专题研究，但因研究内容与本书主题有所偏离，遗憾未能收录其中，读者如对以上研究专题感兴趣，敬请参看我们发表在 *The Holocene*、《中国农史》等刊物上的学术论文。

本书能够顺利付梓，得益于许多师长和专家学者的帮助。我首先感谢本书共同作者、我的导师吕厚远先生。从书名到内容架构再到润色定稿，先生均倾注了大量心血。可以说，这本著作的最终完成，离不开先生无微不至的关怀。

感谢莫多闻教授和袁靖教授的青睐，将拙著纳入国家社会科学基金重大项目“环境考古与古代人地关系研究”（11&ZD183）的最终成果。本书出版还得到了国家自然科学基金面上项目（42072032）、山东省泰山学者工程专项经费（tsqn201909009）和山东大学青年交叉科学群体项目（2020QNQT018）资助。

在著作的选题、构思和组织架构方面，曾得到中国科学院地质与地球物理研究所吴乃琴研究员、肖举乐研究员、顾兆炎研究员、吴海斌研究员、张健平副研究员、徐德克副研究员、李丰江副研究员、旺罗副研究员、董亚杰副研究员、郇秀佳博士、贺可洋博士，中国科学院古脊椎动物与古人类研究所李小强研究员，中国科学院地理科学与资源研究所赵艳研究员，河北师范大学李月丛教授，兰州大学杨晓燕教授，北京大学邓振华研究员，福建师范大学左昕昕研究员，中国科学院大学葛勇博士的指教和启迪。在此向各位老师表示衷心的感谢！

在野外考察和样品采集方面，中国科学院地质与地球物理研究所周昆叔先生，郑州市文物考古研究院顾万发院长、汪松枝先生、信应君先生、胡亚毅女士、江旭先生，河南师范大学鲍颖建先生给予了大力支持和关照。2012 年，三次郑州野外之行，无论酷暑还是严寒，几位老师都以饱满的热情带领我们考察遗址、寻找灰坑和剖面，并为我们详细地介绍中原地区的考古文化背景。他们对考古、对史前文化研究的热爱让我十分钦佩，激励着我在中原古代农业研究中更加努力地前行。在此向上述诸位老师表示由衷的敬意！

在资料搜集和数据获取解读方面，山东大学靳桂云教授和曹冬蕾助理实验师、中国科学院植物研究所刘长江高级工程师、中国科学院大学杨益民教授、中国科学院南京地质古生物研究所毛礼米研究员、浙江省文物考古研究所郑云飞研究员、中国社会科学院考古研究所赵志军研究员、兰州大学董广辉教授、西北大学马志坤副教授、南京博物院吴文婉副研究馆员、山东博物馆王海玉副研究馆员、四川大学马永超博士、中国科学院地质与地球物理研究所王礼恒副研究员和杨美芳女士等给予了很大帮助。在此向上述诸位老师和朋友表示真挚的感谢！

这本著作的写作和出版也得到了山东大学历史文化学院方辉教授、刘军书记及考古文博专业各位老师的关心和支持。在此向诸位师长和同事致以诚挚的谢意！

科学出版社的韩鹏先生对本书的出版给予了多方帮助，孟美岑和张梦雪女士为本书的编辑付出了大量辛劳。在此谨致谢忱！

王　灿

2021 年 12 月 2 日于泉城

图 版

图　版　I

图号	名称	学名	部位	地点
1	黍	*Panicum miliaceum*	颖果	袁村遗址 H2
2	粟	*Setaria italica*	颖果	朱寨遗址 H202
3	水稻	*Oryza sativa*	颖果	朱寨遗址 H158
4	狗尾草	*Setaria virdis*	颖果	朱寨遗址 H225
5	牛筋草	*Eleusine indica*	种子	朱寨遗址 H208
6	狗尾草属	*Setaria* sp.	颖果	朱寨遗址 H218
7	藜属	*Chenopodium* sp.	种子	马沟遗址 H3
8	葡萄属	*Vitis* sp.	种子	朱寨遗址 H208
9	酸浆属	*Physalis* sp.	种子	北李庄遗址 H1
10	花椒属	*Zanthoxylum* sp.	果皮	朱寨遗址 H226
11	野大豆	*Glycine soja*	种子	大河村遗址 H395
12	豆科	Fabaceae	种子	北李庄遗址 H1
13	草木樨属	*Melilotus* sp.	种子	朱寨遗址 H225
14	马齿苋	*Portulaca oleracea*	种子	袁村遗址 H2
15	拉拉藤属	*Galium* sp.	小坚果	朱寨遗址 H226
16	唇形科	Lamiaceae	小坚果	马沟遗址 H2
17	莎草科	Cyperaceae	小坚果	袁村遗址 H2
18	荨麻科	Urticaceae	种子	朱寨遗址 H202
19	黍亚科	Panicoideae	种子	朱寨遗址 H208
20	地黄	*Rehmannia glutinosa*	种子	颍阳遗址 YY-4

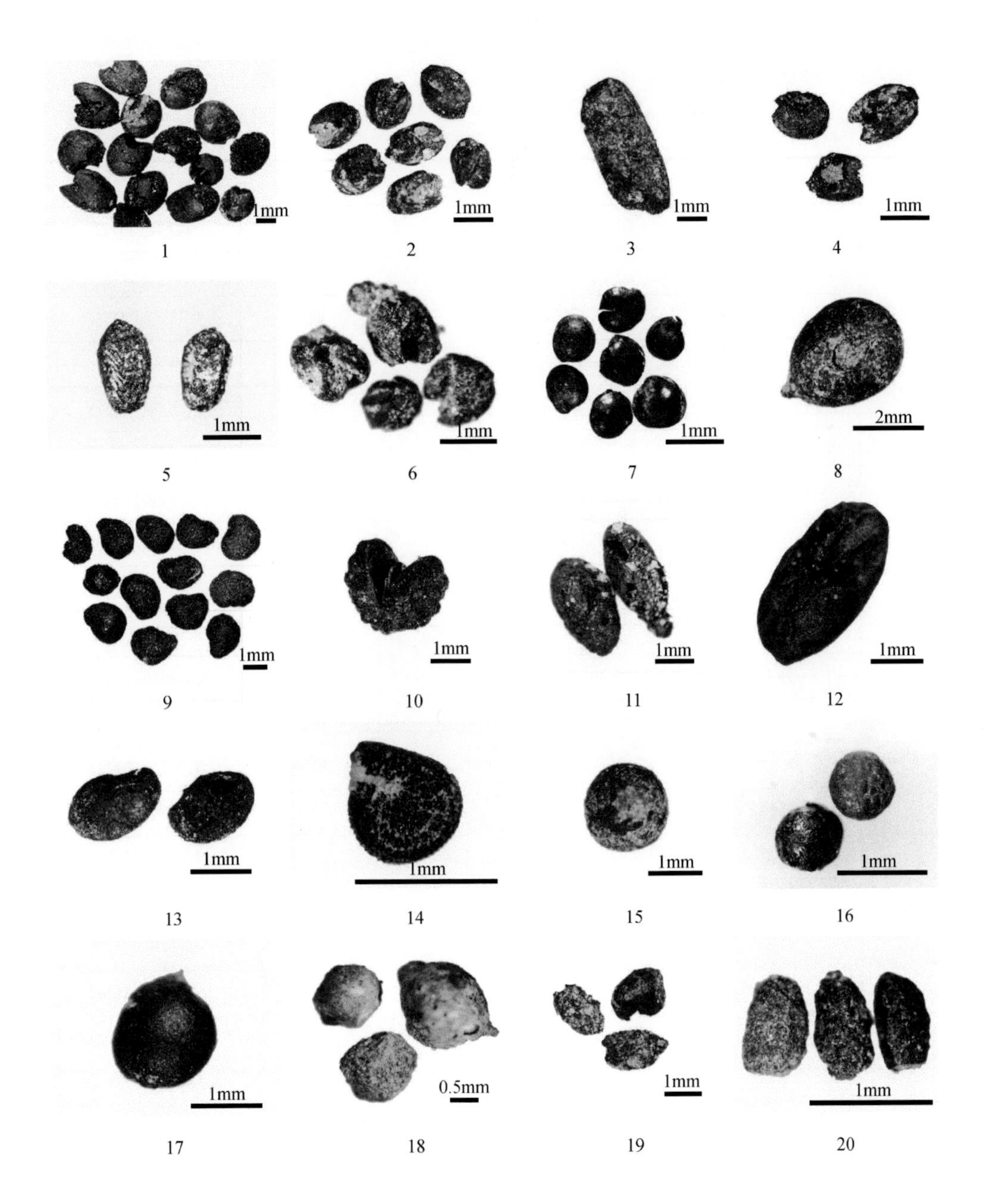
1mm
1
1mm
2
1mm
3
1mm
4
1mm
5
1mm
6
1mm
7
2mm
8
1mm
9
1mm
10
1mm
11
1mm
12
1mm
13
1mm
14
1mm
15
1mm
16
1mm
17
0.5mm
18
1mm
19
1mm
20

图 版 II

图号	名称	学名	部位	地点
1	菊科	Asteraceae	瘦果	庄岭遗址 ZL-1
2	苋属	*Amaranthus* sp.	种子	袁村遗址 H1
3	飘拂草属	*Fimbristylis* sp.	小坚果	马沟遗址 H2
4	禾本科	Poaceae	小花，颖果	大河村遗址 H395
5	大叶朴	*Celtis koraiensis*	核	朱寨遗址 H208
6	构树	*Broussonetia papyrifera*	瘦果	朱寨遗址 H226
7	酸枣	*Ziziphus jujuba* var. *spinosa*	核	朱寨遗址 H225
8	核桃楸	*Juglans mandshurica*	碎核块	朱寨遗址 H158
9	栎属	*Quercus* sp.	坚果皮	朱寨遗址 H158
10	栎属	*Quercus* sp.	坚果子叶	朱寨遗址 H226
11	桃	*Prunus persica*	核	袁村遗址 H1
12	植物茎段			朱寨遗址 H158
13	碎炭块（可见断面管道）			朱寨遗址 H226
14	未知			朱寨遗址 H218
15	未知	麦，豆？		朱寨遗址 H208
16	禾本科？			朱寨遗址 H202

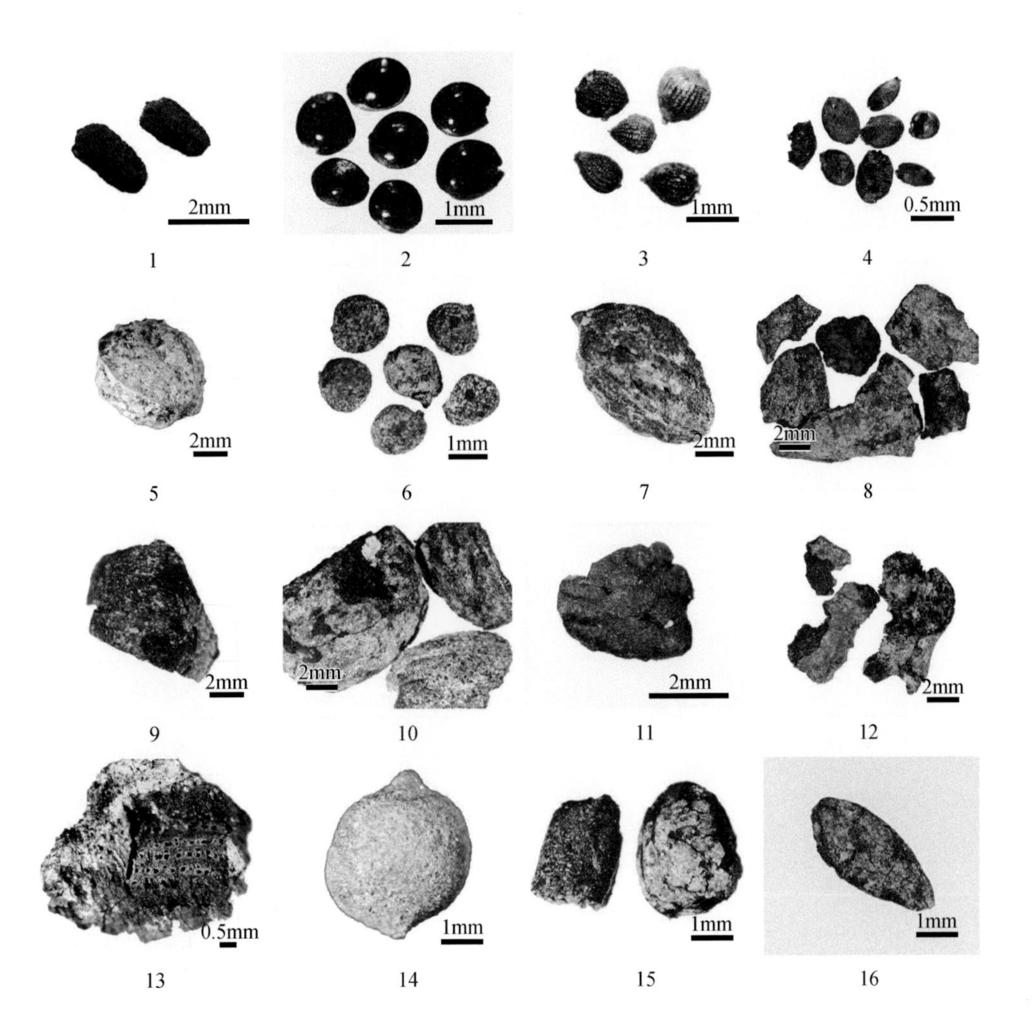

2mm
1
1mm
2
1mm
3
0.5mm
4
2mm
5
1mm
6
2mm
7
2mm
8
2mm
9
2mm
10
2mm
11
2mm
12
0.5mm
13
1mm
14
1mm
15
1mm
16